HAIR
DRESSER

빨리빨리 합격하는
미용사일반
필기시험문제

대한민국
대표브랜드

국가자격
시험문제
전문출판

에듀크라운
국가자격시험문제전문출판
www.educrown.co.kr

최고의 적중률!! 최고의 합격률!!

크라운출판사
미용 · 피부미용 · 이용 · 조리 등 서비스서적사업부
http://www.crownbook.com

✂ 저자 소개

오 영 애

前 사)한국미용장협회 회장
미용기능장, 이용기능장
현대미용학원 원장

고 민 우

미용사(일반), 이용사
현대미용학원 헤어전문강사

Introduction

　21세기 지식 정보화 사회에서는 개인의 독특한 역량이 성공의 열쇠를 좌우합니다.

　본인이 좋아하고 하고 싶은 분야를 직업으로 선택하는 것이 행복을 찾는 것입니다.

　오늘날 세계는 급격하게 변하고 있습니다. 미용 산업도 그 변화에 맞춰 변하고 있습니다. 미용사에 대한 인식과 위상이 높아지면서 미용은 서비스 산업의 중추적인 역할을 하며 눈부신 성장과 발전으로 오늘날 고도의 부가 가치를 창출하는 미래의 성장산업으로 각광받고 있습니다.

　특히 미용사가 되기 위해서는 공단에서 실시하는 미용 기능사 국가기술자격증을 취득해야 하는데, 1차 필기시험과 2차 실기시험에 합격해야 최종합격으로 자격증을 취득할 수 있습니다.

　이 교재는 1차 필기시험을 목표로 하여, 새로운 출제 기준에 맞추어 합격에 도움을 주기 위해 학술적이고 전문적인 내용을 깊이 있게 다루었습니다. 또한 그동안 35년 이상 학생들에게 미용교육과 실무를 가르쳐 오면서 터득한 교훈과 경험을 살려 미용 필기시험 준비에 최적의 교재를 출간하기 위해 심혈을 기울여 집필하였습니다.

　미용사 일반 필기시험은 정확한 요점파악과 꾸준한 노력을 해야만 합격의 영광을 안을 수 있습니다. 그리고 계속 공부하고 노력하는 미용인에게만 대망을 펼칠 수 있는 길이 열리며, 자랑스럽고 성공한 미용인이 될 수 있을 것입니다.

　이 교재가 미용인의 꿈을 펼치는 데 디딤돌 역할이 되길 바라며 앞으로 더 나은 수험교재가 되도록 여러분의 사랑과 조언을 부탁드립니다.

　인류의 미를 가꾸고 다듬어 아름다움을 창조하는 미용인의 꿈을 실현하기를 기원합니다.

저자 오 영 애

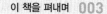

Information Boards

자격시험 안내

출제기준(필기)

직무 분야	이용 · 숙박 · 여행 · 오락 · 스포츠	중직무 분야	이용 · 미용	자격 종목	미용사(일반)	적용 기간	2022. 1. 1 ~ 2026. 12. 31

○직무내용 : 고객의 미적요구와 정서적 만족을 위해 미용기기와 제품을 활용하여 샴푸, 두피 · 모발관리, 헤어커트, 헤어펌, 헤어컬러, 헤어스타일 연출 등의 서비스를 제공하는 직무

필기검정방법	객관식	문제수	60	시험시간	1시간

필기과목명	주요항목	세부항목	세세항목
헤어스타일 연출 및 두피 · 모발 관리	1. 미용업 안전위생 관리	1. 미용의 이해	1. 미용의 개요 2. 미용의 역사
		2. 피부의 이해	1. 피부와 피부 부속 기관 2. 피부유형분석 3. 피부와 영양 4. 피부와 광선 5. 피부면역 6. 피부노화 7. 피부장애와 질환
		3. 화장품 분류	1. 화장품 기초 2. 화장품 제조 3. 화장품의 종류와 기능
		4. 미용사 위생 관리	1. 개인 건강 및 위생관리
		5. 미용업소 위생 관리	1. 미용도구와 기기의 위생관리 2. 미용업소 환경위생
		6. 미용업 안전사고 예방	1. 미용업소 시설 · 설비의 안전관리 2. 미용업소 안전사고 예방 및 응급조치
	2. 고객응대 서비스	1. 고객 안내 업무	1. 고객 응대

필기과목명	주요항목	세부항목	세세항목
헤어스타일 연출 및 두피·모발 관리	3. 헤어샴푸	1. 헤어샴푸	1. 샴푸제의 종류 2. 샴푸 방법
		2. 헤어트리트먼트	1. 헤어트리트먼트제의 종류 2. 헤어트리트먼트 방법
	4. 두피·모발관리	1. 두피·모발 관리 준비	1. 두피·모발의 이해
		2. 두피 관리	1. 두피 분석 2. 두피 관리 방법
		3. 모발관리	1. 모발 분석 2. 모발 관리 방법
		4. 두피·모발 관리 마무리	1. 두피·모발 관리 후 홈케어
	5. 원랭스 헤어커트	1. 원랭스 커트	1. 헤어 커트의 도구와 재료 2. 원랭스 커트의 분류 3. 원랭스 커트의 방법
		2. 원랭스 커트 마무리	1. 원랭스 커트의 수정·보완
	6. 그래쥬에이션 헤어커트	1. 그래쥬에이션 커트	1. 그래쥬에이션 커트 방법
		2. 그래쥬에이션커트 마무리	1. 그래쥬에이션 커트의 수정·보완
	7. 레이어 헤어커트	1. 레이어 헤어커트	1. 레이어 커트 방법
		2. 레이어 헤어커트 마무리	1. 레이어 커트의 수정·보완
	8. 쇼트 헤어커트	1. 장가위 헤어커트	1. 쇼트 커트 방법
		2. 클리퍼 헤어커트	1. 클리퍼 커트 방법
		3. 쇼트 헤어커트 마무리	1. 쇼트 커트의 수정·보완
	9. 베이직 헤어펌	1. 베이직 헤어펌 준비	1. 헤어펌 도구와 재료
		2. 베이직 헤어펌	1. 헤어펌의 원리 2. 헤어펌 방법
		3. 베이직 헤어펌 마무리	1. 헤어펌 마무리 방법
	10. 매직스트레이트 헤어펌	1. 매직스트레이트 헤어펌	1. 매직스트레이트 헤어펌 방법
		2. 매직스트레이트 헤어펌 마무리	1. 매직스트레이트 헤어펌 마무리와 홈케어

필기과목명	주요항목	세부항목	세세항목
헤어스타일 연출 및 두피 · 모발 관리	11. 기초 드라이	1. 스트레이트 드라이	1. 스트레이트 드라이 원리와 방법
		2. C컬 드라이	1. C컬 드라이 원리와 방법
	12. 베이직 헤어컬러	1. 베이직 헤어컬러	1. 헤어컬러의 원리 2. 헤어컬러제의 종류 3. 헤어컬러 방법
		2. 베이직 헤어컬러 마무리	1. 헤어컬러 마무리 방법
	13. 헤어미용 전문 제품 사용	1. 제품 사용	1. 헤어전문제품의 종류 2. 헤어전문제품의 사용방법
	14. 베이직 업스타일	1. 베이직 업스타일 준비	1. 모발상태와 디자인에 따른 사전준비 2. 헤어세트롤러의 종류 3. 헤어세트롤러의 사용방법
		2. 베이직 업스타일 진행	1. 업스타일 도구의 종류와 사용법 2. 모발상태와 디자인에 따른 업스타일 방법
		3. 베이직 업스타일 마무리	1. 업스타일 디자인 확인과 보정
	15. 가발 헤어스타일 연출	1. 가발 헤어스타일	1. 가발의 종류와 특성 2. 가발의 손질과 사용법
		2. 헤어 익스텐션	1. 헤어 익스텐션 방법 및 관리
	16. 공중위생관리	1. 공중보건	1. 공중보건 기초　　　2. 질병관리 3. 가족 및 노인보건　　4. 환경보건 5. 식품위생과 영양　　6. 보건행정
		2. 소독	1. 소독의 정의 및 분류　2. 미생물 총론 3. 병원성 미생물　　　4. 소독방법 5. 분야별 위생 · 소독
		3. 공중위생관리법규(법, 시행령, 시행규칙)	1. 목적 및 정의 2. 영업의 신고 및 폐업 3. 영업자 준수사항 4. 면허 5. 업무 6. 행정지도감독 7. 업소 위생등급 8. 위생교육 9. 벌칙 10. 시행령 및 시행규칙 관련 사항

NCS 기준에 따른 기출문제 정답 해설	
①	미용총론 422문항
②	공중보건학(소독학, 질병관리학) 336문항
③	피부과학 126문항
④	화장품학 57문항
⑤	공중위생관리법 127문항
⑥	모의고사 4편

Contents

차례

Part I
미용이론

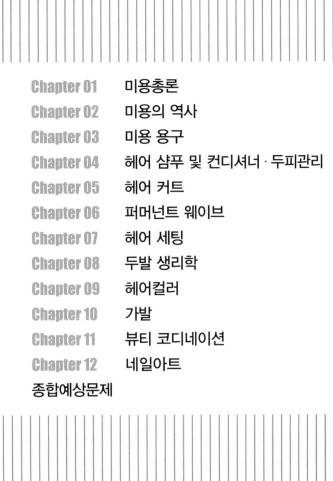

Chapter 01 미용총론

01 미용의 개요

1 미용의 정의

(1) 일반적 정의

미용이란 용모에 물리적 · 화학적 기교를 동원하여 고객의 얼굴, 머리, 피부 등을 손질하여 외모를 아름답게 꾸미는 것을 말한다.

(2) 공중위생관리법상 정의

미용업이라 함은 손님의 얼굴, 머리, 피부 및 손톱 · 발톱 · 등을 손질하여 손님의 외모를 아름답게 꾸미는 영업을 말한다.

(3) 공중위생관리법상 미용사 업무의 범위

파마, 머리카락 자르기, 머리카락 모양 내기, 머리피부 손질, 머리카락 염색, 머리감기, 의료기기나 의약품을 사용하지 아니하는 눈썹손질을 할 수 있다. 그 시대 사람들의 욕구에 따라 항상 변화되므로 그 시대의 욕구와 문화조류에 보조를 맞추기 위해서는 새롭게 개발해 나가야 한다.

2 미용의 특성

미용은 그림, 조각, 조경 등과 같은 조형예술에 속하지만 다른 조형예술과 구별되는 특수성이 있다.

① 미용은 고객의 의사에 따라 미용사 자신의 의사표현이 제한된다.
② 미용의 소재는 고객 자신이므로 임의로 소재를 바꿀 수 없다(소재 선정 제한).
③ 미용사의 여건에 관계없이 시간적 제한을 받게 된다.
④ 미용은 정적예술이지만 고객 신체의 일부분을 그 대상으로 하므로 고객의 표정, 복장 등을 고려하여 미적효과의 변화를 표현해야 한다.

⑤ 미용은 위와 같이 조건의 제한을 받는 부용예술로서의 특수성도 갖고 있어 예술미를 표현하기 위해 미용사의 자질과 우수한 기술이 요구된다.

3 미용의 과정

미용은 고객을 소재로 하여 미용의 작품을 완성시키는 과정이라고 할 수 있다. 일반적으로 '소재의 확인 → 구상 → 제작 → 보정'의 4단계로 구분한다.

(1) 소재의 확인

① 고객 신체의 일부분으로 제한적이다.
② 미용의 특성상 고객의 용모는 개인마다 다르기 때문에 개성을 올바르게 파악하여 개성미를 연출해야 한다.

(2) 구상

① 고객을 소재로 삼아 특징을 살려 개성미를 표출하는 계획이다.
② 구상하기 전 고객의 의견과 요구를 참고로 하여 견해 차를 좁혀야 한다.
③ 미용의 구상과정을 짧은 시간 내에 끝내는 미용사의 예술적 자질이 있어야 한다.

(3) 제작

① 구상의 구체적 표현단계로서 구상이 끝나면 즉시 제작에 들어간다.
② 미용사는 예술적 기교를 발휘하여 고객의 개성을 충분히 표현해야 한다.

(4) 보정

① 제작과정을 끝낸 다음 전체적인 모습을 종합적으로 관찰하여 미적조화에 부족함이 없는지 살펴야 한다.
② 어색한 부분이 발견되면 보정작업을 통해 완전한 끝맺음을 해야 한다.
③ 보정이 끝나면 고객의 만족 여부를 확인하는 것이 필요하다.

> **💎 Tip** 미용 시술 시 유의 사항
> 장소, 연령, 직업, 계절, 얼굴 모습, 특성에 맞게 연출을 한다.

4 미용사의 사명

① 손님이 만족할 수 있는 개성미를 연출해야 한다(미적 측면).

② 그 시대의 풍속, 문화를 건전하게 유도해야 한다(문화적 측면).

③ 공중위생상 위생관리 및 안전유지에 소홀해서는 안 된다(위생적 측면).

④ 미용사는 손님에 대한 예절과 적절한 대인관계를 위해 기본 교양을 갖추어야 한다 (지적 측면).

02 미용작업의 자세

1 올바른 미용작업의 자세

① 미용을 시술할 때는 안정된 자세가 중요하므로 작업 대상의 위치를 바르게 잡는 것이 중요하다.

② 작업 대상의 높이는 자기 심장의 높이와 평행한 수준으로 하는 것이 바람직하다.

③ 힘의 배분을 고려하여 처음부터 끝까지 거의 균일한 동작을 할 수 있어야 한다.

④ 불안정한 작업자세는 피로와 권태를 초래할 수 있다.

⑤ 작업 대상과의 명시거리는 정상시력의 경우 안구에서 약 25cm 정도가 적합하다.

⑥ 실내 조명도는 75lux로 유지하며, 정밀작업 시는 100lux이다.

⑦ 헤어 스타일링 시 작업 자세 : 손님과 미용사 모두에게 편안한 작업이 이루어지도록 높이 조절 의자를 사용해 작업에 적합한 높이로 조절한다. 네이프 부분의 시술 시에는 손님의 고개를 앞으로 숙이도록 하며 미용사는 무릎을 굽히지 말고 허리선부터 굽힌다.

⑧ 샴푸 시 작업자세 : 샴푸 시에는 발을 약 15.5cm 정도 벌리고 등을 곧게 펴서 바른 자세를 유지해야 하며, 등을 굽히지 말고 허리선에서 구부려서 손님 위로 너무 가까이 구부리지 않도록 한다.

03 미용과 관련된 인체의 명칭

1 손가락의 각부 명칭

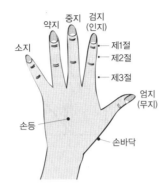

2 얼굴의 각부 명칭

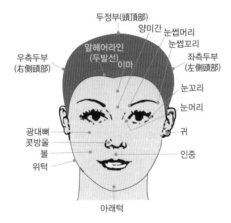

3 두부의 각부 명칭

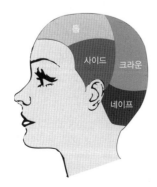 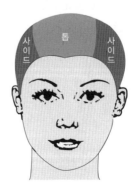

4 두부 포인트 명칭

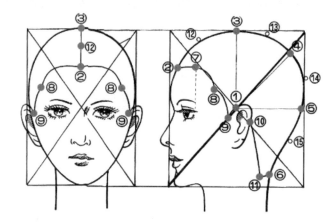

① E.P. : Ear Point(이어 포인트(좌 · 우))

② C.P. : Center Point(센터 포인트)

③ T.P. : Top Point(탑 포인트)

④ G.P. : Golden Point(골든 포인트)

⑤ B.P. : Back Point(백 포인트)

⑥ N.P. : Nape Point(네이프 포인트)

⑦ F.S.P. : Front Side Point(프런트 사이드 포인트(좌 · 우))

⑧ S.P. : Side Point(사이드 포인트(좌 · 우))

⑨ S.C.P : Side Corner Point(사이드 코너 포인트(좌 · 우))

⑩ E.B.P. : Ear Back Point(이어 백 포인트(좌 · 우))

⑪ N.S.P. : Nape Side Point(네이프 사이드 포인트(좌 · 우))

⑫ C.T.M.P. : Center Top Medium Point(센터 탑 미디엄 포인트)

⑬ T.G.M.P. : Top Golden Medium Point(탑 골든 미디엄 포인트)

⑭ G.B.M.P. : Golden Back Medium Point(골든 백 미디엄 포인트)

⑮ B.N.M.P. : Back Nape Medium Point(백 네이프 미디엄 포인트)

5 두부 7라인

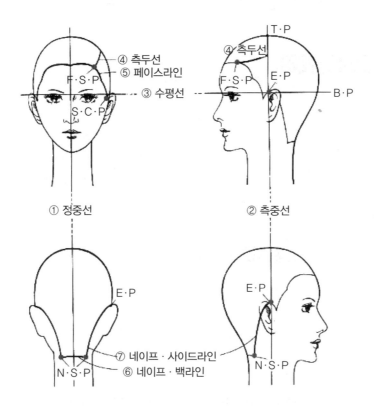

① 정중선(C.P-T.P-N.P) : 코의 중심으로 머리 전체를 수직으로 가른 선

② 측중선(E.P-T.P-E.P) : 뒤 귀부리를 수직으로 두른 선

③ 수평선(E.P-B.P-E.P) : E.P의 높이를 수평으로 두른 선

④ 측두선(F.S.P) : 대체로 눈끝을 수직으로 세운 머리 앞쪽부터 측중선까지를 이은 선

⑤ 페이스라인(S.C.P-C.P-S.C.P) : 모발과 얼굴의 경계선(얼굴선)

⑥ 목뒷선(N.S.P-N.P-N.S.P) : N.S.P에서 N.S.P를 연결한 선

⑦ 목옆선(E.P-N.S.P) : E.P에서 N.S.P를 연결한 선

01 미용의 특수성은?
④ 조건의 제한을 받는 부용예술
이다.
※ 미용은 정적예술이지만 예술미
를 표현하기 위해 미용사의 자
질과 우수한 기술이 요구된다.

01 미용의 특수성과 거리가 먼 것은?

① 조건이 제한되어 있는 부용예술이다.
② 사상 표현이 제한되어 있다.
③ 제한된 시간에 제작해야 한다.
④ 미용사의 사상을 충분히 표현할 수 있는 자유예술
이다.

02 미용은 고객을 소재로 하여 미용
작품을 완성시키는 과정이라고
할 수 있다.
• 소재확인 → 구상 → 제작 →
보정의 4단계로 구분한다.

02 미용과정을 올바르게 열거한 것은?

① 소재의 확인 → 제작 → 구상 → 보정
② 소재의 확인 → 구상 → 제작 → 보정
③ 구상 → 소재의 확인 → 제작 → 보정
④ 구상 → 수정 → 소재의 확인 → 보정

03 미용사는 손님의 의사를 존중하
여 작품을 구상하며 손님이 만족
할 수 있는 개성미를 연출해야
한다.

03 미용사의 사명으로 중요시되는 것은?

① 예술에 관한 깊은 이해가 필요하다.
② 유행에 민감해야 한다.
③ 건전한 지식과 화술이 필요하다.
④ 손님이 만족하는 개성미를 연출한다.

04 제작과정을 끝낸 다음 전체적인
모습을 종합적으로 관찰하여 미
적조화의 부족함이 없는지 살펴
야 한다.

04 미용사의 업무에 대한 설명으로 옳은 것은?

① 손거울을 내주어서 만족을 느끼면 임무가 끝나는 것
이다.
② 제작 후 불충분한 곳이 없는가 재조사한다.
③ 다음 손님을 위해 손님에게 빗을 내주어 직접 정리
하도록 한다.
④ 손님이 만족할 때까지 미용사는 긴장하며 종사한다.

01 ④　　02 ②　　03 ④　　04 ②

05 미용에 대한 설명 중 틀린 것은?

① 미용이라 함은 퍼머넌트 웨이브, 결발, 세발, 매니큐어, 화장 등으로 용모를 미려하게 하는 것이다.
② 미용과정이란 하나의 작품을 완성하기까지 밟는 경로이다.
③ 미용은 직업, 분위기 등에 관계없이 시대에 맞게 한다.
④ 미용사의 사명은 손님의 개성미를 잘 파악하여 시술하는 것이다.

06 공중위생관리법상 미용의 정의로 옳은 것은?

① 내적인 미와 외적인 용모를 미화하는 기술
② 고객을 소재로 하여 미용작품을 완성시키는 예술의 한 분야
③ 고객의 얼굴·머리, 피부 및 손·발톱 등을 손질하여 외모를 아름답게 꾸미는 작업
④ 물리적·화학적 기교를 동원해 용모를 손질하는 것

07 미용 시술 시 작업 대상자와의 명시거리와 실내 조명 밝기가 알맞은 것끼리 짝지어진 것은?

① 20cm, 20lux ② 25cm, 30lux
③ 25cm, 50lux ④ 25cm, 100lux

08 다음 중 공중위생관리법상 미용사의 업무가 아닌 것은?

① 퍼머넌트 ② 네일
③ 머리카락 염색 ④ 눈썹 손질

09 다음 중 얼굴의 헤어라인을 지칭하는 것으로 옳은 것은?

① 왼쪽 S.C.P~오른쪽 S.C.P
② 왼쪽 S.C.P~C.P
③ C.L
④ 왼쪽 S.P~오른쪽 S.P

정답과 해설

05 미용사의 사명
① 미적 측면
② 문화적 측면
③ 위생적 측면
※ 미용사는 손님의 용모를 미려하게 하고 개성미를 연출하며, 미용의 작품을 완성시키는 것이다.

06 공중위생관리법상 미용의 정의
미용업이라 함은 손님의 얼굴, 머리, 피부 및 손톱, 발톱 등을 손질하여 손님의 외모를 아름답게 꾸미는 영업을 말한다.

07 미용 시술 시 정상시력의 사람은 안구에서 약 25cm 거리에서 시술하는 것이 가장 적당하다. 이·미용업소 영업장 내 조명도는 75룩스 이상 유지해야 한다.

08 공중위생관리법(미용사 업무)
파마, 머리카락 자르기, 머리카락 모양내기, 머리피부손질, 머리카락염색, 머리감기, 의료기기나 의약품을 사용하지 아니하는 눈썹 손질을 하는 업무

09 • 이어라인 : S.C.P~E.P~E.B.P
• 네이프백라인 : N.S.P~N.P

05 ③ 06 ③ 07 ④
08 ② 09 ①

Chapter 02 미용의 역사

01 한국의 미용

우리나라의 고대 미용은 역사적으로 고찰하는 데 그 자료가 많이 부족한 상태이다. 다만 유적지의 유물이나 고분 출토물 등을 살펴서 그 당시의 모습을 그린 벽화분이 가끔 발견되는 것에 의해서 그 면모를 엿볼 수 있다.

1 상고시대의 미용

(1) 삼한시대

① 삼한시대에는 전쟁 후 잡혀 온 포로들의 머리를 깎아 노예로 삼았고 수장급은 관모를 썼다.

② 마한의 남자들은 결혼 후 상투를 틀었다.

③ 진한인들은 머리털을 뽑아 이마를 넓히고 눈썹을 굵고 진하게 그렸다.

④ 마한과 변한에서는 문신을 장식수단뿐만 아니라 주술적인 의미를 갖고 사용했으며, 위치와 크기에 따라 신분과 계급을 표시했다.

> **💎 Tip**
>
> 단군 조선 때의 〈증보문헌비고〉에는 "머리에 개수하는 법을 가르쳤다"라고 기록된 것으로 보아 우리 고유의 복식과 머리모양은 이미 이때부터 형성된 것으로 보인다.

(2) 삼국시대

① 고구려

㉠ 고구려 사회의 발형에 대하여 문헌에는 나타나 있지 않으나 고분벽화를 통하여 그 모습을 알 수 있다.

㉡ 벽화에 나타난 남자는 외상투가 보편적으로 많았고 집 안에서는 쌍상투를 한 문지기 장수도 볼 수 있다.

ⓒ 관모는 신분과 사용목적에 따라 종류가 다양하다.

ⓔ 여인들의 머리모양에 관한 기록은 "여자가 머리에 건귁을 썼다"라는 기록만 있으나 고분 벽화를 통해 얹은머리, 푼기명머리, 쪽진머리, 묶은 중발머리, 쌍계도 있었음을 알 수 있다.

ⓜ 고구려 머리 형태는 4~5세기경까지는 고계이며 장식적이던 것이, 6세기에 이르면서 형태가 낮아지고 간편해지며 변발로 틀어 얹거나 쪽머리를 하는 형식이 보인다.

② 백제

㉠ 백제인의 머리모양에 관하여 중국문헌에서는 여자의 경우 편발을 뒤로 늘어뜨리는데, 출가하면 양쪽으로 나누어 머리 위에 둥글게 틀었다고 한다.

㉡ 남자의 경우 높이 틀어 올리는 상투를 하였던 것으로 보인다.

③ 신라, 통일신라

㉠ 미혼녀는 채머리(머리를 뒤로 길게 늘어뜨리는 자연적인 머리형태)를 하고 출가녀는 얹은머리 쪽머리에 비녀나 구슬, 빗, 무늬가 있는 비단 장식을 하였던 것으로 추측된다.

㉡ 통일신라 시대는 화장품 제조 기술이 발달하였다.

㉢ 빗은 빗질할 때 사용하는 것 외에 머리에 장식용으로 꽂고 다녔다.

㉣ 신라인의 가체는 중국을 비롯한 다른 나라에까지 그 우수성이 알려지게 되었다. 당시 신라인의 가체가 중국보다도 아름다운 까닭은 동백, 아주까리, 수유의 열매로 머릿기름을 제조하여 머리손질을 하였기 때문이다.

> **💎 Tip**
> 슬슬전대모빗(자라 등껍질에 자개장식한 것), 자개장식빗, 대모빗(장식이 없음), 소아빗(장식이 없이 상아로 만든 것), 뿔과 나무빗은 신분 고하에 따라 사용

2 고려시대

고려 여인들은 신분에 따라 치장이 다르다. 분대화장(기생 중심의 짙은 화장)과 비분대화장(여염집 여인들의 엷은 화장)으로 나뉜다. 분대화장은 분을 하얗게 많이 바르고 눈썹을 가늘고 선명하게 그리며, 머릿기름을 많이 바르는 것이 특징이다. 고려시대에는 안면용(면약)화장품을 사용하였으며, 두발 염색을 하였다. 또한 거울 제조 기술자와 빗 제조 기술자를 관아에 두었다.

> **💎 Tip**
> • 쪽진머리, 낭자머리 : 비녀를 사용
> • 얹은머리, 푼기명식머리, 쌍상투머리, 민머리 : 비녀를 사용하지 않음

3 조선시대

(1) 머리 형태

① **얹은머리** : 머리를 뒤에서부터 땋아 앞 정수리에 둥글게 고정시킨 것으로 부녀자의 대표적인 머리 형태이다.

② **대수머리** : 궁중의 대례 의식용 가체로, 왕비나 공주 등이 적의를 입을 때의 머리장식이다.

③ **큰머리(어여머리)** : 어여머리는 궁중의 왕비, 공주와 양반가에서는 당상관 부인만 할 수 있었으며, 생머리 위에 사람의 머리카락으로 만든 가체를 얹은머리를 말한다. 가르마 위에 첩지를 매고 그 위에 어염족두리를 쓰며, 예장을 할 때는 봉잠을 중앙에, 떨잠을 좌우에 꽂아 호화로운 수식을 하였다.

④ **트레머리** : 얹은머리와 비슷하며, 가체를 이용하여 꾸미는 얹은머리와 자기머리만으로 얹는 두발 양식이 있다.

⑤ **쪽머리** : 이마 중심에 가르마를 타고 머리를 양쪽으로 곱게 빗어 뒤로 넘긴 후, 쪽 뒤에서 한데 모아 검정댕기로 묶어서 한 가닥으로 땋아 끝에다 자주색의 댕기를 들이고, 쪽을 한 후 비녀로 고정시키는 형태이다.

⑥ **조짐머리** : 반가 부녀자들이 궁중 출입 시 하거나 대궐 나인들이 주로 하는 가체의 일종으로 정조때 가체금지령으로 쪽머리를 장려하여 쪽을 돋보이게 하기 위해 가체를 쪽머리에 올려 장식하는 머리이다.

⑦ **첩지머리** : 예장 시 가르마 위에 첩지를 올려놓고 좌우에 머리를 늘여서 꾸미는 형으로 계급에 따라 재료와 무늬가 달랐다. 왕비용은 도금한 봉첩지, 상궁은 개구리 첩지 등을 사용하였다.

(2) 머리장식품

① **화관과 족두리** : 조선 영 · 정조가 가체큰머리나 어여머리 얹는 것을 금지하고, 화관과 족두리를 쓰도록 한 후 궁중사람들과 서민 대부분이 혼례 때 사용하였다.

② **떨잠** : 큰머리나 어여머리를 할 때 머리 앞 중앙과 좌·우 양 옆에 꽂는 머리장식이며, 왕비를 비롯하여 상류층의 예복차림에서 많이 사용하였다.

③ **뒤꽂이** : 쪽머리 뒤에 꽂는 장식품으로 은으로 만들어 머리 부분과 신분에 따라 재료의 종류를 다르게 사용하였다.

④ **비녀**

    ㉠ 쪽머리에 사용하는 것으로 모든 부녀자가 사용하였는데, 재료와 형태가 다양하였다.

    ㉡ 형태에 따라서 용잠, 봉잠, 호도잠, 국잠, 석류잠 등이 있고 재료에 따라서는 금잠, 은잠, 옥잠, 비취잠, 산호잠 등이 있다.

⑤ **댕기** : 삼국시대부터 주로 미혼녀가 하였으나 부녀자들도 머리를 장식하기 위해 사용하였다.

(3) 화장의 형태

① 근검·절약을 강조하고 사치스러운 옷차림과 장신구, 화장에 대하여 여러 차례 금지령을 내렸다.

② 참기름을 밑화장할 때 사용하였다.

4 근·현대

① 신문명에 의해 미용에 눈을 뜨게 된 것은 한일합방 이후이다.

② 1920년대 들어서서 김활란 여사의 단발머리와 이숙종 여사의 높은머리(일명 다까머리)가 유행했다.

③ 1933년대에는 우리나라 최초의 미용사였던 오엽주가 일본에서 돌아와 화신백화점에 미장원을 개업했다.

④ 6·25전쟁 이후 다양한 종류의 헤어컷과 퍼머넌트 웨이브, 염색방법 등이 소개되었다.

⑤ 해방 이후에는 김상진 선생이 현대미용학원을, 6·25전쟁 이후에는 권정희 선생이 우리나라 최초 정화고등기술학교를 설립하였다.

> **💎 Tip**
>
> 우리나라의 미용은 고대 미용은 중국의 영향을 받았고, 근대에는 구미와 일본의 영향을 받았다.

02 외국의 미용

1 고대 중국의 미용

고대에는 민족과 고유의 문화가 다르기 때문에 미용 예술도 특유의 고유성을 유지해 왔지만 근대 미용은 각국의 전통을 기본으로 거의 동일 수준을 이루고 있다. 우리나라의 미용은 과거에는 중국 당나라의 영향을 받았고, 근대에는 구미와 일본의 영향을 받고 있다.

중국은 예로부터 미용이 발달한 나라로서 B.C. 2000년경(하나라)에 분을 사용하였고, B.C. 1150년(은나라)의 주왕 때는 연지, 화장도 등장했다. 또 B.C. 246~210년(진시황 시대)에는 아방궁의 삼천 궁녀 미희들에게 연지와 백분을 바르고 눈썹도 그리게 했다.

특히 당나라 시대는 동양 문화의 정점이라 할 만큼 미용이 발달했고, 우리나라도 많은 영향을 받았다. 또한 액황을 이마에 발라 입체감을 살렸고 홍상이라 하여 백분을 바른 후 연지를 첨가했으며, 유명한 수하미인도의 인물화가 바로 이런 예이다.

현종(713~755년)은 십미도에서 열 종류의 눈썹을 소개하여 눈썹 화장에도 공을 들였다.

> **💎 Tip** 십미도
>
> 당나라 현종 때 10종류의 눈썹모양을 그려 넣은 것으로, 이것으로 미인을 평가했다고 전해진다.

2 고대 이집트와 그리스 · 로마

(1) 이집트

① 이집트의 귀족들은 종교적인 의식과 생활, 환경에 의해 청동으로 만든 면도칼로 헤어를 짧게 깎고 가발(Wig)과 같은 머리쓰개를 썼다.

② 나일강 유역의 진흙을 두발에 발라 둥근 나무 막대기로 말아서 태양열에 건조시켜 컬을 만든 것이 퍼머넌트의 시초이다.

③ B.C. 1500년경에 헤나를 진흙에 개어 두발에 바르고, 광선에 건조시켜 표현한 최초의 염모제가 탄생하였다.

④ 이집트인들은 금속을 빻아 동물기름과 섞은 다음 액체로 만들어 아이섀도(Eye shadow)와 아이라인(Eye line)을 그렸다.

(2) 그리스 · 로마

① 그리스 · 로마인들은 금발을 아름답게 여겼기 때문에 자신의 모발을 표백하여 노란꽃을 으깬 물에 담가 황금색으로 물들이고 컬을 만들어 아름답게 장식하였다.

② 초기에는 의학적인 경향과 인간 본연의 자연미와 순수미를 추구하였으나, 후대에 와서는 화려하고 인위적인 짙은 화장에 매료되었다. 전문적인 결발사가 출현하였으며, 로마시대에는 웨이브나 컬을 이용한 가발을 많이 사용하였다.

3 중세(비잔틴, 로마네스크, 고딕)

(1) 비잔틴

남자는 로마식의 앞머리가 짧은 단발형이고, 여자는 로마처럼 땋아서 묶거나 올린 형이었으나, 8세기 이후 머리를 보이지 않게 은폐하는 경향이 강했다.

(2) 로마네스크

① 남성들의 머리는 비교적 단순하여 평범하게 단발을 하고 늘어뜨렸다.

② 어깨를 덮는 케이프(Cape)가 달린 후드(Hood)를 신분의 구별이 없이 모두 썼는데, 이는 얼굴만을 내놓게 되어 있어 머리 형태에는 큰 관심을 갖지 않았던 것으로 보인다.

③ 여성들은 앞 중앙을 가르고 머리를 두가닥이나 세가닥으로 따서 길게 늘어뜨렸으며, 결혼하면 머리를 틀어 올렸다.

④ 귀족계급에서는 부와 사회계급을 상징하는 관을 그 위에 써서 자신들의 신분을 과시하기도 했다.

(3) 고딕

① 남성들은 어깨 길이로 컬(Curl)을 하여 자연스럽게 늘어뜨렸으며, 후기에는 사제와 같이 목덜미 밑을 깨끗이 면도하여 짧게 자른 스타일이 등장하였다.

② 미혼여성들은 일반적으로 컬한 머리를 자연스럽게 늘어뜨렸으며 결혼한 여성들은 머리 중앙을 가르고 양쪽으로 땋아서 귀 위에 바퀴모양으로 장식하였다.

③ 바퀴모양의 머리에 금망으로 만든 카울(Caul)을 씌우거나 머리 전체를 카울로 씌운 뒤, 작은 케이프를 쓰기도 하였다. 이 시기에 가장 특징적인 것은 여성들이 쓰던 에넹(Hennin)이라는 끝이 뾰족한 원추형의 모자로 100년 이상이나 사용되었다.

4 근세(르네상스, 바로크, 로코코)

(1) 르네상스

① 여자는 대체로 머리를 짧게 자르고 단정하게 하였으며, 앞 중심에 가르마를 타고 이마를 전체적으로 내놓았다. 남자는 뒷머리를 목덜미에 붙였으며 의상 등을 여자와 흡사하게 하여 부드럽게 어깨까지 늘어뜨렸고, 수염을 소중히 여기기 시작하였다.

② 초기에는 기발한 형태의 수염이 등장하였다.

③ 1530년경부터 턱밑 전체를 덮는 풍부한 수염이 유행하고 여자는 보닛(Bonnet), 캡(Cap), 후드(Hood)처럼 크라운이 낮고 머리 둘레가 둥근 것을 썼다.

④ 가발을 쓰고 머리에 착색도 했다.

(2) 바로크

① 남녀 모두 머리 모양을 가장 여성스럽고 풍성한 모양으로 부드럽게 어깨까지 늘어뜨렸고 가발을 많이 사용하였다.

② 최초의 남자 결발사인 샴페인이 등장하였다.

③ 프랑스의 캐더린 오프 메디시 여왕은 이탈리아 결발사, 가발사, 향장품을 초빙하여 기술을 전수해 프랑스 근대 미용의 기반을 다졌다.

☙ Tip
- 바로크 : 예술양식의 하나로 "일그러진 진주"라는 뜻이다. 이상한 모양, 괴이한 모양을 가리키며 시대적으로는 17세기를 말한다.
- 샴페인 : 17세기에 등장한 프랑스 최초의 남자 미용사, 파리에서 결발기술이 성행하게 하였으며 프랑스 혁명 이후 근대 미용의 기반을 마련하였다.

(3) 로코코

① 부르주아 계급의 급성장으로 아름다운 부인들을 중심으로 살롱 문화가 발달하였다.

② 남자들은 나이, 직업, 복장에 따라 가발을 매우 다양하게 착용했다.

③ 여성은 18세기 초기에는 부풀리지 않은 납작한 머리에 레이스로 된 작은 란제리 캡을 쓰거나 리본을 매어 장식했다. 이와 유사한 퐁파두르 헤어스타일은 머리에 조화, 리본, 보석 장식, 머리 뒤통수나 정수리에 리본을 매어 장식한 것이다.

④ 머리카락을 쿠션과 철사뼈대 위로 부풀려서 포마드로 고정시키고 가체를 사용하거나 파우더를 뿌리는 등 점점 더 기교적이고 복잡한 형이 되었다.

☙ Tip 로코코 양식

루이 14세의 사후(1715년)부터 프랑스 혁명까지(1789년)의 유럽미술양식을 로코코 양식이라 하며, 프랑스를 중심으로 이루어졌다.

5 근대(엠파이어, 로맨틱, 크리놀린, 버슬)

① **여자들의 머리형** : 가는 컬보다 굵은 컬로 부풀려 올리는 로맨틱한 분위기의 스타일

② 1830년 : 무슈 끄로샤트 – 아폴로 노트형 머리스타일 고안

③ 1867년 : 과산화수소 블리치제 발명

④ 1875년 : 마셀 그라또우 – 아이론 마셀 웨이브, 부인결발법

⑤ 1883년 : 합성유기염료가 두발염색의 신기원을 이룸

6 현대(20세기)

여성의 사회진출이 늘어나면서 실용적, 현실적, 기능적인 짧은 머리 형태가 나타났으며, 유행을 중요시하는 시기를 거쳐서 현재에는 다양한 각자의 개성 표현이 중시되고 있다.

① 1900년 : 퐁파두르 스타일 유행

② 1905년 : 찰스 네슬러 – 스파이럴식 퍼머넌트 웨이브 시초

③ 1910년 : 보브 스타일 유행

④ 1920년 : 남성머리와 같이 쇼트커트, 이튼크롭, 보이시 보브, 싱글보브(가르송) 등이 유행

⑤ 1925년 : 조셉 메이어 – 크로키놀식 히트 퍼머넌트 웨이빙 고안

⑥ 1930년 : 부드러운 퍼머넌트 웨이브 유행

⑦ 1936년 : J.B 스피크먼 – 콜드웨이브 시초

⑧ 1966년 : 산성 중화 컨디셔너 고안

⑨ 1975년 : 산성 퍼머넌트 제조

◎ 근대 · 현대 미용의 변천

1900~1910년대	업 스타일(깁슨걸, 퐁파두르 스타일, 원롤 스타일 등)
1920년대	단발 보브 스타일
1930년대	퍼머넌트 웨이브, 세미 보브 스타일
1940년대	링고(Lingo) 스타일, 아이론 웨이브
1950년대	콜드 퍼머, 숏커트 스타일
1960년대	다양한 커트 스타일 유행, 히피(Hippie) 스타일
1970년대	콜드 퍼머, 기하학적 커트, 펑크 스타일
1980년대	다양한 퍼머넌트 스타일 유행
1990년대	개성 추구형 복고풍 스타일, 컬러의 다양화

💎 Tip

• 깁슨걸 : 롱헤어 스타일로 머리 앞쪽을 약간 높게 하고 머리 끝은 링이나 네트의 다발로 해서 흘러내리게 하며 탑 부분을 낮게 만드는 스타일이다.

• 퐁파두르 스타일 : 머리카락을 두상에 딱 붙여 빗어 올려 머리 뒤에서 정리해 양쪽 귀 밑으로 애교 머리를 내 놓는 스타일이다.

• 링고 스타일 : 프린지는 롤뱅으로 하고 뒷머리 역시 롤을 말아서 앞머리와 비슷하게 바깥 말음한 스타일이다.

Chapter 02 | 미용의 역사

01 한일합방 이후 한국 여성들의 머리형에 혁신적인 변화를 일으킨 계층과 가장 관련이 먼 것은?

① 외국 유학생
② 개화여성
③ 기생들
④ 일반층의 여성

01 한국여성들이 신문명에 눈을 뜨게 된 것은 한일한방 이후(개화여성, 외국유학생, 기생이 신여성이다)

02 옛 한국여성의 머리장식품이 아닌 것은?

① 화잠
② 봉잠
③ 용잠
④ 국잠

02 조선시대에는 숭유사상의 영향으로 장식품은 봉잠, 용잠, 호도잠, 국잠, 석류잠, 금잠, 은잠, 옥잠, 비취잠, 산호잠 등을 사용하였다.

03 우리나라에서 분을 바르기 시작한 때는?

① 조선 중엽
② 한일합방 이후
③ 해방 후
④ 이조 말엽

03 조선 중엽부터 일반인들은 분을 신부화장으로 많이 사용하였다. 이때부터 연지, 곤지를 찍었으며 모시실로 눈썹을 밀고 눈썹을 그렸다.

04 우리나라의 미용발전에서 근대에는 어디의 영향을 받았는가?

① 중국 당나라
② 구미와 일본
③ 이집트
④ 로마

04 근대에는 구미와 일본의 영향을 받았고, 고대 미용은 중국 당나라의 영향을 받았다.

01 ④ **02** ① **03** ① **04** ②

조선조 중엽에는 분화장이 시작 **05**
되어 신부화장에 쓰였고 밑화장
으로는 참기름을 사용하였으며
연지, 곤지를 찍었다.

05 우리나라에서 일반인 신부화장의 하나로 양쪽 뺨에는 연지
를 찍고, 이마에는 곤지를 찍어서 혼례식을 하던 시대는?

① 조선조 말기부터　　　② 조선조 중엽부터

③ 고려 말기부터　　　　④ 고려 중엽부터

Tip

조선시대 : 부녀자가 쪽진 머리를 비녀로 고정 또는 가체를 만들어 머리에
고정하였다.

① 용잠 ; 용의 머리형상을 새기어 만든 비녀

② 봉잠 : 봉황의 모양을 새긴 큼직한 비녀

③ 호도잠 : 잠두를 호도모양으로 새겨서 만든 비녀

④ 국잠 : 국화모양으로 꾸민 비녀

⑤ 석류잠 : 비녀꼭지에 석류 꽃송이 무늬를 새긴 은비녀나 금비녀

⑥ 금잠 : 금으로 만든 비녀

⑦ 은잠 : 은으로 만든 비녀

⑧ 옥잠 : 옥으로 만든 비녀(비취비녀)

⑨ 산호잠 : 산호로 만든 비녀

⑳ 비취잠 : 전통한복 비녀 비취잠

• 1920년대 : 김활란(단발머리), 이 **06**
숙종(높은 머리, 일명 다까머리)

• 1933년대 : 오엽주(화신백화점
에 미장원 개업)

• 1936년 : J.B 스피크먼(콜드웨
이브 시초)

• 1905년 : 찰스 네슬너(스파이럴
식 파마 웨이브 시초)

06 다음 중 맞게 연결된 것은?

① 높은 머리 – 김활란 여사

② 스파이럴 – 마셀 그라또우

③ 콜드 웨이브 – 스피크먼

④ 단발머리 – 이숙종 여사

고대에는 중국 당나라의 영향을 **07**
받았고, 근대에는 구미와 일본의
영향을 받았다.

07 우리나라 미용에 처음 영향을 준 것으로 알려진 나라는?

① 일본　　　　　　　　② 프랑스

③ 중국 당나라　　　　　④ 독일

이집트 귀족들은 청동으로 만든 면 **08**
도칼로 헤어를 짧게 깎고 가발과
같은 머리쓰개를 썼다. B.C 1500년
경 헤나를 진흙에 개어 두발에 바
르고 광선건조시켜 최초 염모제가
탄생하였다.

08 고대 미용의 발상지는?

① 중국　　　　　　　　② 프랑스

③ 이집트　　　　　　　④ 일본

05 ②　**06** ③　**07** ③　**08** ③

09 현대 미용의 발상지는?

① 중국
② 프랑스
③ 일본
④ 독일

09 고대 미용 발상지는 이집트, 현대 미용은 프랑스이다.

10 앞머리 양쪽에 풀어 얹은 머리모양은?

① 낭자 머리
② 쪽진 머리
③ 푼기명식 머리
④ 쌍상투 머리

10 앞머리 양쪽에 풀어 얹은 머리 모양은 쌍상투 머리이다.

11 다음 중 잘못 짝지어진 것은?

① 김활란 여사 – 단발머리
② 권정희 선생 – 정화기술고등학교 설립
③ 찰스 네슬러 – 크로키놀식 고안
④ 이숙종 여사 – 높은 머리

11 찰스 네슬러는 1905년 스파이럴식 퍼머넌트 웨이브의 시초이다.

12 알칼리 토양과 태양열을 이용해 퍼머넌트의 기원을 이룬 고대 미용의 발상지는 어디인가?

① 로마
② 그리스
③ 프랑스
④ 이집트

12 이집트 : 나일강 유역의 진흙을 두 발에 발라 둥근 나무 막대기로 말아서 태양열에 건조시켜 컬을 만든 것이 퍼머넌트의 시초이다.

09 ② **10** ④ **11** ③ **12** ④

Chapter 03 미용 용구

01 미용 도구

미용 용구는 크게 미용 도구, 미용 기구, 미용 기기로 나눈다. 미용에서의 도구는 미용사의 손과 손가락의 움직임을 실제적 · 구체적으로 돕는 기구로 빗, 가위, 클립 등이 있다. 미용 기구는 시술 시 필요한 물건을 담아 정리하는 데 필요한 용구이며, 미용 기기는 동력을 이용한 기계 장치를 말한다.

1 빗(Comb)

(1) 빗의 역사

빗은 정발의 필수도구로 약 5천 년 전부터 사용되었던 것으로 추측된다. 승문시대의 유적지에서 발견된 빗은 빗몸 부분이 길고 빗살 부분이 짧게 되어 있어서 머리장식용 빗의 일종이라고 생각된다.

(2) 빗의 종류 및 명칭

커트용, 웨이브용, 정발용, 비듬 제거용, 세팅용, 헤어 다이용, 결발용 등

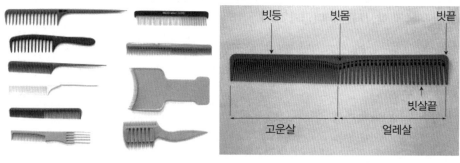

       ⊙ 빗의 종류   ⊙ 빗의 명칭

(3) 빗의 기능과 조건

① 빗질이 잘 되어야 하고, 정전기가 발생하지 않는 것이 좋다.

② 커트, 퍼머넌트 웨이브, 아이론, 트리트먼트, 염색 시 사용한다.

③ 빗살의 고운살은 빗질 시, 얼레살은 섹션을 뜰 때 사용한다.

④ 열이나 약품 등에 대한 내구성이 있어야 한다.

⑤ 빗몸이 일직선이고 빗살의 간격이 균일하며 두께가 균등하여 안정성이 있어야 한다.

⑥ 빗은 손님 1인마다 소독해야 하며 석탄산수, 크레졸수, 자외선, 역성비누 등에 약 10
분간 담가서 소독한다.

2 브러시(Brush)

브러시는 헤어세팅, 화장, 매니큐어, 두피처리, 샴푸, 드라이 등 미용 시술의 각 분야에
폭넓게 쓰인다.

브러시는 비교적 빳빳하고 탄력 있는 것이 좋다. 양질의 자연강모가 좋으며 동물의 털로
는 돼지나 산돼지 털, 고래수염이 좋고 근래는 나일론 비닐 제품을 많이 사용한다.

(1) 헤어 브러시

경질의 브러시는 정발, 결발, 블로 드라이(Blowdry) 등에 사용되고, 털이 부드러운 브러
시는 머릿기름, 헤어로션, 염모제, 탈색제 등을 바를 때 사용한다.

① 덴멘(Denman) 브러시 – 쿠션(Cushion) 브러시

　㉠ 열에 강하며, 머리에 강한 텐션과 모근을 살려주는 볼륨감을 주는 데 사용된다.

　㉡ 모발 끝에 부드러운 컬인 겉마름 컬과 안마름 컬을 만들 수 있다.

② 스캘톤(Skeleton) 브러시 – 벤트(Vent) 브러시

　㉠ 짧은 머리, 퍼머 웨이브 스타일 등에 드라이한 후 브러시 아웃에 적당하다.

　㉡ 빗살이 듬성듬성하여 머리카락 표면의 흐름을 거칠게 하는 단점이 있다.

③ 롤(Roll) 브러시

　㉠ 작은 롤 브러시는 강한 컬을 만들어 주로 짧은 머리, 웨이브 컬에 많이 사용된다.

　㉡ 큰 롤 브러시는 C컬을 주기 위해 텐션기법이 요구될 때 사용한다.

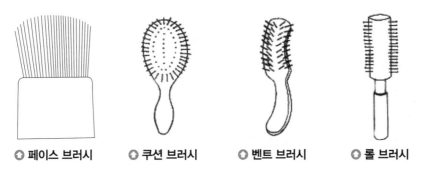

ⓞ 페이스 브러시　　ⓞ 쿠션 브러시　　ⓞ 벤트 브러시　　ⓞ 롤 브러시

(2) **비듬제거용 브러시** : 경질의 브러시로 정발용으로도 쓰인다.

(3) **메이크업용 브러시** : 아이브로 브러시(눈썹), 마스카라 브러시(마스카라), 섀도 브러시 (볼터치용) 등이 있다.

(4) **페이스 브러시** : 얼굴, 목, 등에 붙은 분이나 머리카락을 털어낸다.

(5) **샴푸제 도포용 브러시** : 비듬성 두피에 두피 마사지 효과를 준다.

(6) **롤 브러시** : 헤어드라이할 때 사용한다.

3 가위(Scissors)

(1) 기능

두발을 자르는 역할을 한다.

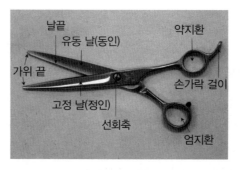

● **가위의 명칭**

(2) 종류 및 명칭

① **사용 용도에 따른 분류**

㉠ 커팅가위 : 두발을 커트하고 셰이핑할 때 사용

㉡ 틴닝가위 : 두발 길이를 자르지 않고 많은 두발의 숱을 쳐내기 위한 가위이며 톱니로 구성

㉢ 기타 : R형가위, 빗겸용가위, 레이저겸용가위, 미니가위 등

② **재질에 따른 분류**

㉠ 착강가위 : 손잡이의 강철은 연강이고 그 안쪽에 부착된 날은 특수강이며 부분적인 수정에 많이 쓰인다.

㉡ 전강가위 : 전체가 특수강이다.

(3) 가위 선택법

① 날의 두께가 얇지만 튼튼해야 하며, 양날의 견고함은 동일하고 강도와 경도가 좋아야 한다.

② 협신에서 날끝으로 갈수록 내곡선인 것이 좋다.

③ 도금이 되지 않아야 하며 손가락 넣는 구멍이 시술자에게 적합하고 쥐기 쉽고 조작이 쉬워야 한다.

(4) 가위 손질법

① 마른 수건으로 수분을 닦고 녹이 슬지 않게 기름칠을 하고 소독한 다음 소독장에 보관하는 것을 원칙으로 한다.

② 소독에는 자외선, 석탄산, 크레졸, 알코올 등을 사용한다.

4 레이저(Razor)

두발을 깎거나 자르는 데 사용되는 중요한 도구이다.

(1) 레이저의 구조와 명칭

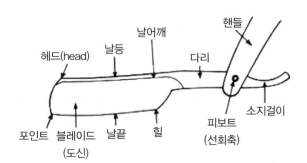

(2) 레이저의 종류

① 오디너리(Ordinary) 레이저 : 잘려지는 두발의 부위가 넓어 작업속도는 빠르지만 두발을 과다하게 자르거나 시술자가 다칠 우려가 있어 숙련자가 사용하기에 좋다.

② 셰이핑(Shaping) 레이저 : 시술자가 손을 다칠 위험이 적어 안전하지만 잘리는 두발의 부위가 좁아 작업 속도가 느리다.

(3) 레이저의 선택과 손질법

날등과 날끝이 서로 평행해야 하며, 날등에서 날끝까지 일정한 곡선상의 형태를 이룬 것이 좋다. 사용 후엔 석탄산수, 크레졸수, 포르말린수, 에탄올 등으로 소독하여 소독장안에 보관한다.

5 아이론(Iron)

열을 이용하여 두발의 구조에 일시적인 변화를 주어 웨이브를 만드는 것을 목적으로 한다. 아이론은 프롱과 핸들의 길이가 대체로 균등해야 조작하기 좋다. 그리고 그루브와 프롱이 정확하게 맞아

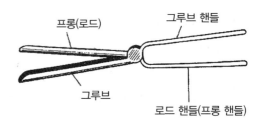

야 하며 전체에 열이 120~140℃로 고르게 있어야 한다. 아이론을 잡을 때는 그루브가 아래쪽으로 가도록 한다.

① **프롱(Prong)** : 두발을 위에서 누르는 작용을 하며 로드(Rod)라고도 한다.
② **그루브(Groove)** : 두발의 필요한 부분을 나누거나 두발 사이에 끼워 고정하는 역할을 한다.
③ **핸들(Handle)** : 손잡이 부분을 말한다.

6 클리퍼

일반적으로 남성 커트나, 어린이 커트에 사용하는 도구로 헤어 라인을 최대한 깔끔하게 커트할 때 사용하는 도구이며, 강모용, 연모용, 솜털커트용 등이 있다.

7 헤어 클립

컬을 고정하거나 웨이브를 형성하는 데 사용하며, 종류에는 헤어핀, 보비핀, 싱글 프롱 클립, 더블 프롱 클립, 덕빌 클립, 클립 등 다양하다.

8 컬링로드

컬러 또는 컬링로드라고도 한다. 퍼머넌트 웨이브 기술에서 웨이브를 만들기 위해 두발을 감는 용구이며 콜드웨이브나 히트웨이브 등 어느 것에나 쓰이지만 시술과정의 차이

에 따라 재질적으로 다르다. 컬링로드는 두발의 감는 위치에 따라 대, 중, 소의 호수로 구별하며, 컬링로드에 감긴 스트랜드(두발의 숱)를 감기 위해 사용되는 고무줄은 리플레 이스먼트 러버라 한다.

9 롤러

헤어세팅 시 두발에 볼륨을 주기 위해 사용되는 도구이며 원통의 폭과 지름에 따라 대, 중, 소로 나뉜다.

02 미용 기구

미용 시술 시 사용되는 물품을 정리하고 담아두는 데 필요한 용구를 미용 기구라 하는 데, 종류에는 샴푸대, 미용 의자, 소독기, 웨건 등이 있다.

(1) 미용 기구의 사용 방법(주의점)

① 감염병이나 감염균으로부터 감염이 발생하지 않도록 소독에 주의하고 청결을 유지한다.
② 시술 후에는 소독기에 보관하여 사용하도록 한다.

03 미용 기기

전기를 이용한 것을 말하며, 종류는 헤어드라이, 헤어스티머, 히팅캡, 바이브레이터(진동기), 갈바닉 전류미안기, 파라딕 전류미안기, 고주파 전류미안기 등이 있다.

1 고주파 전류미안기

고주파는 라디오나 무선에 사용되는 전파보다 아주 짧은 파장을 말한다. 고주파 전류미 안기는 이 고주파를 미안술 또는 스캘프 트리트먼트에 응용한다. 100,000Hz 이상의 주 파로 심부에 열을 발생시켜 온도가 상승하여 모세혈관의 혈류량이 증가하고 신진대사를 촉진시킨다.

2 갈바닉 전류미안기

갈바닉 전류는 직류전류라고도 한다. 이 전류는 항상 양극에서 음극으로 흐르며 양극과 음극에서 각각 작용이 다르다. 양극(+)은 피부의 탄력과 수렴작용 및 피부살균기능이 있다. 음극(−)은 혈액순환을 왕성하게 하고 피부의 영양상태가 좋아질 수 있도록 자극하는 작용을 한다.

3 패러딕 전류미안기(영국의 수리·화학자 패러딕 : Faradic, 1791∼1867)

패러딕 전류는 감응전류라고 하는데 코일에서 얻어지는 감응 때문이다. 신경에 미치는 자극 작용에 의해 근육의 수축운동, 혈액순환, 신진대사가 활발해진다.

4 적외선등

적외선은 전자파의 일종으로 열선이라고도 부른다. 물체에 닿으면 반사 또는 흡수되며 흡수된 에너지는 직접 열로 변화되어 물체의 온도를 상승시킨다. 적외선등은 적외선이 피부에 침투해서 온열 자극을 주는 미용 기술에 이용한다. 750∼1,500nm 사이의 전자기파를 말하며 30cm 떨어진 위치에서 조사하고 눈 보호대를 사용한다.

5 자외선등

자외선은 100∼380nm의 파장을 말한다. 자외선등은 피부의 노폐물 배출을 촉진하고 비타민 D를 생성하는 작용을 한다. 시술 시 눈을 보호하기 위해 보호안경을 쓰고 고객에게는 아이패드(Eye pad)를 착용시킨다.

6 바이브레이터(Vibrator)

전기 진동으로 미안술에 응용하여 피부의 혈액순환과 신진대사를 높여주며 또한 지각신경을 자극하여 쾌감을 느끼게 한다.

7 헤어드라이기

① 젖은 두발을 말리는 기능과 헤어스타일을 완성시키기 위한 목적으로 사용된다.

② 사용목적에 따라 냉풍, 온풍, 열풍으로 조절한다.
③ 핸드식, 스탠드식, 벽걸이식으로 분류한다.

8 헤어스티머

헤어스티머는 180~190℃의 스팀을 발생하는 기기다.

① 염색이나 퍼머넌트 웨이브의 경우는 와인딩(Winding)을 끝내고 나서 사용하며 약액이 모발에 침투하는 것을 돕는다.
② 헤어 트리트먼트의 경우는 손상된 두발에 약액의 흡수를 높여주고 두피의 혈행을 활성화시켜 준다.
③ 미안술에 사용할 때 사용 시간은 10~15분이다.

9 원근 적외선 히터

① 약액을 모발에 침투시키는 기구로 정착력을 증대시킨다.
② 헤어 컬러링, 퍼머넌트 웨이브, 두피 헤어 트리트먼트의 효과를 높이는 데 사용된다.

10 히팅캡

헤어 · 두피 트리트먼트, 가온식 콜드액 시술에 사용된다. 오일이나 크림을 두발 또는 두피에 도포하여 침투가 잘되도록 열을 가해 준다. 사용시간은 15~20분이다.

Chapter 04

헤어 샴푸 및 컨디셔너 · 두피관리

01 헤어 샴푸

두피와 두발은 매일 환경오염, 세균, 스타일링 제품, 땀과 피지에 의해서 불순물이 쌓이기 때문에 깨끗하게 하지 않으면 비듬과 탈모가 생기고 각종 질병을 유발시킬 수 있다.

1 목적 및 효능

① 헤어 샴푸는 모든 미용기술의 기초가 된다.
② 두발 시술을 용이하게 하고 만족할 만한 효과를 얻을 수 있게 한다.
③ 두피와 두발의 성상에 따라 스캘프 매니플레이션을 병용하여 생리적인 작용을 돕고 두발의 건전한 발육을 촉진한다.
④ 두피를 자극하여 혈액순환을 촉진시켜 모근을 강화시키는 동시에 상쾌감을 준다.
⑤ 유성성분은 물과 대립하는 성질을 가지므로 쉽게 제거되지 않고 샴푸제에 함유되어 있는 알코올계 계면활성제에 의해서 제어된다.

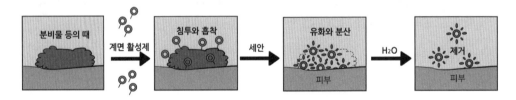

○ 계면활성제의 역할

2 샴푸의 종류와 특징

(1) pH에 따라

① **산성 샴푸** : 두발과 같은 pH 4.5를 띠고 있으며 모표피를 부풀게 하거나 두발의 pH를 변화시키지 않는다. 손상모발, 염색모발에 적합하며 린스는 사용하지 않아도 된다.
② **알칼리성 샴푸** : 약 pH 7.5~8.5로 일반적으로 사용되며 세정력이 제일 강하고 비누나 합성세제를 주제로 한다.

③ 비듬성 상태 : 항비듬성 샴푸제(약용샴푸), 비듬제거용 샴푸제(댄드러프 리무버 샴푸)

> 💎 **Tip** 계면활성제
> 유화, 분산, 가용화 등의 작용을 통해 유성 노폐물을 제거한다.

종류	역할
음이온성 계면활성제 (Anionic surfactant)	• 기포력, 세정력이 우수하며 비누, 클렌징폼과 샴푸에 많이 쓰인다.
양이온성 계면활성제 (Cationic surfactant)	• 살균, 소독작용이 크며, 대전방지효과가 높아서 린스제, 트리트먼트제 에 많이 사용된다.
양쪽성 계면활성제 (Amphoteric surfactant)	• 세정력이 우수하고 자극이 적어서 안전성이 높다. • 유아용 샴푸나 저자극성 샴푸에 많이 쓰인다. • 음이온성 계면활성제와 같이 쓰면 음이온성 계면활성제의 자극을 완화시키므로 최근에는 병행하여 많이 사용된다. 또한 대전방지효과와 방취효과도 있어서 린스제와 트리트먼트제에도 사용된다.
비이온성 계면활성제 (Nonionic surfactant)	• 고급알코올이나 에칠렌옥사이드와 결합시켜 친수성에서 친유성까지 많은 종류의 계면활성제를 만들어 사용한다. 세정, 유화, 습윤효과가 있어서 클렌징크림의 세정제, 헤어크림이나 트리트먼트제 같은 크림의 유화제로 사용된다.

(2) 물의 사용여부에 따라

웨트(Wet) 샴푸 : 물을 사용	드라이(Dry) 샴푸 : 물을 사용하지 않음
플레인(Plain) 샴푸 : 일반적인 샴푸	① 리퀴드 드라이(Liquid dry) 샴푸 : 벤젠 알코올 사용, 가발모에 사용
스페셜 샴푸 ① 컬러 샴푸 : 일시적인 염색효과 ② 오일 샴푸 : 건성모에 사용 ③ 에그 샴푸 : 달걀 노른자, 표백모, 노화모에 사용 ④ 프로테인 샴푸 : 단백질을 포함하거나 다공성 모에 사용 ⑤ 논스트립핑 샴푸 : 저자극성 샴푸로 손상모, 염색모에 사용	② 파우더 드라이(Powder dry) 샴푸 : 붕산, 탄산 마그네슘 사용, 가축에 사용 ③ 에그 파우더(Egg powder) 드라이 샴푸 : 달걀 흰자를 거품내서 사용, 환자나 가축에 사용 ④ 토닉(Tonic) 샴푸 : 두발을 세정하고, 두피 및 두발의 생리기능을 높여주는 것으로 리퀴드 드라이 샴푸의 일종

(3) 시술순서에 따라

① **프레 샴푸(Pre-shampoo)** : 퍼머나 염색 전에 하는 샴푸

② **애프터 샴푸(After shampoo)** : 퍼머나 염색 후에 하는 샴푸

(4) 트리트먼트 샴푸

① **소프트터치 샴푸(Soft touch shampoo)** : 모발 유연 작용

② **브라이언트 샴푸(Brilliant shampoo)** : 모발광택용

③ **뉴트리티브 샴푸(Nutritive shampoo)** : 영양보급용

④ **라이치리스 샴푸(Lichless shampoo)** : 가려움증용

⑤ **댄드러프 리무버 샴푸(Dandruff remover shampoo)** : 비듬제거용

⑥ **프리벤테이션 샴푸(Preventation shampoo)** : 탈모방지용

⑦ **드라이 프리벤디브 샴푸(Dry preventive shampoo)** : 선조방지용

⑧ **리컨디셔닝 샴푸(Reconditioning shampoo)** : 손상회복용

⑨ **저미사이드 샴푸(Germiside shampoo)** : 소독살균용

⑩ **디오드랜트 샴푸(Deodrant shampoo)** : 소취용

⑪ **프로테인 샴푸(Prodetin shampoo)** : 다공성 모발에 탄력 회복용

⑫ **논스트리핑 샴푸(Nonstripping shapoo)** : pH가 낮은 산성이어서 염색한 두발을 자극하지 않음

(5) 샴푸 시술할 때 사용하는 테크닉

샴푸 시 두피 및 두발의 더러움을 씻어내어 항상 청결을 유지시키고 혈액순환을 촉진하며 피지를 제거하기 위해 근육, 신경, 피부, 경락, 경혈을 자극하여 스캘프 매니플레이션을 병용한다.

① **경찰법** : 손바닥이나 손가락을 이용하여 두피를 가볍게 문지른다.

② **강찰법** : 손바닥이나 손가락을 이용하여 두피를 강하게 문지른다.

③ **유연법** : 손가락을 이용하여 두피를 집었다 놓았다 하면서 근육을 풀어주는 테크닉이다.

④ **나선형** : 손가락을 이용하여 전두부, 측두부, 후두부를 원을 그리듯이 굴리면서 두피에 스며드는 느낌으로 거품을 일으킨다.

⑤ **지그재그** : 양손의 검지, 중지, 약지를 이용하여 두피 전체를 지그재그로 문지른다.

⑥ **튕기기** : 양손으로 두피를 쥐었다 놓았다 짧게 튕기면서 한다.

⑦ **양손 교차법** : 양손을 깍지 끼우듯이 지그재그 테크닉으로 한다.

⑧ **지압점 누르기** : 양손 엄지를 이용하여 센터라인과 페이스라인을 따라서 지압점을 누른다.

(6) 샴푸 시의 주의사항

① 고객이 샴푸를 받을 때 편안하게 한다.

② 물의 온도가 두피에 닿았을 때 뜨겁거나 차갑지 않은 온도는 38~40℃가 적당하다.

③ 타월로 얼굴을 가려서 물이 튀지 않도록 한다.

④ 플레인 샴푸, 퍼머넌트, 염색 시술을 받을 때 샴푸하는 방법을 다르게 한다.

⑤ 두피에 자극이 가지 않도록 시술자의 손톱을 짧게 자른다.

⑥ 고객의 의복에 물이 젖지 않도록 한다.

⑦ 작업자세는 발을 6인치(15.24cm) 벌리고 등을 곧게 편다.

⑧ 샴푸를 다 마치고 나서 주변을 깨끗이 한다.

02 린싱의 헤어 린스(컨디셔너)

1 린싱의 목적과 효능

린스란 본래 '헹군다'는 뜻으로, 린스제는 샴푸제의 결점을 보완하거나 샴푸제의 효과를 상승시키기 위해서 사용하는 두발 화장품이다.

(1) 린스의 작용

① 모발의 표면을 보호하고 보통 두발의 pH와 비슷한 약산성(pH 4.5~5.5)을 사용한다.

② 퍼머넌트, 컬러링, 헤어 블리치 등으로 모발이 손상되어 거칠어질 때 모발에 윤기를 주며 두발이 엉키는 것을 막는다.

③ 샴푸에 의해서 건조해진 두발에 유분을 보급하고 대전성을 방지한다.

④ 샴푸 후 두발에 남아있는 금속성 피막과 불용성 알칼리성을 제거한다.

(2) 린스 성분

린스에는 카치온 계면활성제를 사용한다. 이 성분은 모발의 케라틴에 흡착하여 모발을 부드럽게 해서 빗질을 쉽게 하고 살균효과를 나타내며 대전성을 방지한다.

① 카치온 계면활성제의 사용

  ㉠ 모발의 흡착성 : 단백질에 잘 흡착하는 성질이 있다. 특히 손상된 모발일수록 흡착 력이 강하다.

  ㉡ 살균성 : 세균에 대한 살균효과가 우수하여 두피의 세균 증식을 막고 가려움 등을 예방하며, 비듬생성을 억제한다.

(3) 린스의 종류

플레인 린스	보통 물이나 따뜻한 연수로 두발을 헹구는 린스
산성 린스 (중화 작용)	① 레몬(Lemon) 린스 : 레몬즙을 5~6배 희석시킨 것 ② 구연산(Citricacid) 린스 : 구연산결정체 1.5g을 온수에 탄 것 ③ 비니거(Vinegar) 린스 : 식초 및 초산을 10배 정도 희석시킨 것
오일 린스 (모발에 지방 공급)	① 오일 린스(Oil rinse) : 올리브유 등 따뜻한 물에 타서 헹구는 방법으로 건성모에 적합 ② 크림 린스(Cream rinse) : 가장 일반적인 형태, 두발이 엉키지 않아 빗질이 용이하고, 대전성을 방지하기 위해 제4급 암모늄염을 첨가
약용 린스 (모발, 두피 치유)	① 비듬 및 두피질환 치료와 두발 탄력 효과 ② 메디시날(Medicinal) 린스 : 불쾌감을 없애는 비듬 제거 또는 두피질환 치료 효과, 두발 보호 효과가 있는 치료 보호제의 린스제

(4) 헤어 트리트먼트

헤어 트리트먼트는 두피가 아닌 두발 자체에 필요한 손질을 하기 위한 것이다.

2 헤어 트리트먼트의 종류와 목적

(1) 헤어 리컨디셔닝

- 피지선의 작용을 활발하게 하기 위해서 스캘프 매니플레이션과 브러싱을 한다.
- 두피를 청결히 유지하고 피지선 및 한선의 작용을 활발하게 한다.
- 이상성 두발 상태는 그 상태에 가장 알맞은 트리트먼트를 한다.
- 헤어 트리트먼트란 두발에 필요한 손질을 말한다.
- 두발의 손상원인은 영양장애 등의 내부원인에 의한 것도 있으나 화학약품·일광·기 타 외부의 자극(콜드웨이브 시의 오버프로세싱, 오버블리칭 등)에 손상한다.

① 목적

    ㉠ 두발의 모표피를 단단하게 하고 두발의 수분함량(12~15%)을 원상태로 회복시키는 것

    ㉡ 이상이 있거나 손상된 두발의 상태를 손질하여 손상되기 이전의 정상적인 상태로 회복시키는 것

② 시술과정

    ㉠ 스트랜드의 두발 끝까지 브러싱을 한다.

    ㉡ 두피를 청결히 유지하고 피지선 및 한선의 작용을 활발하게 한다.

    ㉢ 양질의 샴푸제를 선택하여 샴푸잉을 하고 샴푸 후에는 크림 린싱(Cream Rinsing)을 행한다.

    ㉣ 열을 가하는 경우에는 크림 컨디셔너제를 바르도록 한다.

(2) 클리핑(Clipping)

① 목적

    모표피가 벗겨졌거나 두발 끝이 갈라진 두발을 제거한다.

② 시술과정

    두발숱을 적게 잡아 비틀어 꼬고 갈라진 두발의 삐져 나온 것을 가위로 두발 끝에서 모근쪽을 향해 잘라내면 된다.

(3) 헤어팩(Hair Pack)

① 목적

    ㉠ 페이셜팩과 마찬가지로 두발에 영양분을 흡수하도록 한다.

    ㉡ 윤기가 없는 건성모나 모표피가 많이 일어난 두발, 다공성모 등에 효과적이다.

② 시술과정

    ㉠ 샴푸 후 트리트먼트 크림을 충분히 발라 헤어 머니퓰레이션을 한다.

    ㉡ 45~50℃의 온도로 10분간 스티밍한 후 플레인 린스를 행한다.

(4) 신징(Singeing)

① 목적

    ㉠ 불필요한 두발을 제거하고 건강한 두발의 순조로운 발육을 조장한다.

    ㉡ 잘라지거나 갈라진 두발로부터 영양분의 손실을 막고, 온열자극으로 두부의 혈액

순환을 촉진한다.

② 시술과정

신징왁스나 전기신징기를 사용해서 두발을 적당히 그을리거나 지진다.

3 헤어 트리트먼트제의 효과

헤어 리컨디셔닝 시술에 사용되는 헤어 컨디셔닝제는 pH가 산성을 띠고 있으며 샴푸 후에 사용된다. 헤어 컨디셔닝제는 단백질의 유기적 수용성 성분을 함유하고 있어 두발의 얇은 보호막을 형성해주며 손상된 면과 결핍된 면을 보충해준다.

03 두피관리(스캘프 트리트먼트)

1 목적 및 효능

두피나 두발의 건강과 아름다움을 유지하는 것이며 또 두발은 두피 내의 혈액에서 영양을 취하며 발육하고 있으므로 두피 상태의 양분은 두발에 영향을 미치게 된다. 두피손질은 혈액순환을 왕성하게 하며 두피의 생리기능을 높이고 두발에 윤기를 주며 비듬제거와 탈모를 방지한다.

(1) 스캘프 트리트먼트의 방법

① 물리적 방법

㉠ 두피에 물리적 자극을 주어 두피와 두발의 생리기능을 돕는다.

㉡ 빗, 브러시, 스티머, 스팀타월, 적외선, 자외선, 스캘프 매니플레이션 등이 있다.

② 화학적 방법

㉠ 양모제를 사용하여 두피나 두발의 생리기능을 돕는다.

㉡ 헤어 로션, 헤어 토닉, 베이럼 헤어 크림 등이 있다.

(2) 스캘프 트리트먼트의 종류

두피상태에 따라 분류된다.

① 플레인(Plain) 스캘프 트리트먼트 : 두피가 정상일 때(건강 두피)

② 드라이(Dry) 스캘프 트리트먼트 : 두피에 피지가 부족하고 건조한 상태일 때(건성 두피)

③ 오일리(Oily) 스캘프 트리트먼트 : 두피에 피지가 과잉 분비되어 지방이 많을 때(지성 두피)

④ 댄드러프(Dandruff) 스캘프 트리트먼트 : 두피에 비듬을 제거하기 위해 실시(비듬 두피)

(3) 브러싱

브러싱은 두발의 흐름을 정리하고, 두피를 자극시켜 혈액순환을 촉진하며, 휴지기의 두발을 제거하고 성장기 두발의 성장을 촉진한다. 또한 샴푸 전에 두발과 두피에 부착된 먼지, 비듬을 제거하여 샴푸를 용이하게 한다. 브러시나 쿠션 브러시는 끝이 둥글고 두피를 부드럽게 자극시켜 시원함을 느낄 수 있게 한다.

(4) 두피 매니플레이션

① **목적** : 주로 손으로 문지르는 행위를 의미하며 경혈과 지압점을 자극한다. 두피의 혈액 순환을 촉진하고 근육을 자극하며 단단한 두피를 더 부드럽게 하여 두발이 건강하게 자라도록 한다. 스캘프 매니플레이션은 모유두에서 분비되는 영양분으로 두발과 두피의 상태를 호전시키며 비듬성 질환과 가려움증을 없애준다.

② **시술과정 및 방법**

㉠ 두피에 손가락 끝을 밀착시켜 1인치 정도의 원을 그리듯 움직이면서 스쳐 올라간다.

㉡ 두피에 양손 손바닥을 밀착시켜 양쪽 귀 윗부분 → 전두부 → 후두부 → 헤어라인 순의 나선형으로 문지른다.

㉢ 센터라인 중심으로 양쪽 엄지손가락을 이용해 혈점을 가볍게 눌러준다.

㉣ 목 밑에서부터 어깨선을 따라 척추까지 나선형으로 문지른다.

㉤ 승모근 · 견갑골 라인의 근육을 풀어주고 마무리한다.

㉥ 일반적인 스캘프 트리트먼트 순서 : 브러싱 → 샴푸 → 스티머 → 트리트먼트(로션 또는 헤어토닉) → 스캘프 매니플레이션(마사지) → 드라이 → 마무리

③ **스캘프 매니플레이션의 기본 동작**

㉠ 경찰법(Effleurage) : 쓰다듬기

㉡ 압박법(Compression) : 누르기

㉢ 마찰법(Friction) : 문지르기, 마찰하기

㉣ 유연법(Kneading) : 주무르기

㉤ 강찰법(Stroking) : 강하게 문지르기

01 두발과 두피의 생리기능을 높이는 샴푸는?

① 플레이 샴푸   ② 드라이 샴푸

③ 에그 샴푸   ④ 토닉 샴푸

02 헤어 린스의 목적과 관계 없는 것은?

① 퍼머넌트 솔루션의 제거를 위해서

② 비누제의 샴푸 후 알칼리성 제거

③ 두발에 적당한 영양과 윤기를 위해서

④ 두발의 때와 피지 제거를 위해서

03 헤어 샴푸의 목적이 아닌 것은?

① 청결과 아름다운 두피를 유지

② 헤어스타일 구성의 기초

③ 두발의 필요한 손질기초

④ 두피 손 마사지로 두발의 발육 촉진

04 샴푸에 사용되는 물의 적정온도는?

① 10℃ 내외   ② 20℃ 내외

③ 38℃ 내외   ④ 50℃ 내외

05 염색두발의 샴푸제로 적당한 것은?

① 프로테인 샴푸

② 약용 샴푸

③ 논스트리핑 샴푸

④ 댄드러프 리무버 샴푸

06 산성 린스계에 해당되지 않는 린스는?

① 비니거 린스   ② 레몬 린스

③ 오일 린스   ④ 구연산 린스

07 가발 세정에 적당한 샴푸는?

① 에그 파우더 드라이 샴푸

② 파우더 드라이 샴푸

③ 플레인 샴푸

④ 리퀴드 드라이 샴푸

08 비누를 사용한 후에 가장 적당한 린스는?

① 레몬 린스   ② 알칼리성 린스

③ 오일 린스   ④ 플레인 린스

09 건조한 두발이나 탈 · 염색에 실패했을 때, 가장 적당한 샴푸는?

① 핫 오일 샴푸   ② 드라이 샴푸

③ 토닉 샴푸   ④ 에그 샴푸

10 플레인 샴푸에 쓰이는 재료가 아닌 것은?

① 물   ② 합성세제

③ 비누   ④ 올리브유

11 모발을 자라게 하는 재생(발생) 부분은?

① 모근   ② 모낭

③ 모유두   ④ 수질

12 두피처치란 무엇을 뜻하는가?

① 헤어 트리트먼트   ② 스캘프 트리트먼트

③ 머니 플레이션   ④ 페이션 마사지

정답과 해설

06 오일 린스는 유성 린스계이다.

07 리퀴드 드라이 샴푸는 휘발성 용제로 12시간 가발을 담갔다가 응달에 말려준다.

08 비누는 알칼리성 성분이므로 산성인 레몬 린스를 사용해 준다.

09 에그 샴푸는 손상두발에 영양을 공급해 준다.

10 올리브유는 핫 오일 샴푸에 속한다.

11 모발에 필요한 영양은 모유두의 혈관을 통해 공급된다.

12 두피손질로서 스캘프 트리트먼트를 한다.

06 ③	**07** ④	**08** ①	**09** ④
10 ④	**11** ③	**12** ②	

두피가 지방성인 경우 오일리 스 **13**
캘프 트리트먼트를 한다.

13 두피가 지방성인 사람에게 적당한 두피손질법은?

① 드라이 스캘프 트리트먼트

② 오일리 스캘프 트리트먼트

③ 댄드러프 스캘프 트리트먼트

④ 플레인 스캘프 트리트먼트

두피가 정상일 때는 플레인 스캘 **14**
프 트리트먼트를 한다.

14 두피가 정상일 때 하는 트리트먼트는?

① 플레인 스캘프 트리트먼트

② 댄드러프 스캘프 트리트먼트

③ 오일리 스캘프 트리트먼트

④ 드라이 스캘프 트리트먼트

헤어 클리핑은 커트 기법으로 이 **15**
미 형태가 이루어진 모발선에 튀
어 나오거나 빠져나온 모발을 커
트하는 방법을 말한다.

15 두피손질과 두발에 대한 설명으로 틀린 것은?

① 두피손질의 목적은 두피나 두발에 지방보급과 윤택
을 주는 것이다.

② 두발의 손상원인은 오버 블리칭, 오버 프로세싱에 의
한 것이 많다.

③ 이상이 있는 두발을 정상적인 상태로 변화시키는 것
을 헤어 클리핑이라 한다.

④ 히팅캡은 오일이나 크림류를 발라 열을 가해 골고루
퍼지게 할 목적으로 쓰인다.

• 댄드러프 스캘프 트리트먼트 : **16**
  비듬이 있는 두피일 때
• 오일리 스캘프 트리트먼트 :
  지성 두피일 때
• 플레인 스캘프 트리트먼트 :
  정상 두피일 때
• 드라이 스캘프 트리트먼트 :
  건성 두피일 때

16 비듬을 제거하기 위한 두피 손질법은?

① 댄드러프 스캘프 트리트먼트

② 오일리 스캘프 트리트먼트

③ 플레인 스캘프 트리트먼트

④ 드라이 스캘프 트리트먼트

화학적 방법에 해당하는 헤어 로 **17**
션, 헤어 토닉, 베이럼, 헤어 크림은
두피나 두발의 생리기능을 돕는다.

17 스캘프 트리트먼트 시 물리적 방법에 해당하지 않는 것은?

① 스팀타월   ② 헤어스티머

③ 적외선   ④ 베이럼

13 ② **14** ① **15** ③ **16** ①
17 ④

Chapter 05 헤어 커트

01 기초이론

헤어 커트는 헤어스타일을 만드는 데 기초가 되는 기술이다. 헤어 셰이핑이라고도 하며 '머리 모양을 만든다'라는 뜻이다. 헤어 커트의 목적은 모발의 길이를 정리하고, 모발의 밀도 정비를 통해서 헤어스타일을 완성하기 위한 기초를 만드는 데 있다.

1 커트

물의 사용 여부에 따라	• 웨트(Wet) 커트는 모발에 물을 적셔서 하는 커트이다. • 드라이(Dry) 커트는 물이 젖지 않고 하는 커트로써 지나친 길이의 변화가 없는 수정에 적절하고, 컬 상태의 두발이나 손상모 등을 추려내는 데 적절하다. 또한 전체적으로 헤어스타일을 파악하는 데 알맞다.
사용 도구에 따라	• 시저스(Scissors) 커트 : 가위로 커트하고 물을 적시는 웨트 커트와 드라이 커트로 병행할 수 있다. • 레이저(Razor) 커트 : 면도날을 이용한 커트로 물을 적셔 시술하므로 웨트 커트이다.
퍼머 시술 전후에 따라	• 프레 커트(Pre-cut) : 퍼머 시술 전에 고객이 요구하는 스타일에 가깝게 또는 1~2cm 길게 하는 커트이다. • 애프터 커트(After-cut) : 퍼머 시술 후 디자인에 맞춰서 하는 커트를 말한다.

2 커트 분류

(1) 원랭스(One length)

두발에 층을 주지 않고 동일선상에서 커트되는 원랭스 커트(One length cut) 기법이다. 머리카락 길이가 같은 선으로 떨어지는 형으로 매끄러운 질감이 표현되고 정수리 부분에 머리모양은 두상의 곡면에 퍼지게 된다.

① 모양 : 수평선, 대각선, 곡선에 따라 다양한 길이로 커트할 수 있고, 형태선 가장자리에 무게감이 형성되어 각진 모양을 갖는다.

② **구조** : 머리길이가 네이프 부분에서 정수리로 갈수록 길어지는 구조이다.

③ **질감** : 두발 표면이 매끄럽고 가지런한 질감을 보여준다.

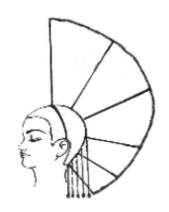

● 구조

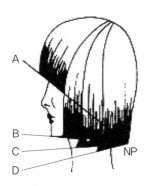

A – N.P : 머시룸(Mushroom) 스타일
B – N.P : 이사도라(Isadora) 스타일(후대각라인)
C – N.P : 수평보브(Parallel bob) 스타일(수평라인)
D – N.P : 스파니엘(Spaniel) 스타일(전대각라인)

> 💎 **Tip**
>
> • 도해도 : 두상 곡면에서 90°를 들어 올렸을 때 두발의 길이 배열
> • 모양 : 겉모습
> • 질감 : 겉모습에서 드러나는 두발 표면의 질
> • 무게선 : 도해도에서 두발의 가장 긴 길이가 떨어지는 위치에 집중되는 것

(2) 그래듀에이션형(Graduation form)

그래듀에이션은 '층단계'란 뜻으로 극히 작은 단차를 주면서 머리끝을 연결해 가는 커트를 말하며 탑 부분으로 갈수록 모발 길이가 점점 길어져 서로 겹쳐 쌓이는 것처럼 보인다. 그래듀에이션의 표준 시술각은 45°이다.

① **모양** : 길이나 단차로 변화를 줄 수 있으나 기본적인 삼각형의 모양을 갖는다.

② **구조** : 네이프 쪽에서 정수리 쪽으로 길이가 점점 길어지지만 동일선상에 떨어지지 않고 무게감이 가장자리의 형태선 위에 나타난다.

③ **질감** : 매끄러운 질감과 거친 질감이 혼합된다.

❖ 도해도

낮은 시술각	중간 시술각	높은 시술각
(약 1°~30°)	(약 31°~60°)	(약 61°~89°)
(Low projection)	(Medium projection)	(High projection)

❖ 시술각에 의한 그래듀에이션형의 3가지 각도

(3) 인크리스 레이어형(Increase layered form)

머리카락 길이가 탑 부분에서 네이프로 점점 길어지는 형태로 생동감과 볼륨감을 주는 커트이며 두상 곡면에 모발이 분산되어 퍼지는 방향에 영향을 끼친다.

① **모양** : 인크리스 레이어형의 윤곽은 어떤 형태로든 변형이 가능하며, 기본적으로 길게 늘어진 모양이다.

② **구조** : 정수리 머리카락 길이가 점점 네이프 쪽으로 길어져 무게감이 생기지 않는 구조이다.

③ **질감** : 머리끝이 보이는 거친 질감의 머릿결이 된다.

● 도해도

(4) 유니폼 레이어형(Uniformly layered form)

유니폼 레이어형은 디자인에서 전체적으로 머리카락 길이가 같아서 무게선이 보이지 않고 두상 곡면과 평행을 이룬 둥그런 모양을 가진다.

① **모양** : 두상곡면과 같은 둥근 모양이 된다.

② **구조** : 전체적인 머리카락 길이가 같다.

③ **머릿결** : 무게감이 보이지 않는 전체적으로 까칠한 느낌의 머릿결을 갖는다.

● 도해도

> 💎 **Tip**
>
> 원랭스, 그래듀에이션, 인크리스 레이어, 유니폼 레이어 커트는 각기 독특한 모양, 구조, 질감을 가지고 있다.

Part I
미용이론

3 헤어 커트 방법 및 특징

(1) 블런트 커트(Blunt cut)

① 모발을 뭉툭하고 똑바로 가로질러서 커트하는 기법

② 길이는 제거되지만 부피를 그대로 유지하고 무게감은 모발 끝에 그대로 남아 있는 것이 특징이다.

(2) 나칭(Notching)

① 머리끝의 뭉툭한 느낌을 없애주고 약간의 투박한 느낌을 갖는다.

② 이 기법은 모발 끝에 시술되며, 모발의 잘린 단면이 45° 정도 각도를 유지하면서 지그재그의 작은 폭이 생긴다.

③ 웨이브 모발에 효과적으로 운동감을 더해준다.

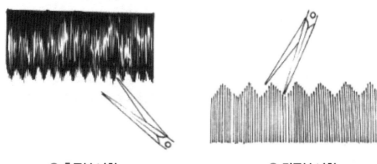

◑ 후두부 나칭   ◑ 전두부 나칭

> 💎 **Tip** 크로스 체크
>
> 최초의 슬라이스 선과 교차되도록 커트한 것이다.

(3) 포인팅(Pointing)

① 가위 날 끝을 이용하여 모발의 모근 쪽, 중간 또는 끝 부분에서 곧은 가위의 끝을 사용하여, 섬세하고 불규칙한 길이를 만들어내는 기법이다.

② 모발의 단면이 불규칙하게 나타날 수 있다. 나칭보다는 더 섬세한 효과를 나타낼 수 있다.

(4) 슬라이드(Slide)

머리다발을 잡고 머리끝을 날려 보내는 동작으로 머리 끝을 향해서 미끄러지듯이 커트하는 기법이다.

(5) 슬리더링(Slithering)

가위를 이용하여 머리다발을 틴닝하는 것으로 모발표면의 머리를 훑어 내는 듯한 방법으로 모발 숱을 감소시키는 기법이다.

(6) 슬라이싱(Slicing)

머리의 표면을 따라 가위를 미끄러지듯 커트하고, 커트하는 동안 가위의 벌린 정도에 따라 머리질감이 조절된다.

(7) 레이저 에칭(Razor etching)

① 커트도구인 레이저를 사용하여 무게를 줄이고 두발을 커트하기 위하여 머리의 표면을 짧게 긁는 것이다.

② 겉마름기법(베벨-업, Bevel-up)은 에칭기법을 한층 더 효과 있게 겉머리에서 머리질감을 만들어 끝머리가 위쪽으로 잘 올라오게 하는 기법이다.

(8) 레이저 아킹(Razor arcing)

① 모발 끝 부분을 부드럽게 테이퍼하여 정확한 라인을 만들어내며 레이저의 날은 모발 아래에서 약간의 경사를 만들어 주며 아크(호)를

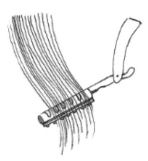

그리면서 들어 올려 자르는 기법으로 안마름 효과를 나타낸다.

② 안마름기법(베벨-언더, Bevel-under)은 속마름 질감 효과를 주기 위해 레이저날을 섹션 뒤에 놓고 곡선을 그리듯이 움직여 주어 아킹기법에 더 효과를 줄 수 있다.

(9) 레이저 회전(Razor rotation)

무게감을 줄이기 위해 레이저와 빗을 사용하여 머리를 따라 회전하며 부분을 연결하거나 두상의 윤곽을 따라 머리가 붙게 하는 형을 만들때 사용되고 대부분이 네이프 부위에 시술된다.

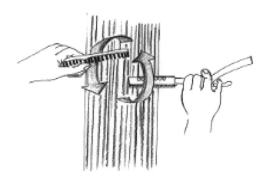

(10) 스트로크 커트(Stroke cut)

① 가위로 커트하는 기법의 하나로 가위를 모발 끝에서 모근 쪽으로 향해 미끄러뜨려서 자르는 커트이고, 이 기법은 모발 길이와 양을 동시에 구하고 싶을 때 쓰는 방법이다.

② 쇼트, 미디엄, 롱 스트로크 등 가위가 들어가는 각도는 손의 흔들림 등으로 방법이 다르며 무게감도 달라지게 된다.

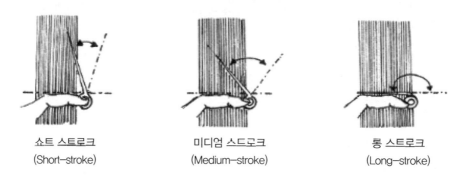

쇼트 스트로크　　　　　미디엄 스드로크　　　　　롱 스트로크
(Short-stroke)　　　　　(Medium-stroke)　　　　　(Long-stroke)

(11) 테이퍼링(Tapering)

끝을 가늘게 한다는 뜻으로 모발의 양을 조절하기 위해 머릿결의 흐름을 불규칙적으로 커트하는 과정을 말한다.

① 앤드 테이퍼링(End-tapering) : 두발 끝부분에서 약 1/3 정도를 테이퍼하는 방식이다.

② 노멀 테이퍼링(Normal-tapering) : 두발 숱이 보통 상태일 때 두발 길이의 반 정도 (1/2)에서 테이퍼하는 경우이다.

③ 딥 테이퍼링(Deep-tapering) : 두발 숱이 많을 때 많이 쳐내기 위하여 스트랜드 2/3 지점에서부터 스트로크하므로 두발 끝이 가볍고 자연스럽다.

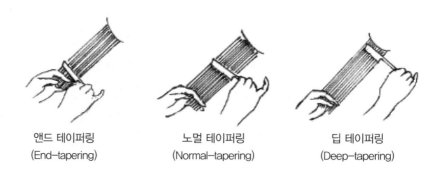

앤드 테이퍼링　　　　　노멀 테이퍼링　　　　　딥 테이퍼링
(End-tapering)　　　　　(Normal-tapering)　　　　　(Deep-tapering)

> **💎 Tip** 테이퍼링(Tapering)
>
> 페더링이라고도 하며, 두발 끝을 가늘게 커트하는 방법이다.

(12) 틴닝(Thinning)

① 두발의 길이는 짧게 하지 않고 두발의 숱을 감소시키는 방법으로 시닝 시저스, 즉 숱 가위로 숱을 고르는 방법이다.

② 일반적인 시저스로 숱을 쳐내는 경우는 슬리더링(Slithering)이라 한다.

(13) 트리밍(Trimming)

커트가 거의 끝난 후 손상된 두발이나 필요없는 머리 등의 부분을 이미 형태가 이루어진 상태에서 가볍게 다듬어 주고 정돈하는 방법이다.

(14) 클리핑(Clipping)

가위, 클리퍼를 이용하여 삐져나온 두발을 제거하는 방법이다.

(15) 싱글링(Shingling)

네이프 부분이나 귀, 윗부분 등 두발을 손으로 잡고 자르기 곤란한 머리 길이, 즉 아주 짧게 커트하려는 경우에 빗을 대고 가위나 클리퍼를 이용하여 네이프 부분을 짧게, 크라운 부분으로 갈수록 점점 길이가 길어지도록 커트하는 방식을 말한다.

클리핑

싱글링

(16) 크로스 체크(Cross check) 커트

가로로 슬라이스하여 자른 경우 세로로 들어서 체크하는 방식이다.

02 헤어커트 시술

1 베이스

(1) 온 더 베이스(On the base)

같은 길이로 자를 때는 베이스폭을 1~1.5cm 뜬다.

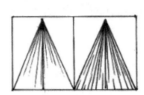

◐ 온 더 베이스(On the base)

(2) 사이드 베이스(Side base)

점점 길게 또는 짧게 된다. 커트할 양만큼 섹션을 잡았을 때 한 변이 90°(직각)가 되도록 하는 것이다.

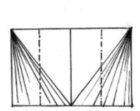

◐ 사이드 베이스(Side base)

(3) 프리 베이스(Free base)

자연스럽게 길어지거나 짧아진다.

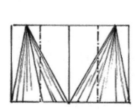

◐ 프리 베이스(Free base)

(4) 오프 더 베이스(Off the base)

급격한 변화를 원할 때 사용된다.

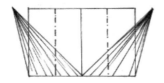

○ 오프 더 베이스(Off the base)

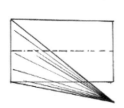 

○ 다운 베이스(Down base)

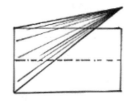 

○ 업 베이스(Up base)

(5) 트위스트 베이스(Twist base)

커트할 양만큼 섹션을 잡았을 때 양변의 각도가 직각인
경우, 즉 한쪽의 접점이 온 더 베이스이고, 다른 한쪽의
접점이 사이드 베이스이거나 오프 더 베이스가 될 경우에
는 패널을 잡는 손이 일정하지 않고 비틀린 모양으로 잡
기 때문에 트위스트 베이스라 한다.

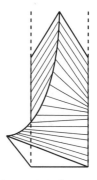

○ 트위스트 베이스(Twisted base)

03 커트에 사용되는 주요 도구

커트도구는 디자인 결정과정을 통해 커트할 머리형과 사용할 기법을 결정한다.

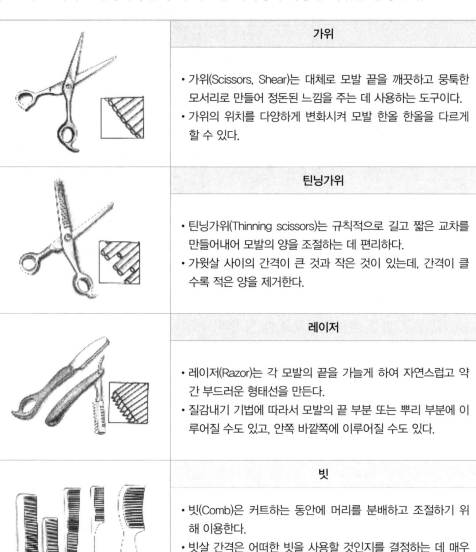

가위

- 가위(Scissors, Shear)는 대체로 모발 끝을 깨끗하고 뭉툭한 모서리로 만들어 정돈된 느낌을 주는 데 사용하는 도구이다.
- 가위의 위치를 다양하게 변화시켜 모발 한올 한올을 다르게 할 수 있다.

틴닝가위

- 틴닝가위(Thinning scissors)는 규칙적으로 길고 짧은 교차를 만들어내어 모발의 양을 조절하는 데 편리하다.
- 가윗살 사이의 간격이 큰 것과 작은 것이 있는데, 간격이 클수록 적은 양을 제거한다.

레이저

- 레이저(Razor)는 각 모발의 끝을 가늘게 하여 자연스럽고 약간 부드러운 형태선을 만든다.
- 질감내기 기법에 따라서 모발의 끝 부분 또는 뿌리 부분에 이루어질 수도 있고, 안쪽 바깥쪽에 이루어질 수도 있다.

빗

- 빗(Comb)은 커트하는 동안에 머리를 분배하고 조절하기 위해 이용한다.
- 빗살 간격은 어떠한 빗을 사용할 것인지를 결정하는 데 매우 중요하다. 일반적으로 넓고 큰 빗은 많은 양의 머리를 조절하는 데 사용되며, 작은 빗은 짧은 머리 커트에 사용된다.

01 동일선상에서 커트를 시술할 때 앞내림 커트를 무엇이라고 하는가?

① 레이어 커트
② 그래듀에이션 커트
③ 이사도라 커트
④ 스파니엘 커트

01
- 레이어 커트 : 네이프 헤어와 탑 헤어의 길이 차이가 많이 나는 커트
- 그래듀에이션 커트 : 층이 점차적으로 미세한 커트
- 이사도라 커트 : 원랭스 커트에 속하며 앞 올림 스타일

02 커트 시 모발 1/3 이내의 두발 끝을 테이퍼링하는 것을 무엇이라 하는가?

① 딥 테이퍼
② 노멀 테이퍼
③ 하프 테이퍼
④ 앤드 테이퍼

02
- 앤드 테이퍼 : 1/3 이내 두발 끝을 테이퍼하는 방법
- 노멀 테이퍼 : 1/2 이내의 두발 끝을 테이퍼하는 방법
- 딥 테이퍼 : 2/3 이내의 두발 끝을 테이퍼하는 방법

03 헤어 커팅에서 두발 끝을 차츰 가늘게 하는 커트 방법은 무엇인가?

① 틴닝
② 슬리더링
③ 블런팅
④ 테이퍼링

03
- 틴닝 : 길이는 그대로 두고 숱만 감소시키는 방법
- 슬리더링 : 가위로 틴닝하는 방법
- 블런팅 : 직선으로 커트하는 방법
- 테이퍼링 : 페더링이라고도 하며, 두발 끝을 점차적으로 붓처럼 가늘게 커트하는 방법

04 직선적으로 커트하는 기법은?

① 블런트 커트
② 틴닝 커트
③ 싱글링 커트
④ 스트로크 커트

04 직선커트(블런트)는 모발을 뭉툭하고 똑바로 가로질러서 커트하는 방법

05 콘케이브 커트란 어떤 커트인가?

① 삼각라인의 커트
② 원랭스 커트
③ 오목한 곡선의 커트
④ 블런트 커트

05 볼록한 곡선은 컨벡스 커트이다. 반면 콘케이브는 오목한 곡선의 커트이다.

06 헤어 커팅(Hair cutting)의 기본적인 순서는?

① 윗머리에서 시작하여 아래로 내려간다.
② 밑머리에서부터 시작하여 위로 올라간다.
③ 위 아래 상관없이 앞머리 기준으로 뒷머리를 돌면서 연결한다.
④ 상·하, 전·후로 자유이며 목덜미를 나중에 한다.

06 커트를 할 때에는 밑머리에서 윗머리 순으로 시술해 나간다.

01 ④ **02** ④ **03** ④ **04** ①
05 ③ **06** ②

셰이핑이란 '빗질하다'라는 의미 [07]
로 헤어스타일을 구성하는 기초
가 된다.

07 헤어 셰이핑(Hair shaping)의 주목적은?

① 헤어스타일 구성의 기초가 된다.
② 모발을 잘라 길이를 맞춘다.
③ 숱을 쳐서 모발 균형을 갖춘다.
④ 백코밍을 위해서 한다.

틴닝은 두발의 길이는 자르지 않 [08]
으면서 숱만 감소시키는 것이다.

08 커팅의 방법에 대한 설명으로 틀린 것은?

① 틴닝이란 완성된 두발선을 부드럽게 하는 것이다.
② 싱글링이란 밑에서부터 위로 올라갈수록 길게 하는
  것이다.
③ 클리핑이란 튀어나온 두발을 제거하는 것이다.
④ 테이퍼링이란 붓처럼 차츰 가늘게 히는 것이다.

• 그래듀에이션 커트의 경우 상 [09]
 부는 길고, 네이프 길이는 짧다.
• 레이어 커트는 두발에 층이 많
 이 생기는 커트이다.
• 원랭스 커트의 경우 단차는 없다.

09 커트 종류에 대한 설명으로 맞는 것은?

① 그래듀에이션 커트는 상부는 짧고 하부는 긴 편이다.
② 레이어 커트는 상부는 길고 하부는 짧은 스타일이다.
③ 그래듀에이션 커트는 짧은 머리에 많이 응용된다.
④ 원랭스 커트는 동일선상에서 단차가 생긴다.

스파니엘 커트란 N.P의 두발길이 [10]
는 짧고, S.C.P 두발의 길이가 길
어지는 스타일이다.

10 다음은 원랭스 커트(One-length cut)이다. 아웃라인 중 스
파니엘 스타일은?

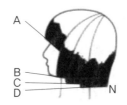

① A-N
② B-N
③ C-N
④ D-N

싱글링은 손으로 잡을 수 없는 짧 [11]
은 모발을 가위의 개폐 동작을 빨
리하면서 빗살을 위로 올려 이동시
키며 모발을 잘라 내는 방법이다.

11 빗에 두발을 끼운 상태로 잘라내며 주로 네이프 부분에서
행하는 기법은?

① 싱글링   ② 틴닝시저스
③ 레이저 커트   ④ 슬리더링

정답과 해설

12 얼굴이 작고 모발의 숱이 많은 사람의 헤어스타일로 가장 적당한 것은?

① 원랭스 커트   ② 이사도라 커트

③ 쇼트 커트   ④ 스파니엘 커트

12 쇼트스타일은 얼굴형을 드러낼 수 있으며, 두발 숱에 볼륨을 주므로 작은 얼굴에 어울린다.

13 자연스럽게 두발 끝부분을 차츰 가늘게 커트하는 방법은?

① 싱글링   ② 테이퍼링

③ 틴닝   ④ 트리밍

13 테이퍼링은 두발 끝을 점차적으로 가늘게 커트하여 두발 끝으로 갈수록 붓끝처럼 가늘게 되는 커트 방법이다.

14 레이저 커트는 어떤 모발에 하는 것이 좋은가?

① 건조한 모발   ② 짧은 모발

③ 젖은 모발   ④ 가는 모발

14 레이저는 젖은 모발에 시술하는 것이 적당하다.

15 커트의 기술에서 싱글링(Shingling) 방법으로 틀린 것은?

① 빗살을 위로 하여 커트할 두발을 적게 한다.

② 빗을 위로 서서히 올리면서 가위를 재빨리 개폐하여 잘라나간다.

③ 아래로 갈수록 길게 자르는 요령이다.

④ 위쪽으로 갈수록 길게 자르는 요령이다.

15 싱글링은 손으로 잡을 수 없는 짧은 모발을 가위의 개폐동작을 빨리하면서 빗살을 위로 하여 위쪽으로 이동하며 빗에 끼어있는 모발을 잘라나가는 방법이다. 이 경우 빗이 위쪽으로 갈수록 두발을 길게 자르도록 하는 것이 싱글링의 기술이다.

16 커트의 기술에서 슬리더링(Slithering)에 대한 설명으로 틀린 것은?

① 빗으로 두발 끝에서 위를 향해 백코밍을 하는데 두발 숱이 적을수록 많이 해야 한다.

② 가위로 두발을 틴닝하는 것이다.

③ 슬리더링은 틴닝의 한 방법이다.

④ 모발 표면의 머리를 훑어내는 듯한 방법으로 모발 숱을 감소시키는 방법이다.

16 슬리더링 : 머리다발을 잡고 가위를 빠르게 개폐하여, 머리 끝으로 미끄러지듯 가볍게 쳐내는 방법이다.

12 ③   **13** ②   **14** ③   **15** ③
16 ①

Chapter 06

퍼머넌트 웨이브

01 기초이론

퍼머넌트 웨이브란 자연 상태의 두발에 물리적, 화학적인 방법을 가하여 두발의 구조나 상태를 오래 지속되는 웨이브로 변화시키는 것을 의미한다.

1 유래와 역사

① 본래 고대 이집트에서 젖은 알칼리 토양을 이용해 나무막대로 말아서 햇빛에 말려 웨이브를 만든 것이 시초이다.

② 1905년 영국의 찰스 네슬러(Charles Nessler)가 선보인 히트 웨이브는 긴 머리에 적합한 스파이럴식(Spiral)이다.

③ 조셉 메이어(Joseph Mayer)가 스파이럴식을 개량하여 짧은 머리에 맞는 크로키놀식(Croquignole winding)을 고안하였다.

④ 1936년에는 스피크먼(J.B. Speakman)이 상온에서 약을 사용하여 시술하는 콜드 웨이브를 고안하였다.

💎 Tip — 케라틴

- 폴리펩타이드 쇠사슬 구조로 두발을 잡아당기면 늘어나고, 힘을 빼면 원상태로 돌아간다.
- 두발의 신장률은 평상시에는 1.3~1.4배이고 수분을 함유한 두발은 1.5~1.7배에 달해 수분을 함유한 두발이 더 잘 늘어난다.
- 두발이 자연상태일 때의 케라틴을 α케라틴이라고 하며 두발이 늘어난 상태일 때의 케라틴을 β케라틴이라고 한다. α케라틴에서 β케라틴으로 바뀔 때 물이 폴리펩타이드 속에 있는 쇠사슬 부분의 화학결합에 작용하여 절단하기 쉬운 상태로 만들고, 이러한 탄력성을 이용한 것이 퍼머넌트 웨이브를 형성하는 데 중요한 역할을 한다.

환원작용

- 주제약에 의한 발생기의 수소가 모발 속의 시스틴 결합이라는 측쇄를 열어서 절단시킨다. 그 결과 모발의 탄력이 없어지고 연해지면 로드에 말아서 웨이브가 형성된다.

---

2 원리

모발은 세로 방향의 폴리펩타이드 결합 즉, 주쇄결합으로 나선형 구조를 가지고 있으며, 그 중 경단백질인 케라틴은 유황(S) 원자로 이루어진 시스틴의 함유량이 가장 많다.

① 퍼머넌트는 자연 상태에서는 쉽게 절단되지 않는 시스틴 결합을 화학적으로 절단시켜(환원작용) 웨이브를 형성하고, 다시 시스틴 결합으로 웨이브를 반영구적으로 안정시키는 것이다.

② 보통 2욕법의 경우 티오글리콜산염을 주제로 한 제1액을 모발에 작용시키면 환원작용에 의해 알칼리성 환원모가 된다.

③ 제2액을 작용시키면 산화작용으로 인해 시스틴 재결합이 되어 안정된 원래의 자연모 상태로 되돌아간다.

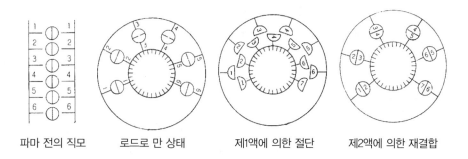

| 파마 전의 직모 | 로드로 만 상태 | 제1액에 의한 절단 | 제2액에 의한 재결합 |

✪ 퍼머넌트 웨이브의 원리

> 💎 **Tip**
>
> 제1액을 바른 후 1차적인 테스트 컬 시간은 10~15분 후가 적당하다.

3 모발의 화학적 구조

(1) 펩타이드 결합(Peptide bond)

모발의 주쇄 결합으로써 18종류의 아미노산이 펩타이드 결합을 순차적으로 반복해서 긴 쇄상이 된 폴리펩타이드로 구성되어 있다. 한 개의 아미노산의 아미노기와 다른 아미노산의 카르복실기 사이에서 물(H_2O)이 빠져나오면서 이루어진 화학적 결합으로 3개 이상의 아미노산들이 길게 늘어져 있다. 이처럼 고리 모양으로 결합하고 있는 것을 폴리펩타이드 체인(Poly-peptide chain)이라고 한다.

(2) 측쇄결합

α형인 폴리펩타이드 주쇄간에 상호 가지고 있는 측쇄끼리 결합된 것을 측쇄결합이라 한다. 이 횡으로 연결된 것이 케라틴 분자를 고정시켜 강도와 탄력 등 여러 가지 동성을 부여한다.

측쇄결합은 주로 시스틴 결합, 염결합, 수소결합의 3종류가 있지만 이외에 소수결합, 펩티드 결합의 2종류와 판넬, 왁스력이라고 하는 분자간의 약한 인력도 있다. 모발을 크게 손상시키지 않고 화학변화 시키는 데 케라틴의 측쇄를 일시적으로 개쇄 또는 폐쇄시키는 방법이 있다.

(3) 시스틴결합(Cystine bond)

S-S 결합을 황이온 사이의 결합이라고 하여 황결합이라고도 불리며, 황이온을 가진 아미노산인 시스틴 사이의 결합이므로 시스틴결합으로도 불린다.

시스틴결합은 단일 결합에서 가장 강력한 결합력을 지니고 있으나 특정한 화학물질에 의해 결합이 파괴되기도 하는데, 이 특성을 이용한 것이 퍼머넌트 웨이브 시술이다.

(4) 이온결합(Ionic bond)

폴리펩타이드 내의 아미노산 중에서 음극(-)을 띤 화학기(주로 산성기)와 양극(+)을 띤 화학기(주로 아미노기) 사이의 정전기적 결합이 이온결합이다. 이온결합은 자석에서 보았듯이 그다지 강력한 결합이 아니지만 모발 내에 많은 수가 존재함으로써 강력한 힘을 지닌다. 이온결합을 염결합이라고 부르는 이유는 양극(+)의 나트륨(Na^+)과 음극의 연소(Cl^-)가 이온결합하여 소금을 만드는데, 이러한 방식으로 결합한다고 해서 염결합이라고도 한다.

(5) 수소결합(Hydrogen bond)

폴리펩타이드 체인들로 서로 매우 근접하게 놓여 있으며, 수소 이온을 지닌 아미노산과 산소 이온을 지닌 아미노산 사이의 친화력에 의한 결합이다. 수소결합은 폴리펩타이드 체인들 사이, 나선 모양으로 꼬여 있는 하나의 폴리펩타이드 체인 내, 주쇄결합과 측쇄결합에도 발견된다. 하나의 수소결합은 매우 약하지만 측쇄결합들 중 가장 많아서 모발의 상태를 유지하는 힘에 중요한 부분을 차지하고 있다. 수소결합은 물이나 물리적인 힘에 의해 쉽게 파괴되며 물이 증발되거나 물리적 힘을 제거하였을 때 다시 결합한다.

(6) 소수결합(Hydrophobic bond)

알코올, 수지류 등은 시간을 주면 흡수되기 때문에 케라틴(Keratin) 중에 같은 소수성기와 소수성기 사이에 움직이는 힘이 생기는데 이 결합을 소수결합이라 부른다. 최근 주목받고 있는 결합방식으로 아직 충분하게는 해명되지 않았지만 프록토 피브릴의 형성, 모발 구성 등에 깊은 관계가 있는 것으로 알려져 있다.

(7) 반데르발스 힘(Van der waals force)

분자 간의 인력으로 종합적으로 움직이는 응집력이며 매우 약한 결합이다.

4 퍼머넌트제의 성분과 역할

제1액의 티오글리콜산(酸)에 의한 환원작용과 제2액의 취소산카리 등에 의한 산화작용만을 이용하여 웨이브를 만든다.

(1) 제1액(환원제)

① 제1액은 프로세싱 솔루션(Processing solution)이라고 하는데 자연 상태의 두발에 작용하여 시스틴결합을 환원시키고 구조를 변화시켜 갈라지게 한다.

② 주성분은 티오글리콜산(Thioglycolic acid)이며, 티오글리콜산의 pH 범위는 대개 pH 9.0~9.6(알칼리성)이다. 이 밖에 침투제, 습윤제, 양모제, 안정제, 향료, 지질 등을 첨가한다.

(2) 제2액(산화제)

① 환원된 두발에 변형 시스틴을 결합시켜 원래대로 돌아오게 하여 웨이브를 고정한다.

② 산화제, 정착제, 중화제, 뉴트럴라이저(Neutralizer) 모두 같은 의미로 사용한다.

③ 산화제는 과산화수소, 취소산나트륨, 브롬산칼륨 등을 사용한다.

(3) 기타 퍼머액

① 시스테인(Cysteine) 퍼머넌트

티오글리콜산보다 환원력이 떨어지고 웨이브 형성도 약하며 작용시간이 더디지만, 손상이 적어 손상모, 탈색모, 다공성모에 좋다.

💎 **Tip** 티오글리콜산, 시스테인의 비교

티오글리콜산	시스테인
• 맑은 액체 • 시스테인보다 짧은 시간에 강한 웨이브 형성 • 자극적인 냄새 • 버진 헤어, 경모, 강모에 쓰임	• 걸쭉한 점액 • 티오글리콜산보다 컨디셔닝 효과 있음 • 시간이 오래 걸림 • 손상모, 염색모, 가는 두발에 쓰임

② pH에 따른 퍼머넌트

알칼리성 웨이브 로션	산성 웨이브 로션	중성 웨이브 로션
가장 일반적인 웨이브 로션으로 pH가 8.2~9.6이다.	pH 4~6으로 암모니아수를 사용하지 않으며 두발손상이 적어 염색모, 손상모에 많이 쓰이지만 작용시간이 길며 웨이브가 쉽게 풀린다.	탄산암모늄을 배합시키므로 pH가 7~80이다.

③ 거품 퍼머넌트 : 제1액과 제2액 속에 다량의 계면활성제를 첨가시켜 거품기로 거품을 일으켜 피부를 보호하고, 거품 자체에 보온성이 있어 히팅캡이 필요없다.

(4) 퍼머넌트 웨이브 용액의 기준

특성 종류		① 티오글리콜산 또는 그 염류를 주성분으로 한 골드 2욕법 퍼머넌트 웨이브 용액	② 티오글리콜산 또는 그 염류를 주성분으로 한 가온 2욕법 퍼머넌트 웨이브 용액	③ 티오글리콜산 또는 그 염류를 주성분으로 한 콜드 1욕법 퍼머넌트 웨이브 용액	④ 시스테인을 주성분으로 한 콜드 2욕법 퍼머넌트 웨이브 용액
제1액	티오글리콜산 농도 (%)	2.0~7.0	1.0~5.0	3.0~3.3	시스테인산도 3.0~7.5
	pH(25%)	4.5~9.6	4.5~9.3	9.4~9.6	8.0~9.5
제2액	제2액의 종류와 산화력	• 취소산나트륨, 취소산칼륨, 과붕산나트륨 • 1인 1회용량의 산화력은 3.5 이상	①과 동일	없음, 공기산화	①, ②와 동일
	제2액 pH(25%)	4.0~9.0	4.0~9.0		4.0~9.0
제1액과 제2액을 사용할 때의 온도 조건		실내온도 (1~35℃)	60℃	실내온도(1~3℃) (제1액의 경우만)	실내온도 (1~35℃)

(5) 퍼머넌트 웨이브 시술 전 처리

퍼머넌트 시술 전에 두발 및 두피 진단을 통해 모질에 따라 콜드 웨이빙 용액을 선택한다. 또한 두발의 손상을 방지하고 웨이브가 균일하게 이루어지도록 하며 모질을 개선하기 위한 특수처리를 한다.

① 건조모, 손상모에는 헤어 트리트먼트 크림을 골고루 도포해서 스티머를 적용시킨다.

② 탄력이 없는 다공성 두발에는 단백질을 분해해서 만든 PPT 용액을 두발에 흡수시킨다.

③ 발수성 두발은 모표피에 지방성이 많고 수분을 밀어내는 성질을 갖고 있어 콜드 웨이브 용액을 침투시키는 데 시간이 걸린다. 따라서 제1액을 두발에 도포하여 연화를 시키면 퍼머넌트 웨이브 형성이 용이하다(특수활성제를 도포할 수도 있다).

5 종류와 특징

히트 웨이브			콜드 웨이브	
머신 웨이브 (Machine wave)	전기나 수증기의 열을 기계적으로 응용하여 웨이브를 형성한다.	1욕법	1종류의 용액, 즉 퍼머약 제1액(환원제)만 사용하고 제2액은 공기 중의 산소로 자연 산화시킨다.	
머신리스 웨이브 (Machineless wave)	특수금속의 히팅클립을 사용하며 우리나라에서는 가봉퍼머, 불퍼머 등으로 불렀다.	2욕법	2종류의 용액, 즉 퍼머약 제1액과 제2액을 사용하는 일반적인 방법으로 퍼머약 제1액은 웨이브를 만드는 역할, 퍼머약 제2액은 웨이브를 고정하는 역할을 한다.	
케미컬 웨이브 (Chemical wave)	가끔 사용되며 특수약품의 화학작용에 의해 발열되는 것을 이용하여 퍼머 시술을 행하는 것이다.	3욕법	2욕법에 연화제 또는 보호제를 추가로 사용하는 방법이다. 저항모나 발수성모는 퍼머 전 연화제를, 손상모나 다공성모는 퍼머 전에 보호제를 사용할 수 있다.	

💎 **Tip**

비닐캡은 외부로부터 찬 공기의 출입을 방지해서 비닐캡 안에 온도를 상승시켜 웨이브 형성이 잘 이루어지는 역할을 하므로, 로드로 머리를 감은 후 비닐캡을 씌운다.

6 pH(Power of hydrogen ions) – 수소 이온 농도 지수

일반적으로 pH는 산성, 알칼리성의 정도를 나타내는 수치로서 0에서 14까지 있는데, 아래 그림과 같이 7을 중성이라고 하며, 7보다 낮은 쪽을 산성, 7보다 높은 쪽을 알칼리성으로 표현한다.

> 💎 **Tip** 모발과 페하(pH)
>
> pH란 수소 이온 농도 지수의 약칭으로 알칼리 또는 산의 강도를 나타내는 기호이다. pH는 0~14까지 있고 pH 7이 중성, 숫자가 클수록 알칼리성이 강하고 0에 가까울수록 산성에 가깝다. 강한 모발의 pH는 5.0 전후의 약산성이고, pH 5.0~6.5 정도는 모발의 손상이 없다.
>
> **pH란 무엇인가?**
>
> Power of Hydrogen ions = 수소 이온 농도 지수

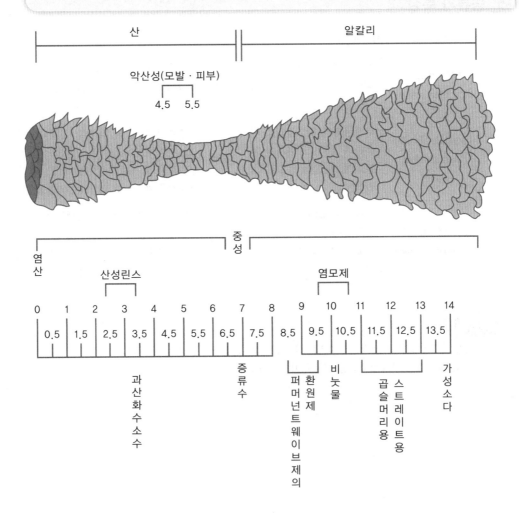

02 퍼머넌트 웨이브 시술

1 콜드 퍼머넌트 웨이브 시술순서

(1) 퍼머의 일반적인 시술순서

① **전 처리** : 샴푸 → 타올 드라이 → 셰이핑(프레커트)

② **웨이브 프로세스** : 블로킹 → 와인딩 → 프로세싱(1액) → 테스트 컬 → 중간 린스 → 2액 도포(중화제) → 2차 헹구기(린싱)

③ **후처리** : 리세트 → 드라잉 → 콤아웃

(2) 퍼머넌트 시술 시 주의 사항

① 제1액의 도포가 끝나면 불침투성의 비닐캡을 씌운다. 이것은 체온으로 솔루션의 작용을 촉진하고 휘발성 알칼리(암모니아)가 일부 빠져나가는 것을 막기 위함이다.

② 프로세싱 타임은 캡을 씌운 후부터 시작하여 소요시간이 10~15분 정도이다.

③ 제1액의 도포시간이 너무 지나칠 때 오버 프로세싱(Over processing)이라 하는데, 이 경우 두발 끝이 자지러지는 원인이 된다. 반대로 언더 프로세싱(Under processing)은 웨이브가 나오지 않게 되므로 사용했던 솔루션보다 약한 1액을 사용해서 다시 한다.

④ 제1액으로 인한 피부염을 방지하기 위해 특수정제인 라놀린을 바르는 것이 좋다.

2 두발 및 두피 진단

두발 및 두피에 대한 올바른 진단은 프로세싱 타임의 결정 및 로드와 약액 선정, 사전처리의 필요성과 직결되는 중요한 조건이 된다.

(1) 두피 상태

두피 전체를 살펴보고 상처나 염증 및 피부 질환이 있으면 완전히 치료될 때까지 퍼머넌트 웨이브를 시술하지 않도록 한다.

(2) 두발 상태

① **건강모** : 윤기가 나며 정전기가 적고 잘 엉키지 않는다.

② **저항성모** : 솔루션의 흡수력이 약하므로 프로세싱 타임을 길게 잡도록 한다.

③ **다공성모** : 손상된 두발은 프로세싱 타임을 짧게 하고 순한 솔루션을 사용한다.

(3) 두발의 신축성

두발이 늘어나고 수축하는 성질을 의미한다. 두발에 신축성이 전혀 없다면 웨이브를 형성하기 어렵다. 신축성이 좋은 두발일수록 웨이브가 오래 지속된다.

3 퍼머넌트 웨이브 시술 후 분석

문제점	원인	해결책
컬이 안 나온 경우	• 프로세싱 시간을 너무 적게 두었거나 너무 큰 로드를 사용한 경우 • 중화가 불충분한 경우 • 두피보호용 크림으로 인해 퍼머넌트 웨이브약이 스며들지 않는 경우	모발이 건강한 상태라면 순한 제품을 사용하여 다시 퍼머넌트 웨이브를 시술한다.
젖었을 때에는 결과가 좋지만 말랐을 때는 결과가 좋지 않은 경우	• 방치시간이 너무 오래되었거나 스타일링 시 과도하게 당긴 경우(과도한 드라이) • 로드에 비해 섹션이 두꺼웠을 경우 • 와인딩 시 불균등한 텐션이 주어진 경우	• 스디일링 시 문제가 생겼을 경우에는 자연스럽게 마르게 하거나, 손으로 웨이브를 뭉치면서 드라이한다. • 건강모발이라면 순한 제품을 사용하여 다시 시술한다.
과도하게 강한 웨이브가 형성된 경우	• 지름이 적은 로드를 사용한 경우 • 모발보다 강한 펌제를 사용한 경우 • 오버 프로세싱 타임	• 환원되는 동안 빨리 로드 교체를 한다. • 건강모의 경우 1액으로 웨이브를 푼다. 스트레이트 크림은 사용하지 않는다. • 컨디셔너를 충분히 해준다.
컬이 쉽게 풀리는 경우	• 2제의 방치시간이 짧았을 경우 • 퍼머넌트 웨이브 후 즉시 텐션을 준 경우	건강모발이라면 순한 제품을 사용하여 다시 시술한다.

4 프로세싱 타임

① 적당히 프로세싱된 경우 : 웨이브의 형성이 잘 이루어진다.

② 언더 프로세싱된 경우 : 웨이브가 거의 나오지 않거나 전혀 나오지 않는다.

③ 오버 프로세싱된 경우 : 젖었을 때 지나치게 꼬불거리고, 건조되면 웨이브가 부스러진다.

④ 오버 프로세싱된 경우(두발 끝이 다공성인 때) : 두발 끝이 자지러진다.

⑤ 두발 끝이 너무 당겨져서 말린 경우 : 두발 끝의 웨이브가 형성되지 않는다.

5 블로킹(Blocking)과 베이스 섹션(Base section)

(1) 블로킹과 베이스 섹션은 퍼머넌트 웨이브 디자인에 따라 모발을 로드에 효율적으로 와인딩하기 위해 두상을 구획한다.

(2) 블로킹의 크기는 로드의 크기, 두발의 질, 두발의 밀집도 등에 따라 달라진다.

(3) 블로킹(Blocking)은 5등분, 9등분, 10등분 등 다양하게 나눌 수 있다.

(4) 베이스(Base) 조절

　① 베이스 모양

　　㉠ 직사각형

　　　• 프론트 중앙이나 백 포인트(B.P) 중앙에 위치할 수 있다.

　　　• 로드의 길이와 일치해야 한다.

　　㉡ 삼각형

　　　• 베이스 모양이 삼각형과 사다리꼴이다.

　　　• 머리 전체에 위치할 수 있고 연결지역에 많이 쓰인다.

　　㉢ 사다리꼴 : 탑부분이나 백 그리고 만나는 지점, 즉 크라운 사이드 연결지역에 쓰인다.

　　㉣ 오브롱 : 두 개의 평행면, 하나의 오목선과 볼록선을 각각 끝에 가진, 늘어뜨린 곡면형이다.

　② 베이스 크기 : 베이스의 크기는 사용된 퍼머넌트 기구의 굵기와 길이에 의해 결정된다. 1직경 베이스 크기가 가장 기본적으로 사용된다.

　　㉠ 1직경 베이스는 로드지름과 로드길이를 더한 값이다.

　　㉡ 1.5직경 베이스는 기구 1개의 지름과 반지름을 더한 값이다.

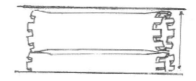

ⓒ 2직경은 기구 2개의 직경으로 측정된 베이스를 말한다.

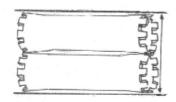

💎 Tip

섹션은 퍼머넌트 웨이브 디자인에 따라 수평, 수직, 대각, 삼각, 사각 등의 형태로 와인딩의 방향을 설정하며, 블로킹에 따라 섹션의 모양이 달라지므로 방향성 등을 잘 고려하여 설정하여야 한다.

③ 베이스에 따른 로드의 위치(Base control) : 머리의 시술각도가 로드의 위치에 직접적으로 영향을 주며, 그 결과 볼륨과 팽창이 생기게 된다.

Base 크기	On base(1직경)	1/2 Off base (Half off base)(1직경)	Off base(1직경)
와인딩 각도	∠135°	∠90°	∠45°
로드의 위치	베이스 내에 로드가 위치한다.	베이스 아래 지역에 로드가 위치한다.	베이스에서 완전히 내려온 위치에 로드가 위치한다.
특징과 효과	강한 볼륨이 형성되지만 파팅 자극이 생긴다.	일반적으로 많이 쓰이며, 중간 정도 볼륨을 얻을 수 있다.	헤어라인 주변에 모류의 흐름을 잡아 줄 때 쓰인다.
와인딩 시술각			

(5) 스템의 방향성(Stem of direction)

① 포워드(Forward) 와인딩 : 전방으로 향해서 와인딩한다.

② 리버즈(Reverse) 와인딩 : 뒤쪽으로 향해서 와인딩한다.

③ 라운드(Round) 와인딩 : 둥근 곡선을 그리면서 와인딩한다.

④ 인덴테이션(Indentation) 와인딩 : 거꾸로, 반대방향으로 머리단의 안쪽에 로드를 대고 와인딩하며, 볼륨이 없는 겉마름 효과를 낸다.

6 퍼머넌트 와인딩의 시술

(1) 와인딩 기법

① 크로키놀식 와인딩(Croquignole winding or Overlap winding)

㉠ 모발 끝에서부터 시작하는 와인딩 방법으로 가장 많이 사용되는 기법이다.

㉡ 오버랩이라고도 하며 겹쳐지면서 와인딩을 하여 웨이브 폭이 달라진다.

㉢ 긴 모발에서 짧은 모발까지 다양하게 와인딩할 수 있지만 긴 모발보다는 짧은 모발에 더 효과적이다.

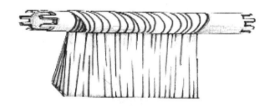

✿ 크로키놀식 말기

> **💎 Tip** 로드 크기
>
> • 네이프 : 소형   • 양 사이드 : 중형   • 톱~크라운 부분 : 대형

② 스파이럴식 와인딩(Spiral winding)

㉠ 스파이럴식 와인딩은 나선형의 와인딩을 말하며 두피에서부터 모발 끝으로 와인딩하는 방법과 모발 끝에서 두피 쪽으로 와인딩하는 방법이 있다.

㉡ 대체로 길게 늘어뜨린 효과가 있고 머리카락을 겹치지 않게 회전시켜서 동일한 웨이브를 얻을 수 있다.

◎ **스파이럴식 와인딩**

③ **압축(Compression)** : 머리카락을 기구 사이에 넣어 압축하여 질감의 효과를 만들어
내는 기법이다.

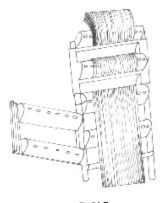

◎ **압축**

(2) 앤드 페이퍼(End paper) 사용방법

① **단면 사용기법(Single end paper)** : 스트랜드 윗면에만 앤드 페이퍼를 올려놓고 검지
와 중지로 납작하게 밀착시켜 움직이지 않도록 하며 로드를 아랫면에 대고 와인딩한
다. 가장 기본적인 기술이다.

② **양면 사용기법(Double end paper)**
 ㉠ 앤드 페이퍼를 스트랜드의 윗면과 아랫면에 겹치도록 대고 모발 끝을 감싸서 와인
딩한다.
 ㉡ 모발이 지나치게 손상되었거나 모발의 길이 차가 심할 때 사용한다.

③ 책갈피 기술기법(Book end paper)

    ㉠ 모발을 검지와 중지 사이에 끼워 잡고, 앤드 페이퍼를 반으로 감싸는 방법이다.

    ㉡ 양면 사용과 비슷한 효과를 얻지만 모발의 길이 차가 심하면 사용할 수 없다.

    ㉢ 스파이럴식 와인딩에 주로 쓰인다.

④ 쿠션 기술기법(Cushion)

    ㉠ 퍼머넌트 종이를 섹션 위에 올려 놓고 말아 올라가는 기법이다.

    ㉡ 짧은 머리를 잡아 줄 때 쿠션 지지력 효과가 생긴다.

(3) 퍼머넌트 와인딩 종류

① 직사각형 형태(Rectangle pattern)

    ㉠ 직사각형 형태는 일반적으로 가장 기본적인 퍼머넌트 형태이다.

    ㉡ 퍼머넌트 패턴의 단순성 때문에 정확하고 빠른 결과로 쉽게 와인딩이 가능하다.

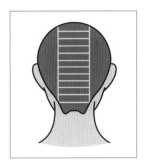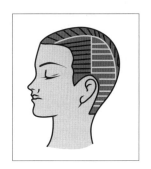

❂ 직사각형 형태의 예

② 윤곽 형태(Contour pattern) : 다방향 말기 형태이며, 사이드 전체를 하나의 큰 타원으로 보고 적절한 파팅을 나누어서 와인딩한다.

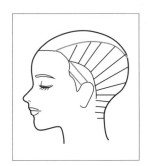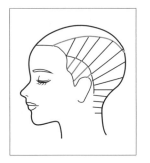

❂ 윤곽 형태의 예

③ **벽돌쌓기 형태(Bricklay pattern)** : 쌓은 벽돌 형태는 지속적인 컬을 만들어주고, 베이스 사이에 틈을 주지 않도록 해준다.

　㉠ 기본 형태(수평) : 일반적으로 직사각형과 사다리꼴 모양의 베이스를 사용하며, 겹침이나 압축기술 와인딩 할 때 사용된다. 로드는 수평이나 대각으로 위치한다.

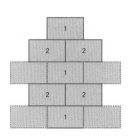

◐ 벽돌쌓기 기본 형태의 예

④ **오브롱 형태(Oblong pattern)** : 오브롱이란 일련의 병행한 C선들로 이루어진 길게 늘어뜨린 형태이다.

　㉠ 볼륨 오브롱 형태(Volume oblong pattern) : 풍성한 느낌을 주며 볼록한 끝에서 말기 시작한다. 최초의 방향에서는 45° 파팅을 하여 정사방형의 베이스를 만든다.

◐ 볼륨 오브롱

　㉡ 인덴테이션 오브롱 형태(Indentation oblong pattern) : 톱니모양으로 오브롱의 깊이를 만들어낸다. 인덴테이션 오브롱 말기는 오목한 끝에서 시작한다. 두 번째 방향에서는 45° 각도로 파팅한다.

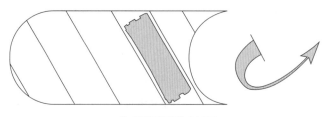

◐ 인덴테이션 오브롱

⑤ **프로젝션(Projection)** : 머리의 질감을 모발 끝에 두고 베이스 지역은 퍼머넌트가 되지 않은 상태로 두며 커트 길이에 따라서 커트의 구조와 직접적인 관계를 두고 있다. 보통 일정한 길이를 유지하면서 무게 지역을 확장시키거나 커트 표면에 웨이브를 주기 위해 사용한다.

　㉠ 솔리드 형태(수평 프로젝션, Horizontal–projection) : 모발 표면의 질감이 수평선상으로 나뉘게 된다.

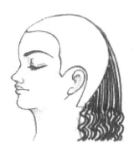

◐ 솔리드 형태(수평 프로젝션)

　㉡ 그래듀에이션(업 프로젝션, Up–projection) : 모발 길이가 네이프 부분은 짧고 정수리 부분으로 길게 진행된다. 위쪽 확장 형태는 질감이 경사선에 따라 위치하고 확장된 무게 지역을 만들어 낸다.

◐ 그래듀에이션(업 프로젝션)

ⓒ 인크리스 레이어(다운 프로젝션, Down-projection) : 긴 머리에서 길이가 짧아지는
반면 전체 표면을 따라 웨이브가 눈에 보이도록 해준다.

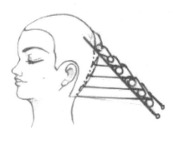

◑ **인크리스 레이어(다운 프로젝션)**

⑥ 더블 로드(Double rod) 형태 : 일반적으로 '더블 로드 퍼머넌트'는 피기백(Piggy back)
이라 한다. 1지경에 작은 로드와 큰 로드를 배열히며 볼륨과 방향감을 얻기 위해 더
블 와인딩을 한다.

ⓐ 엮은 베이스 : 엮은 형 혹은 지그재그 형 베이스는 보통 방향의 변화와 질감 변화 사이
에서 사용된다.

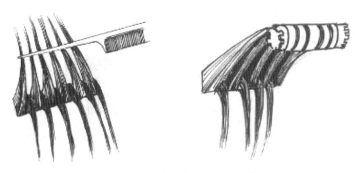

◑ **엮은 베이스(지그재그형 베이스)**

ⓒ 피기 백(Piggy back) : 굵은 로드와 가는 로드를 사용하여 로드 위에 로드를 얹는다.

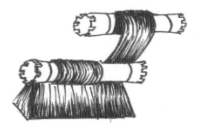

◑ **피기 백**

ⓒ 더블로드 와인딩(Double rod winding ; 이중 로드 퍼머넌트, Double winding) : 한 베이스 안에 로드를 2개 사용하여 디자인하는 것을 말하며 볼륨을 얻기 위해 작은 로드는 두피 쪽에 놓고 그 위에 큰 로드를 사용하기도 하며, 그 반대의 경우도 가능하다.

❂ **더블로드 와인딩(이중 로드 퍼머넌트)**

정답과 해설

주성분은 티오글리콜산이며 pH 범 **01**
위는 대개 9.0~9.6(알칼리성)이다.
환원된 두발에 변형시스틴을 결합
시켜 원래대로 돌아오게 하여 웨이
브를 고정한다.

01 현재 사용하고 있는 2욕법 콜드 퍼머넌트 웨이빙에서 환원
제로 많이 쓰이는 것은?

① 산화제 ② 티오글리콜산염
③ 중화제 ④ 뉴트럴라이저

9등분을 예로 들면, 네이프 → 크 **02**
라운 → 사이드 → 탑 부분 순이다.

02 퍼머 시 와인딩할 때 처음 로드를 마는 두부 위치는?

① 탑부분 ② 사이드
③ 크라운 ④ 네이프

• 모발 끝 부분에서 모근 쪽으로 **03**
마는 방법을 크로키놀식(조셉
메이어가 고안)이라고 한다.
• 스파이럴식은 나선형 와인딩으
로 롱헤어디자인에 한한다.

03 퍼머넌트 웨이브의 일반적인 와인딩 방법은?

① 크로키놀식 ② 스파이럴식
③ 콜드 퍼머넌트 ④ 히트 퍼머넌트

하프 웨이브 : 풀 웨이브의 파상 **04**
의 산과 계곡 양쪽을 가르키고,
하프웨이브는 그 중 한쪽, 2분의
1만을 가르킨다.

04 웨이브에 있어 기시점부터 융기점까지를 무엇이라고 하
는가?

① 다이애거널 웨이브
② 하프 웨이브
③ 풀 웨이브
④ 내로우 웨이브

퍼머 와인딩 시 컬테스트가 끝나 **05**
면 제2액의 중화가 시작되는데,
중화제를 바르기 전에 제1액을
씻어내는 작업을 한다. 이 작업을
플레인 린스(중간린스)라 한다.

05 콜드 퍼머넌트 웨이빙 시 제1액을 씻어내기 위한 린스 방법은?

① 산성 린스
② 토닉 린스
③ 플레인 린스
④ 플레인 샴푸

01 ② **02** ④ **03** ① **04** ②
05 ③

06 퍼머넌트 시술 시 와인딩 요령으로 틀린 설명은?

① 와인딩할 때 모발에 2액을 스며들게 하여 감는다.

② 머리카락 끝이 테이퍼되었을 경우는 앤드 페이퍼를 두 개 정도로 접어 싼다.

③ 모발을 말면 짧은 머리가 튀어나오지 않도록 빗으로 넣는다.

④ 너무 당기거나 느슨하지 않도록 평균적으로 감는다.

06 와인딩할 때에는 제1액을 도포하면서 두피에 닿지 않도록 한다.

07 퍼머넌트 솔루션의 주성분으로 사용될 수 없는 것은?

① 티오글리콜산염   ② 암모니아

③ 계면활성제   ④ 과산화수소

07 과산화수소와 브롬산나트륨, 취소산칼륨은 제2액의 주성분으로 쓰인다. 여기서 과산화수소는 주로 구미에서 사용되고 있으며 동양권에서는 탈색의 작용이 있어 머리가 붉어지므로 사용하지 않는다.

08 퍼머 후 머리 끝이 자지러지는 원인이 아닌 것은?

① 머리 끝을 너무 테이퍼했을 때

② 브러싱을 했을 때

③ 당겨서 꼭 감지 않았을 때

④ 대기시간이 너무 길었을 때

08 너무 작은 로드를 사용하였을 때나, 너무 강한 퍼머약을 사용하였을 때 머리 끝이 상한다. 하지만 브러싱하였을 때는 자지러지지는 않는다.

09 컬링 로드에 감긴 스트랜드를 잡기 위하여 사용되는 고무를 무엇이라 하는가?

① 리플레이스먼트 러버   ② 다크 빌 클립

③ 터미 네이트   ④ 프롱

09 퍼머 와인딩할 때 고정시켜주는 고무줄을 다른 용어로 리플레이스먼트 러버라고 한다.

10 다음 중 스파이럴 컬의 설명으로 알맞은 것은?

① 크로키놀과는 반대로 머리 끝으로 갈수록 웨이브를 크게 할 때 사용한다.

② 긴 머리에 사용하며 처음과 끝의 웨이브 폭이 같다.

③ 가는 모발에 효과적이고 탄력이 있다.

④ 머리가 짧을 때 효과적이다.

10 스파이럴 와인딩은 머리의 모근 부분에서부터 나선형으로 말아 내려오는 방법이다.

06 ①   **07** ④   **08** ②   **09** ①
10 ②

퍼머를 하면 머릿결이 상하게 되 **11**
는데, 그 직후 아이론의 열을 가
하면 두발이 부스러지고 상한다.

11 퍼머를 한 직후 아이론을 하면 모발이 어떻게 되는가?

① 두발이 변색된다.

② 머릿결이 부스러지고 상한다.

③ 두발이 억세진다.

④ 탈모가 된다.

사전처리 → 약액선정 → 로드선 **12**
정 → 블로킹 → 와인딩 → 도포
→ 열처리 → 테스트 컬 → 중화
→ 샴푸 → 드라잉 및 스타일 내
주기 → 제품 바르기 → 고객카
드 작성

12 콜드 웨이빙 시술 순서의 일부를 나열한 것 중 맞는 것은?

① 문진 – 사전샴푸 – 모질진단 – 사전처리 – 약액 선택

② 사전처리 – 약액 선택 – 로드선정 – 블로킹 – 제1액 도포

③ 블로킹 – 제1액 도포 – 로드감기 – 샴푸 – 대기 – 제1액
   도포

④ 테스트 컬 – 제2액 도포 – 중간샴푸 – 린스 – 사후처리

제2액은 중화제, 산화제, 뉴트럴 **13**
라이저라 하며 웨이브의 형성을
고정시켜주는 역할을 한다.

13 콜드 퍼머액 제2액의 근본적인 역할은?

① 형성된 모발을 고정시켜 주는 역할

② 모발에 영양을 주는 역할

③ 웨이브를 형성시켜 주는 역할

④ 형성된 웨이브를 풀어주는 역할

콜드 웨이브의 프로세싱 시간은 **14**
10~15분이다.

14 콜드 웨이빙 시술 시 프로세싱의 적당한 대기 시간은?

① 5분 정도

② 10~15분 정도

③ 20~30분 정도

④ 40~60분 정도

퍼머 와인딩 시술 중 전 처치에 **15**
는 헤어 샴푸잉, 타월 드라잉, 셰
이핑이 속한다.

15 퍼머 시술과정 중에서 전 처치에 속하지 않는 것은?

① 헤어 샴푸잉

② 오리지널 세트

③ 타월 드라잉

④ 헤어 셰이핑

11 ② **12** ② **13** ① **14** ②
15 ②

16 콜드 퍼머넌트 웨이빙 시 제1액 사용의 pH범위는 대개 9.0~9.6 정도가 가장 많이 사용되나 두발이 염색모일 경우에는 어느 pH가 가장 적당한가?

① 8 　　② 10 　　③ 11 　　④ 12

17 퍼머넌트 전 적당한 샴푸는?

① 중성 샴푸 　　　② 알칼리 샴푸
③ 산성 샴푸 　　　④ 플레인 샴푸

18 퍼머넌트 후의 린스로 적당한 것은?

① 알칼리성 린스 　　② 산성 린스
③ 중성 린스 　　　④ 플레인 린스

19 콜드 웨이브 퍼머넌트 시술 시 모발 진단법으로 틀린 것은?

① 경모 혹은 연모 　　② 발수성모
③ 손상모 혹은 체모 　　④ 염색모

20 콜드 웨이브의 방법 중 제1액은 모발의 어떠한 결합을 분리시켜 모발을 부드럽게 하는가?

① 단백질
② 시스틴
③ 케라틴
④ 피질

21 콜드 웨이브(Cold wave) 시술 시 제1액을 적신 후 불침투성 비닐캡을 씌우는 목적 및 이유에 해당되지 않는 것은?

① 체온으로 솔루션의 작용을 높인다.
② 휘발성 알칼리가 일부 빠져나가는 것을 막아준다.
③ 제1액 작용이 두발 전체에 고루 행해진다.
④ 피부염을 방지하고 탈모를 예방한다.

정답과 해설

16 콜드 웨이브 시 염색모의 경우 손상모로 진단하여 pH가 낮은 8 정도를 선택하여 시술한다.

17 퍼머넌트 전에 적당한 샴푸는 중성 샴푸이며, 샴푸 후에는 산성 린스로 마무리한다.

18 제1액 처치 후 모발을 산성린스로 처리하면 알칼리를 중화시킴과 동시에 제2제의 작용도 높일 수 있다.

19 모발진단 : 전형적인 탈모양상이 진단되며, 탈모 부위에 가는 모발이 나는 것은 조기진단이 도움된다.

20 1액 : 자연 상태의 두발에 작용해서 시스틴 결합을 환원시키고 시스틴의 구조를 변화시켜 거의 갈라지게 한다. 즉, 두발을 웨이브하기에 좋은 상태를 만드는 것이다. 1액의 주제는 구성물질을 환원시키는 환원제로 알칼리성이다. 독성이 적고 두발에 환원작용이 좋은 티오글리콜산이 많이 사용된다.

21 콜드 웨이브 시 비닐캡을 씌우는 목적은 제1액이 일부 빠져나가는 것을 막고 체온에 의한 솔루션의 작용을 촉진시켜 제1액의 작용이 두발 전체에 골고루 이루어지도록 하기 위함이다.

| 16 ① | 17 ① | 18 ② | 19 ③ |
| 20 ② | 21 ④ | | |

Chapter 07 헤어 세팅

01 기초이론

미용에서 세트는 두발형을 만들어 마무리해 놓은 것을 의미하며 오리지널 세트(Original set, 기초세트)와 리세트(Re-set, 정리세트)로 나눈다. 기초세트의 요소는 헤어 파팅, 헤어 셰이핑, 헤어 컬링, 헤어 롤링, 헤어 웨이빙 등을 들 수 있고 리세트는 일반적으로 끝마무리하는 브러시 아웃, 콤 아웃, 백 콤이 있다.

오리지널 세트	• 헤어 파팅(Hair parting) • 헤어 컬링(Hair curling) • 헤어 웨이빙(Hair waving)	• 헤어 셰이핑(Hair shaping) • 헤어 롤링(Hair rolling)
리세트	• 브러시 아웃(Brush out) • 백 콤(Back comb)	• 콤 아웃(Comb out)

1 오리지널 세트

(1) 헤어 파팅(Hair parting)

헤어 파팅은 두발을 나누는 것으로 오리지널의 한 요소이며 얼굴형, 머리의 흐름, 헤어 디자인에 따라서 여러 가지 종류가 있다.

① 센터 파트(Center part) : 프린지의 헤어라인 중심에서 머리정상에 걸쳐 직선으로 나누는 것

② 사이드 파트(Side part) : 전두부와 측두부를 구분하는 경계선, 즉 앞 헤어라인 지점으로부터 후방을 향해서 직선으로 나눈 것으로 오른쪽 나누기와 왼쪽 나누기가 있다.

③ 카우릭 파트(Cowlick part) : 두정부의 가르마를 중심으로 모발 흐름 그대로 빗질하는 것으로 방사상의 형태이다.

④ 노 파트(No part) : 가르마가 전혀 없는 상태이다.

⑤ 라운드 사이드 파트(Round side part) : 사이드 파트가 곡선상으로 이루어진 파트로, 골든 포인트(G.P)를 향해서 둥글려 주듯 연결하며 각진 얼굴에 잘 어울린다.

⑥ V파트(V part) : 이마의 양각과 두정부 정점을 연결한 V자형 파트를 말한다.

⑦ 스퀘어 파트(Square part) : 이마의 양각에서 사이드 파트하여 두정부 근처에서 이마의 헤어라인에 수평하게 파트한다.

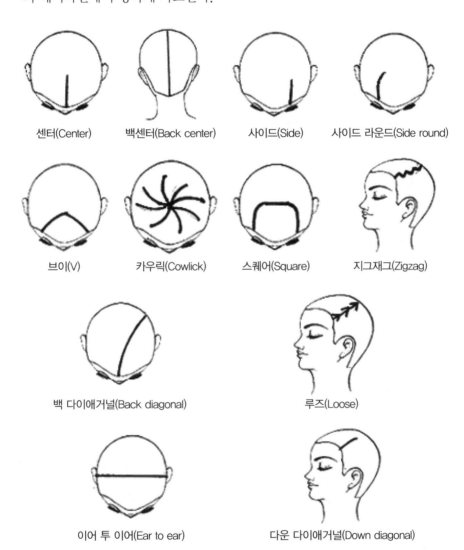

센터(Center)　　백센터(Back center)　　사이드(Side)　　사이드 라운드(Side round)

브이(V)　　카우릭(Cowlick)　　스퀘어(Square)　　지그재그(Zigzag)

백 다이애거널(Back diagonal)　　루즈(Loose)

이어 투 이어(Ear to ear)　　다운 다이애거널(Down diagonal)

◑ 오리지널 세트의 종류

(2) 헤어 셰이핑(Hair shaping)

헤어 세팅에서 셰이핑은 두발의 흐름을 갖추는 것으로 두발의 결과 모양을 만든다는 의미이다. 두발을 마무리 짓는 컬이나 웨이브를 만들 때 사용되는 기초기술이며 디자인 구성을 토대로 이루는 것이다.

① 업 셰이핑(Up-shaping) : 수평선상으로 빗질된 두발의 라인보다 위쪽을 향해서 빗어 올리는 것을 말한다.

② 다운 셰이핑(Down shaping) : 수평선상으로 빗질된 두발의 라인보다 아래쪽을 향해서 빗어 내리는 것을 말한다.

③ 포워드 셰이핑(Forward shaping) : 귀바퀴 방향

④ 리버즈 셰이핑(Reverse shaping) : 귀바퀴 반대 방향

⑤ 스트레이트 셰이핑(Straight shaping)

⑥ 라이트 고잉 셰이핑(Right going shaping)

⑦ 레프트 고잉 셰이핑(Left going shaping)

(3) 헤어 컬링(Hair curling)

1) 컬의 목적

① 웨이브를 만들기 위해

② 모발 끝의 변화와 움직임을 구하기 위해

③ 볼륨을 얻기 위해

2) 컬의 특성

두발의 탄력성을 이용하는 것이 컬의 기본원리이다.

3) 컬의 각부 명칭

① 루프(Loop) : 원형으로 말린 부분

② 베이스(Base) : 컬 스트랜드의 근원

③ 피봇 포인트(Pivot point) : 컬이 말리기 시작하는 시작점

④ 컬 스템(Curl stem) : 베이스에서 피봇 포인트까지, 루프 외에 말리지 않는 부분

⑤ 앤드 오브 컬(End of curl) : 두발 끝을 말하며 앤드라고도 함

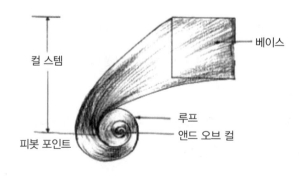

컬 스템

베이스

루프

앤드 오브 컬

피봇 포인트

4) 컬을 구성하는 요소

① 헤어 셰이핑(Hair shaping) : 앞으로 만드는 헤어스타일을 고려해서 머리흐름을 가지런히 하는 것이다.

② 슬라이싱(Slicing) : 모발을 엷게 나누어 잡는 것을 말한다.

③ 베이스(Base) : 컬 스트랜드(Curl strand)의 밑부분에 해당되는 부분이다.

5) 베이스 종류(Base)

① 스퀘어(Square) 베이스 : 정방형

균등한 컬과 동일 방향의 웨이브를 내는 것에 적합하다.

② 오블롱(Oblong) 베이스 : 장방형

베이스가 길고 헤어라인에서 떨어진 웨이브를 만들 수 있으며, 앞헤어라인의 측두부에 많이 사용한다.

③ 아크(Arc) 베이스 : 활 모양

후두부에 큰 모양의 소용돌이 웨이브를 만들 경우에 사용된다.

④ 트라이앵글(Triangular) 베이스 : 삼각형

콤 아웃할 때 갈라짐을 막기 위해 이마의 헤어라인에 사용된다.

⑤ 패러렐그램(Parallelogram) 베이스 : 평행사변형

메이폴 컬(Maypole curl), 리프트 컬(Lift curl)을 웨이브 상태로 마는 경우에 적합하다.

| 정방형 | 장방형 | 삼각형 |

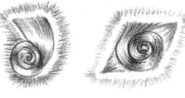

활 모양　　　평행사변형

◎ **베이스의 종류**

6) 스템의 각도와 방향

스템의 방향성은 모발의 움직임을 좌우한다. 컬을 만들 때 스템의 방향과 두피가 이루는 각도에 의해 웨이브와 볼륨이 좌우된다.

① 논 스템(Non stem) : 루프가 베이스에 들어가 있는 상태로 컬이 오래 지속되며 움직임이 가장 작다.

② 하프 스템(Half stem) : 루프가 베이스에 반쯤 걸쳐진 상태로 어느 정도 움직임을 가지고 있다.

③ 풀 스템(Full stem) : 루프가 베이스에서 벗어난 상태로 컬의 방향을 제시하며 움직임이 가장 크다.

④ 업 스템(Up stem) : 위로 향한 스템이다.

⑤ 다운 스템(Down stem) : 아래로 향한 스템이다.

  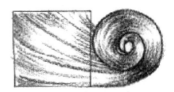

논 스템(Non stem)   하프 스템(Half stem)   풀 스템 (Full stem)

7) 텐션(Tension)

① 긴장력을 말하며 컬을 와인딩할 때 힘의 정도를 말한다.

② 텐션을 가하면 헤어스타일을 오래 유지할 수 있다.

8) 컬의 종류

① 플랫 컬(Flat curl) : 두피에 루프가 편평하게 딱 붙는 상태의 컬(∠0°)

    ㉠ 스컬프쳐 컬(Sculpture curl) : 스컬프쳐는 조각적이라는 의미이다. 두발 끝이 컬 루프의 중심이 되는 컬로 스킵 웨이브나 플러프에 이용하며, 탄력이 있고 볼륨이 필요치 않는 웨이브에 많이 이용된다.

    ㉡ 크로키놀 컬(Croquignole curl) : 로드와인딩의 크로키놀식에서 힌트를 얻은 컬로서 면 구성이 매끈한 스타일과 모발 끝을 안정시키는 경우에 이용하며 플러프를 만들 수 있다.

    ㉢ 메이폴 컬 : 모근에서 컬을 말기 시작하여 두발 끝 부분 컬이 바깥쪽이 된다.

    ㉣ 스파이럴 컬 : 모근에서 나선형으로 와인딩한다.

② 스탠드 업 컬(Stand-up curl) : 두피에 루프가 세워져 있는 컬

　㉠ 바렐 컬(Barrel curl) : 원통 모양으로 볼륨을 주고자 할 때 사용하며, 후두부의 평면적인 중앙 부위에 많이 이용된다.

　㉡ 리프트 컬(Lift curl) : 두피에 45°로 비스듬히 서 있는 컬로 스탠드 업과 플랫 컬을 연결하고 낮은 각도에서 적은 볼륨을 얻고자 할 때 사용된다.

　㉢ 스탠드 업 컬(Stand-up curl) : 두피에서 볼륨을 구할 때 사용하며, 기본적인 스템 각도는 90°이다. 특히 프론트 부위에 이용되어 탄력성이 강한 볼륨과 웨이브를 표현한다.

③ 컬이 말리는 방향

　㉠ 시계 중심

　　• C컬(Clockwise wind curl) : 시계 방향으로 말림

　　• CC컬(Counter clockwise wind curl) : 반시계 방향으로 말림

　㉡ 귀 중심

　　• 포워드 컬(Forward curl) : 컬이 얼굴 쪽을 향함(귓바퀴 방향)

　　• 리버즈 컬(Reverse curl) : 컬이 얼굴 뒤쪽을 향함(귓바퀴 반대 방향)

9) 컬의 핀닝(Curl pinning)과 주의점

① 컬의 핀닝 : 완성된 컬을 핀이나 클립으로 고정시키는 것을 말하며, 컬의 각도와 방법에 따라 핀의 위치와 방법도 달라진다.

　㉠ 수평핀 고정 : 루프에 수평

　㉡ 대각핀 고정 : 루프에 대각

　㉢ 교차핀 고정 : U핀을 이용, X자 형으로 교차

　㉣ 오픈(Open) 꽂이 : 열린 쪽에서 핀을 고정

ⓜ 크로스(Cross) 꽂이 : 닫힌 쪽에서 꽂기

ⓗ 단면 꽂이 : 루프의 1/2만 고정

ⓢ 양면 꽂이 : 루프를 대각, 수평 전체를 고정

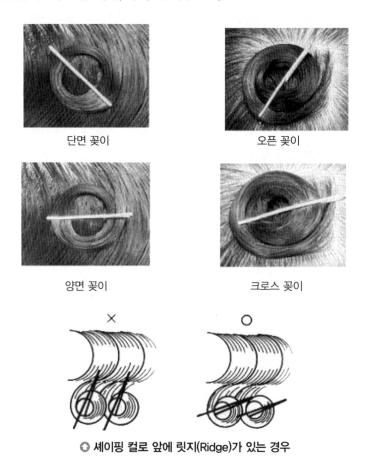

| 단면 꽂이 | 오픈 꽂이 |
| 양면 꽂이 | 크로스 꽂이 |

○ 셰이핑 컬로 앞에 릿지(Ridge)가 있는 경우

② 핀닝 기술상의 주의점

　ㄱ 핀 또는 클립으로 고정시킨 자국이 스템(Stem)과 루프(Loop)에 남지 않도록 하며
　　 루프에 느슨함이 생기지 않도록 한다.

　ㄴ 루프가 안정이 되도록 고정시키고, 핀을 처음에는 충분히 벌려서 고정시켜야 한다.

　ㄷ 상하 좌우 조작에 방해가 생기지 않도록 꽂는다.

(4) 헤어 롤링(Hair rolling)

롤러 컬은 원통상의 롤러를 사용해서 만든 컬로 자연스럽게 부드러운 웨이브를 형성하여 볼륨을 준다.

1) 롤러 컬의 와인딩 각도와 컬의 특성

① **논스템 롤러 컬(Non stem roller curl)** : 두발을 전방 45°(후방은 135°)로 셰이프하여 끝에서부터 말아 나가므로 롤러는 베이스의 중앙에 위치시킨다. 크라운에 많이 사용되고 스템이 롤러에 거의 말리기 때문에 논스템이며, 볼륨감이 강하다.

② **하프 스템 롤러컬(Half stem roller curl)** : 스트랜드를 베이스에 대해 약 90° 수직으로 잡아 올려 셰이프하고 콜드퍼머 와인딩과 같은 요령으로 한다. 스템에 볼륨감이 생긴다.

③ **롱 스템 롤러 컬(Long stem roller curl)** : 스트랜드를 후방 45° 각도로 셰이프해서 감는다. 스템이 베이스로부터 길기 때문에 롱 스템 롤러 컬이다. 스템에 볼륨감이 약하다.

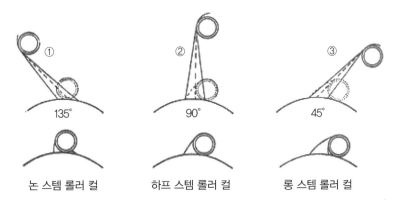

① 135° ② 90° ③ 45°

논 스템 롤러 컬　　　하프 스템 롤러 컬　　　롱 스템 롤러 컬

2) 롤러 컬의 와인딩

① 두발 끝을 롤의 너비만큼 넓혀서 와인딩하면 일반적인 시술법으로 리세트할 때 두발의 갈라짐을 방지한다.

② 두발 끝을 롤의 중앙에 모아서 와인딩하면 볼륨을 주거나 특별히 방향을 주고자 할 때 유용하게 쓰인다.

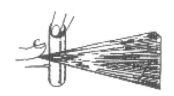

(5) 헤어 웨이빙(Hair waving)

헤어 세팅에서는 파상형으로 되어 있는 두발을 웨이브라고 한다. 웨이브를 만드는 방법에 따라 핑거 웨이브, 컬 웨이브, 아이론 웨이브로 분류한다.

1) 웨이브의 명칭

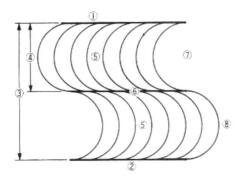

① 비기닝(Beginning)
② 앤딩(Ending)
③ 풀웨이브(Full wave)
④ 하프웨이브(Half wave)
⑤ 트로프(Trough)
⑥ 릿지(Ridge)
⑦ 오픈앤드(Open end)
⑧ 크로즈앤드(Closed end)

2) 웨이브의 릿지에 따른 분류

① 수직 웨이브(Vertical wave)
② 수평 웨이브(Horizontal wave)
③ 대각 웨이브(Diagonal wave)

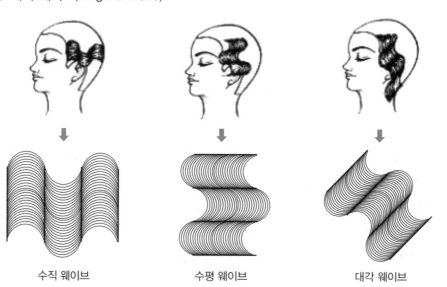

수직 웨이브　　　　수평 웨이브　　　　대각 웨이브

3) 웨이브의 형상에 따른 분류

① 섀도 웨이브(Shadow wave) : 고저가 뚜렷하지 않은 느슨한 웨이브

② 와이드 웨이브(Wide wave) : 고저가 뚜렷하여 섀도 웨이브와 내로우 웨이브의 중간인 웨이브

③ 프리즈 웨이브(Frizz wave) : 모근 부분은 느슨하고 두발 끝으로 갈수록 폭이 좁아지는 웨이브

④ 내로우 웨이브(Narrow wave) : 웨이브 폭이 좁고 작은 것

4) 웨이브의 연속성에 따른 분류

연속성 웨이브(Extended wave)는 핑거 웨이브 일반형으로 웨이브가 계속 연결되어 이어지는 것을 말한다.

① 핑거 웨이브(Finger wave) : 세트로션이나 물에 젖은 두발을 손가락과 빗을 이용하여 만든 웨이브이다.

   ㉠ 핑거 웨이브 3요소 : 크레스트(정상, Crest), 릿지(융기, Ridge), 트로프(골, Trough)

   ㉡ 웨이브와 릿지 라인 만드는 법 : 하프웨이브의 시계방향과 반 시계방향으로 교차하면 릿지가 만들어지며, 이때 풀 웨이브가 된다.

   ㉢ 핑거 웨이브의 종류
- 올(All) 웨이브 : 가르마 없이 두부 전체의 웨이브
- 덜(Dull) 웨이브 : 릿지가 뚜렷하지 않고 느슨한 웨이브
- 로(Low) 웨이브 : 릿지가 낮은 웨이브
- 하이(High) 웨이브 : 릿지가 높은 웨이브
- 스윙(Swing) 웨이브 : 큰 움직임을 보는 듯한 웨이브
- 스월(Swirl) 웨이브 : 물결이 소용돌이 치는 듯한 웨이브

② **스킵 웨이브(Skip wave)** : 핀컬과 핑거 웨이브가 1단씩 교차되는 웨이브로서 폭이 넓고 부드러운 웨이브를 만드는 데 적합하다.

◎ 스킵 웨이브

③ **릿지 컬(Ridge curl)** : 핑거 웨이브의 리지 뒤에 플랫트컬을 시계방향, 반시계방향을 연속적으로 연결시킨 것이다. 핑거 웨이브에 깊이와 부드러움을 한층 더해주는 효과가 있다.

2 리세팅(Re-setting)

오리지널 세팅을 다시 손질하여 원하는 헤어스타일 형태로 완성하는 최종단계로 콤아웃이라고 한다. 헤어세팅에 있어서는 끝맺음을 의미한다.

(1) 일반적인 리세팅 과정

① 빗, 브러시, 헤어핀을 준비한다.

② 세트 후에 두발을 드라잉하고 컬을 고정시킨 헤어필름을 제거한다.

③ 시술과정은 브러시, 코밍, 백코밍 순서로 한다.

④ **브러싱(Brushing)** : 브러시로 마무리하는 것을 브러시아웃(Brush-out)이라 한다.

⑤ **코밍(Combing)** : 빗으로 마무리하는 것을 코밍(Combing)이라 한다.

⑥ **백코밍(Back combing)** : 빗을 스트랜드의 뒷면에 직각으로 넣고 모근을 향해 강하게 빗질하여 두발을 세우는 것이다.

　㉠ 두발을 똑바로 세울 경우 : 모근에만 깊게 백코밍한다.

　㉡ 두발에 볼륨을 줄 경우 : 베이스에서 두발 끝 쪽으로 옮겨가면서 스트랜드 전체에 백코밍한다.

　㉢ 플러프의 둥근 느낌을 줄 경우 : 스트랜드 중간부분에서 두발 끝까지 백코밍한다.

(2) 뱅(Bang)과 앤드 플러프(End fluff)

① 뱅

이마에 내려뜨린 앞머리로서 일종의 장식머리를 연출한 것이다.

㉠ 플러프 뱅(Fluff bang) : 컬을 부풀려서 볼륨을 준 뱅이다.

㉡ 롤(Roll) 뱅 : 롤을 형성한 뱅이다.

㉢ 웨이브(Wave) 뱅 : 웨이브를 형성한 뱅인데 두발 끝은 라운드 플러프로 처리한다.

㉣ 프렌치(French) 뱅 : 뱅의 두발을 업 콤하고 두발 끝을 너풀너풀하게 부풀린 느낌
으로 플러프로 내린 뱅이다.

㉤ 프린지(Fringe) 뱅 : 가르마 가까이에 작게 낸 뱅이다.

| 플러프 뱅 | 롤 뱅 | 웨이브 뱅 |

| 프렌치 뱅 | 프린지 뱅 |

○ 뱅의 종류

② 플러프

두발 끝의 모양을 갖추지 아니하고 너풀한 느낌으로 연출한 것이다.

㉠ 라운드(Round) 플러프 : 두발 끝이 원형 또는 반원형으로 이뤄지며 위쪽으로 구부
러지면 업라운드 플러프, 아래쪽으로 구부러지면 다운 라운드 플러프이다. 또 두
발이 가지런히 모아져 구부러진 것을 덕테일(Duck tail)이라 한다.

㉡ 페이지 보이(Page boy) 플러프 : 두발 끝이 갈고리 모양으로 구부러져 반원형의
플러프로 끝난다.

라운드 플러프   페이지 보이 플러프   덕테일

○ **플러프의 종류**

02 헤어 디자인 및 세팅 시술

헤어스타일은 두상의 형태, 얼굴 형태, 목의 길이, 이마, 턱, 옆모습, 코의 모양, 옷차림, 직업 등의 사항들을 염두에 두고 결정한다.

1 헤어 디자인의 3요소

① **형태** : 선, 모양, 방향 등으로 이루어져 입체적으로 머리형을 표현한다.

② **질감** : 자연적으로 떨어지는 모발에서 모발 표면의 느낌을 말한다.

③ **컬러** : 어떤 물체에 빛이 반사될 때 얻어지는 시각적 착시효과를 말하며 생동감과 방향감을 주어 시선집중을 가져온다.

2 헤어 디자인의 법칙

① **반복(Repetition)** : 위치를 제외하고 모든 면에서 구성이 동일할 때를 말한다.

② **진행(Progression)** : 모든 구성이 유사하나 크기와 모양이 점차로 커지거나 작아지는 형태로 변화한다.

③ **대조(Contrast)** : 서로 상반되는 요소들이 좌우의 바람직한 관계로 인해 다양한 디자인으로 변화한다.

④ **교대(Alternation)** : 하나의 특성에서 또 다른 특성 혹은 그 반대로의 연속적인 변화를 말한다.

⑤ **비조화(Discord)** : 서로 상반되는 요소가 급격히 차이나서 디자인 요소 간의 최대한의 간격을 말한다.

⑥ **균형(Balance)** : 미적으로 만족스러운 디자인 요소들의 통합으로 대칭 또는 비대칭이 될 수 있다.

    ㉠ 대칭(Symmetry) : 중심축의 양쪽에 균일하게 디자인 단위의 위치와 관련하여 크기와 모양에 균형을 이룬다.

    ㉡ 비대칭(Asymmetry) : 축의 반대쪽과 불균등하게 균형을 이룬다.

3 헤어 디자인

헤어디자인의 목적은 아름다운 미를 표현하는 데 있다. 헤어스타일뿐만 아니라 얼굴형 등 전체와의 조화를 이루도록 하는 것이 중요하다. 그러기 위해서는 장점은 강조하고 단점은 드러나지 않도록 아름다운 헤어스타일을 연출해야 한다.

(1) 얼굴 형태

이상적인 얼굴형은 계란형이다. 다양한 얼굴형이 있지만 계란형으로 착시현상을 주기 위해 강조할 부분과 축소할 부분을 개인적인 스타일과 유행에 따라 감각적으로 적용하여 스타일을 완성한다.

① **계란형** : 세로가 가로의 1.5배인 갸름한 얼굴형은 어떤 스타일도 잘 어울린다.

② **원형** : 전두부의 뱅을 높게 만들고 양 사이드는 부풀어 보이지 않게 한다. 헤어파트는 센터파트를 피하고 사이드파트를 하는 것이 좋다.

③ **장방형** : 전두부를 낮게 하고 양 사이드에 볼륨을 주어야 한다. 이마에는 컬을 이용하여 적절한 뱅을 만들고 파트는 크라운 부분을 넓게 보이도록 한다.

④ **사각형** : 변화를 주는 뱅으로 이마의 직선적 감각을 감추고 측면에서 두발을 치켜 올려 한쪽만 귀를 가리게 하는 등 곡선적인 느낌을 살려 옆폭을 좁게 보이도록 한다. 파트는 라운드 사이드 파트가 어울린다.

⑤ **삼각형** : 상부에 폭을 강조시키고 옆선을 강조하거나 좁은 이마를 감출 수 있는 큰 뱅이 좋다. 양 볼의 선을 좁게 하기 위해 업스타일로 구성하는 것이 좋으며 헤어파트는 다운 다이애거널 파트가 적합하다.

⑥ **역삼각형** : 톱을 높여 큰 뱅으로 이마를 좁게 하고, 양 사이드는 양 볼에 상부를 밀착시킨다. 하부는 볼륨을 주며, 파트는 센터파트가 어울린다.

⑦ **다이아몬드형** : 양 볼뼈가 많이 튀어나온 형이며 상하의 폭이 좁다. 헤어디자인은 상부와 하부의 폭을 넓게 한다.

(2) 얼굴 특징

① 옆얼굴 윤곽에 따른 디자인

㉠ 볼록형 : 옆얼굴이 볼록하게 튀어나온 형태는 경사진 이마와 턱으로 인하여 목과 일정한 경계가 있어 코가 강조되므로 컬이 있거나 앞머리에 볼륨을 주는 스타일이 적합하며, 머리를 뒤로 쓸어넘겨 정수리에 묶는 스타일은 피한다.

㉡ 오목형 : 넓고 둥근 모양의 이마와 돌출된 턱을 가진 형태이다. 상대적으로 코를 더 돋보이게 하거나 정수리 부분에 높이를 더하고, 머리 길이가 귀 아래에서 끝이 나거나 양 옆에 볼륨을 주는 스타일이 적합하다. 이마를 강조하거나 이마를 드러내는 스타일, 턱 부분에서 끝나는 스타일은 피한다.

② 기타 고려사항

㉠ 헤어라인 : 가마, 카울릭, 헤어라인, 네이프 부분의 모류

㉡ 두발의 재질

㉢ 머리숱의 양

㉣ 나이, 개성, 생활양식

㉤ 실루엣

(3) 목과 키

키와 목의 길이는 개인마다 다를 수 있으므로 디자인을 결정할 때 고려해야 한다.

① **짧은 목** : 목이 길어보이도록 두발을 위로 쓸어올리거나 양 사이드 가까이 끌어낸다. 목덜미 부분에 볼륨을 주면 안 된다.

② **긴 목** : 길고 가는 목은 목둘레를 풍성하게 웨이브나 볼륨을 줄 수 있다.

③ **굵고 살찐 목** : 부드러운 다이애거널 웨이브의 헤어스타일을 하고 수평선상(Horizontal)의 헤어스타일을 피한다.

④ **키가 작은 경우** : 두발을 짧게 하고, 롱 헤어스타일은 피한다. 키가 큰 경우는 반대로 한다.

⑤ **두발의 질감** : 가는 두발은 볼륨을 주는 스타일을 하고, 굵은 두발은 숱을 강조하지 않는 곡선상의 헤어스타일을 해야 한다.

03 마셀 웨이브

마셀 웨이브는 아이론의 열에 의하여 두발에 웨이브를 형성하는 것을 말한다. 프랑스 사람 마셀 그라또우가 1875년에 최초로 발표했다.

1 마셀 웨이브(Marcel wave)

마셀 웨이브는 아이론의 열에 의하여 두발에 웨이브를 형성하는 것이다.

① 특징

　㉠ 마셀 웨이브는 자연스럽고 부드럽게 표현된다.

　㉡ 균등한 폭을 갖도록 하고 웨이브의 흐름이 규칙적인 파상의 연속이다.

　㉢ 마셀 웨이브는 부드러운 S자형의 물결상이 연결되어 형성된다.

　㉣ 아이론을 쥐는 기본 동작은 그루브를 아래로, 프롱을 위로 하고 엄지와 검지손가락 사이에 핸들을 쥔다.

② 회전방법과 주의사항

　㉠ 아이론을 정확하게 쥐고, 반대쪽에 45° 각도로 위치시킨다.

　㉡ 미용사 반대쪽 방향으로 회전시킨다.

　㉢ 빗은 두발에 대하여 직각이 되도록 넣고, 완성된 웨이브를 손상이 가지 않게 주의한다.

　㉣ 아이론의 온도는 균일하게 120~140°를 유지시킨다.

　㉤ 흰 종이나 신문지를 아이론에 끼우고 연기가 나지 않을 정도로 온도를 조절해야 한다.

　㉥ 두발의 스트랜드는 근원에서 3~4cm 정도 거리를 두면서 시작한다.

> 💎 Tip
> • 마셀 웨이브는 프랑스 마셀 그라또우가 1875년에 최초로 제작, 발표했다.
> • 마셀 웨이브 준비물 : 내열성 빗, 마셀 아이론

2 아이론의 선정법과 손질법

① 프롱의 길이와 핸들의 길이가 1 : 1로 균일한 것이 좋다.

② 프롱과 그루브 틈새가 잘 맞아야 두발에 충분한 열이 가해진다.

③ 전열식 아이론은 발열상태와 절연상태 여부, 코드 움직임 등에 유의한다.

④ 아이론을 사용한 후에는 반드시 기름을 칠하고 잘 닦아서 녹이 슬지 않게 한다.

⑤ 사용 시 바닥에 떨어뜨리지 않도록 주의한다.

> **💎 Tip**   아이론을 쥐는 법
>
> 홈이 있는 그루브를 아래로 하고 프롱을 위로 하여 위 손잡이를 오른손의 엄지와 검지 손가락 사이에 낀다. 아래 손잡이는 약지와 새끼손가락 사이의 세 번째 관절에 끼운다.

04 블로 드라이(Blow dry)

블로 드라이는 열과 바람으로 젖은 두발을 빠른 시간 내에 건조시켜 일시적으로 새로운 스타일을 연출하는 작업을 말한다. 블로 드라이 스타일은 헤어커트, 염색, 퍼머넌트 등의 미용실에서 시술하는 모든 기능적인 마무리 단계로 헤어스타일링을 위한 가장 중요하면서도 기본적인 테크닉이다. 블로 드라이와 다양한 종류의 브러시를 이용하여 텐션에 의한 머리카락(모근)의 방향과 볼륨감 등을 원하는 형태로 만들 수 있으며 두발 조건에 맞춘 열풍과 냉풍을 적절히 사용하면 두발의 윤기와 탄력을 얻을 수 있다.

1 블로 드라이의 목적

두발은 일상생활 중에 직접 또는 간접적으로 열에 의해 영향을 받게 된다. 블로 드라이의 궁극적인 목적은 헤어스타일을 연출하면서 커트와 염색, 펌의 보완으로 원하는 디자인 가치를 결정하여 매우 중요한 헤어디자인 이미지를 연출시키는 것이다.

2 블로 드라이의 원리

두발이 물에 젖으면 수축되는 것은 두발의 수소결합(내부의 강한 사이드결합)이 물에 의해서 절단되기 때문이다. 블로 드라이 스타일 디자인은 두발결합 중에서 비교적 결합력이 약한 수소결합을 일시적으로 변형시키고 재결합시키기 위해서 수분을 증발시켜 스타일을 완성한다. 블로 드라이는 이 원리에 따라서 두발을 말려가면서 브러시로 형태를 만들고 물로 인해 잘려진 수소결합을 연결시킨다. 약간 수분기가 있어서 두발의 수소결합이 끊어져 있는 상태에서의 블로 드라이가 적합하다.

> 💎 **Tip** | **수소결합**
>
> 측쇄의 산소와 수소는 잡아당기는 결합을 이루고 있다. 전자를 얻어야만 안정적인 상태가 되는 수소가 수분에 의해 결합이 끊어졌다가 그 수분이 건조되어 없어짐으로써 결합이 생기는 원리이다. 수소결합은 약한 결합이지만 그 수가 많아 전체적인 힘이 크다. 즉 수분이 들어가 수소결합이 끊어지고 롤이 들어가서 원하는 모양을 만들고 찬바람이나 뜸을 들여서 끊어진 컬이 고정되어 모양이 만들어진다.

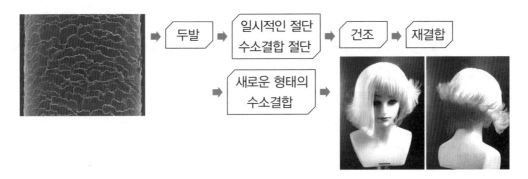

3 블로 드라이기의 종류

(1) 핸드식

핸드 드라이는 일명 블로 드라이다. 바람을 일으켜 내보내는 드라이에 많이 사용된다.

(2) 스탠드식

블로 드라이와 후드 타입이 있다. 블로 드라이는 소음이 적고 두발이 날리지 않으나 건조속도가 느리다. 후드 타입은 주로 터비네이트 타입으로 되어 있고 바람의 순환과 선회를 이용한 것으로 두발의 건조효과가 높다.

4 블로 드라이 시술 시 중요한 요소

(1) 열(Heat)

블로 드라이는 열을 두발에 직접적으로 전달하기 때문에 머무는 시간이 지나칠 경우에는 수분의 양이 과도하게 소비되므로 두발이 손상되어 거칠어지고 윤기를 잃기 쉽다.

(2) 수분(Moisture)

블로 드라이 시술 전 샴푸 후에는 30~40%의 수분을 함유하고 있기 때문에 드라이기로 80%까지 말린 후 시술한다. 즉, 언제나 20%의 수분이 두발에 유지가 된 상태에서 작업에 임한다. 시술 도중에 두발이 지나치게 건조할 때는 분무기를 사용하여 두발에 직접 분무하거나 롤 브러시에 분무하여 시술한다.

(3) 패널(Panel)의 각도

두피의 상태를 고려하여 드라이와 롤 브러시의 각도로 모근 부분의 방향성과 볼륨, 모선 중간 부분의 흐름, 두발 끝의 방향을 통해 디자인을 결정한다.

(4) 회전(Rotation)

브러시의 회전은 방향과 각도와 연관지을 수 있다. 텐션과 많은 관계를 가지고 있으며, 첫째 회전은 모류에 방향과 볼륨을 표현하고, 둘째 회전은 컬의 각을 만들며, 셋째 회전은 모선의 흐름을 이어주는 역할을 하며 이러한 동작을 반복적으로 행할 때에 곱슬 또는 웨이브를 펴주는 역할을 한다.

(5) 텐션(Tension)

블로 드라이에 있어서 텐션은 가장 중요한 부분이다. 헤어스타일링에 일정한 텐션이 없으면 불안정한 결과를 나타낼 수 있다. 블로 드라이 롤을 쥐는 방법, 힘을 주는 방법, 드라이기를 두상에 대는 각도와 회전의 밀접한 관계를 유지해야 한다. 두발을 윤기 있게 드라이하기 위해서는 항상 롤 브러시를 회전해야 하며 좋은 헤어스타일을 완성하기 위해서 적당한 텐션이 들어가야 한다.

(6) 브러싱의 속도(Speed)

두발의 흐름을 정리하기 위해 행하는 드라이는 빠르게 진행하는 반면, 두발의 윤기를 내기 위해 행하는 브러시 회전은 두발의 상태에 따라 달라질 수 있다.

(7) 스트랜드(Strand)

스트랜드의 선택은 브러시의 크기에 따라서 다르게 적용한다. 스트랜드의 폭이나 양에 따라 디자인 공정 과정이 다르기 때문에 스타일링에 따라 적당량의 스트랜드를 선정하는 것이 좋다.

(8) 브러시(Brush)

블로 드라이 시술 시 브러시는 내연성이 있는 재질이어야 하며 빗살이 성긴 합성 재질 브러시와 빗살이 조밀한 천연 재질 브러시, 덴멘 브러시, 쿠션 브러시, S 브러시 등으로 나눌 수 있다.

5 블로 드라이의 종류

(1) 블로 드라이(Blow dry)

헤어스타일 연출의 효과가 가장 크며 헤어 드라이기와 각각의 브러시를 이용해 헤어스타일을 만든다.

(2) 핑거 드라이(Finger dry)

도구를 사용하지 않고 손가락을 이용하여 모류의 방향감을 주며 스타일을 형성하는 것으로 건강한 두발이나 부드러운 두발에 자연스러운 흐름을 줄 때 사용하는 방법이다.

(3) 램프 드라이(Lamp dry)

적외선 램프를 이용해 스타일을 형성시키는 것으로 새로운 형태로 변화시키기보다는 트리트먼트된 두발에 윤기를 더해준다.

(4) 내추럴 드라이(Natural dry)

샴푸 후 타월 드라이 후에 필요에 따라 적절히 냉·온풍을 사용하고 헤어 제품을 이용하여 자연스러운 스타일을 연출한다.

6 두상의 각도

두상은 둥근 형태를 하고 있기 때문에 헤어스타일 시술 시 정확한 각도 개념이 있어야 볼륨에 대해 업, 다운을 할 수 있다.

① 모근에서 두발이 들리는 각도 45° 이하는 방향성은 있으나 볼륨감은 없다. 직모에서 적용할 수 있다.

② 모근에서 두발이 들리는 각도 90°는 기본적으로 많이 적용된다. 모근에서 두발이 약간 들리면서 볼륨이 생기고 모류를 잡아줄 수 있다.

③ 모근에서 두발이 135° 들리는 각도는 풍성한 볼륨감을 구할 수 있으며, 크라운 부분에서 많이 적용된다.

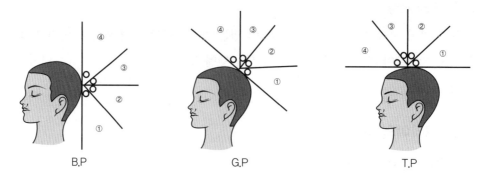

B.P   G.P   T.P

④ 모근에서 두발을 180° 이상 들어 올리는 각도는 최대의 볼륨을 얻고, 모량이 적을 때 짧은 스타일의 전두부 부분에 많이 적용된다.

7 블로 드라이에 필요한 도구

헤어디자인에 사용되는 스타일링 도구는 전체적인 이미지와 디자인 연출, 표현활동 중에 헤어디자이너의 선호도에 따라 선택된다. 헤어디자인에 도구는 중요한 요소이므로 도구의 구조와 기능에 대하여 과학적인 접근이 필요하다. 미용도구를 목적에 맞게 효과적으로 사용함으로써 비로소 헤어스타일이 완성된다.

블로 드라이에 사용되는 도구로는 두발손상이 없는 것이 좋으며, 블로 드라이기(Blow dry), 브러시(Brush), 클립(Clip), 분무기(Spray), 빗(Comb) 등 여러 가지 도구는 헤어디자이너의 필수품으로, 작업에 꼭 필요하다. 일반적으로 내구성이 강하고 가격이 낮으며 헤어스타일의 특성과 두발을 시술하는 동안 시술자에게 불편함을 주지 않고 더불어 고객에게도 최대한 편안함을 주어야 하며 최상의 실체를 창출하는 도구를 선택해야 한다.

(1) 블로 드라이기

블로 드라이의 특성과 용도에 맞게 쓰는 것이 중요하며, 사용 목적에 따라 구분한다.

1) 잡는 방법에 따른 분류

① 손잡이를 쥐는 방법 : 온도조절 장치를 작동하고 각도 조절과 상 · 하로의 움직임이 용이하도록 유동성 있게 드라이기의 손잡이를 잡는다.

② 노즐을 쥐는 방법 : 드라이기의 사용이 충분히 익숙해진 후에 사용하며 대상의 높이가 높을 경우 작업이 용이하여 어깨와 손가락에 무리가 적으므로 대부분 선호한다.

2) 드라이기의 구조

드라이기를 잘 사용하기 위해 각부 명칭을 알아두어야 한다. 블로 드라이기는 노즐과 바디, 팬, 콘트롤러, 핸들, 전기선 등으로 구성되어 있다.

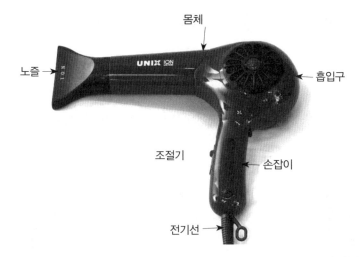

① **노즐** : 드라이어 안의 팬 회전에 의해 생긴 바람이 한 곳으로 모아지기 때문에 방향의 변화나 모류와 형태의 변화에 효과적이며 바람을 출구로 보내게 된다.

② **바디** : 드라이기의 몸통 부위 안쪽은 핵심 부분인 팬과 모터, 발열기인 니크롬선으로 이루어져 열과 바람을 낸다.

③ **팬** : 팬을 작동시키기 위한 모터에 의해 바람을 일으킨다.

④ **콘트롤러** : 적절히 변환 스위치를 조작하면 열풍, 냉풍으로 조절하며 사용할 수 있다.

⑤ **핸들** : 드라이기의 손잡이 부분이다.

⑥ **흡입구** : 공기를 빨아들이는 입구이다.

⑦ **전선** : 전기코드와 연결된 선이다.

3) 손질방법

블로 드라이기의 손질방법은 공기 흡입구에 먼지를 잘 제거하고 전기케이블 선이 꼬이지 않게 관리하며 청결한 마른 수건으로 수분을 닦아내고 보관하는 것이다.

(2) 브러시(Brush)

롤 브러시는 내연성이 있는 재질이어야 한다. 일반적인 브러시는 대개 모류를 정리하거나 엉킴을 풀어 주고 시술 전에 두발을 정돈하는 용도로 사용한다. 완성된 커트 두발에 매끄러움과 탄력이 있게 드라이할 수 있는 롤 브러시와 모류 흐름을 잡아주고 부피감을 살리거나 방향성을 나타내는 쿠션 브러시 등이 있는데, 디자이너의 편리성에 따라 선별하여 사용하고 있다.

1) 브러시의 분류

① **롤 브러시(돈모)** : 대형 돈모는 강한 곱슬 두발이나 웨이브를 스트레이트로 펴줄 때 사용한다.

② **롤 브러시(가시롤)** : 짧은 시간 내에 적은 텐션으로 길이가 짧은 두발이나 자연스러운 스타일링을 할 때 용이하다.

③ **롤 브러시(금속)** : 롤이 금속으로 구성되어 있어 열 전달이 빠르며 시간을 단축하여 컬 형성이 쉽다.

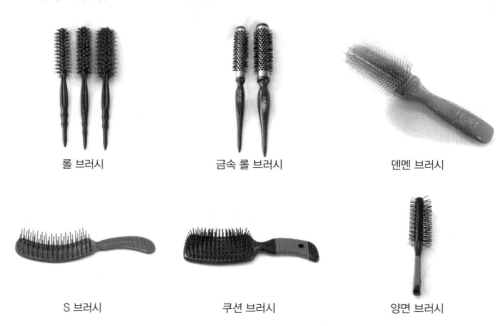

| 롤 브러시 | 금속 롤 브러시 | 덴멘 브러시 |

| S 브러시 | 쿠션 브러시 | 양면 브러시 |

2) 롤 브러시의 구조

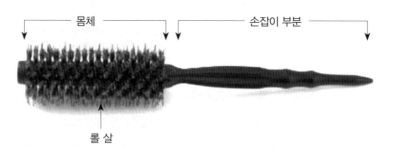

몸체   손잡이 부분

롤 살

(3) 빗(Comb)

빗은 두발을 정돈하기 위한 도구로 두발을 분배하고 조절하여 정확하게 사용할 것인지를 결정하는 기준 역할을 한다. 빗은 시술 목적별로 분류할 수 있으며, 머리숱과 두발 길이에 따라서 다를 수 있다. 그리고 빗살 끝이 너무 뾰족하거나 무디지 않은 것이 좋으며 두피를 보호하여야 한다.

(4) 클립(Clip)

블로 드라이 스타일링을 할 때 시술을 편리하도록 두발을 일정한 구획으로 나누는 블로킹(Blocking), 섹셔닝(Sectioning), 파팅(Parting), 패널(Panel) 등에 모다발을 고정하기 위해 사용한다.

(5) 분무기(Spray)

블로 드라이기 분무기는 충분한 수분을 주기 위한 도구로서 젖은 두발이 블로 드라이의 시술에 적합한 상태로 만드는 중요한 역할을 한다. 또한, 시술 도중 부족한 수분을 보충하여 큐티클 손상이 가지 않게 수분을 전달하는 데 필요한 도구이다.

8 블로 드라이와 롤의 기본자세

블로 드라이기와 롤을 사용하기 위한 다양한 자세로 시술자에게 편안함을 준다.

⬆ **수평의 기본자세**

○ 수직의 기본자세

○ 아웃컬 기본자세

○ 대각선의 기본자세

9 올바른 블로 드라이 시술방법

블로 드라이 스타일을 디자인할 때는 세분화된 준비과정이 필요하다.

① 두발의 길이, 손상도, 형태와 밀도 등을 검토하고 고객의 심리적 영향까지 고려하여 스타일을 구상한다.

② 블로 드라이 스타일에는 샴푸와 수분 공급이 매우 중요하므로 샴푸 후 수건으로 가볍게 눌러 물기를 제거한다.

③ 블로 드라이에 사용되는 도구와 재료 등을 준비하고 엉킨 두발을 빗질로 잘 정리정돈한다.

④ 두발 손상이 심하면 두발 보호제품을 도포한 후에 드라이한다. 너무 과다하게 사용하면 디자인에 방해가 될 수 있으므로 주의한다.

⑤ 블로 드라이 시 일반적으로 두피 부분부터 시술한다.

⑥ 전체적으로 두발의 수분을 말린 후에 블로 드라이로 스타일을 연출할 때는 두발을 보호하기 위해 드라이기를 두발과 일정한 간격을 두고 한다.

⑦ 디자인에 따라 전체적으로 두상 파팅을 2등분과 4~5등분으로 나눈다.

⑧ 파팅 후 블로 드라이로 스타일 연출 단계로 모류방향을 정리하고 뿌리 볼륨을 형성 후 모근까지 원하는 스타일을 한다.

⑨ 헤어스타일에 대한 구상 후 신속 정확하게 스타일을 연출하여야 한다.

10 블로 드라이 시술 시 주의사항

① 드라이어의 송풍구와 브러시는 약 1cm 정도 거리를 두고 냉·온풍으로 스타일링한다. 블로 드라이기의 송풍구가 두발을 직접 누르거나 브러시에 직접 닿는 것에 주의해야 한다. 불필요한 텐션 및 직접적인 열에 의해 두발이 손상될 수 있다.

② 슬라이스 폭은 2~3cm 또는 롤의 지름으로 뜨고 가로의 폭은 브러시의 80% 정도로 한다.

③ 드라이기의 장시간 사용과 불필요한 브러시 회전은 삼가고 디자인에 따라 빠른 동작으로 시술하여야 한다.

④ 장시간 두발에 열을 전달하면 두발이 손상되며 윤기를 잃게 된다.

⑤ 모근 쪽의 드라이 시 스타일 구성에 필요한 도구 선택 및 브러시의 접근 각도를 설정한다.

⑥ 드라이의 열풍이 두피에 닿지 않도록 주의하여 시술한다.

⑦ 도구의 사용과 자세는 바른 자세로 한다.

⑧ 헤어스타일 마무리 시에 수분이 많은 제품은 되도록 삼가며 제품을 잘 선택하여 사용한다.

Chapter
07 헤어 세팅

핑거 웨이브는 45° 각도로 빗질 **01** 한다.

01 핑거 웨이브에 있어서 가장 적당한 빗질의 각도는?

① 15°   ② 45°

③ 90°   ④ 120°

최초의 세트는 오리지널 세트이 **02** 다. 리세트는 끝맺음이다.

02 기초가 되는 최초의 세트를 무엇이라고 하는가?

① 리세트   ② 브러시 아웃

③ 콤 아웃   ④ 오리지널 세트

• 센터 파트 : 전두부 중심에서 **03** 두정부를 향한 직선 가르마
• 스퀘어 파트 : 이마의 양각에서 이마의 헤어라인을 수평으로 나눈 사각형의 가르마
• 카우릭 파트 : 머리의 흐름을 따라 방사선으로 나눈 가르마

03 이마의 양각에서 나누어진 선이 두정부에서 함께 만나도록 하는 가르마를 무엇이라 하는가?

① 센터 파트   ② 스퀘어 파트

③ 브이 파트   ④ 카우릭 파트

• 논스템 : 전방 45° **04**
• 하프 스템 : 전방 90°
• 롱스템 : 후방 45°

04 논스템 롤러 컬을 하려면 두발을 앞쪽에서 몇 도의 각도로 세이프하여 말아 감아야 하는가?

① 45°   ② 15°

③ 90°   ④ 0°

• 베이스 : 모발의 근원이다. **05**
• 피봇 포인트 : 회전점(컬의 기점)을 말한다.
• 스템 : 줄기, 베이스에서 피봇 포인트까지를 말하며, 컬의 무브먼트 기본 요소이다.
• 앤드 오브 컬 : 두발 끝을 말한다.

05 컬의 명칭 중 줄기에 해당하는 것은?

① 베이스   ② 피봇 포인트

③ 스템   ④ 앤드 오브 컬

손과 빗으로 S컬을 이루는 것을 **06** 핑거 웨이브라고 한다.

06 손과 빗을 사용하여 형성되는 웨이브는?

① 마셀 웨이브   ② 컬 웨이브

③ 핑거 웨이브   ④ 하트 웨이브

01 ②	02 ④	03 ③	04 ①
05 ③	06 ③		

07 오리지널 세트의 주요 요소에 해당되지 않는 것은?

① 헤어 웨이빙   ② 헤어 컬링
③ 헤어 파팅   ④ 프린지 뱅

08 두부 파트 구분 중 사각으로 등분되는 것은?

① 스퀘어 파트   ② 라운드 파트
③ 사이드 파트   ④ 센터 파트

09 핀컬의 볼륨을 주기 위한 방법으로 90°로 말은 컬은?

① 플랫 컬   ② 스탠드 업 컬
③ 포워드 컬   ④ 리버스 롤

10 웨이브 형상에서 정상이란?

① 기시점   ② 크레스트
③ 골   ④ 리지

11 웨이브 분류에서 정상이 확실하지 않은 웨이브는?

① 스윙 웨이브   ② 섀도 웨이브
③ 와이드 웨이브   ④ 내로우 웨이브

12 큰 움직임을 보는 듯한 부드러운 웨이브는?

① 와이드 웨이브   ② 스윙 웨이브
③ 내로우 웨이브   ④ 섀도 웨이브

13 웨이브 위치에 대한 설명 중 옳은 것은?

① 다이애거널 웨이브는 리지가 수직이다.
② 호리즌탈 웨이브는 리지가 사선이다.
③ 버티컬 웨이브는 리지가 수평이다.
④ 호리즌탈 웨이브는 리지가 수평이다.

정답과 해설

07 프린지 뱅은 가르마 근처에 작게 낸 뱅이다.

08 두부를 구분할 때 사각으로 등분되는 것을 스퀘어 파트라 한다.

09 볼륨을 내기 위하여 루프가 두피에 대해 90°로 세워진 컬을 스탠드 업 컬이라고 한다.

10 웨이브에서 기시점은 시작점, 정상은 크레스트, 융기점은 리지, 골은 트로프, 종지점은 엔딩이라 한다.

11 리지가 보이지 않고 크레스트가 뚜렷하지 않은 느슨한 웨이브는 섀도 웨이브이다.

12 • 섀도 웨이브 : 리지가 보이지 않고 크레스트가 뚜렷하지 않은 느슨한 웨이브
• 내로우 웨이브 : 리지와 리지의 폭이 극단적인 웨이브로 곱슬거림이 지나칠 정도로 확실한 웨이브
• 와이드 웨이브 : 섀도 웨이브보다는 크레스트가 뚜렷한 웨이브

13 • 다이애거널 웨이브 : 사선으로 비스듬하게 형성
• 버티컬 웨이브 : 수직
• 호리즌탈 웨이브 : 수평

07 ④ 08 ① 09 ② 10 ②
11 ② 12 ② 13 ④

스킵 웨이브는 가는 두발이나 곱 **14**
슬거리게 퍼머한 두발에는 효과
가 없다.

14 스킵 웨이브에 대해 틀린 것은?

① 폭이 넓고 부드러운 흐름을 만들 때 사용한다.
② 퍼머 머리에 효과적이다.
③ 가는 두발에 효과가 별로 없다.
④ 핑거 웨이브와 컬의 교차된 조직이다.

뱅은 주로 전두부 탑 부분에 사 **15**
용된다.

15 뱅이 주로 쓰이는 부분은?

① 탑(Top)   ② 사이드(Side)
③ 크라운(Crown)   ④ 네이프(Nape)

프렌치 뱅은 두발 끝이 너풀너풀 **16**
하게 부풀린 느낌의 뱅이나.

16 뱅에 대한 설명으로 틀린 것은?

① 포워드 롤 뱅이란 포워드 롤을 이용한 뱅
② 프렌치 뱅이란 가르마 근처에 내린 뱅
③ 프린지 뱅이란 가르마 가까이에 작게 낸 뱅
④ 웨이브 뱅은 풀 혹은 하프 웨이브로 장식

프린지 뱅은 가르마 근처에 작게 **17**
낸 뱅이다. 플러프 뱅이 꾸밈없이
볼륨을 준 뱅에 해당한다.

17 다음 뱅 중 꾸밈없이 볼륨을 준 것은?

① 포워드롤 뱅   ② 웨이브 뱅
③ 프린지 뱅   ④ 플러프 뱅

핀컬의 3대 요소 **18**
① 베이스(뿌리)
② 스템(줄기)
③ 루프(서클)

18 핀컬의 요소로 알맞은 것은?

① 베이스, 스템, 서클
② 클로크 와이즈 와인드 컬
③ 스탠드 업 컬과 플랫 컬
④ 스템 컬

카우릭 파트 : 두정부의 가마로부 **19**
터 방사형으로 머리카락 흐름에
따라 나눈 가르마

19 헤어 파팅의 종류로서 두정부의 가마로부터 방사형으로 나
눈 파트에 해당되는 것은?

① 카우릭 파트   ② 라운드 사이드 파트
③ 사이드 파트   ④ 스퀘어 파트

20 끝맺음 세트와 관련되지 않은 것은?

① 오리지널 세트　　　② 리세트
③ 콤 아웃　　　　　　④ 브러시 아웃

20 끝맺음이란 콤 아웃, 리세트, 브러시 아웃을 말한다.

21 롤러 컬에 와인딩할 때 두발 끝을 모아서 롤러에 말면, 끝맺음 세트 시 어떻게 되는가?

① 두발 끝이 갈라진다.
② 볼륨이 작아진다.
③ 볼륨이 커진다.
④ 두발 끝이 갈라지지 않는다.

21 롤러 컬은 와인딩할 때 모아서 말게 되는 경우는 정한 부위에 볼륨을 내거나 특별히 방향을 정할 때 실시한다.

22 컬에서 줄기에 해당되는 것은?

① 스템　　　　　　　② 베이스
③ 루프　　　　　　　④ 피봇 포인트

22 스템의 방향은 모발의 움직임을 좌우한다.
• 논스템, 하프스템, 풀스템, 업스템, 다운스템

23 리지가 낮은 웨이브는?

① 로우 웨이브　　　　② 하이 웨이브
③ 스윙 웨이브　　　　④ 딜 웨이브

23 융기선이 낮고 완만한 웨이브는 로우 웨이브이다.

24 헤어 세팅에 의한 롤러 와인딩 시 두발 끝이 갈라지지 않게 하려면 어떻게 말아야 하는가?

① 머리끝을 롤의 너비만큼 넓혀서 만다.
② 머리끝을 롤의 중앙으로 모아서 만다.
③ 머리끝을 임의로 폭을 넓혀서 만다.
④ 모발을 90°로 돌려서 만다.

24 두발 끝이 갈라지지 않게 하려면 롤의 너비만큼 넓혀서 만다.

25 바렐 컬(Barrel curl)의 특징을 바르게 기술한 것은?

① 연필과 같은 나무에 모발을 감아서 만드는 컬
② 브러시를 사용하여 감는 컬
③ 리프트 컬의 일종으로 원통형으로 모발을 감는 컬
④ 모발을 비틀어 감는 컬

25 바렐 컬 : 원통상의 양주통(Barrel) 모양으로 감는 컬

| 20 ① | 21 ③ | 22 ① | 23 ① |
| 24 ① | 25 ③ | | |

블로 드라이 시술 시 모발에 적 **26**
당한 열풍의 온도는 80~90℃가
적당하다.

스트레이트 : 곧은, 일직선의, 똑바 **27**
로 선, 곱슬곱슬하지 않은 스타일
※ C컬, S컬, J컬은 곡선이다.

블로 드라이 시술 시 모발의 길 **28**
이는 큰 영향을 미치지 않는다.

블로 드라이의 단점 **29**
① 열관리를 하지 않았을 경우
　 모발 손상
② 한곳에 집중적으로 가했을 경
　 우 모발 손상
③ 다른 열기구와 달리 블로 드라
　 이는 다양한 기술이 필요하다.
④ 열관리를 받고 난 후에는 열풍
　 을 가하더라도 스타일이 마무
　 리되지 않는다.

볼륨이 많이 필요하지 않을 때 **30**
45°로 한다.
• 온 베이스 : 135°
• 하프 베이스 : 90°
• 오프 베이스 : 45°

26 블로 드라이 시술 시 모발에 적당한 열풍의 온도는?

① 약 70℃　　　　　　② 약 130℃
③ 약 50℃　　　　　　④ 약 90℃

27 모발 부분을 와인딩하지 않으며 모발을 펴지만 드라이할 때에 롤을 와인딩하지 않고 열풍을 가하는 스타일은?

① Straight　　　　　② C컬
③ S컬　　　　　　　④ J컬

28 블로 드라이 시술 시 중요한 영향을 미치는 요인이 아닌 것은?

① 수분　　　　　　　② 패널의 크기
③ 텐션　　　　　　　④ 모발의 길이

29 블로 드라이의 설명으로 알맞지 않은 것은?

① 모발의 방향전환에 의한 모류보정이 가능하다.
② 열을 전달하면 다양한 스타일 연출이 가능하다.
③ 다른 열기구와 달리 블로 드라이는 다양한 기술이 필
　 요하지 않는다.
④ 한 번에 원하는 방향을 잡아주어야 하며, 한 번 열을
　 가한 후에는 다시 열풍을 가하더라도 스타일이 나오
　 지 않는다.

30 인컬을 시술할 때 오프 베이스로 컬의 흐름을 강조할 때 이용하는 각도는 몇 도인가?

① 0°　　　　　　　　② 45°
③ 135°　　　　　　　④ 90°

26 ④　**27** ①　**28** ④　**29** ③
30 ②

31 매끈한 질감 처리와 탄력 있는 웨이브 형성에 필요한 것은?

① 회전력   ② 패널의 각도

③ 텐션   ④ 브러싱의 속도

32 블로 드라이 시술 시 주의사항이 아닌 것은?

① 모발에 드라이를 밀착시키지 않는다.

② 모발을 미리 깨끗이 샴푸해야 한다.

③ 드라이의 열풍이 헴라인과 귀 부분, 두피에 닿아 뜨겁지 않도록 조심한다.

④ 모발의 수분량을 5% 미만에서 시술한다.

33 모발에 볼륨을 주며 시술 시간을 단축시킬 수 있으나 윤기가 떨어지고 모발이 잘 엉킨다. 생머리에 사용하는 이 브러시의 종류는?

① 돈모   ② 가시돈모

③ 나일론모   ④ 가시모

34 블로 드라이 시술 시 반복적으로 열을 가했을 시의 모발현상 중 틀린 것은?

① 모발이 거칠어 보인다.

② 모발의 윤기가 흐른다.

③ 모발의 손상이 크다.

④ 모발이 푸석푸석 하다.

35 블로 드라이의 결합은?

① 염결합   ② 펩티드결합

③ 수소결합   ④ 시스틴결합

정답과 해설

31 블로 드라이 시 일정한 텐션이 없으면 불안정한 결과를 나타낼 수 있다.

32 모발의 수분량은 언제나 20% 유지가 된 상태에서 시술한다.

33
- 돈모 : 강한 곱슬 두발이나 웨이브를 스트레이트로 펴줄 때 사용
- 가시롤 : 짧은 시간 내에 적은 텐션으로 사용 가능

34 장기간 열을 가할 경우에는 정전기가 일어나며, 원하는 스타일이 나오지 않고 모발의 윤기를 잃게 된다.

35 블로 드라이 스타일 디자인은 두발결합 중에서 비교적 결합력이 약한 수소결합을 일시적으로 변형시키고 재결합시키기 위해서 수분을 증발시켜 스타일을 완성한다.

31 ③   **32** ④   **33** ④   **34** ②
35 ③

모근에서 두발이 135° 들리는 각 **36**
도는 풍성한 볼륨감을 구할 수
있으며 크라운 부분에서 많이 적
용된다.

• 가연성 : 불에 잘 탈 수 있거나 **37**
타기 쉬운 성질
• 절연성 : 전기가 통하지 아니하
는 성질
• 내연성 : 불에 잘 탈 수 없거나
타지 않는 성질
• 내수성 : 수분을 막아 견디어
내는 성질

드라이 열을 장시간 반복적으로 **38**
가할 경우 두발이 손상될 수 있으
며 정전기가 일어나고 모발의 윤
기를 잃게 된다.

블로 드라이의 종류 **39**
① 블로 드라이 : 브러시를 이용
하여 헤어스타일을 만든다.
② 핑거 드라이 : 손가락을 이용
하여 모류의 방향감을 주며,
스타일을 형성한다.
③ 램프 드라이 : 적외선 램프를
이용하여 스타일을 형성한다.
④ 내추럴 드라이 : 샴푸 후 타월
드라이 후에 냉·온풍을 사용
하고, 헤어 제품을 이용하여 자
연스러운 스타일을 연출한다.

시술 도중 두발이 지나치게 건조 **40**
할 때는 분무기를 사용하여 두발
에 직접 분무하거나 롤 브러시에
분무하여 시술한다.

36 ④ **37** ③ **38** ② **39** ②
40 ②

36 모근에서 두발이 풍성한 볼륨감을 구할 수 있으며, 크라운 부분에서 많이 적용하는 각도는?

① 0°
② 45°
③ 90°
④ 135°

37 블로 드라이 롤 브러시는 어떠한 재질을 사용하는 것이 좋은가?

① 가연성
② 절연성
③ 내연성
④ 내수성

38 블로 드라이 시술 시 요구사항이 아닌 것은?

① 베이스 크기는 사용되는 롤 브러시의 폭(지름)을 넘지 않는다.
② 두발에 장시간 열을 반복적으로 가하여 윤기 있게 질감처리가 되어야 한다.
③ 모근에 볼륨감이 형성되어야 한다.
④ 두발의 길이에 따라 롤 브러시를 선택하여 사용한다.

39 블로 드라이의 종류가 아닌 것은?

① 핑거 드라이
② 수분 드라이
③ 램프 드라이
④ 내추럴 드라이

40 블로 드라이 시술 시 주의사항이 아닌 것은?

① 드라이어의 송풍구와 브러시는 약 1cm 정도 거리를 두고 냉·온풍으로 스타일링 한다.
② 드라이 시술 도중에는 큐티클 보호를 위해 수분을 가하지 않는다.
③ 슬라이스 폭은 2~3cm 또는 롤의 지름으로 뜨고 가로의 폭은 브러시의 80% 정도로 한다.
④ 장시간 두발에 열을 전달하면 두발이 손상되며 윤기를 잃게 된다.

41 중간 정도 볼륨이 생기고 모류를 잡아주며 기본적으로 많이 적용되는 각도는?

① 0°　　　　　　　② 45°

③ 90°　　　　　　　④ 130°

42 아이론의 창시자는 누구인가?

① 마셀 그라또우(Marcel Grateau)

② 칼 네슬러(Karl Nessler)

③ 조셉 메이어(Joseph Mayer)

④ 스피크먼(J.B. Speakman)

43 드라이기의 각부 명칭으로 알맞지 않은 것은?

① 노즐　　　　　　② 흡입구

③ 프롱　　　　　　④ 콘트롤러

44 블로 드라이의 원리에 대한 설명으로 틀린 것은?

① 두발이 물에 젖으면 수축되는 것은 두발의 펩티드결합 때문이다.

② 수소결합을 일시적으로 변형시키고 재결합시키기 위해 수분을 증발시켜 스타일을 완성한다.

③ 두발을 말려가면서 브러시로 형태를 만들고 물로 인해 잘린 수소결합을 연결시킨다.

④ 약간 수분기가 있는 두발의 수소결합이 끊어져 있는 상태에서의 블로 드라이가 적합하다.

정답과 해설

41 하프 베이스 : 90°는 모류를 잡아내는 기본적 각도이다.

42 아이론의 창시자는 프랑스의 마셀 그라또우(Marcel Grateau)이며, 1875년 아이론 마셀 웨이브, 부인 결발법 등

43 프롱은 아이론의 명칭이다.
① 노즐 : 바람을 출구로 내보낸다.
② 흡입구 : 공기를 빨아들이는 입구이다.
③ 콘트롤러 : 열풍. 냉풍을 조절하여 사용한다.

44 두발이 물에 젖으면 수축되는 것은 두발의 수소결합이 물에 의하여 절단되기 때문이다.

41 ③　**42** ①　**43** ③　**44** ①

01 두발의 구조

1 두발의 구조

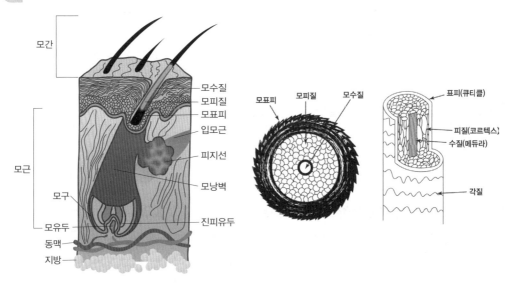

◆ 모발의 구조와 횡단면

(1) 모간(Shaft)

① **모표피** : 머리카락의 모표피는 가장 바깥층에 있으며 5~15층의 얇고 투명한 세포가 물고기비늘 모양으로 겹쳐져 있다. 모표피는 외부의 자극으로부터 털의 내부를 보호하고 화학적 자극에 저항하며 모발의 광택, 습윤 정도를 나타낸다. 모표피는 에피큐티클, 엑소큐티클, 엔도큐티클로 나누어진다.

② **모피질(Cortex)** : 두발의 모표피와 모수질 사이의 섬유상인 부분으로 모발 면적의 약 85~90%를 차지하고 있으며 세포막은 피질 세포와 간충물질로 강하게 연결되어 있다. 또한 모피질은 모발의 힘, 두께, 탄성, 컬 정도를 나타낸다. 모발의 색을 결정하는 것은 멜라닌으로 두발의 시술 과정에서 가장 큰 영향을 받는 부분이다.

③ **모수질(Medulla)** : 두발의 중심 부위로 여러 개의 공포가 있고, 그 속에는 공기가 들어 있다. 이것은 연모에는 없고 경모에만 존재한다.

(2) 모근(Root)

두발은 각질화, 케라틴화된 구조를 하고 있다. 모근(Hair root)에서 털의 가장 심부가 있는 부분을 모구(Bulb)라고 한다. 모근은 모낭에 둘러싸여 있고, 모구는 모근의 가장 밑 부분으로 모유두(Papilla)가 있다. 부속 기관으로는 입모근, 피지선, 한선, 혈관, 신경 등이 있다.

① **모낭(Follicle)** : 모낭은 진피에서 표피를 가로지르는 관으로 털이 있고, 털을 보호하는 역할을 한다. 모낭은 내모근초, 외모근초, 결합조직초의 3부분으로 나뉘어진다.

② **모유두(Papilla)** : 모구의 끝부분의 오목한 부위에 접해 있으며, 모세혈관과 림프관을 통해 영양분을 공급받아 모모 세포로 전달하며 모발의 생성을 돕는다.

③ **모모세포(Germinal matrix)** : 모유두와 접하는 곳에 있고 분열이 왕성하며 끊임없이 세포를 분열시키고 증식시키면서 모발을 생성하게 한다.

④ **모구(Hair bulb)** : 전구나 온도계처럼 둥근 부분을 의미하며 모근 하단부를 지칭한다.

⑤ **입모근(Arrector pili muscle)** : 기모근이라고도 하며, 추위와 공포로 인한 근육의 수축으로 털을 세우고, 자율신경의 지배를 받는다.

⑥ **피지선(Sebaceous gland)** : 피지를 분비하여 피부와 모발을 부드럽게 한다.

2 모발의 특성

① 장모에는 모발, 수염, 겨드랑이 털 등이 해당되며 단모에는 눈썹, 속눈썹, 코털 등이 있다.

② 우리 신체의 털은 약 130~140만 개, 모발은 8~12만 개 정도이며, 자연적으로 탈락하는 모발은 매일 80~100개 전후로 본다.

③ 피부의 변성물인 모발은 케라틴(Keratin)이라는 경단백질로 되어 있다.

④ 모발 성분의 대부분은 단백질(80~90%)로 구성되고, 멜라닌(3% 이하), 지질(1~8%), 미량원소(0.6~1%)로 구분한다.

⑤ 연모는 잔털이라고 하고 전신에 분포되어 있으며, 1.4cm를 넘지 않은 것을 지칭한다. 그 이외의 털은 경모에 해당된다.

3 두발의 물리적 특성

① **두발의 탄력성(Elasticity)** : 정상인의 두발은 탄력성이 우수하며 물에 젖어 있을 때는 원래 길이의 1.7배 정도 늘어나지만, 건성 두발은 탄력성이 적어서 약 1.3배 정도 늘어난다.

② **두발의 강도(Intensity)와 신장(Extension)** : 건강모는 강도가 강하지만 손상모는 강도가 약하다. 건강모의 신장률은 40~50%이고 물에 젖었을 때는 60~70%이다.

③ **두발의 다공성(Porosity)** : 다공성은 염색, 탈색, 퍼머넌트 웨이브 등의 화학처리로 인해 머리카락의 피질층을 채우고 있는 간충물질이 소실되어 두발 조직 중에 빈 공간이 많아지는 것을 말한다.

④ **두발의 습윤성(Moisture)** : 습윤성은 공기 중 습도가 높으면 수분을 흡수하고 건조하면 수분을 뺏기게 되는 성질을 말한다. 두발의 수분함량은 10~15%일 때 가장 이상적이다.

⑤ **두발의 열변성(Heat denaturation of hair)** : 건열에서는 외관적을 120℃ 전후에서 팽화되고 130~150℃ 전후에서 두발이 변색이 시작되며 270~300℃가 되면 타서 분해된다.

⑥ **두발의 광변성(Light denaturation of hair)** : 열이 과도한 경우 모발 케라틴을 파괴하여 두발 손상을 초래한다.

⑦ **두발의 색(Color)** : 두발의 색은 모피질의 멜라닌의 양과 분포 정도에 따라 결정된다.

⑧ **두발의 두께** : 머리카락의 지름은 보통 0.05~0.15mm이다.

⑨ **두발의 pH** : pH 7 이하면 산성, pH 7 이상이면 알칼리성이다. 강산성, 강알칼리의 경우에는 머리카락이 심하게 손상된다.

4 두발관리

(1) 두발의 성장

두발은 하루에 평균 0.3~0.4mm 정도 자란다. 두발의 성장속도는 신체부위, 성, 연령, 건강상태, 영양상태, 내분비상태, 질환 유무 등에 따라 달라진다. 예를 들면 여성이 남성보다 성장속도가 빠르고, 봄과 여름(5~6월경)이 가을과 겨울보다, 밤이 낮보다 성장속도가 빠르다. 모발의 수명은 영양 상태, 호르몬, 유전 등의 영향을 받으며, 개인적인 차이는 있지만 일반적으로 남자는 3~5년, 여자는 4~6년 정도이다.

① **성장기(Anagen)** : 모유두에 접해 있는 모세혈관으로부터 영양을 공급받아 활발한 세포분열을 일으켜 새로운 두발이 생성되어 성장하는 단계이다. 성장기는 전체 두발의 80~90%를 차지하며, 약 2~6년 정도 지속된다.

② **퇴화기(Gatagen)** : 성장기에서 휴지기로 넘어가는 중간단계로 세포분열이 정지되어 성장속도가 느려지고 두발 케라틴을 만들어내지 않는 단계이다. 털이 모유두에서 분리되어 모낭 위로 올라간다. 퇴화기는 전체 두발의 약 1%를 차지한다. 퇴화기간은 2~4주 정도이다.

③ 휴지기(Telogen) : 모구의 세포분열이 멈추고 모유두의 활동이 일시 정지되어 모발이 빠지는 시기이다. 모낭의 심부에는 새로운 성장기의 털이 성장을 계속하고 있다. 휴지기는 전체 두발의 14~15%(분만 후 30~40%)를 차지한다. 두발이 즉시 빠지지 않고 한동안 두피에 남아있는 휴지 기간은 약 3~4개월 정도이다.

④ 발생기(New anagen) : 모낭에 둘러싸여 있던 모구부가 모유두와 다시 결합하여 새로운 두발을 생장시킨다. 새로 생장하는 두발은 휴지기에 있던 두발을 밀어내어 자연 탈모시킨다.

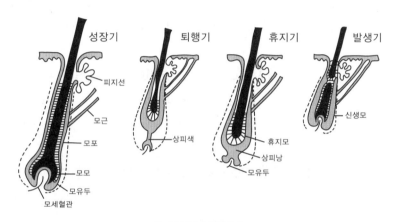

○ 두발의 성장주기

5 두발의 단면

두발의 단면을 관찰해 보면 3개의 층으로 되어 있는데 중심은 모수질(Medulla)이고, 그 주위를 모피질(Cortex)이 둘러싸고 있으며 표면은 모표피(Cuticle scales)라고 한다. 모표피는 가장 엷은 부분이며 모수질과 모표피는 거의 투명하고 모피질 부분에 색조가 들어 있다. 모표피의 각화된 세포를 확대하여 보면 비늘이 겹쳐져 있는 모양을 하고 있으므로 밑뿌리에서 머리끝을 향해 만져보면 매끄럽다. 한편, 반대방향으로 만지면 저항감이 느껴지기도 한다. 모피질은 두발에서 가장 중요한 부분으로 멜라닌과 공기를 포함하고 있는데 이를 통해 두발의 색이 형성된다. 또 공기의 양은 많을수록 두발에 광택을 준다. 그리고 모피질과 모수질의 두께 비율은 두발 굵기를 결정하는데 모피질이 두꺼울수록 두발이 굵고(동양인), 모피질이 얇을수록 가늘고 부드러운 두발이다.

정답과 해설

모발은 하루에 0.3~0.4mm 자라 **01**
며, 낮보다는 밤에 빠르고 겨울보
다는 봄, 여름에 빠르다.

지방분이 부족한 건조상태에서는 **02**
드라이 스캘프 트리트먼트가 알
맞다.

• 자외선 장애작용 : 피부홍반 및 **03**
  색소 침착, 멜라닌 색소를 증가
  시킨다.
• 자외선 긍정적 작용 : 비타민 D
  형성, 구루병 및 신진대사 촉진

두피의 근원에 속하는 것은 베이 **04**
스이다.

모발의 수명은 개인적인 차이는 있 **05**
지만 남자는 3~5년, 여자는 4~6
년 정도이다. 수명은 남자보다 여자
가 길다.

01 모발에 대한 설명으로 맞는 것은?

① 모발의 수명은 여자보다 남자가 길다.
② 모발의 수는 약 20~30만 개이다.
③ 모발의 성장은 하루에 0.3~0.5mm이다.
④ 모발의 구성은 모간과 모근으로 나눈다.

02 드라이 스캘프 트리트먼트에 알맞은 두피는?

① 건성 두피   ② 지방성 두피
③ 중성 두피   ④ 모두 해당

03 멜라닌을 증가시키는 요인에 해당되는 것은?

① 자외선에 의한 자극   ② 내분비 실조
③ 알칼리성 체질   ④ 산성체질

04 머리 뿌리에 해당되는 것은?

① 베이스   ② 스템
③ 서클   ④ 컬

05 모발에 대한 설명 중 틀린 것은?

① 모발은 하루에 0.3~0.4mm 정도 자란다.
② 모발의 수는 약 10만 개이다.
③ 모발의 수명은 여자보다 남자가 길다.
④ 모발의 성장기 수명은 남성은 3~5년, 여성 4~6년
   정도이다

01 ④   **02** ①   **03** ①   **04** ①
05 ③

06 노화현상에서의 두발변화에 대한 설명 중 맞는 것은?

① 탈색이 되며 영양이 없고 윤기도 떨어짐
② 모발 숱이 점점 많아짐
③ 모발이 잘 자라고 굵기에 변함이 없음
④ 모발의 영양 및 윤기가 계속 남

07 세안이나 샴푸에 적당한 물은?

① 연수
② 경수
③ 찬물
④ 산수

08 비듬이 많은 사람에게 발생하기 쉬운 두발 질환은 무엇인가?

① 원형 탈모증
② 병후 탈모증
③ 비강성 탈모증
④ 결발성 탈모증

09 모발의 영양 공급에서 가장 중요한 영양소는?

① 비타민
② 지방
③ 단백질
④ 탄수화물

06 두발은 40세부터 멜라닌 색소가 적어지기 때문에 백발의 원인이 되며 백모가 생길수록 윤기가 없어진다.

07 ① 경도 10 이하는 연수(단물), 10 이상은 경수(센물)
② 연수(단물) : 경도 10 이하의 물을 말하며, 증류수는 경도 0 인 단물이다. 음용수로 사용되며, 세정효과가 우수하다.
③ 경수(센물) : 경도 20 이상의 물을 말하며, 대개 지하수가 대표적이다.

08 비듬이 많은 사람의 두피 질환은 비강성 탈모증이다.

09 모발은 단백질의 성분 중 케라틴 이라는 물질로 이루어져 있다.

06 ① **07** ① **08** ③ **09** ③

Part I
미용이론

01 염색이론 및 방법

1 색의 정의

태양광선 중 가시광선이 어떤 물질에 반사되는 것에 망막이 자극을 받아 두뇌에서 일어나는 반응을 말한다. 일상생활에서 볼 수 있는 색은 무채색과 유채색으로 구분된다.

(1) 색의 3속성

① **색상(Hue)** : 색에는 색깔을 갖지 않는 무채색과 빨강, 노랑, 파랑, 오렌지 등의 색을 가지고 있는 유채색이 있다.

② **명도(Value)** : 명도는 색의 밝고 어두움의 정도를 말한다. 검정 1단계에서 흰색 10단계를 숫자로 표시한 것을 레벨이라 한다.

③ **채도(Chroma)** : 색의 선명한 정도를 말하며 원색은 채도가 가장 높은 것이다. 채도가 낮아질수록 색상의 선명도가 흐려져 차츰 무채색이 된다.

(2) 색의 혼합 법칙

① 1차색은 색상에서 노랑, 빨강, 파랑색처럼 다른 색상을 혼합하여 만들어질 수 없는 순수한 색을 말한다.

② 2차색은 두 가지의 1차색을 동일한 비율로 혼합하였을 때 만들어지는 주황, 보라, 초록 색상이다.

③ 3차색은 1차색과 2차색을 동일비율로 혼합하였을 때 만들어지는 색상이다.

　㉠ 1차색 : 파랑, 빨강, 노랑

　㉡ 2차색 : 주황, 보라, 초록

　　(빨강＋노랑＝주황, 빨강＋파랑＝보라, 파랑＋노랑＝초록)

　㉢ 3차색 : 1차색과 2차색의 1 : 1 비율

(3) 보색(Complementary color)

① 혼합하면 무채색이 되는 두 가지 색은 서로 보색이며, 색상환에서 서로 마주보는 위

치에 있다.

② 이러한 보색관계의 법칙을 이용하여 모발염색에 적용하면 원하지 않는 색을 보정할 수 있다.

③ 중화과정은 1차색과 2차색을 혼합하여 특정한 반사빛을 없애고 갈색 계열이나 무채색으로 중화 역할을 한다.

(4) 모발의 컬러 체인지 기법

① 모발이 가지는 바탕색을 이해하고 기본적인 혼합색인 갈색, 검정색의 법칙을 이용하면 여러 가지 테크닉을 활용할 수 있다.

② **갈색** = 노랑(3) : 빨강(2) : 파랑(1)

③ **검정** = 노랑(1) : 빨강(1) : 파랑(1)

(5) 가법혼합과 감법혼합

① **가법혼합**

㉠ 색광의 혼합으로 색을 더하면 더할수록 밝아지게 된다.

㉡ 가법혼합의 3원색 : 빨강, 녹색, 파랑

② **감법혼합**

㉠ 색료의 혼합으로 색을 더하면 탁하고 어두워진다.

㉡ 감법혼합의 3원색 : 빨강, 노랑, 파랑

2 염모제의 분류와 종류

(1) 염색

헤어틴트는 자연적인 색에 인공적인 색을 착색시키거나 탈색된 두발에 인공적인 색을 착색시키는 기술이다. 헤어다이는 착색, 헤어틴트는 색을 만드는 것을 의미한다.

(2) 염모제의 특성에 따른 분류

비산화 염모제와 산화 염모제는 산화제의 사용 여부에 따라 달라진다. 1제만으로 구성되어 있는 비산화 염모제는 두발의 명도를 변화시키지 않고 색상 표현만 할 수 있다. 1제와 2제를 혼합하여 사용하는 산화 염모제는 두발의 명도를 변화시켜 다양한 색상을 표현할 수 있다.

① 일시성 염모제
  ㉠ 원리 : 큐티클 최외층(Epicuticle) 표면에 안료 또는 염료를 접착, 흡착시켜 염색한다. 염료색소입자가 커서 모표피층에 착색한 다음 한 번의 샴푸로 색상이 지워진다.
  ㉡ 종류 : 헤어컬러린스, 컬러마스카라, 헤어컬러스프레이, 컬러파우더, 컬러무스
② 반영구 염모제(산성염모제)
  ㉠ 원리 : 코팅컬러, 산성컬러는 1제만으로 구성되어 있어 착색만 가능하기 때문에 직접 염모제라고도 한다. 모표피에 침투 흡착되어 두발에 손상을 최소화하면서 염색이 되며 색상 유지력은 2주에서 4주 정도 된다. 이온 결합의 원리를 이용한 염색법으로 두발의 pH 밸런스의 균형이 필요하며 염색 시술 전 약산성의 샴푸와 두발의 밸런스를 조절하는 것이 중요하다.
  ㉡ 종류 : 산성컬러, 코팅제, 왁싱, 헤어매니큐어

> **💎 Tip** 이온결합
> 양이온과 음이온이 정전기적 인력으로 결합하여 생기는 화학결합이다.

③ 산화 염모제(Oxidative color) / 영구 염모제(Permanent color)
  산화영구 염모제는 염모제(1제)와 산화제(2제)를 혼합하여 사용하는 제품으로 두발에 영구적인 색상변화로 오랫동안 지속된다.
  ㉠ 원리 : 산화영구 염모제는 염모제(1제)와 산화제(2제)를 혼합하여 사용하면 탈색과 착색이 동시에 이루어진다. 1제의 알칼리제가 모표피를 팽윤시켜 염료가 쉽게 침투하도록 한다. 모피질에 침투한 염모제는 1제와 2제가 서로 반응하여 발생기 산소를 발생시키며 두발 속의 멜라닌 색소를 파괴시켜 탈색이 된다. 일부의 산소는 염료와 결합하여 산화중합반응으로 염료입자가 부풀면서 발색되어 색상을 만든다.
  ㉡ 종류 : 염모제(1제)와 산화제(2제)를 혼합하여 사용한 산화 염모제

○ 염색약의 성분과 역할

제1제	산화염료	• 파라페닐렌디아민 : 흑색 • 모노니트로페닐렌디아민 : 적색 • 4-아미노 2페놀설폰산 : 황금색	• 파라트릴렌디아민 : 갈색 • 투설포란아미드 : 자색 • 레조시놀 : 황금색
제2제	알칼리제	• 주로 암모니아를 사용하여 모발을 팽윤시키고 산화제인 과산화수소와의 반응으로 발생기 산소를 발생하여 멜라닌 색소 제거를 도와준다.	

○ 패치 테스트와 스트랜드 테스트

구분	내용
패치 테스트 (Patch test)	염색 전에 알레르기 반응을 조사하기 위한 것으로 피부 첩포시험, 스킨 테스트, 알레르기 테스트라고도 한다. 사용하고자 하는 동일 염색약을 귀 뒤나 팔 안쪽에 동전 크기만큼 바르고 24~48시간 후의 반응을 확인한다. 알레르기 반응은 수시로 나타날 수 있으며 동일한 제품이라도 패치 테스트는 매번 하여야 한다.
스트랜드 테스트 (Strand test)	원하는 색상 선정이 올바르게 되어 있는지, 정확한 염모제의 작용시간을 알아내기 위해 헤어라인 가까이에 염모제를 바르고 35~45분 후 그 반응을 보아 색소와 소요시간을 결정한다.

💎 Tip
- 헤어 블리치제에서 사용되는 과산화수소와 암모니아의 적정 농도는 과산화수소 6%, 암모니아수는 28%이다.
- 탈염은 다이 리무버라고도 하며, 이미 염색한 두발 색을 제거시키는 것이다.
- 다이 터치업은 모근 부분에 새로 자란 두발의 원래 색조에 염색하는 것을 의미한다.

④ **식물성 염모제** : 식물성 염모제는 고대 이집트 등에서 사용되었는데 헤나는 남색(인디고), 황갈색(카모마일), 붉은색(헤나)이 있으며, 오늘날에도 여전히 사용되고 있다. 알레르기 체질에는 비교적 안전하지만 색상의 한계가 있고 염착시간이 오래 소요되는 단점이 있다.

3 과산화수소(H_2O_2)의 종류와 강도

염모제의 2제, 탈색제의 2제로 시용할 때는 일반적으로 20vol과 30vol을 시용한다. 과산화수소(H_2O_2)는 영구 염모제를 산화시킴으로써 작은 입자를 큰 색소로 변화시킬 수 있으며, 모피질 내에 있는 멜라닌 색소를 탈색시킨다.

① **종류** : 크림타입, 액상타입, 정제타입
② **과산화수소의 농도에 따른 작용**

볼륨	강도	작용
10vol	H_2O_2 3%	탈색작용은 안 되고 착색만 가능하다.
20vol	H_2O_2 6%	1~2 Level 밝게, 또는 어둡게 같은 레벨의 탈색과 착색이 동시에 이루어진다.
30vol	H_2O_2 9%	2~3 Level 밝게 한다. 탈색작용이 많다. 6%보다 두발손상이 크다.
40vol	H_2O_2 12%	4 Level 밝게, 탈색작용이 많다. 9%보다 두발손상이 크다.

③ 염모제가 갖추어야 할 조건

⊙ 염색 후 피부에 알레르기를 일으키지 않을 것

⊙ 모발에 염색이 잘 되고 모근을 손상시키지 않을 것

⊙ 염모제의 색조가 풍부할 것

⊙ 사용이 간편하고 시간이 오래 지속되지 않을 것

⊙ 염색 후 일광이나 공기 등에 변색되지 않을 것

⊙ 샴푸나 린스를 사용할 때 색상이 변색되지 않을 것

⊙ 염색 후 모발을 손상시키지 않을 것

(1) 버진헤어 염색시술(짧은 길이의 두발, 20cm 이하)

① 패치 테스트 결과를 조사한다.

② 목에 타월을 두르고 다이 케이프(진한 색)를 걸친다.

③ 컬러차트에서 원하는 색을 선정한다.

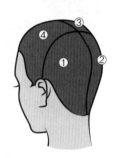

④ 필요에 따라 샴푸를 행하고 이 경우 중성 샴푸제를 사용한다.

⑤ 타월 드라이하여 두발을 잘 말린다.

⑥ 두발을 그림과 같이 네 구획한다.

⑦ 헤어라인과 두피에 콜드크림이나 포마드 등을 발라서 염모제가 직접 피부에 묻는 것을 방지한다.

⑧ 염모제로부터 손을 보호하기 위해 고무장갑을 낀다.

⑨ 두발 길이를 2등분하여 도포순서는 ① → ② 순으로 한다.

⑩ 모근에서 1~2cm 띄운 ①의 길이에서부터 도포한 후 10~15분 자연방치한다.

⑪ ②번 모근부터 도포하여 모간 끝부분까지 도포한다.

⑫ 20~30분 자연방치한 후(총 30~45분) 두발의 색상을 테스트하여 원하는 색상이 나오면 산성샴푸와 린스를 한다.

⑬ 마른 타월로 드라이한 후 스타일링한다.

(2) 버진헤어 염색시술(긴 길이의 두발, 20cm 이상)

① 패치 테스트 결과를 조사한다.

② 목에 타월을 두르고 다이 케이프(진한 색)를 걸친다.

③ 컬러차트에서 원하는 색을 선정한다.

④ 필요에 따라 샴푸를 행하고 이 경우 중성 샴푸제를 사용한다.

⑤ 타월 드라이하여 두발을 잘 말린다.

⑥ 두발을 그림과 같이 네 구획한다.

⑦ 헤어라인과 두피에 콜드크림이나 포마드 등을 발라서 염모제가 직접 피부에 묻는 것을 방지한다.

⑧ 염모제로부터 손을 보호하기 위해 고무장갑을 낀다.

⑨ ①에 염모제를 도포한 후 약 10~15분 자연방치한다.

⑪ ①과 ③을 제외한 ②에 도포한 후 10~15분 자연방치한다.

⑫ ③-②-① 순으로 전체에 도포한 후 20~30분 자연방치한다.

⑬ 총 40~60분 방치 후 색상 테스트를 한 후 원하는 색상이 나오면 산성샴푸와 린스를 한다.

⑭ 타월 드라이한 후 스타일링한다.

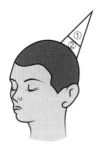

건강한 쇼트 미디엄 헤어 염색 순서
(20cm 이하 길이)

건강한 롱 헤어 염색 순서
(20cm 이상 길이)

재염색
(리터치)

(3) 재염색(리터치)

염색한 후 두발이 성장에 의해 모근부에서 새로 자란 두발에 염색하는 것을 리터치라 한다. 두발의 손상을 최소화하고 신생모와 기염모의 결과 색상을 일치하게 연결한다. 염색 시술방법은 버진헤어 시술방법과 ①~⑧까지 동일하며 신생모 ①에 도포하고 약 15~20분 자연방치한 후 기염모 ②에 도포한 후 15~20분 자연방치 후에 컬러테스트한다.

4 자연두발색상

자연두발은 화학적 시술을 전혀 하지 않은 두발을 말한다. 천연색소인 멜라닌의 유형과 양, 분포도에 따라 밝고 어두움이 결정된다. 이를 숫자로 표시한 것을 명도 혹은 레벨이라 한다. 아주 어두운 검정색 명도 1에서 아주 밝은 황금색 명도까지 10단계로 나눈다.

(1) 멜라닌의 종류

① 유멜라닌 : 입자형 색소로 동양인들에게 많고 흑색에서 적갈색까지 모발에 어두운 색을 결정한다.

② 페오멜라닌 : 페오멜라닌은 분사형 색소로 서양인에게 많고 흑색의 유멜라닌보다 밝은 색소로서 노란 빛이나 붉은 빛을 나타내어 적멜라닌이라고도 한다.

(2) 자연모의 10단계(10 Level of natural color)

자연모의 색은 1단계(가장 어둡다)에서 10단계(가장 밝다)로 나누어지며, 1은 검정색으로 표시하고 10은 가장 밝은 금발을 표시한다.

밝기	레벨	자연모발색상	범주
	10	매우 밝은 금발색	밝은 범주
	9	아주 밝은 금발색	
	8	밝은 금발색	
	7	금발색	중간 범주
	6	어두운 금발색	
	5	밝은 갈색	
	4	갈색	
	3	어두운 갈색	어두운 범주
	2	갈색을 띤 검정색(아주 어두운 갈색)	
	1	검정색	

02 탈색(Bleach)

자연두발을 인위적으로 밝게 하는 작용을 탈색이라 한다. 자연두발에 탈색제를 도포하면 암모니아는 두발을 부풀게 하고 과산화수소와 황산염이 작용하여 산소를 방출한다. 멜라닌 색소의 산화를 인위적으로 일으켜 멜라닌 색소를 점진적으로 분해함으로써 블리치 레벨 색상이 나타난다. 과산화수소(2제)는 탈색제와 혼합하여 사용한다. 밝게 하는 탈색 과정은 어두운 색상에서 붉은색, 오렌지, 노란색 순으로 변하는 단계를 1등급에서 10등급으로 나눈다.

1 탈색의 원리

① 제1제(분말형) : 알칼리제, 제2제 : 과산화수소 6%
② 1제는 두발을 부풀게 하여 화학성분이 두발 내에 침투시켜주는 역할을 하며 1제의 알칼리 성분은 2제의 과산화수소로부터 산소 분리를 촉진시켜주는 역할을 한다.
③ 두발 내의 멜라닌 색소를 제거하는 것으로 두발탈색제(pH 9.5~10)는 알칼리제를 주성분으로 하는 제1제와 제2제(과산화수소)를 혼합하여 사용한다.
④ ③을 두발에 도포했을 때 발생되는 산소가 멜라닌 색소를 분해하여 두발 색상을 엷게 만드는 것으로 자연색소와 인공색소를 제거하는 것을 의미한다.
⑤ 조제 비율은 6%의 과산화수소 90cc에 28% 암모니아수를 3~4cc를 더하는 것으로, 이때 발생하는 산소의 힘으로 멜라닌 색소가 파괴되어 탈색이 된다.

2 탈색의 목적

① 자연적 두발을 인공적인 색조로 전체적, 부분적으로 탈색시키기 위함이다.
② 두발을 특정한 색조로 탈색시킨다(블리치 레벨).
③ 두발에 부분적 탈색 효과를 주어 디자인 효과를 줄 수 있다.
④ 틴트한 두발색이 마음에 들지 않거나 너무 진한 경우 제거할 수 있다(클렌징, 딥클렌징).

3 탈색제의 종류

액상 블리치제와 호상 블리치제로 나눈다.
① 액상 탈색제는 두발에 대해 탈색 작용이 빠르고 진행 상태를 보면서 탈색할 수 있지만 탈색이 지나치게 되는 경우가 있다.
② 호상 탈색제는 블리치제를 두 번 도포할 필요가 없고 시술과정에서 과산화수소수가 건조될 염려가 없다. 단점은 두발의 탈색 정도를 살피기 어렵고 샴푸를 한번에 끝내기 어렵다는 것이다.

4 헤어 블리치 시술상의 주의

① 두피에 상처나 질환이 있는 경우 시술하지 않는다.

② 시술자는 반드시 고무장갑을 끼고 두피에 블리치제가 닿지 않도록 한다.

③ 시술 전 샴푸, 브러싱을 할 경우 두피자극을 최소화시킨다.

④ 블리치를 시술한 후 일주일이 지나야 퍼머넌트 웨이브를 할 수 있다.

⑤ 헤어 블리치를 시술한 후 두발은 다공성모가 될 수 있다.

⑥ 사후처리로 두발 트리트먼트를 한다.

5 버진헤어 탈색방법(처음 블리치 시술)

① 패치테스트 결과를 조사한다.

② 고객의 목에 다이 케이프를 걸친다.

③ 블리치 전 샴푸를 행하지 않는다(기본적).

④ 두발을 빗어 4등분으로 나눈다. 원하는 블리치 레벨을 결정한다.

⑤ 헤어라인 부분에 보호크림을 바른다.

⑥ 시술자는 고무장갑을 낀다.

⑦ 블리치제와 과산화수소 6%를 혼합한다.

⑧ 크라운 → 양 사이드 → 프린지 순으로 두피에서 약 2cm 떨어진 곳에서부터 도포한다. 일률적으로 탈색이 이루어지도록 파팅을 엷게 나누고 블리치제는 빨리 도포한다.

⑨ 약 20~30분 지난 후 테스트를 한다.

⑩ 두피에 약 2cm 남겨놓았던 부분에 블리치제를 도포한다. 원하는 색조가 나오면 미지근한 물로 샴푸하고 크림린스, 산성린스를 행한다.

⑪ 타월 드라이에 이어 냉풍으로 두발 건조시켜 마무리한다.

6 블리치 레벨(기여 색소)

블리치 레벨은 모발이 색소에 의하여 멜라닌 색소가 산화되는 과정을 거치게 된다. 이때 제거되고 남은 멜라닌 색소가 일정한 밝기와 반사빛을 나타나게 된다. 이것을 일정한 밝기의 기준에 따라 나누어 놓은 것을 블리치 레벨이라고 하며 이 블리치 레벨은 1단계에서 10단계까지의 등급으로 나뉜다.

레벨	블리치 레벨 색상
10	아주 밝은 노란색
9	밝은 노란색
8	노란색
7	노랑 오렌지색
6	오렌지색
5	붉은 오렌지색
4	붉은색
3	어두운 적색
2	적보라색
1	검정색

7 블리치 터치업

블리치 후 새로 자라난 신생모에 대한 블리치 시술을 의미한다.

> **Tip**
> • 탈색 : 자연 멜라닌 색소의 제거(자연모) – 사전 탈색
> • 탈염 : 인위적인 색소를 제거(기염모) – 클렌징(Cleansing), 딥클렌징(Deep cleansing)

염색에 실패했을 때는 에그 샴푸 **01**
를 사용한다.

01 두발이 지나치게 건조하거나 탈색, 염색에 실패했을 때 가장 적합한 샴푸제는?

① 플레인 샴푸　　　　② 소프리스 샴푸
③ 에그 샴푸　　　　　④ 핫오일 샴푸

모표피에만 착색되었다가 샴푸 **02**
후에 지워지는 염모제는 일시성
헤이 틴드이다.

02 모표피에만 착색된 샴푸 후에 지워지는 염모제는?

① 일시성 헤어 틴트　　② 반지속성 염모제
③ 지속성 헤어 틴트　　④ 유기합성 염모제

헤어 블리치제에서 사용되는 과 **03**
산화수소와 암모니아의 적정 농
도는 과산화수소 6%, 암모니아수
28%이다.

03 헤어 블리치제에서 사용되는 과산화수소의 올바른 제조법은?

① 10%의 과산화수소, 28%의 암모니아수
② 6%의 과산화수소, 28%의 암모니아수
③ 28%의 과산화수소, 6%의 암모니아수
④ 60%의 과산화수소, 28%의 암모니아수

일상적인 생활에서 쇼크와 스트레 **04**
스의 원인은 비타민 C 부족이다.

04 백발화의 촉진 원인이 되는 쇼크와 스트레스를 예방해 주는 데 효과적인 비타민은?

① 비타민 A　　　　　② 비타민 B
③ 비타민 C　　　　　④ 비타민 D

• 퍼머나 염색 탈색이 전혀 되지 **05**
않는 모발을 버진 헤어라 한다.
• 헤어 틴트는 인공색조를 두발
에 착색시키거나 블리치된 두
발에 인공색조를 착색시키는
것이다.

05 블리치 후 새로 자라난 두발의 블리치 시술은 무엇인가?

① 버진 헤어　　　　　② 헤어 틴트
③ 블리치 터치업　　　④ 수정 다이

01 ③　**02** ①　**03** ②　**04** ③
05 ③

06 헤어 블리치제 조제 시 포함되지 않는 것은?

① 탄산마그네슘　　　② 암모니아수

③ 과산화수소　　　　④ 수산화나트륨

07 호상 블리치제의 장점은?

① 이중으로 바를 필요가 없고 건조될 염려가 없다.

② 탈색작용이 빠르다.

③ 탈색 정도를 살필 수 있다.

④ 경제적인 효과가 있다.

08 모발 구조 중 탈색과 관계되는 곳은?

① 모표피

② 모수질

③ 모피질

④ 모모세포

09 블리치를 하고 얼마 후에 퍼머넌트가 가능한가?

① 3일 후　　　　　② 10일 후

③ 15일 후　　　　　④ 7일 후

10 헤어 틴트 시술에서 패치 테스트 시간은?

① 약 12시간

② 약 14시간

③ 약 20시간

④ 약 48시간

11 다음 중 패치 테스트를 반드시 해야 하는 경우는?

① 염모제에 합성세제가 함유된 경우

② 염모제에 파라페닐렌디아민이 함유된 경우

③ 염모제에 과산화수소가 함유된 경우

④ 염모제에 글리세린이 함유된 경우

정답과 해설

06 헤어 블리치제에는 주로 과산화수소를 사용하며, 농도 조절을 위해 암모니아를 더해준다. 또한 과산화수소의 정착제로 탄산마그네슘을 적당량 섞으면 풀 상태가 되어 덧바르지 않더라도 건조될 염려가 없다.

07 ②, ③, ④는 액상 블리치제이다.

08 모피질 속에 멜라닌 색소는 알칼리산, 산화제, 환원제의 약품에 의해 분해되어 색을 잃는 성질이 있는데 탈색은 산화제의 작용으로 멜라닌 색소를 분해시켜 두발의 색소를 옅게 하는 것이다.

09 블리치를 한 경우 7일 후에 퍼머넌트가 가능하다. 퍼머와 염색의 경우는 퍼머를 먼저하고 7일 후 염색이 가능하다.

10 염색에 있어 사람에 따라 알레르기성 피부염이나 접촉성 피부염, 발진 등이 발생할 수 있으므로 피부의 알레르기 반응이나 염증 유무를 검사해야 한다. 이 검사를 패치 테스트라 하는데 동전크기 만큼의 염색제를 귀 뒤나 팔 안쪽에 바르고 48시간 정도 방치한 후 피부 반응을 체크한다.

11 유기염료 화합물은 색소분자의 결합이 복잡하기 때문에 파라페닐렌디아민이 함유된 경우는 반드시 패치 테스트, 알레르기 테스트를 해야 한다.

| 06 ④ | 07 ① | 08 ③ | 09 ④ |
| 10 ④ | 11 ② | | |

염모제 선택 시 모발보다 2레벨 **12**
엷은색을 선택한다.

12 염모제 선택 시 색상은 어떻게 고르나?

① 모발보다 엷은색　　② 모발색

③ 모발보다 짙은색　　④ 원하는 색

염모제는 사용원료에 따라 식물 **13**
성, 광물성, 합성 염모제 등 세 종
류로 구분할 수 있다.

13 현재 주로 사용되는 염모제가 아닌 것은?

① 광물성　　② 식물성

③ 동물성　　④ 유기합성

헤나는 식물성 염모제이다. **14**

14 표백제의 원료로 사용하지 않는 약품은?

① 과산화수소　　② 헤나

③ 탄산마그네슘　　④ 암모니아

염색된 두발을 수정할 때는 컬러 **15**
스틱(컬러 크레이언)을 사용한다.

15 염색된 두발을 수정하려 할 때 다음 중 어떤 염모제품을 사용하는 것이 가장 효과적인가?

① 컬러 스틱　　② 컬러 린스

③ 컬러 스프레이　　④ 컬러 샴푸

산화영구염모제는 염모제(제1제) **16**
와 산화제(2제)를 혼합하여 사용
하면 탈색과 착색이 동시에 이루
어진다.

16 제1액과 제2액을 혼합하여 사용하며 염모제가 모피질에 침투하여 염색을 지속시키는 염모제는?

① 블리치　　② 일시 염모제

③ 영구적 염모제　　④ 반영구적 염모제

②, ③, ④는 두발을 손상시키는 **17**
원인이 된다.

17 두발 손상의 원인이라 할 수 없는 것은?

① 중성샴푸를 사용한 경우

② 샴푸 후 두발에 물기가 많이 있는 상태에서 급속히 건조시킨 경우

③ 염색 및 파마를 자주하는 경우

④ 백코밍을 자주하는 경우

Chapter 10 가발

01 가발의 손질과 헤어스타일

현대의 가발은(신분이나 권위의 상징이 아닌 개인적인 요인이나 심리적인 요인, 병적인 요인, 장기적으로 여행을 할 때에도 가발을 착용하는 경우가 있다.

(1) 가발의 유래와 역사

① 가발은 고대 이집트인들이 B.C 4000년에 직사광선으로부터 두부를 보호하기 위하여 처음으로 사용했다.

② 장식 가발은 17세기 이후 프랑스를 중심으로 성행하고 루이13세, 루이14세도 가발을 사용한 후 귀족층의 남 · 여가 화려한 가발을 사용했다.

02 가발

(1) 가발의 사용목적

① 결점을 모안 하는 기능적인 용도

② 헤어스타일의 변화

③ 개성표현

④ 치료적인 기능

⑤ 미적인 기능

(2) 가발의 재질에 따른 종류

가발에는 인모, 인조모, 합성모, 조모, 동물모 등이 있다

① **인모** : 인간의 두발을 만들어 쓰며 가장 자연스런 착용감을 느낀다. 불에 태우면 천천히 타면서 황 타는 냄새가 난다. 콜드 퍼머넌트나 헤어컬러를 할 수 있는 장점이 있다.

② **인조모** : 인모의 성질과 비슷하게 만들어진 아크릴 섬유를 소재로 한 화학섬유이다.

가발원사는 염화비닐계수지, 아크릴계수지 및 폴리에스테르계수지가 주로 사용되고 있다.

③ **합성모(믹스모)** : 인모와 인조모를 50%내외로 섞은 가발로 인조모와 인모의 장점을 살린 제품이다. 인조모보다는 훨씬 자연스러우며 세척 및 관리가 인모보다 쉽다. 콜드퍼머넌트나 헤어컬러를 할 수 없다.

모발색상이 다양하고 샴푸 후에도 잘 엉키지 않고 원래의 스타일을 유지할 수 있다. 단점은 시간이 경과하면 스타일 연출이 어려워진다.

④ **동물모** : 산양, 앙고라, 야크의 동물의 털을 사용하여 털의 길이와 결의 분류에 따라 위그를 피스로 제작한다.

⑤ **파운데이션** : 피스나 위그에 기초가 되며 두부에 꼭 맞으면서 너무 조이는 듯한 느낌을 주지 않는 것이 좋다.

⑥ **네팅** : 손으로 심는 방법이다. 기계 뜨기도 있다.

(3) 가발 맞춤과 방법

① **상담** : 맞춤형 가발은 두상과 탈모 부위의 사이즈에 따른 몰드를 만들고 모발 굵기, 색상, 모량 스타일에 맞게 제작하기 위해 상담이 중요하다.

② **몰딩방법** : 탈모부위를 측정하여 가발을 만들기 위해 두상 모양의 패턴을 떠내는 디자인 작업을 몰딩이라고 한다. 비닐 랩과 투명 테이프, 투명 플라스틱 캡, 석고붕대, 3D영상기법 등이 있다.

　㉠ 가발치수재기 : 두상의 모발이 두피에 밀착되게 빗질을 하고 핀으로 고정 한 후 줄자를 이용하여 치수를 잰다. 두상둘레, 두상길이, 이마 넓이, 측중선, 네이프 라인 길이를 측정한다.

　㉡ 가발주문 : 고객의 두상수치를 정확히 측정 확인 후 기록물과 함께 가발 제조사에 주문한다.

　　※가발 제작 과정 : 패턴 → 몰딩 → 캡제작 → 증모 → 수제 → 피팅

　㉢ 착용방법 : 모발을 뒤로 빗질한 후 전두부에서 두정부, 후두부 순으로 형태를 맞추어 가면서 고정한다.

　㉣ 커트 : 고객과 상담한 내용을 기초로 하여 가장 잘 어울리는 스타일로 한다. 젖은 상태에서 원하는 길이보다 1~2cm 길게 레이저 커트해야 스타일이 완성 되었을 때 자연스럽게 된다.

(4) 가발 샴푸 및 컨디셔닝

① 가발샴푸는 미온수에 산성 샴푸를 넣어 잘 희석 한 후 뒤집어 놓은 가발은 2~3분간 담가 놓는다.

한손으로 가발을 잡고 다른 한손으로 물을 부으며 부드럽게 브러싱 하면서 세척한 다. 대개 2~4주에 한번정도 샴푸해야 한다.

또는 위그나 헤어피스에 리퀴드 드라이 샴푸를 할 수도 있다.

② 가발건조는 수건으로 눌러주면서 수분을 제거하고 자연건조 하는 것이 가장 이상적 인 방법이다.

③ 컨디셔닝 샴푸는 스프레이 타입으로 거치대에 고정 한 후 적당한 거리에서 분무하고 부드럽게 빗질하여 스타일을 디자인 한다. (컨디셔닝 크림 타입은 물로 잘 헹군 후 자 연건조)

> **💎 Tip** 가발세정 방법
>
> 벤젠 등의 휘발성 용제나 알코올을 사용하여 가발을 12시간 동안 담가두었다가 응달에 말린다.

(5) 가발의 종류

① **위그** : 두부 전체를 덮는 가발을 위그라고 하는데 자격시험용 및 실습용, 장식, 의료, 무대, 드라마 등에 쓰인다.

ㄱ 장식 : 신체적 문제로 인해 가발을 쓰는 경우가 많다.

ㄴ 의료 : 약물 치료로 인해 머리카락이 빠지거나, 탈모증으로 머리카락이 빠지는 사 람들이 사용한다.

ㄷ 무대, 드라마 : 다른 나라의 환경이나 시대극을 묘사할 때 배우의 머리 모양을 꾸 미기 위해 사용한다.

ㄹ 권위의 상징 : 서양의 재판관 등이 가발을 쓰며, 지금도 그 관습이 남아 있다.

② **헤어피스** : 두부 일부분을 덮는 부분가발이며 크라운 부분에 주로 사용된다.

ㄱ 폴(Fall) : 짧은 길이 형태의 헤어를 롱 헤어로의 변화를 주기 위해 사용된다.

ㄴ 스위치(Swich) : 머리카락을 채우기 위해 땋거나 스타일링하기 쉽도록 만들어졌 으며, 길이는 20cm 이상으로 1~3가닥으로 이루어져 있다.

ㄷ 캐스케이드(Cascade) : 여러 단으로 된 작은 폭포 모양의 레이스 같은 머리 장식

이다.

㉣ 컬러피스(Color piece) : 일부의 두발에 실리콘이나 접착제로 한 가닥 또는 여러 가닥의 컬러피스를 붙여 헤어스타일의 일부분에 변화를 주는 것이다.

㉤ 위글렛(Wiglet) : 가발로 두상의 어느 한 부위에 특별한 효과를 연출하기 위해 사용된다.

㉥ 웨프트(Weft) : 실습할 때 T핀으로 고정시켜서 핑거 웨이브의 연습 등에 사용한다.

㉦ 블레이드(Braid piece) : 머리카락을 꼬아서 땋거나 하여 헤어스타일의 변화를 줄 때 장식으로 꾸민 것을 말한다.

01 위그 치수 측정 시 이마의 헤어 라인에서 정중선을 따라 네이프의 움푹 들어간 지점까지를 무엇이라 하는가?

① 머리길이　　　　　② 머리둘레

③ 이마폭　　　　　　④ 머리높이

02 인모 가발을 세정할 때 기본적으로 두발이 빠지는 것을 막기 위해서 어떤 샴푸를 사용하는 것이 좋은가?

① 플레인 샴푸

② 리퀴드 드라이 샴푸

③ 메디케이티드 샴푸

④ 파우더 샴푸

03 가발의 구성 중에서 연결이 알맞은 것은?

① 네팅 : 헤어 피스의 기초가 된다.

② 소재 : 인모와 합성섬유로 되어 있다.

③ 파운데이션 : 손뜨기와 기계뜨기가 있다.

④ 수지가공 : 섬유, 아크릴, 나일론

04 위그나 헤어피스를 손질할 때 알맞은 설명은?

① 빗으로 손질한 후 물기는 그대로 둔다.

② 스트랜드만 컨디셔너를 바르고 파운데이션에는 바르지 않는다.

③ 빗살이 좋은 것을 사용하여 컨디셔너를 두발에 골고루 바른다.

④ 스트랜드와 파운데이션에 컨디셔너를 바른다.

가발에 사용되는 모질은 인모, 인 05
조모, 나일론, 아크릴 섬유, 인모
와 인조모를 배합한 합성모, 동물
모 등이 있다.

피스는 두발 일부를 덮는 부분 06
가발을 말한다.

헤어피스는 크라운 끝부분에 주 07
로 사용한다.

위그는 전체 가발을 말한다. 08

이집트 귀족들은 청동으로 만든 09
면도칼로 머리를 짧게 깎고, 가발
과 같은 머리쓰개를 썼다.

① 위그 : 전체를 덮는 가발 10
② 롱 헤어로 변화를 주기 위해
  사용한다.
③ T핀을 고정시켜 핑거 웨이브
  의 연습 등을 한다.
④ 스펀지 : 머리카락을 채우기 위
  해 땋거나 스타일링하기 쉽도
  록 만들어졌으며, 길이는 20cm,
  1~3가닥으로 이루어져 있다. 11

인조는 타고난 후 딱딱하게 굳으
며, 조그마한 구슬처럼 만져진다.

05 ① **06** ② **07** ① **08** ④
09 ① **10** ④ **11** ④

05 가발의 소재가 아닌 것은?

① 식물성 섬유　　　② 아크릴
③ 나일론　　　　　 ④ 인모

06 위그의 설명으로 옳지 않은 것은?

① 전체 가발이다.
② 헤어피스와 같다.
③ 두발 전체를 덮도록 만들어진 모자형이다.
④ 대머리 커버용이다.

07 헤어 패션에 변화를 주기 위해 크라운에 주로 사용하는 것은?

① 피스　　　　　　 ② 결발
③ 위그　　　　　　 ④ 파운데이션

08 헤어피스에 해당되지 않은 것은?

① 폴　　　　　　　 ② 스위치
③ 웨프트　　　　　 ④ 위그

09 가발을 처음 사용한 나라는?

① 이집트　　　　　 ② 로마
③ 프랑스　　　　　 ④ 미국

10 웨이브 상태에 따라서 땋거나 꼬아서 스타일을 만들어 부착하는 것은?

① 위그　　　　　　 ② 폴
③ 웨프트　　　　　 ④ 스위치

11 가발 선별을 위해 태워보았을 때 결과가 아닌 것은?

① 인모 – 천천히 탄다.
② 인모 – 황타는 냄새가 강렬하다.
③ 인조 – 냄새가 안 나며 빨리 탄다.
④ 인조 – 타고난 후 가루가 남는다.

12 가발 커트 시 주의점이 아닌 것은?

① 젖은 상태의 가발을 커트한다.

② 레이저를 사용하여 정확하고 섬세하게 커트한다.

③ 원하는 모발 길이보다 2cm 길게 커트한다.

④ 1cm 이하의 섹션과 가르마 또는 본발과의 연결선이 자연스럽게 보이도록 해야 한다.

13 가발 컨디셔닝 방법으로 설명이 잘못된 것은?

① 반드시 위그걸이에 고정시켜 시술한다.

② 컨디셔너는 파운데이션과 모발에 도포한다.

③ 빗질이 끝난 후 수분이 남아있으면 타월로 감싸 수분을 제거한다.

④ 모발의 결(모류)방향으로 원하는 머리형태로 건조시킨다.

14 모발 끝부분에서 모근 쪽으로 갈수록 웨이브 폭이 커지는 것은?

① 더블 와인딩　　② 크로키놀 와인딩

③ 스파이럴 와인딩　④ 컴프렉스 와인딩

15 가발 네팅 과정 중 손뜨기의 특징인 것은?

① 발제선 주위를 정교하게 작업할 수 있다.

② 모류가 정해져 있어 질이 뛰어나고 가격이 비싸다.

③ 인위적인 느낌은 강한 반면 가격이 저렴하다.

④ 다양한 색상과 스타일을 만들 수 있어 변신이나 치장에 유용하다.

16 위그 치수 측정 시 이마의 헤어라인(C.P)에서 정중선을 따라 네이프의 움푹 들어간 지점(N.P)까지는?

① 머리 길이　　② 머리 둘레

③ 이마 폭　　　④ 머리 높이

정답과 해설

12 원하는 길이보다 0.2~0.5cm 약간 길게 자른다.

13 샴푸 후 컨디셔너는 모발에만 도포한다.

14 크로키놀 와인딩은 일반적으로 퍼머넌트로써 모발 끝에서 모근 쪽으로 와인딩한다.

15 손뜨기는 모류에 따라 심는 방향이 자유롭게 바꿀 수 있어 질이 뛰어나고 가벼우면서 고급품이 많다.

16 두상의 모발이 두피에 고정한 후 줄자를 이용하여 머리길이를 잰다.

12 ③　**13** ②　**14** ②　**15** ②
16 ①

Part I
미용이론

Chapter 11

뷰티 코디네이션

뷰티 코디네이션은 각각의 요소를 상호 연관성과 공통점에 따라 분류하고 다시 어울리는 요소들로 짝지어 재배치하여 통일감 있는 새로운 이미지를 창출 하는 것이다. 20세기 중반 이래 여성의 사회적 지휘가 향상되고 활동이 활발해짐에 따라 여성들이 자신을 표현할 아이템을 모색하기 시작하면서 패션과 뷰티계를 중심으로 형성되었다.

오늘날은 헤어스타일 메이크업 패션 액세서리를 서로 조화롭게 개인의 개성과 분위기를 연출할 수 있어야 한다.

01 뷰티 코디네이션

1 헤어디자인에 따른 메이크업과 의상

고객은 자신에게 가장 자연스럽고 개성적인 모습으로 변하고 있다. 헤어스타일도 유행을 단순히 쫓던 시대에서 그 유행 속에 존재하는 자신에게 어울리는 그 무엇을 찾아내어 자기 것으로 만드는 시대로 변해가고 있다.

(1) 내추럴(Natural) 이미지

자연스럽고 부드러운 편안한 느낌을 말한다.

성숙하고 평온한 이미지를 풍기는 전형적인 가을타입으로 베이지, 황록색, 아이보리계통의 강하지 않은 톤으로 분위기를 표현한다.

1) 의상

재킷은 어깨에 패드가 없는 자연스러운 모양새를 선택하고, 타이트한 스커트나 원피스보다는 편안한 느낌을 주는 주름을 넣은 풍성해 보이는 원피스나 여유가 있는 바지에 약간 큰 듯한 셔츠 등이 어울린다. 보수적인 스타일의 디자인에 자연계의 색에 가까운 색조를 선택하면 내추럴 이미지를 잘 표현할 수 있다.

2) 메이크업

인위적인 느낌이 들지 않도록 자연스럽게 연출한다.

3) 헤어스타일

가볍고 부드러운 질감에 정돈되지 않은 불규칙적인 스타일로 자연스러운 분위기를 만든다.

(2) 엘레강스(Elegance) 이미지

엘레강스란 '우아한, 고상한'을 뜻하는 프랑스어로 성숙한 여성의 아름다움을 이미지로 표현할 때 주로 사용한다.

1) 의상

튀지 않는 조용하면서 고상한 분위기의 옷차림이 좋다. 실크, 앙고라 울 같이 부드럽고 고급스러운 소재가 좋으며, 가볍게 흘러내리는 물결무늬 같은 곡선형 무늬와 부드러운 분위기의 무늬가 좋다.

2) 메이크업

우아함과 깔끔함, 세련되고 차분함이 깃든 인디언핑크, 회갈색, 퍼플, 적갈색, 와인, 오렌지, 브라운의 색상이 좋으며 매트한 질감이 좋고 지나친 하이라이트나 쉐딩을 피하는 게 좋다.

3) 헤어스타일

굵은 웨이브 컬, 자연스런 업스타일로 어깨를 드러내는 드레시한 이미지를 연출한다.

(3) 로맨틱(Romantic) 이미지

부드럽고 사랑스러운 이미지.

색조는 연한(Pale)톤, 밝은(light)톤, 밝은 회색(light grayish) 톤 등으로 밝고 가벼우며 부드럽게 표현한다. 분홍색, 등꽃색, 복숭아색의 파스텔 색조를 사용한 낭만적인 색채 계획은 온화하고 부드러운 느낌이, 명도 차가 없는 배색은 연약한 느낌이 표현되며, 명도 차가 있으면 약동적인 느낌이 생긴다. 명도가 낮은 색을 강조 색으로 사용하면 배색에 긴장감을 부여하게 된다.

1) 의상

전체적으로 연한 파스텔 톤에 개더스커트처럼 주름이 넉넉하게 잡히고 작은 꽃무늬가 찍힌 부드러운 원피스가 잘 어울린다. 그러나 귀여운 이미지를 강조해 너무 감미로워 보이는 디자인의 옷차림은 개성이 없어 보일 수 있으므로 주의해야 한다.

2) 메이크업

핑크 계열의 색조 메이크업으로 사랑스럽고 낭만적인 분위기를 연출한다. 펄이나 글로시한 느낌을 강조해도 좋다.

3) 헤어스타일

짧은 모발이나 생머리보다는 컬링된 긴 기발을 착용하고, 꽃이나 인조보석, 깃털, 헤어밴드, 핀 등의 소품을 사용해 귀엽고 낭만적인 분위기를 연출한다.

(4) 시크(Chic) 이미지

이성적이고 도시적이며 고급스러움을 나타낼 수 있는 저채도, 저명도를 중심으로 무채색인 검정, 흰색, 회색과 퇴색된 듯한 파스텔 톤 등이 시크 이미지를 느끼게 한다. 고상한 품위와 도시 감각의 세련미를 겸비한 캐리어 우먼의 이미지라 할 수 있다.

1) 의상

단순한 디자인에 악센트 컬러를 사용하여 변화를 주는 옷차림이 좋다.

2) 메이크업

립이나 아이메이크업 둘 중 하나에 초점을 맞추어 강조한다.

3) 헤어스타일

단발의 생머리나 세련된 쇼트커트 스타일, 올백(all back) 업스타일, 직선을 이용한 보부 스타일로 도시적인 느낌을 살린다.

(5) 고저스(Gorgeous) 이미지

화려하면서 대담한 디자인의 옷차림에 여성스러움과 고급스러움을 동시에 표현하는 이미지로, 깊고 그윽한 분위기를 잘 표출해 파티나 특별한 모임에 잘 어울리는 스타일이다.

1) 의상

큰 무늬에 대담한 프린트나 흘러내리는 듯한 원피스 드레스, 금색 계통의 금사를 많이 사용한 바지나 상의 등 유행을 타는 화려한 의상이 좋다. 벨트를 하거나 화려한 귀걸이나 광택이 있는 두꺼운 새틴, 코듀로이 등이 적당하며 대담한 페이즐리 모양, 애니멀 프린트, 큰 물방울무늬, 기학학 문양 등이 좋다.

2) 메이크업

호화롭고 멋지며 매력적인 이미지를 강조한 스타일. 성숙한 여성의 이미지를 강조하기 위해 보라, 와인, 로즈브라운 색을 활용한다. 금색 펄이나 진한 톤, 어두운 톤의 보라 펄, 와인 펄을 사용하여 연출한다. 정확한 입술 표현으로 로즈 계열이나 와인 계열의 색을 사용하고, 볼의 표현을 사선 방향으로 얼굴 윤곽을 감싸듯이 표현한다.

3) 헤어스타일

업스타일로 볼과 어깨가 드러나게 하거나 자연스러운 웨이브로 드레시한 이미지를 연출한다.

(6) 에스닉(Ethnic) 이미지

개인의 스타일과 상관없이 특정 민족이나 인종의 종교적, 민속적 문화 특징을 표현하는 감각이라 할 수 있다.

1) 의상

아프리카, 중근동, 라틴 아메리카, 중앙아시아, 몽골 따위에 전해 내려오는 민속 의상의 영향을 받은 스타일. 민속 고유의 염색 기법, 기하학적 직물 문양, 자수, 액세서리 따위로 독특한 이미지를 표현하며, 면, 마, 삼베, 모시 등의 민속적이며 자연적인 소재가 주로 쓰인다.

2) 메이크업

에스닉 이미지의 특징을 파악하여 어울리는 메이크업을 시술한다.

3) 헤어스타일

동양적인 직모나 앞머리 단발형, 부풀린 곱슬머리, 한쪽 또는 양쪽으로 땋은 머리, 동양풍의 업스타일, 이집트풍의 머리형 등을 다양하게 선택하여 연출한다.

(7) 모던(Modern) 이미지

근대적, 현대적이라는 의미로 진보적인 스타일, 전위성이 강하고 유행을 앞서 가는 유형을 말한다. 합리성, 기능, 심플함, 샤프함과 지적 세련미를 겸비한 이미지로서 포스트모던(postmodern), 하이테크(high-tech), 퓨처리스트 룩(futurist look)이 이에 해당된다.

1) 의상

색의 감정을 억제한 무채색 계열을 바탕으로 한 개성적이고 실루엣이 살아있는 바지 슈트가 잘 어울린다. 소재는 울이나 고품질의 면직물, 두꺼운 새틴, 가죽 등이 좋으며 무늬는 가는 줄무늬, 기하학 문양, 추상적인 무늬가 잘 어울린다.

2) 메이크업

차갑고 세련된 느낌이 드는 메이크업 스타일을 연출한다.

3) 헤어스타일

숏 헤어스타일이 바람직하며 부분염색을 하여 개성을 강조해도 좋다.

(8) 아방가르드(Avant garde) 이미지

평범한 현상을 거부하고 대중성, 일반성을 무시하며 도전적이고 실험석인 성신을 지향하는 스타일을 말한다. 기능성이나 실용성보다는 예술성을 강조한다.

1) 의상

독창성이 뛰어난 디자인을 선호한다. 소재, 색상, 무늬가 때와 장소에 따라 다양하게 변한다.

2) 메이크업

도전적이고 실험적인 분위기의 이미지를 표현한다. 강한 개성을 표현하며 전위적이고 예술적인 느낌이 들도록 한다.

3) 헤어스타일

일정한 형태가 없다. 기존의 형식을 탈피하여 창의적이고 예술성이 강한 헤어스타일을 연출한다.

(9) 캐주얼(Causal) 이미지

젊음과 활동성이 느껴지는 이미지로 건강미, 생동감, 경쾌감이 특징이다. 밝은 분위기와 밝고 환한 컬러의 이미지가 봄을 연상케 한다.

1) 의상

활동성과 젊음을 강조하는 디자인과 소재, 색상을 선택하여 경쾌한 느낌이 살아나도록 조화시킨다.

2) 메이크업

캐주얼한 이미지에 어울리는 메이크업의 핵심은 자유롭고 생기가 넘치는 분위기, 가볍고도 즐거운 분위기에 있다.

3) 헤어스타일

긴 머리는 정수리 부분에서 묶는 포니테일 스타일이 좋으며, 묶는 위치가 올라갈수록 경쾌한 느낌이 강해진다. 염색을 할 때에는 부분적으로 염색하는 것이 더 낫다.

(10) 매니쉬(Mannish) 이미지

'남성풍의, 남자 같은'을 뜻하는 매니쉬는 여성적인 성향보다 남성적인 특질이 강하게 드러나는 자립적인 여성의 감성 이미지다. 댄디(dandy), 머린(marine), 밀리터리(military) 등의 하위 이미지들로 세분된다.

1) 의상

남성복 디자인을 여성복 디자인에 응용한 것이다. 테일러드 슈터, 숄더 패드를 넣은 재킷, 선이 분명한 팬츠, 트렌치코트 등이 대표적인 의상이다.

2) 메이크업

심플함이 요점이므로, 가급적 많은 색을 사용하지 않고 갈색이나 회색을 사용하여 음영과 윤곽을 약간 수정한다.

3) 헤어스타일

짧은 커트 스타일이 어울리며, 긴 머리는 올백으로 넘겨 하나로 묶어준다.

Chapter 12 네일아트

01 매니큐어와 페디큐어

1 손톱의 구조

(1) 특징

표피의 각질층과 투명층이 변형된 반투명의 각질판이고, 오감 중 촉각에 해당하는 지각 신경의 발달이 없는 피부의 부속물로 신경, 혈관, 털이 없다.

(2) 손톱의 구조 및 구성

1) 손톱의 구조 및 구성

- 조체(Nail Body) : 조판이라고도 하며 큐티클에서부터 손톱끝까지 연장되는 손톱의 본체를 의미한다.
- 조근(Nail Root) : 손톱의 성장이 시작하는 부분
- 자유연(Nail Edge) : 손톱의 끝부분으로 손가락 바깥으로 나와 있는 부분

2) 손톱 밑의 구조 및 구성

- 조상(Nail Bed) : 조체 밑부분으로 지각신경 조직과 모세혈관이 존재하고 모세혈관은 손톱에 핑크색을 띄게 해준다.
- 조기질(Matrix) : 조근 밑에 존재하며, 손톱이 성장하는 장소이고 매우 민감한 부분이다.
- 조반월(Lunula) : 반달 모양으로 희게 보이는 부분

3) 손톱을 둘러싼 피부의 구조 및 구성

- 손톱살(조소피, Cuticle) : 손톱주변을 둘러싸고 피부로부터 제거되기 쉽고 유연하며 박테리아나 세균의 침입으로부터 손, 발톱의 뿌리를 보호한다.
- 조곽(Nail Fold) : 조근이 있는 주변의 피부
- 조벽(Nail Wall) : 조구를 덮고 있는 양측 피부를 의미

2 손톱의 구분

(1) 건강한 손톱

손톱이 바닥에 강하게 부착되어 단단하고 탄력이 있으며 분홍빛을 매끄럽게 윤이 나며 둥근 아치모양을 형성한다.

(2) 손톱의 이상증세

1) **백반증** : 손톱에 흰 반점이나 줄이 생기는 현상

2) **조갑구만증** : 손톱이 두껍고 길어져 손톱의 끝이 구부러지는 현상

3) **조갑종렬증** : 손톱이 갈라지는 현상

4) **조갑염** : 손톱에 염증이 생긴 경우

5) **조갑위주염** : 손톱 주위에 박테리아가 감염되어 피부가 부풀어지는 것을 말한다.

6) **조갑백선** : 손톱이나 발톱에 곰팡이가 침입하여 일으키는 손발톱 무좀으로 장기간 내복약으로 치료한다.

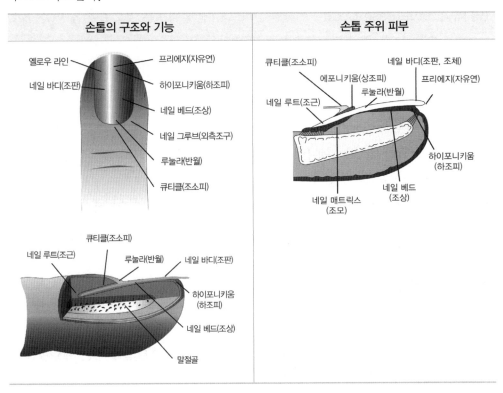

| 손톱의 구조와 기능 | 손톱 주위 피부 |

02 매니큐어

1 매니큐어의 기구

(1) 네일니퍼(Nail Nipper) : 손톱깎이

(2) 네일시저스(Nail Scissors) : 손톱을 자르는 가위

(3) 큐티클니퍼(Cuticle Nipper) : 큐티클을 자르는 집게

(4) 큐티클시저스(Cuticle Scissors) : 큐티클을 자르는 가위

(5) 네일파일(Nail File) : 손톱모양을 다듬는 데 사용하는 줄

(6) 에머리보드(Emery Board) : 손톱 전용 줄, 갈판으로 손톱의 형태를 결정

(7) 핑거볼(Finger Bowl) : 손가락을 부드럽게 하기위해 미온수를 담는 그릇

(8) 네일버퍼(Nail Buffer) : 부드러운 가죽으로 되어 있으며 손톱에 광택을 주는 손톱닦이

(9) 베이스코트(Base Coat) : 에나멜을 바르기 전에 바르는 것으로 손톱 면을 고르게 해주고 손톱과 에나멜의 밀착성을 유지시킴

(10) 네일에나멜(Nail Enamel) : 손톱에 다양한 색감을 표현하게 해주며, 흔히 네일 폴리시, 네일 래커라고도 함

(11) 폴리시리무버(Polish Remover) : 네일 에나멜 지우는 액

(12) 탑 코트(Top Coat) : 에나멜을 바르고 난 후 바르는 것으로 색감과 광택을 증가시키고 지속성을 유지하게 한다.

(13) 오렌지 우드스틱(Orange Wood Stick) : 오렌지나무로 만든 가늘고 긴 막대기로 솜을 감아서 면봉대신 사용하거나 스톤 등의 장신구를 손톱 위에 올릴 때 사용한다.

2 매니큐어의 순서

(1) 목적

건강하고 아름다운 네일을 유지하기 위해서는 라이프 스타일에 맞는 네일형을 선택하고, 그것을 지속적으로 보호 · 유지시켜 주는 것이 중요하다.

(2) 순서

1) 소독제로 먼저 시술자의 손부터 소독하고 고객의 손을 소독한다.

2) 폴리시리무버를 코튼에 묻혀서 네일프레트에서 프리엔지 쪽으로 오래된 폴리쉬를 제거한다.

3) 오렌지 우드스틱에 솜을 감아 큐티클 부분의 잘 지워지지 않는 부분을 세심하게 닦아낸다.

4) 애머리보드를 이용하여 원하는 모양을 만들어 준다. 에머리보드의 각도는 90도로 하되 필히 한쪽 방향으로 해야 한다.

5) 손톱이 완성되면 손톱을 마사지하며 큐티클 오일을 발라준다.

6) 큐티클이 딱딱해진 부분을 핑거볼(약산성비누액)에 담가 부드럽게 불려준다.

7) 불려진 큐티클을 큐티클 푸셔로 밀어준다.

8) 큐티클 니퍼나 큐티클 시저스를 이용하여 큐티클을 제거한다.

9) 큐티클을 정리하고 건조해짐과 딱딱함을 방지하기위해 네일 전용 오일이나 에센스를 해주고, 마사지가 끝난 후 오렌지 우드스틱에 솜을 감아 큐티클 부분의 오일 부분을 제거하여 준다.

10) 베이스코트를 칠하고 바른 다음 폴리시를 발라주며 컬러는 총 2회를 칠한다.

11) 컬러를 칠한 후 탑코트를 칠한다. 경우에 따라 빨리 마르는 탑 코트를 써주는 것이 좋다.

💎 Tip 손톱의 형태

- Square(네모형 손톱) : 선진국 여성들이 선호하며 특히 인조손톱과 잘 어울린다.
- Off Square(약간 굴린 네모형 손톱) : 스퀘어형에서 사이드만 살짝 굴려준 형태이며, 손톱이 약해 잘 부러지는 손톱에 적합하고 긴손톱, 네일 아트 시에 잘 어울린다.
- Round(둥근형 손톱) : 손톱이 둥글며 짧은 손톱에 적합하다.
- Point(뾰족한형 손톱) : 손가락이 짧은 사람이 선호하지만 잘 부러지는 단점 때문에 많이 권하지 않는다.

02 페디큐어

발의 건강과 미를 유지하는 것이 페디큐어의 목적이다.

1 준비물

탑코트, 베이스코트, 큐티클 오일, 모이스쳐 크림, 폴리시 리무버, 파일, 큐티클니퍼, 페디파일, 풋메스, 페디스폰지, 오렌지 우드스틱, 화이트 블록, 3-way블럭 등

2 순서

1) Foot Bath에 약산성 비누액을 풀고 발을 불려주고 물의 온도는 38도가 적당하다.
2) Foot Bath에서 피로감을 풀어주고 내니큐어의 순서와 서의 동일하고 폴리시리무버를 이용하여 묵은 폴리시를 닦아낸다.
3) 발톱의 길이가 길 경우에는 손톱깎이를 이용하여 적당한 길이로 자른다.
4) 에머리보드를 이용하여 발톱의 형태를 잡는다. 이때 적합한 형태는 스퀘어형을 권한다. 하지만 사이드 부분은 조금씩 굴려주어야 한다.
5) 발톱은 항상 신발을 신고 여러 가지 충격으로부터 노출되어 있어 표면이 매끄럽지 못하다. 화이트 블록이나 3-way블럭으로 표면을 매끄럽게 해준다.
6) 파일을 끝내고 큐티클 주변에 큐티클 크림이나 오일을 바른다.
7) 다시 Foot Bath에 발을 담그고 5~10분간 불려준다.
8) 부드럽게 붙은 큐티클을 큐티클 니퍼로 제거해준다. 발바닥의 굳은살이나 티눈 등도 조심스럽게 제거한다.
9) 페디 스크럽 크림을 바르고 부드럽게 마사지하듯 문질러 준다.
10) 물로 깨끗이 씻은 다음 모이스쳐 크림이나 로션으로 마사지를 해준다.
11) 우드스틱에 솜을 말아서 발톱에 남은 유분을 제거해준다.
12) 토 세퍼레타를 발가락에 끼우고 베이스코트를 바른다.
13) 폴리시를 2회 바르고 탑코트를 발라준다.

04 네일아트

1 도구

(1) **팁(Tip)** : 인조손톱

(2) **팁커터(Tip Cutter)** : 인조손톱 자르는 기구

(3) **글루(Glue)** : 팁을 접착시키거나 익스텐션 할 때 사용되는 손톱 전용 접착제

(4) **필러(Filler)** : 조체역할을 하는 가루로 글루와 함께 사용되며 익스텐션 및 각종 네일 아트에 가장 기본이 되는 재료가 된다.

(5) **댕글(Dangle Drill)** : 드릴을 이용해 인조네일 끝을 뚫은 후 매달아 붙이는 네일 액세서리의 일종이다.

(6) **워터데칼(Water Decal)** : 물에 불린 후에 네일에 붙이는 스티커의 일종이다.

2 네일아트의 종류

(1) **네일 리페어(Nail Repair)**

손톱 트러블에 대응하여 부러지거나 잘린 부분의 수정과 박약한 손톱을 커버하는 테크닉이다.

1) **글루온** : 손톱의 갈라진 부분에 글루를 발라준다.

2) **랩(Wrap)** : 포장한다는 의미로 오버레이(Overlays)라고도 한다. 천이나 종이를 네일 위에 접착하여 네일을 견고하게 만든다.

(2) **네일 익스텐션(Nail Extensions)**

손톱의 길이, 모양 등 좋아하는 모양으로 만들어 내는 인조손톱 테크닉이다.

1) **실크익스텐션** : 실크천을 이용하여 길이를 늘려주는 방법

2) **스컬프쳐** : 파우더와 리퀴드를 이용하여 손톱 끝단에 네일 휨을 만들어 브러쉬로 정리하여 모양을 만들어 내는 조각 손톱을 말한다.

(3) **네일 익스텐션 리페어(Nail Extensions Repair)**

인조손톱이 손톱의 성장에 있어서 접착한 부분에 차이가 생겨 뜨거나 공기가 들어가기도 하는데 인조손톱을 보호하기 위한 수정 테크닉이다.

Part I 종합예상문제

※ 미용사(네일), 미용사(메이크업) 과목의 신설로 네일·메이크업 문제는 출제되지 않을 수 있습니다.

001 마찰에 의한 모발 손상이 가장 큰 것은?

① 샴푸(Shampoo)
② 아이론 컬링(Iron curling)
③ 브러싱(Brushing)
④ 코밍(Combing)

> **해설** 아이롱 컬링은 과도한 열에 의해 모발이 손상될 수 있다.

002 인조팁을 사용하지 않고 네일 폼(Nail form)을 사용해서 조각하듯이 손톱을 늘려주는 방법은?

① 아크릴릭 네일(Acrylic nails)
② 실크 익스텐션(Silk extension)
③ 네일 랩(Nail wrap)
④ 젤 네일(Gel nails)

> **해설** 아크릴릭 네일에서 아크릴수지파우더와 전용 리퀴드로 만드는 인공손톱

003 눈썹화장의 방법으로 틀린 것은?

① 계란형 얼굴 – 눈썹그리기의 기본방법에 의해서 나타내는 형이 되도록 그려준다.
② 사각형 얼굴 – 눈썹모양을 크고 둥글게 만든다.

③ 삼각형 얼굴 – 눈의 크기와 관계없이 눈썹모양을 크게 만들어준다.
④ 마름모형 얼굴 – 눈썹꼬리 부분이 약간 처진 느낌이 들도록 그려준다.

> **해설** 마름모형은 눈썹모양을 강조하며 약간 올라가게 그린다.

004 20cm 이상의 긴 생머리에 알칼리성 염모제를 바를 때 염색되기 쉬운 순서는?

① 머리끝부분 → 중간부분 → 뿌리부분
② 중간부분 → 뿌리부분 → 머리끝부분
③ 뿌리부분 → 중간부분 → 머리끝부분
④ 뿌리부분 → 머리끝부분 → 중간부분

> **해설** 긴 두발은 끝으로 갈수록 단단하며 염색이 잘 안 된다.

005 일반적으로 건강한 피부의 경우 표피 각화 진행일수는?

① 14일
② 20일
③ 28일
④ 47일

> **해설** 피부표피의 각화 주기는 4주, 28일이다.

 정답 001 ②   002 ①   003 ④   004 ③   005 ③

006 알칼리 토양의 흙과 태양열을 이용해 퍼머넌트의 기원을 만든 고대의 국가는?

① 이집트 ② 그리스
③ 바빌론 ④ 중국

해설 이집트 : 나일강 유역의 진흙을 두발에 발라 둥근 나무막대기로 말아 태양 옆에 건조시켜 컬을 만든 것이 퍼머넌트의 시초이다.

007 오리지널 세트(Original set)가 아닌 것은?

① 헤어 파팅(Hair parting)
② 헤어 셰이핑(Hair shaping)
③ 헤어 리세팅(Hair resetting)
④ 헤어 웨이빙(Hair waving)

해설 헤어 리세팅은 일반적으로 끝마무리하는 브러시아웃. 콤아웃. 백콤잉이다.

008 헤어 컬(Hair curl)이 말리기 시작하는 지점은?

① 루프(Loop)
② 베이스(Base)
③ 앤드 오브 컬(End of curl)
④ 피봇 포인트(Pivot point)

해설 피봇 포인트는 회전점이다. 피봇 포인트에서 베이스까지는 스템이라 한다.

009 유성 린싱에 관한 설명으로 옳지 않은 것은?

① 올리브유 등을 따뜻한 물에 타서 두발을 헹구는 방법이다.
② 퍼머넌트 웨이브나 염색, 탈색 등에 의해 건조해진 두발에 적당한 유분을 공급하기 위해서 사용한다.
③ 퍼머와 염색 후 알칼리 성분을 중화시키는 작용을 하고 금속성 피막을 제거하기 위해 사용한다.
④ 합성세제를 사용하여 샴푸한 두발에 유분을 공급하기 위해 사용한다.

해설 알칼리 성분 중화작용은 산성 린스이다.

010 커트 시술 시 방향 분배(Directional distribution)에 대한 각각의 그림을 올바르게 연결한 것은?

a　　b　　c　　d

① a : 자연분배, b : 직각분배, c : 변이분배, d : 직각분배
② a : 직각분배, b : 자연분배, c : 직각분배, d : 변이분배
③ a : 변이분배, b : 자연분배, c : 직각분배, d : 직각분배
④ a : 변이분배, b : 직각분배, c : 직각분배, d : 자연분배

해설 변이분배는 자연과 직각분배를 제외한 방향이다.

 006 ① 　007 ③ 　008 ④ 　009 ③ 　010 ①

011 샴푸(Shampoo)에 관한 설명으로 가장 거리가 먼 것은?

① 두피 및 두발의 더러움을 씻어내어 청결하고 아름답게 한다.
② 콜드웨이브, 염색, 커트 등을 할 수 있는 기본 과정이다.
③ 두피와 모구에 활성을 촉진하고 모발의 발육을 돕는다.
④ 콜드웨이브 시술 시 불용성 알칼리 성분을 제거한다.

해설 불용성 알칼리 성분을 제거하는 것은 린스다.

012 표피층 중 가장 두꺼운 층은?

① 각질층   ② 투명층
③ 과립층   ④ 유극층

해설 유극층은 표피의 대부분을 차지하는 가장 두터운 층으로 랑게르한스세포가 존재하며 면역기능을 담당한다.

013 퍼머넌트 웨이브 형성에 영향을 주는 요인으로 거리가 먼 것은?

① 모질의 상태
② 베이스 섹션과 로드의 직경
③ 스트랜드 각도 및 와인딩 회전수
④ 로드의 소재

해설 로드의 소재는 웨이브 형성 요인에 해당하지 않는다.

014 핑거웨이브(Finger wave)의 종류에 대한 설명으로 틀린 것은?

① 덜웨이브는 리지가 뚜렷하지 않고 느슨한 웨이브이다.
② 로우웨이브는 리지가 낮은 웨이브이다.
③ 스윙웨이브는 작은 움직임을 나타낸 웨이브이다.
④ 스월웨이브는 물결이 회오리치는 듯한 모양의 웨이브이다.

해설 스윙웨이브는 큰 움직임의 웨이브이다.

015 아이섀도에서 섀도 컬러의 사용에 관한 설명으로 가장 적합한 것은?

① 눈을 강조하여 표현하고자 할 때 사용
② 두드러지게 보이고자 하는 부위에 사용
③ 돌출되어 보이고자 할 때 사용
④ 좁아 보이게 하거나 깊게 보이고자 하는 부위에 사용

해설 섀도 컬러는 어두운 색이다. 하이라이트 컬러는 밝은 색이다.

016 다음 중 지용성 비타민에 해당하는 것은?

① 비타민 C   ② 비타민 A
③ 비타민 P   ④ 비타민 B

해설 지용성 비타민은 비타민 A, D, E, F K 등이다.

정답

011 ④   012 ④   013 ④   014 ③   015 ④   016 ②

017 매뉴얼 테크닉에 관한 설명 중 틀린 것은?

① 영양공급으로 피부가 유연해지고 혈액순환이 왕성해진다.

② 근육섬유가 자극을 받아 강해지고 신경이완, 피부분비선활동이 활발해진다.

③ 피부생리에 따라 피부결의 반대방향으로 지속적으로 행하는 것이 필요하다.

④ 피부와 연령에 관계없이 동작의 횟수·강약을 동일하게 적용한다.

해설 피부와 연령에 따라 동작의 횟수, 강약, 적용시간을 다르게 한다.

018 컬에 대한 설명으로 옳지 않은 것은?

① 플랫 컬은 두피에 0°로 평평하게 눕혀진 상태로 만들어진 컬이다.

② 리프트 컬은 두피에 45°로 세워진 상태로 만들어진 컬이다.

③ 스컬프쳐 컬은 모발 끝이 컬 루프의 중심에 온다.

④ 메이폴 컬은 전체적인 웨이브 흐름이 필요할 때 이용한다.

해설 메이폴 컬은 롱헤어에 적당하며 다이나믹한 깊음이 있는 웨이브이다.

019 블로 드라이(Blow dry) 시술 시 볼륨(Volume)을 주고 싶지 않을 때 적합한 방법은?

① 큰 원을 그리면서 브러시를 천천히 회전시킨다.

② 머리의 흐름에 대해서 반대방향으로 브러싱하며 머리카락의 밑뿌리부터 열풍을 댄다.

③ 업 스템(Up-stem)으로 한다.

④ 텐션(Tension)을 강하게 주고 밑뿌리에는 브러시의 회전을 많이 시킨다.

해설 두발이 들리는 각도가 45° 이하일 때는 방향성은 있으나 볼륨감은 없다.

020 모발이 자라나도록 모모세포에 영양분을 공급해 주는 부분은?

① 모간(Shaft)

② 모구(Bulb)

③ 모낭(Follicle)

④ 모유두(Papilla)

해설 모근에는 모구, 모낭, 모유두가 있다.

021 다음 모발미용 제품 중 스타일을 만들기 위한 목적으로 이용되지 않는 것은?

① 퍼머넌트 웨이브제

② 염모제

③ 헤어오일

④ 트리트먼트제

해설 트리트먼트제는 pH가 산성을 띠고 있으며 모발을 약산성으로 되돌린다.

 정답 017 ④   018 ④   019 ①   020 ④   021 ④

022 탈색제의 종류 중에 분말타입의 특징으로 맞는 것은?

① 빠른 속도로 탈색할 수 있다.
② 시술 시간차에 의한 색상의 차이가 적다.
③ 탈색제가 잘 건조되지 않는다.
④ 샴푸하기가 편리하다.

> 해설 탈색의 원리
> • 제1제(분말령) : 알카리제
> • 제2제 : 과산화수소 6%

023 콘케이브형(Concave shape) 헤어 커트란?

① 너덜너덜한 쐐기 커트 형
② 그리스의 조각품인 비너스 헤어스타일 커트형
③ 오목한 모양으로 헤어 커트하는 형
④ 송이버섯과 비슷한 앞머리를 내린 형

> 해설 • 컨벡스 모양은 볼록한 U라인이다.
> • 머쉬룸은 버섯 모양이다.
> • 콘케이브형은 오목한 라인이다.

024 고려시대 원나라의 영향으로 생겨난 여성의 두식은?

① 다래   ② 족두리
③ 첩지   ④ 건귁

> 해설 족두리 : 부녀자가 예복에 갖추어 쓰던 관

025 모발이 탄성을 갖게 되는 원인으로 가장 거리가 먼 것은?

① 모발의 구조가 헬릭스(Helix)상이다.
② 모발은 알파 케라틴 상태에서 베타 케라틴 상태로 변할 수 있다.
③ 모발은 수분을 흡수하는 성질이 있다.
④ 모발은 축방향으로 늘어난다.

> 해설 헬릭스상이란 나선형으로 꼬여서 두발에 탄력을 주는 것이다. 수분흡수는 모발의 탄성을 주는 원인이 아니다.

026 남성형 탈모(Male pattern alopecia)에 대한 설명 중 옳은 것은?

① 여성호르몬 분비 후에 시작한다.
② 모발이 연모화된다.
③ 여성에게는 일어나지 않는다.
④ 유전에 의해 일어나지 않는다.

> 해설 탈모 초기는 두꺼운 모가 빠지고 탈모가 진행됨에 따라 점차 가늘고 부드러운 모가 되어 연모만 남게 되어 두피가 훤히 보인다.
> ※ 대부분 지성 두피이며 유전적 요인이 많다.

027 미용도구에 대한 설명으로 옳은 것은?

① 일반 레이저(Razor)는 세이핑 레이저(Safing razor)에 비해 능률적이라 초보자에 적합하다.
② 양면 톱니날의 틴닝가위가 일면 톱니날의 틴닝가위보다 더 많은 모발을 쳐낼 수 있다.

③ 세밀한 부분의 수정 및 커트라인의 정리에 적합한 가위는 R-시저스(R-scissors)이다.

④ 브러시(Brush)는 시술목적과 상관 없이 가급적 빳빳하고 탄력있는 것을 이용한다.

028 퍼머넌트에서 언더 프로세싱(Under processing)의 설명으로 틀린 것은?

① 유효 작용시간보다 짧은 시간을 둔다.
② 젖었을 때 지나치게 꼬불거린다.
③ 웨이브가 거의 나오지 않거나 전혀 나오지 않는다.
④ 솔루션을 사용해서 다시 손질한다.

> **해설** 오버 프로세싱일 때 두발이 지나치게 곱슬거린다.

029 아로마테라피(Aromatherapy)에 관한 설명 중 틀린 것은?

① 향기를 뜻하는 아로마(Aroma)와 요법을 의미하는 테라피(Therapy)의 합성어로 향기를 이용한 치료 요법이다.
② 정유는 식물의 씨앗이나 뿌리, 나무, 잎, 꽃 등에서 추출하는 것으로 향균 및 해독작용의 효과가 있다.
③ 아로마테라피의 효과를 극대화시키기 위해 정유의 원액을 희석하지 않고 그대로 사용하여 마사지해 준다.

④ 정유를 피부에 흡수시키는 효과적인 방법은 매뉴얼 테크닉으로 이때 정유의 성분은 1~2시간 내에 피부에 흡수된다.

> **해설** 아로마테라피 향기는 약리효과가 있는 식물 특정 부위에서 추출해낸 에센셜 오일(정유) 후각이나 피부를 통해 인체에 흡수시켜 인체의 정신과 육체의 질병을 예방하고 치료하며 건강유지·증진을 도모하는 것이다.

030 손톱의 모양을 다듬거나 면을 부드럽게 만들 때 사용하는 도구는?

① 오렌지 우드스틱(Orange wood stick)
② 버퍼(Buffer)
③ 큐티클 푸셔(Cuticle pusher)
④ 에머리 보드(Emery board)

> **해설** 에머리 보드 : 손톱을 미는 줄(손톱광택기). 손톱 표면을 부드럽게 하고 광택을 내기 위해 사용하는 곡선형 도구

031 화장품에 사용되는 방부제 및 살균제가 아닌 것은?

① 파라벤류
② 에탄올
③ 페놀
④ 카올린

> **해설** 카올린은 피부보호제나 흡수제로 사용된다.

032 아이섀도 기법에서 하이라이트 컬러를 사용하는 목적과 관계없는 것은?

① 좁아 보이거나 들어가 보이게 할 때
② 돌출되어 보이게 할 때
③ 넓게 보이게 할 때
④ 크게 보이게 할 때

> **해설** ①은 쉐이딩 컬러이다.

033 네일 랩(Nail wrap)을 사용하는 목적과 가장 거리가 먼 것은?

① 네일이 갈라질 때
② 네일이 찢어질 때
③ 네일팁을 붙인 후 쉽게 부러지는 것을 방지할 때
④ 네일의 적정한 온도를 유지시킬 때

034 샴푸제에 관한 설명으로 옳지 않은 것은?

① 샴푸제에 사용되는 계면활성제 중 가장 일반적인 것은 고급 알코올계 계면활성제이다.
② 샴푸제의 첨가제 중 증포제는 기포 증진을 위한 것이다.
③ 양성계면활성제는 물에 녹았을 때 양이온 성질을 가짐으로써 대전 방지 효과가 있다.
④ 컬러픽스 샴푸는 모발에 일시적인 컬러를 낼 수 있는 샴푸이다.

> **해설** 고급 알코올과 에칠렌옥사이드와 결합시켜 만든 비이온성 계면활성제이며 유화제로 사용한다.

035 빗에 대한 설명으로 옳은 것은?

① 빗은 두발을 정돈하기 위한 도구로 빗살부분이 뾰족한 것이 좋다.
② 역사적으로 빗은 1,000여 년 전인 승문시대 말경에서부터 사용되었다.
③ 승문시대의 유적지에서 발견된 빗은 빗몸 부분이 짧고 빗살 부분이 길게 되어 있다.
④ 승문시대의 빗은 두발을 빗는 것으로써만이 아니라 머리 장식품으로 이용되었다.

> **해설** 약 5천년 전부터 빗을 전발도구로 사용했던 것으로 추측된다. 승문시대의 유적지에서 발견된 빗은 빗몸부분이 길고 빗살부분이 짧게 되어 있고 머리장식용 빗의 일종이라고 생각된다.

036 모발 손상의 원인이 아닌 것은?

① 드라이어의 사용
② 블로 드라이 사용시 롤빗
③ 일광
④ 산성린스

> **해설** 모발 손상의 원인
> • 생리적 요인 : 유전, 스트레스, 영양부족, 호르몬
> • 화학적 요인 : 펌, 염·탈색, 각종 스타일링제
> • 물리적 요인 : 아이롱, 블로우 드라이, 세팅, 마찰
> • 환경적 요인 : 일광, 대기오염, 해수, 건조

정답 032 ① 033 ④ 034 ① 035 ④ 036 ④

037 피부혈색과 밀접한 관계가 있는 것은?

① 인
② 나트륨
③ 철분
④ 요오드

해설 철분부족 증상 : 피로감, 호흡곤란, 두통, 현기증, 헤어 및 피부손상, 집중력 저하 등이다.

038 암모니아가 없는 산화(반영구적)염모제에 대한 설명 중 옳은 것은?

① 두발과 같은 컬러 혹은 더 어둡게만 염색할 수 있다.
② 산화제는 9%를 사용한다.
③ 신생모와 기염모의 색상 차이가 두드러진다.
④ 두발의 색을 완전히 바꾸고 싶을 때 한다.

해설 반영구 염모제는 자연모발색상을 밝게 해주지는 못하나 어둡고 윤기나게 할 수 있다.

039 과산화수소를 퍼머넌트 헤어컬러링(영구염색)에 사용 시 어떤 역할을 하게 되는가?

① 컨디셔너
② 디벨로퍼(Developer, 산화제)
③ 필러(Filler)
④ 컬러린스

해설 과산화수소는 산화제 역할을 한다.

040 헤어드라이어(Hair dryer)에 대한 설명으로 틀린 것은?

① 스탠드식은 터비네이트 타입(Turbinate type)으로 바람의 순환과 선회를 이용한 것이다.
② 핸드식(Hand type) 드라이어는 열량이 낮아 시술시간이 오래 걸린다.
③ 젖은 모발을 빨리 건조시키는 편리함이 있다.
④ 핸드식 드라이어는 바람의 강약 조절이 가능하다.

해설 보기 ④를 참고 바람

041 모발의 색소와 거리가 먼 것은?

① 모피질의 멜라닌 색소 양에 의해 결정된다.
② 멜라닌 색소이상은 멜라닌 색소저하가 있는 질환에서 모두 볼 수 없다.
③ 붉은 머리는 철의 함량이 높다.
④ 모발색을 결정하는 멜라닌 색소는 2가지이다.

해설 모발의 색은 다른 질환으로 변화될 수 있는데 백피증이나 백색증에서 모발색이 백색을 보인다.
※멜라닌색소이상은 질환으로 볼 수 있다.

정답

037 ③   038 ①   039 ②   040 ②   041 ②

042 사용 시 밀착감이 좋아서 빨리 건조하여 막을 형성하며 무더위에 잘 견디고 피부의 신진대사를 촉진시킬 수 있도록 만들어진 파운데이션은?

① 크림 타입 파운데이션
② 파우더 타입 파운데이션
③ 리퀴드 타입 파운데이션
④ 케이크 타입 파운데이션

> 해설 트윈케이크는 피부신진대사를 돕고 피부결을 곱고 부드럽게 표현해주며 쌀의 주성분인 당질로 피부보습을 돕는다.

043 이어 투 이어 파트라인(Ear to ear part line)의 명칭에 해당되는 것은?

① 양쪽 귀와 골든 포인트(Golden point)를 연결하는 선
② 얼굴과 모발의 경계선
③ 목덜미 부분의 모발과 피부의 경계선
④ 두상을 좌우로 이등분하는 선

> 해설 ① 앞뒤로 나뉘어진 측중선이다.
> ② 페이스 라인
> ③ 네이프 백 라인
> ④ 정중선

044 원형탈모증과 가장 거리가 먼 내용은?

① 원형 형태로 탈모된다.
② 모발 뿐 아니라 전신의 연모에서도 나타난다.
③ 원형 탈모증의 모근 특징은 위축모가 많다는 것이다.

④ 두부의 일부가 지속적인 압박을 받게 되어 생긴다.

> 해설 압박성 탈모증의 증상이다.

045 퍼머넌트 웨이브 형성에 영향을 주는 요인으로 거리가 가장 먼 것은?

① 모질의 상태
② 스트랜드의 각도
③ 와인딩 회전수
④ 린싱

> 해설 린싱은 알칼리성을 중화시킨다.

046 표피에 존재하지 않는 것은?

① 각질형성세포(Keratinocyte)
② 색소형성세포(Melanocyte)
③ 인지세포(Merkel cell)
④ 섬유아세포(Fibroblast)

> 해설 진피의 망상층에 콜라겐 섬유아세포가 있다. 인지세포는 표피의 기저층에 위치한다.

047 다음 그림과 같이 스트랜드의 폭을 넓게 잡고 머리끝을 모아 커트하게 되면 완성되는 스타일은?

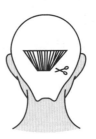

---

 042 ④   043 ①   044 ④   045 ④   046 ④   047 ①

① 　②

③ 　④

> **해설** 머리끝을 모아 커트하면 양쪽 끝의 모발길이가 길어진다.

048 자율신경의 지배를 받으며, 닭살 돋는 것과 관계있는 것은?

① 입모근　② 안륜근
③ 구륜근　④ 승모근

> **해설** 입모근(기모근)
> • 모낭에 붙어있으며 의지와 관계없이 운동하는 일종의 근육이다
> • 추위나 공포를 느끼면 자율적으로 수축하여 털을 세우고 피부에 소름을 돋게 하는 역할을 한다.

049 표피 중 기저층은 몇 개의 층으로 이루어져 있는가?

① 1개　② 2~3개
③ 5~10개　④ 20~25개

> **해설** 표피의 기저층은 단층이다.

050 다음 중 그 의미가 다른 하나는?

① 헤어 셰이핑(Hair shaping)
② 헤어 커팅(Hair cutting)
③ 헤어 스컬프쳐(Hair sculpture)
④ 헤어 파팅(Hair parting)

> **해설** 헤어세팅은 셰이핑, 스컬프쳐, 파팅이다.

051 웨이브 용제 사용 시 머신리스 펌(Machineless perm)에 관한 설명으로 적합한 것은?

① 약품의 화학반응에서 얻어진 반응열을 이용한 펌이다.
② 1905년 찰스 네슬러가 알칼리성 수용액을 이용, 화학적인 처리와 함께 전기를 이용한 펌이다.
③ 긴 두발에만 펌 시술이 가능한 스파이럴 랩(Spiral wrap) 기술이 요구된다.
④ 두발 시스틴 결합의 가수분해라는 화학 현상을 응용하는 펌 기술이다.

> **해설** 머신 웨이브 펌은 전기나 증기 등의 열을 기계적으로 응용한다. 머신리스 펌은 화학반응을 이용한다.

052 네일 팁의 주재료가 아닌 것은?

① 연마제(Abrasive)
② 네일 블록(Nail block)
③ 네일 팁(Nail tips)
④ 네일 에나멜(Nail enamel)

> **해설** 네일 에나멜은 손톱에 칠하는 화장품으로 매니큐어 페디큐어에 이용한다.

 정답 048 ①　049 ①　050 ②　051 ①　052 ④

053 스컬프쳐 컬(Sculpture curl)의 특징 및 시술방법에 관한 설명으로 틀린 것은?

① 머리가 긴 경우에는 밑부분을 강하고 확실하게 컬을 주어야 한다.

② 빗과 손가락으로 컬을 두피에 수평이 되게 하는 방법이 기본이다.

③ 스킵웨이브를 낼 경우 효과가 더욱 발휘된다.

④ 롱헤어(Long hair)에 효과적이며, 짧은 머리에는 피하는 것이 좋다.

> 해설 스컬프쳐 컬은 플랫 컬의 일종으로 짧은 길이에 더 효과적이다.

054 콜드 퍼머넌트 제2액의 근본적인 역할로 옳은 것은?

① 형성된 웨이브를 고정시켜 주는 역할

② 모발에 영향을 주는 역할

③ 시스틴 결합을 환원시키는 역할

④ 웨이브하기에 좋은 상태로 만들어 주는 역할

> 해설 퍼머액 제2제는 s-s결합이 끊어져 있는 것을 원상태로 되돌리는 중요한 성분이다.

055 셀룰라이트(Cellulite)의 가장 주된 원인은?

① 단백질 과잉섭취

② 지방조직의 과잉축적

③ 비타민 부족

④ 수분 부족

> 해설 피부 속의 세포조직액 증가로 인해 피부가 부풀어 올라 울퉁불퉁한 표면을 갖는다.

056 모발이 가장 안정된 상태일 때는 pH는?

① pH 4.5~5.5 ② pH 7

③ pH 7.5~8.5 ④ pH 9~10

> 해설 pH 4.5~5.5는 약산성으로 피부나 두발이 건강한 상태이다.

057 스트로크 커트란?

① 레이저에 의한 테이퍼링

② 시저스에 의한 테이퍼링

③ 레이저에 의한 클리퍼링

④ 시저스에 의한 클리퍼링

> 해설 스트로크 커트
> 시저스(가위)에 의해 모발의 길이와 양을 제거하는 커트기법이다.

058 디자인에서 자연에 대한 탐색으로 발상적 사고와 프로세스의 과정으로 일반적인 것은?

① 관찰 → 유추 → 합성 → 전이

② 관찰 → 유추 → 전이 → 합성

③ 관찰 → 전이 → 유추 → 합성

④ 관찰 → 전이 → 합성 → 유추

> 해설 유추는 비슷한 것에 기초하여 다른 사물을 미루어 추측하는 것이며 전이는 옮기는 것이다.

 정답 053 ④ 054 ① 055 ② 056 ① 057 ② 058 ①

059 헤어피스(Hair piece)에 대한 설명으로 틀린 것은?

① 폴(Fall)은 짧은 머리를 긴 머리로 변화시키기 위해 사용한다.

② 웨프트(Weft)는 핑거웨이브 등의 연습을 위해 받침대에 고정시켜 사용한다.

③ 위글렛(Wiglet)은 긴머리를 짧게 보이게 하기 위해 사용한다.

④ 스위치(Switch)는 실용적 스타일을 위해 땋거나 늘어뜨릴 때 사용한다.

해설 위글렛은 두부의 특정부위에 특수효과를 위해 사용하는 피스다.

060 표피 내에서 프로비타민으로부터 자외선 조사에 의해서 만들어져 체내에 공급되는 비타민은?

① 비타민 A   ② 비타민 B
③ 비타민 D   ④ 비타민 E

해설 햇볕에 충분히 노출되지 못한 경우에는 식품을 통해 비타민D를 충분히 섭취하여야 한다.

061 두피의 병리현상에 대한 설명으로 틀린 것은?

① 비듬의 직접적인 원인은 상피세포가 과도하게 탈피되어 축적됨으로써 발생되는 것이다.

② 두슬증(Pediculosis capitis)은 이(Head lice)에 의한 감염으로 미용

사가 취급하지 말아야 한다.

③ 옴(Scabies)은 전염성이 강한 식물성 기생균에 의한 감염으로 의사의 치료가 필요하다.

④ 두부백선(Tinea capitis)은 두피에서 빨간 물집이 생겨 모낭을 개방시킴으로써 탈모를 유발한다.

해설 옴 진드기에 의하여 발생되는 전염성이 매우 강한 피부질환이다.

062 구취의 원인이 아닌 것은?

① 구강 질환
② 음식물
③ 소화기 질환
④ 치수

해설 치수는 치아의 내부에 있는 치수강에 있다.

063 메이크업 베이스의 기능으로 거리가 먼 것은?

① 파운데이션의 밀착력을 높여주고 지속성을 좋게 한다.

② 얼굴형의 단점을 보완해주며 입체감을 부여한다.

③ 피부의 혈색을 보정해 준다.

④ 초록색이나 푸른색은 붉은 피부에 적합하다.

해설 얼굴형의 단점을 보완하며 입체감을 부여하는 것은 파운데이션이다.

 정답 059 ③   060 ③   061 ③   062 ④   063 ②

064 동양인에게 주로 나타나며 광대뼈 부위에 기미가 낀 듯이 눈 밑과 콧등에 퍼지는 색소성질환은?

① 심마진 　　② 오타씨모반
③ 위축 　　　④ 구진

> **해설** 피부색소를 결정하는 멜라닌 색소가 눈 주위나 콧등에 밀집하는 현상을 오타씨모반이라 한다.

065 반영구적 염모제(Direct dyes)에 대한 설명 중 틀린 것은?

① 케라틴에 대한 친화력(Affinity)에 있어서는 산화 염모제와 비슷하다.
② 코팅컬러 또는 산성컬러, 헤어 매니큐어, 직접 염모제라고도 한다.
③ 산화제나 암모니아가 들어있지 않으므로 모발의 자연색을 탈색시키지 않는다.
④ 모발색이 너무 밝거나 칙칙한 사람에게는 특히 효과적이다.

> **해설** 산화 염모제는 영구적이다.

066 일반적으로 알칼리 펌로션의 pH로 가장 적합한 것은?

① pH 4.5~6.5 　② pH 6~7
③ pH 9.0~9.6 　④ pH 9.8~10

> **해설** 모발을 팽윤시켜 시스틴 결합을 환원시키는 pH다.

067 다음 중 퍼머넌트 웨이빙과 가장 거리가 먼 사람은?

① 조셉 메이어
② 찰스 네슬러
③ 마들렌 비오네
④ J.B. 스피크먼

> **해설** 마들렌 비오네는 프랑스 패션디자이너이다.

068 두상에서 90° 각도로 커팅 시 생기는 결과는?

① 단차가 적은 층이 생긴다.
② 그래듀에이션이 된다.
③ 레이어링이 된다.
④ 볼륨이 생긴다.

> **해설** ①, ②, ④는 그래듀에이션 커트의 특징이다.

069 결절모발에서 한층 더 손상된 것으로 계속된 화학적인 시술로 인해 간층물질이 손상되어 있어 이를 위해 실리콘 오일이나 단백질 성분의 트리트먼트를 사용하지만 손상된 부위는 결국 커트해야 하는 것은?

① 지모 　　　② 다공성모
③ 염색모 　　④ 건성모

> **해설** ②, ③, ④는 헤어트리트먼트를 하여 영양공급을 한다.

070 적외선등의 사용에 관한 내용 중 가장 거리가 먼 것은?

① 70~400,000nm 사이의 전자기파이다.
② 30cm 정도 떨어진 위치에서 조사한다.
③ 피부 표면의 살균을 위해 사용한다.
④ 눈보호대를 사용해야 한다.

해설 적외선등은 온열작용으로 혈액순환을 증가시키고, 노폐물과 독소의 배출을 원활하게 하며, 영양분을 피부 깊이 침투시키는 데 도움을 준다.

071 헤어 리컨디셔닝의 목적은?

① 탈색이나 염색이 잘되도록 두발을 재정발하는 것
② 퍼머넌트 웨이브나 마셀 웨이브가 잘 되도록 두발을 재정발시키는 것
③ 손상된 두발의 상태를 정상적인 상태로 회복시키는 것
④ 헤어스타일을 변경하고자 할 때 원래 상태로 돌아가게 재정발하는 것

해설 손상된 두발 상태는 그 상태에 따라 알맞은 트리트먼트를 해준다.

072 롤러 세팅에 관한 설명으로 틀린 것은?

① 열이나 수분을 이용하여 웨이브를 만드는 방법이다.
② 모근에서 슬라이스 폭은 원통의 지름에 비례한다.
③ 헤어파팅의 종류에는 스퀘어 파트와 지그재그 파트가 있다.
④ 롤러 컬링은 S자형을 말하며 컬 웨이브, 아이론 웨이브를 말한다.

해설 아이론 웨이브는 마셀 웨이브라고 한다.

073 항노화 비타민으로 모세혈관을 확장시켜 혈액순환에 도움을 주어 화장품에 쓰이는 것은?

① 비타민 D   ② 비타민 E
③ 비타민 C   ④ 비타민 B₁

해설 비타민 E는 지용성 비타민으로 세포막을 유지시키는 역할을 하며 황산화물질로 활성산소를 무력화시킨다.

074 웨이브를 컬 형태(Curl configuration) 또는 컬 형상(Curl shape)이라고 정의하기도 한다. 디자인 펌을 하기 위한 4가지 기본 모형의 베이스 구획(Base section) 중 헤드 전체 부위에 적용되는 베이스는?

① 사각형   ② 삼각형
③ 장타원형   ④ 반원형

075 다음 중 경피흡수가 가장 용이한 것은?

① 비타민 A   ② 단백질
③ 지방질   ④ 염화나트륨

해설 • 비타민A는 시력유지, 신체의 저항력 강화, 생체막 조직의 구조와 기능 조절(생리적 기능)
• 비타민 A는 동물성과 식품성 식품으로 섭취할 수 있다.

 정답 070 ③   071 ③   072 ④   073 ②   074 ①   075 ①

076 샴푸의 주성분인 계면활성제에 기름을 넣고 믹스하면 장시간 방치해도 두 층으로 분리되지 않는 유백색의 액체가 되는 현상을 뜻하는 것은?

① 유리화　　　② 유화
③ 분리화　　　④ 단층화

> **해설** 계면활성제 서팩턴트(sutactant) 유화제, 거품제, 용해제, 적시는 물질. 클렌징제가 포함된다. 유화제는 크림과 로션의 제조에 쓰이는데 용해제는 친화성이 없는 성분들을 같은 용액의 일부가 되기도 한다.

077 미용시술 시 두발의 스트랜드를 잡는 때의 시술자세로 적합한 것은?

① 섹션을 좌우로 뜰 때마다 자세를 옮긴다.
② 시술 자세는 처음부터 끝날 때까지 그대로 유지하면서 시술한다.
③ 두상에서 뒤와 앞부분의 2번 정도 자세를 옮긴다.
④ 두상에서 양측두부 정도에서 자세를 옮긴다.

> **해설** 미용시술 시 항상 손과 몸은 일치해야 한다.

078 비타민 C가 피부에 미치는 작용 중 틀린 것은?

① 피부의 모세혈관벽을 튼튼하게 하며 결체조직을 강화시킨다.
② 피지선에 직접적으로 영향을 미치

며, 지방산 대사를 돕는다.
③ 멜라닌 색소의 지나친 침착을 방지한다.
④ 피부조직의 파괴와 가려움증을 예방한다.

> **해설** 비타민C는 혈관벽, 치아, 골격을 건강하게 하며 피부 보호막의 자연적인 저항력을 강화하여 탄력있고 건강한 피부를 만들어 준다.

079 모든 헤어스타일 작업의 기초가 되는 세트는?

① 리세트(Reset)
② 오리지널 세트(Original set)
③ 프리 세트(Free set)
④ 콤 아웃(Comb out)

> **해설** 오리지널 세트는 헤어파팅, 세이핑, 컬링, 롤링, 웨이빙이 있다.

080 가발 제작 과정을 바르게 설명한 것은?

① 패턴(Pattern) → 몰딩(Molding) → 캡(Cap)제작 → 증모 → 수제 → 피팅(Fitting)
② 몰딩(Molding) → 패턴(Pattern) → 캡(Cap)제작 → 수제 → 증모 → 피팅(Fitting)
③ 패턴(Pattern) → 캡(Cap)제작 → 몰딩(Molding) → 증모 → 수제 → 피팅(Fitting)
④ 패턴(Pattern) → 몰딩(Molding) → 캡(Cap)제작 → 수제 → 증모 → 피팅(Fitting)

정답　076 ②　　077 ①　　078 ②　　079 ②　　080 ①

081 손톱상피를 제거하는 액은?

① 폴리쉬 리무버(Polish remover)

② 큐티클 리무버(Cuticle remover)

③ 네일 폴리쉬(Nail polish)

④ 네일 파우더(Nail powder)

해설 큐티클 리무버는 손톱의 매니큐어나 패티큐어 때에 각피를 부드럽게 만들어 제거하기 쉽도록 한다.

082 위그 가발의 재질을 구별하는 방법에 대한 내용으로 가장 적합한 것은?

① 인조가발을 태우면 빠르게 타며 고약한 냄새가 나고, 타고 남은 재가 쉽게 부스러진다.

② 인조가발은 가격이 저렴하고 퍼머넌트 웨이브, 탈색 등의 시술이 용이하다.

③ 인모가발은 태우면 천천히 타고 손으로 비비면 부스러진다.

④ 인모가발은 컬이 잘 유지되며 햇볕에 변색 산화되지 않는다.

해설 인모는 불에 태우면 천천히 타면서 강한 황타는 냄새가 난다.

083 감추고 싶은 피부 잡티나 결점을 효과적으로 커버해주는 메이크업 제품은?

① 컨실러   ② 메이크업 베이스

③ 블러셔   ④ 파운데이션

해설 컨실러는 극소 부위를 커버해주는 제품이다.

084 아크릴릭 네일의 기본 물질이 아닌 것은?

① 모노머(Monomer)

② 프라이머(Primer)

③ 폴리머(Polymer)

④ 카탈리스트(Catalyst)

해설 프라이머는 실리콘 제형의 메이크업 기초 화장품이다.

085 피부에 대한 설명으로 틀린 것은?

① 표피(Epidermis)는 피부의 가장 바깥쪽 층이다.

② 표피에는 교원섬유, 탄성섬유, 혈관, 피지선, 신경 등이 존재한다.

③ 진피는 표피와 피하조직 사이에 위치한다.

④ 피하조직은 피부의 아래층으로 연령, 성별, 부위에 따라 피하두께가 다르다.

해설 ②는 진피의 망상층에 존재한다.

086 모발의 구조와 관련하여 반드시 모낭(Follicle)과 함께 존재하지 않는 것은?

① 모유두(Papilla)

② 한선(Sweat gland)

③ 피지선(Sebaceous gland)

④ 모구(Bulb)

해설 한선 : 피부선에서 땀을 분비하는 선

 정답   081 ②   082 ③   083 ①   084 ②   085 ②   086 ②

087 모발손상과 가장 거리가 먼 것은?

① 모표피가 벗겨지고 감소한다.
② 모발단백질이 유출되고 변성된다.
③ 세포와 세포 사이의 결합이 단단해
진다.
④ 모발이 끊어지거나 윤기가 없어진다.

해설 세포와 세포 사이의 결합이 단단한 것
은 건강한 모발의 경우이다.

088 첩포시험(패치테스트)에 대한 설명 중 틀
린 것은?

① 알레르기 반응을 일으키는 제실에
대해 염모제의 반응을 시험해 보기
위한 것이다.
② 염모제를 귀 뒤 부분, 팔의 안쪽 등
여린 피부에 동전만큼 바른다.
③ 염모제를 바른 후 씻지 않고 48시간
방치 후 결과를 확인한다.
④ 음성반응이 일어나면 염색을 하지
않아야 한다.

해설 양성반응이 일어나면 염색을 하지 않
아야 한다.

089 스캘프 매니플레이션(Scalp manipula-
tion)의 의미가 아닌 것은?

① 두피의 비듬성 질환을 치료하는 과
정이다.
② 두피 및 모발의 생리기능을 건강하
게 유지시키기 위해 물리적 자극을
주는 것이다.

③ 사용하는 도구는 브러시, 빗, 스팀
타올, 자외선, 적외선, 헤어스티머
의 습열, 전류 등이 있다.
④ 손가락의 지문을 이용하여 두피의 근
육, 신경, 혈관을 자극시킬 수 있다.

해설 스캘프 매니플레이션은 두피질환을 치
료하진 않는다.

090 다음 커트의 전개도는 어떤 커트기법의
혼합형인가?

① 그래듀에이션 + 레이어 + 원랭스
② 스퀘어 + 레이어 + 그래듀에이션
③ 레이어 + 그래듀에이션 + 스퀘어
④ 레이어 + 스퀘어 + 원랭스

해설 프린지 → 그래듀에이션
크라운 → 레이어
네이프 → 원랭스

091 혈액과 림프액이 피부에 미치는 영향이
아닌 것은?

① 피부의 재생
② 피부, 머리, 손톱의 성장
③ 피부의 영양 공급
④ 피부의 체온조절

정답 087 ③   088 ④   089 ①   090 ①   091 ④

092 살이 찐 볼에 적절한 볼 메이크업 방법은?

① 섀도 컬러를 사선으로 칠한다.

② 섀도 컬러를 원형으로 칠한다.

③ 섀도 컬러를 곡선으로 칠한다.

④ 섀도 컬러를 수직으로 칠한다.

093 부녀의 예장 시 머리 위 가리마를 꾸미는 장식품으로 쪽진머리만 가능한 장식품의 이름은?

① 비녀   ② 첩지

③ 떨잠   ④ 댕기

> **해설** 첩지 : 왕비용은 봉첩지, 상궁은 개구리첩지 등 계급에 따라 재료와 무늬가 달랐다.

094 퍼머넌트 웨이브 시술 시 프로세싱 타임(Processing time)에 대한 설명으로 틀린 것은?

① 와인딩이 끝난 후 모발에 환원제를 도포하고 캡을 씌운 후부터 시작된다.

② 작용시간이 초과된 것을 오버 프로세싱(Over processing)이라 한다.

③ 웨이브시술 시 오버 프로세싱(Over processing)은 컬의 탄력이 강화된다.

④ 언더 프로세싱(Under processing)은 컬이 약하고 탄력이 없다.

> **해설** 오버프로세싱 : 젖은 상태에서는 지나치게 꼬불거리고 마른 상태는 웨이브가 부스러진다.

095 네일관리(Nail care) 시 에나멜 바르기 과정에 대한 설명으로 가장 거리가 먼 것은?

① 베이스코트를 바른 후 네일 에나멜을 2회 정도 바른다.

② 네일 에나멜은 왼손의 5번째 손톱 소지부터 차례대로 바른다.

③ 네일 에나멜 브러시의 각도는 20°가 가장 적절하다.

④ 네일 에나멜을 얇게 바르는 것이 빨리 건조되고 색상유지 기간이 길다.

> **해설** 네일 에나멜 브러시의 각도는 45°가 적당하다.

096 정발제에 속하지 않은 것은?

① 헤어 오일   ② 포마드

③ 헤어 크림   ④ 샴푸

> **해설** 정발제는 두발을 물리적으로 밀착·고정하는 제품이다.

097 피부의 세균에 대한 저항력, 노화방지, 촉촉함을 유지시키는 비타민으로 가장 거리가 먼 것은?

① 비타민 A

② 비타민 B_{12}

③ 비타민 C

④ 비타민 E

> **해설** 비타민 B_{12}는 결핍되면 빈혈이 된다.

098 어둡게 염색하고자 하거나 이미 염색 모발이 퇴색되어 멜라닌 색소를 제거하고 싶지 않을 때 사용하기에 가장 적합한 과산화수소의 농도는?

① 약 12%

② 약 9%

③ 약 6%

④ 약 3%

> **해설** • 약 6% : 탈색과 착색이 동시에 된다.
> • 약 9% : 탈색이 더 많이 된다.
> • 약 12% : 두발 손상이 크다.

099 핑거웨이브(Finger wave)의 주요 3대 요소가 아닌 것은?

① 크레스트(Crest)

② 루프(Loop)의 크기

③ 리지(Ridge)

④ 트로프(Trough)

> **해설** 루프는 원형으로 말린 부분이다.

100 건강한 모발의 적정한 수분 함량은?

① 약 10~15%

② 약 30~35%

③ 약 40~45%

④ 약 50~55%

> **해설** 모발은 케라틴 단백질 80~90%, 수분 10~15%, 멜라닌 색소 1~9%, 지질 06~1.0%, 미량 원소 등으로 되어 있다.

101 미용 작업 시 일어날 수 있는 모발의 물리적인 손상의 원인에 해당되지 않는 것은?

① 빗질·마찰에 의한 손상

② 샴푸 및 타올 드라이어·아이론에 의한 손상

③ 산화제에 의한 손상

④ 미용도구에 의한 손상

> **해설** 산화제는 화학적이다.

102 인조보석 참, 글리터 또는 아크릴릭을 사용하는 입체조형물을 의미하며 손톱 위에 여러 종류의 모양과 디자인을 만들어 손톱 위에 올려놓는 작품은?

① 워터데칼(Water decal)

② 댕글(Dangle)

③ 3D 디자인

④ 브러시 페인팅

> **해설** 3D(3D디자인) 아트는 아크릴 파우더와 컬러를 이용해 입체적인 디자인을 연출하는 기법이다.

103 여드름과 가장 관련이 깊은 피부 부속기관은?

① 한선   ② 갑상선

③ 피지선   ④ 이하선

> **해설** 여드름은 피지선의 만성질환으로 피지 분비가 많은 부위인 얼굴, 목, 가슴과 등에 발생하는 비염증상 또는 염증성 피부질환이다.

104 열을 이용한 헤어트리트먼트의 장점으로 틀린 것은?

① 온도상승으로 모세혈관을 팽창시켜 혈행을 좋게 한다.
② 혈액 속의 영양소와 산소들의 흐름을 도와 모발의 성장을 돕는다.
③ 피지막 형성을 억제시켜 산뜻함을 준다.
④ 열과 함께 수분을 공급하여 모발의 탄력성과 유연성을 높인다.

해설 피부 표면은 땀과 피지에 의해 천연크림과 같은 얇은 약산성막을 형성하고 있으며 피지막은 세안, 기후변화, 연령 등에 의하여 손실될 수 있다.

105 화장품의 원료인 파라옥시안식향산메틸, 파라옥시안식향산프로필의 주된 기능은?

① 흡수제   ② 방부제
③ 산화방지제   ④ 착색제

해설 방부제는 생물학적 변질을 막기 위해 첨가하는 물질로써, 화장품에서 사용되는 방부제에는 파라옥시안식향산프로필, 파라옥시안향산메틸 등이 있다.

106 피지선(Oil gland)과 한선(Sweat gland)에 대한 설명으로 틀린 것은?

① 한선은 체내의 노폐물 배출과 체온조절의 역할을 하며 큰 땀샘과 작은 땀샘으로 구분된다.
② 피지선은 피지를 분비하여 피부에 윤기와 부드러움을 주며 손바닥, 얼굴, 팔, 다리에 분포한다.
③ 피지의 분비가 과도하면 여드름을 유발시킨다.
④ 한선의 작용은 체온, 운동량, 감정, 약물 등에 의해 영향을 받으며 신경조직에 의해 지배된다.

해설 피지선은 얼굴의 T존 부위와 목, 가슴 등에 주로 존재하며 손바닥과 발바닥을 제외한 대부분의 신체에 분포한다.

107 회전점(Pivot point)에 대한 설명 중 옳지 않은 것은?

① 스트랜드에 각도를 주어 컬의 원(Loop)을 만들기 시작하여 회전이 시작되는 점이다.
② 중심과 연결 시 루프(Loop)의 지름이 된다.
③ 빗질 방법에 따라 컬의 형태를 변화시킬 수 있다.
④ P.P점의 설정에 따라 루프의 크기가 결정된다.

해설 피봇포인트는 컬이 말리는 지점이다.

108 영구염모제의 주요 성분 중 산화제로 쓰이는 6% 과산화수소는 몇 볼륨(Volume)인가?

① 10 Volume   ② 20 Volume
③ 30 Volume   ④ 40 Volume

해설 10 Volume → 3%   20 Volume → 6%
30 Volume → 9%

109 헤어 린싱의 기본 목적으로 가장 거리가 먼 것은?

① 두발에 영양 공급
② 두발의 엉킴 방지
③ 두발에 유분 보급
④ 두발의 대전성 방지

> 해설 헤어 린싱은 두발 영양을 공급하지 않는다.

110 루프가 귓바퀴 반대방향을 따라서 두피에 90°로 세워져 있는 컬은?

① 리버즈 스탠드업컬
② 포워드 스탠드업컬
③ 스컬프처컬
④ 플랫컬

> 해설 리버즈 스탠드업컬은 루프가 귓바퀴 반대방향(겉말음)으로 세워져 있는 컬이다.

111 매뉴얼 테크닉의 종류에 대한 설명으로 틀린 것은?

① 쓰다듬기(Effleurage) – 손바닥 전체를 이용하며 접촉면을 많게 하여 가볍게 쓰다듬는 방법
② 반죽하기(Petrissage) – 손가락 전체를 이용하여 피부를 쥐듯이 담아서 행하는 동작
③ 두드리기(Tapotement) – 손가락을 이용하여 피부를 빠르게 두드리는 동작

④ 떨기(Vibration) – 손가락 끝을 이용하여 원을 그리며 가볍게 움직이는 동작

> 해설 떨기는 피부를 흔들어서 진동시키는 동작으로 손 전체가 손가락 끝을 이용하여 피부에 빠르고 고른 진동을 준다.

112 작은 눈을 크게 보이게 하기 위한 아이섀도 (Eye shadow) 메이크업으로 옳은 것은?

① 윗눈꺼풀의 안쪽 끝 부분에 아이섀도를 강하게 칠한다.
② 윗눈꺼풀의 눈꼬리 부분에 아이섀도를 강하게 칠한다.
③ 아이섀도를 윗눈꺼풀 전체에 고루 바르며 눈과 가까울수록 진하게 한다.
④ 아이섀도를 아랫눈꺼풀의 눈꼬리 부분에만 바른다.

> 해설 윗속눈썹의 근원 부분에 가늘게 아이라인을 그린다.

113 계면활성제 중 자극성이 적고 안정성이 높아 유아용 샴푸의 주재료로 사용되는 계면활성제는?

① 음이온 계면활성제
② 양이온 계면활성제
③ 양쪽성 계면활성제
④ 비이온 계면활성제

> 해설 •피부자극순서 : 양이온성 > 음이온성 > 양쪽이온성 > 비이온성
> •양쪽이온성 계면활성제는 유아용, 저자극 샴푸에 주로 사용됨

114 다음 중 얼굴 매뉴얼 테크닉의 효과와 가장 거리가 먼 것은?

① 피부를 청결하게 한다.
② 혈액순환을 증가시킨다.
③ 신경을 긴장시킨다.
④ 피지선의 활동을 활발하게 한다.

해설 신경을 이완시켜준다.

115 커트 시 베이스와 라인에 대한 설명 중 틀린 것은?

① 온 더 베이스는 두상의 라인과 헤어라인이 거의 일치한다.
② 업과 다운 사이드 베이스는 모발의 길이를 점점 길어지거나 짧아지게 한다.
③ 업과 다운 오프 더 베이스는 다양한 변화를 시도하지 않을 때 사용한다.
④ 프리 베이스는 다양하고 정교한 커트를 창출할 수 있다.

해설 업다운 오프 더 베이스는 다양한 변화를 시도할 때 사용한다.

116 모발에 닿는 날의 각도가 예각이며, 날에 닿는 모발에 제한되어 안전율이 높은 미용도구는?

① 틴닝 시저스(Thinning scissors)
② 셰이핑 레이저(Shaping razor)
③ 커팅 시저즈(Cutting scissors)
④ 오디너리 레이저(Ordinary razor)

해설 셰이핑 레이저
시술자가 손을 다칠 위험이 적어 안전하지만 잘리는 두발 부위가 좁아 작업 속도가 느리다.

117 머리의 길이가 탑부분으로 올라갈수록 길어지는 커트기법은?

① 그래듀에이션　② 레이어
③ 스퀘어　　　　④ 로 레이어

118 미용기술 작업 시 작업 대상의 위치가 바른 것은?

① 심장의 높이와 평행한 위치
② 심장보다 높은 위치
③ 심장보다 낮은 위치
④ 눈높이와 평행한 위치

해설 작업 대상과의 명시 거리는 25cm이다.

119 단백질과 지질을 포함하고 있는 단위 세포막이며, 모피질 내의 수분이나 단백질의 용출을 막는 성분은?

① 에피큐티클(Epicuticle)
② 멜라노사이트(Melanocyte)
③ 세포막복합체(CMC)
④ 엑소큐티클(Exocuticle)

해설 세포막은 세포 표면을 에워싼 두꺼운 막, 셀룰로오스가 주성분이다. 세포를 보호하고 그 모양을 유지한다.

정답　114 ③　　115 ③　　116 ②　　117 ①　　118 ①　　119 ③

120 토탈 패션스타일에 관한 용어와 뜻이 잘못 연결된 것은?

① 댄디(Dandy) – 여성 취향의 남성 패션으로서 신사복 스타일을 이용한 멋쟁이 남성을 말한다.

② 매니쉬(Mannish) – 남자와 같은 여성이란 의미로서 판타롱 슈트가 그 기원이다.

③ 밀리터리(Military) – 여성패션에서 군복 풍으로 견장이나 금속단추를 활용하여 디자인되었다.

④ 펑크(Punk) – 1976년 런던에서 활동했던 록 밴드들의 스테이지 의상에서 시작된 패션이다.

해설 댄디는 멋쟁이를 가리키는 말이다.

121 증명사진이나 광고촬영 등의 사진으로 연출하는 메이크업은?

① 패션 메이크업(Fashion make-up)
② 무대 메이크업(Stage make-up)
③ 포토 메이크업(Photo make-up)
④ 캐릭터 메이크업(Character make-up)

해설 포토 메이크업은 사진촬영할 때 아름답고 좋은 사진이 나올 수 있도록 조명이나 각도, 작품 분위기 등을 고려하여 입체감있게 시술하는 메이크업이다.

122 샴푸제의 첨가보조제로 반드시 필요한 것은?

① 기포제
② 오일
③ 아로마
④ 허벌

해설 기포제는 용매에 녹아서 거품을 잘 일게 하는 물질이다.

123 체취의 특유한 냄새를 제거하거나 향을 내는 목적으로 사용하는 제품이 아닌 것은?

① 향수
② 배스 오일
③ 샤워코롱
④ 토일렛 워터

124 미용이란 아름다움에 대한 의식을 인간을 대상으로 구체화시킨 행위이다. 인간의 미의식에 대한 설명 중 잘못된 것은?

① 인간의 미의식은 시대의 영향을 받는다.
② 인간의 미의식은 지역의 영향을 받는다.
③ 인간의 미의식은 궁극적으로는 개인적 취향이다.
④ 인간의 미의식은 절대적이다.

 정답 120 ①   121 ③   122 ①   123 ②   124 ④

Part I 미용이론

125 모발 슬라이스 사이사이에 모발 일부를 와인딩 하지 않는 기법으로 컬이 나온 모발과 컬이 형성되지 않는 모발이 섞여 색다른 질감을 낼 수 있는 와인딩 기법은?

① 위브 와인딩(Weave winding)

② 더블 와인딩(Double winding)

③ 캔들스틱 와인딩(Candle stick winding)

④ 얼터네이트 와인딩(Alternate winding)

> **해설** ② 1직경에 로드가 2개 배열된다.
> ③ 로드를 두발 역방향으로 세워서 배열한다.
> ④ 방향교차로 로드를 배열한다.

126 다음 중 증세가 가장 심한 여드름 증상은?

① 검은 여드름(검은 면포, Black comedo)

② 흰 여드름(폐쇄면포, White comedo)

③ 결절(Nodule)

④ 낭종(Cystoma)

> **해설** 낭종 : 여드름처럼 보이지만 만졌을 때 통증을 느끼면 피지낭종질환을 의심해 볼 수 있다.

127 다음 중 영구적인 염모제를 사용해도 되는 경우로 가장 적합한 것은?

① 스킨 테스트(Skin test)를 하지 않는 경우

② 스킨 테스트에서 양성 반응을 나타낸 경우

③ 선택된 최종 컬러가 적절하지 않은 경우

④ 퍼머 시술 후 한달이 지난 경우

> **해설** 영구 염모제는 탈색과 착색이 동시에 되며 모발이 손상되어 회복되는 기간이 필요하다.

128 모발의 색을 어둡게 하거나 30% 정도의 백모를 커버하거나 컬러체인지 할 때 보정의 목적으로 사용하는 염색방법은?

① 일시적(Temporary) 염색

② 반영구적(Semi) 염색

③ 일회성(One time) 염색

④ 영구적(Permanent) 염색

> **해설** 반영구 염모제는 제1제만의 구성으로 착색만 가능하다. 색상 유지력은 2~4주이다.

129 모간에 불규칙한 간격으로 모피질이 부러져 마치 빗자루 양끝을 붙여 놓은 것 같은 모양을 한 모발의 이상증세는?

① 연주모

② 백륜모

③ 균열모

④ 결절성 열모증

> **해설** 간층물질이 손상받으면 모발손상의 주요 원인이 된다.

130 헤어 틴닝(Hair thinning)을 할 때 모발에 물기가 있어야 모발 손상이 적은 미용기구로 가장 알맞은 것은?

① 가위   ② 클리퍼
③ 틴닝가위   ④ 레이저

> **해설** 레이저 커트는 웨트커트를 한다.

131 베포라이저(Vaporizer)의 사용방법으로 가장 거리가 먼 것은?

① 얼굴과 기기의 간격을 40cm 정도로 유지한다.
② 사용 후 물을 빼서 보관한다.
③ 이마 쪽에서 얼굴 아래로 흩어지게 한다.
④ 물때가 끼는 경우 증류수와 식초를 넣어 하룻밤 둔 후 헹구어 둔다.

> **해설** 베포라이저는 분무기를 말한다.

132 가발에 대한 설명 중 옳은 것은?

① 쇼트헤어를 일시적으로 롱헤어로 변화시키는 것을 위그라 한다.
② 파운데이션은 되도록 벗겨지지 않게 꼭 죄이는 듯한 것이 좋다.
③ 위그나 헤어피스는 리퀴드 드라이 샴푸한다.
④ 머리카락을 태웠을 때 서서히 타면서 유황 냄새가 나는 것은 인조모이다.

133 얼굴화장술에서 색조화장품의 역할이 아닌 것은?

① 미적역할
② 보호적 역할
③ 심리적 역할
④ 광고 역할

134 피지선(Sebaceous gland)과 한선(Sweat gland)에 대한 설명으로 틀린 것은?

① 한선은 체내의 노폐물을 배출하고 체온조절을 하며 소한선, 대한선으로 나뉜다.
② 소한선은 모공과 관계없이 독립적인 한선으로 운동이나 주위 온도에 반응한다.
③ 피지선은 피지(Sebum)를 분비하며 pH 4.5~5.5 정도의 약산성보호막을 형성한다.
④ 피지선은 얼굴, 손·발바닥 등 전신에 분포하며 자율신경계의 영향을 받는다.

> **해설** 피지선은 손바닥, 발바닥을 제외한 전 신체에 분포되어 있다.

135 얼굴형과 헤어디자인에 대한 설명으로 옳은 것은?

① 원형의 얼굴인 경우, 가운데 가르마를 이용하는 것이 단점을 보완하는데 효과적이다.

 정답   130 ④   131 ③   132 ③   133 ④   134 ④   135 ②

② 사각형의 얼굴형인 경우, 앞머리를 올리고 비대칭적인 헤어스타일이 효과적이다.

③ 삼각형의 얼굴인 경우, 컬이나 웨이브가 있는 디자인은 가급적 피하는 것이 좋다.

④ 장방형의 얼굴인 경우, 옆 모발을 가급적 볼에 가깝게 디자인하는 것이 옳은 방법이다.

136 퍼머 1제인 환원제에 대한 설명으로 옳은 것은?

① 공기 중의 산소에 의해 티오글리콜산이 산화되어 디티오글리콜산이 되어 환원작용을 잃어버린다.

② 부드러운 웨이브를 형성하기 위해 시스테인보다 티오글리콜산을 사용하는 것이 좋다.

③ 티오글리콜산은 새의 깃털이나 모발에서 얻을 수 있다.

④ 티오글리콜산이 모발 내에 침투하여 시스테인결합을 환원 절단하는 역할을 한다.

> 해설 제1액을 프로세싱 솔루션이라고도 한다.

137 액세서리는 장식성과 실용성을 겸하고 있다고 볼 때 다음 중 장식성 위주의 액세서리와 가장 거리가 먼 것은?

① 귀걸이　　② 코사지

③ 벨트　　④ 스카프

138 탈모의 원인에 대한 설명으로 틀린 것은?

① DHT(Dihydrotestosterone)가 활성효소(5α-reductase)에 의해 테스토스테론으로 변화되어 탈모를 유발한다.

② 여성의 경우 남성호르몬과 활성효소(5α-reductase)의 수치가 남성의 1/2 수준이라 남성과 같은 완전한 대머리가 되지는 않는다.

③ 스트레스는 교감신경을 자극하여 혈관 수축, 소화기관 운동 억제 등을 통해 모발에 영양 공급 장애를 야기한다.

④ 장티푸스, 매독 등의 질환은 모발의 성장기에서 퇴화기를 거치지 않고 휴지기로 넘어가는 탈모를 유발한다.

> 해설 ① 테스토스테론은 생식선을 자극하여 정자를 생성하고 단백질 성분이 분해되지 않도록 하여 근육, 피부, 뼈의 성장을 돕고 몸에 많이 나게 하지만 탈모 유전자와 만나면 탈모에 직접적인 영향을 준다.

139 스캘프 매니플레이션(Scalp manipulation)의 목적이 아닌 것은?

① 두피의 혈액순환 촉진

② 두피의 근육을 자극하며, 두피의 피지선 자극

③ 두피에 부착된 먼지, 노폐물, 모발의 엉킴을 제거

④ 두피의 비듬성 질환과 가려움증의 완화

> 해설 ③은 브러싱의 효과이다.

 정답 136 ④　　137 ③　　138 ①　　139 ③

140 휴지기 상태 모발의 양은 전체 모발 수 기준으로 어느 정도인가?

① 3~4%   ② 6~7%

③ 7~9%   ④ 10~15%

> **해설** 휴지기는 모유두 활동이 일시 정지되고 빠지는 시기이다. 휴지기 기간은 3~4개월이다.

141 블로 드라이어 사용 시 주의점으로 틀린 것은?

① 헤어 드라이어의 열이 두피에 오래 닿지 않도록 주의한다.
② 표피층을 부드럽게 하고 윤기를 높이기 위하여 한곳에 오랫동안 열을 준다.
③ 블로 드라이어를 끝냈을 때 차가운 바람으로 고정시킨다.
④ 디퓨져(Diffuser)는 컬이 있는 모발에 사용하며 손으로 주먹을 쥐었다 펴는 식으로 사용하여 웨이브를 살린다.

> **해설** 헤어드라이어 열을 한 곳에 많이 주면 손상이 크다.

142 다음 중 안면 관리 시 고객에게 아이패드를 적용하는 경우로 가장 적합한 것은?

① 마사지 손동작하는 동안
② 아스트린제트 로션을 바를 때
③ 파운데이션 등을 바를 때
④ 적외선등(Infrared light)을 사용할 때

143 틴닝가위와 거리가 먼 것은?

① 좀 더 뚜렷하며 짧고 긴 길이의 규칙적인 변화를 위해 사용한다.
② 날 간격이 촘촘하면 모발 숱을 많이 친다.
③ 1/8인치, 1/16인치, 1/32인치 종류가 있다.
④ 블런트커트 가위이다.

144 조선시대 미혼녀의 머리모양인 것은?

① 첩지머리   ② 새앙머리
③ 어여머리   ④ 얹은머리

> **해설**
> • 얹은머리는 부녀자의 대표적 머리형태
> • 첩지머리는 예장 시 가르마 위에 봉첩지·개구리첩지를 사용
> • 어여머리는 궁중의 왕비·공주와 양반가 당산 관부인만 할 수 있었음

145 브러시의 종류별로 용도에 대한 설명으로 옳지 않은 것은?

① 헤어브러시 - 털이 경질일 때는 블로 드라이나 스타일링에 쓰인다.
② 비듬제거용 브러시 - 정발용 브러시와 함께 사용한다.
③ 메이크업용 브러시 - 아이브로 브러시, 마스카라 브러시, 섀도 브러시 등 용도에 따라 여러 종류가 있다.
④ 네일 브러시 - 매니큐어를 지울 때 주로 사용한다.

정답   140 ④   141 ②   142 ④   143 ④   144 ②   145 ④

해설 네일 브러시는 아트를 표현할 때 사용한다.

146 다음 중 전환 레이어링으로 모발 길이가 점점 길어지는 커트는?

① 그래듀에이션 커트
② 유니폼 레이어 커트
③ 인크리스 레이어 커트
④ 솔리드 커트

해설 전환 레이어링 기법은 고정디자인 라인으로 모아서 두발을 자르면 반대쪽으로 두발길이가 길어진다.

147 피부의 pH에 대한 설명 중 틀린 것은?

① 피부의 pH는 일반적으로 약산성을 나타낸다.
② 피부의 pH는 상피 자체가 나타내는 pH를 말한다.
③ 피부의 pH는 피부 표면에 증류수를 소량 첨가하여 측정한다.
④ 피부의 pH는 피부의 온도와 관계가 거의 없다.

해설 피부 표면에 증류수를 첨가하지 않는다.

148 네일 에나멜에 대한 설명 중 맞지 않는 것은?

① 손톱에 도포하여 광택과 색채를 준다.
② 도포 후에 건조하여 손톱의 표면에 피막을 형성한다.

③ 네일락카 또는 네일칼라라고도 한다.
④ 희석제로서 니트로셀룰로즈가 사용된다.

해설 셀룰로오스는 황산과 질산을 혼합한 혼산으로 사용해서는 안 된다.

149 바람직한 매뉴얼 테크닉 방법과 자세로서 틀린 것은?

① 두 손이 얼굴에서 동시에 떨어지지 않도록 매뉴얼 테크닉을 해야 한다.
② 매뉴얼 테크닉 동작은 일정한 속도를 유지하도록 한다.
③ 피부결과 반대방향으로 리듬있게 매뉴얼 테크닉을 한다.
④ 손의 압력을 적절하게 조절하여야 한다.

해설 피부결 방향으로 리듬있게 매뉴얼 테크닉을 한다.

150 블로 드라이(Blow dry) 시 모발에 볼륨을 주거나 웨이브 형성 시 가장 좋은 브러시(Brush)는?

① 일반브러시
② 쿠션 브러시
③ 원통형 롤 브러시
④ 덴멘 브러시

해설 덴멘 브러시 : 모근의 두발을 세울 때
쿠션 브러시 : 두피 관리용 브러시

 정답 146 ③   147 ③   148 ④   149 ③   150 ③

151 매뉴얼 테크닉의 동작 중 피부를 누르며 강하게 문지르는 동작으로 혈액 순환을 돕는 것은?

① 페트리사지(Pertrissage)
② 프릭션(Friction)
③ 스트록킹 무브먼트(Stroking movement)
④ 타포트먼트(Tapotement)

해설 프릭션(Friction) = 강찰법 = 문지르기

152 클리퍼(Clipper)를 발명한 사람은?

① 프랑스의 바리캉
② 영국의 바리캉
③ 프랑스의 클리퍼
④ 일본의 바리캉

153 망상층에서 망상구조를 이루다가 노화현상으로 피부에 긴장과 탄력을 상실하게 되면 피부를 처지게 하는 것은?

① 멜라노사이트   ② 엘라스틴 섬유
③ 기진   ④ 히아루론산

154 붉은 피부톤을 조절하거나 잡티 많은 얼굴에 사용하기에 바람직한 메이크업 베이스 색상은?

① 그린   ② 핑크
③ 노랑   ④ 보라

해설 • 핑크 : 희고 창백한 피부
• 노랑 : 피부를 산뜻하게, 정상피부
• 보라 : 노란색을 띠는 피부색을 중화

155 두피에 지방이 부족하여 두피가 건조한 상태일 때 실시하는 스캘프 트리트먼트는?

① 드라이 스캘프 트리트먼트(Dry scalp treatment)
② 오일리 스캘프 트리트먼트(Oily scalp treatment)
③ 댄드러프 스캘프 트리트먼트(Dandruff scalp treatment)
④ 플레인 스캘프 트리트먼트(Plain scalp treatment)

156 샴푸제에 첨가되는 주성분이 아닌 것은?

① 기포증진제
② 산화제
③ 계면활성제
④ 유화제

해설 산화제는 산화환원반응에서 자신은 환원되면서 상대물질은 산화시킨다.

157 동양인 두발을 가로로 잘랐을 때 머리카락의 횡단면에 대한 설명으로 가장 적합한 것은?

① 둥근형에 가깝다.
② 사각형에 가깝다.
③ 계란형에 가깝다.
④ 납작한 형에 가깝다.

해설 • 둥근형은 동양인
• 계란형은 서양인
• 납작형은 흑인

 정답   151 ②   152 ①   153 ②   154 ①   155 ①   156 ②   157 ①

158 스크런치 드라잉(Scrunch drying)이란?

① 손가락으로 머리모양을 헝클어 보이도록 하는 스타일

② 브러시로 머리모양을 매끄럽게 하는 스타일

③ 타월을 사용해 머리카락을 털어가면서 볼륨을 내는 스타일

④ 세팅기로 웨이브를 내는 스타일

159 모발의 성분에 대한 설명으로 틀린 것은?

① 모발의 주성분은 케라틴(Keratin)이라는 단백질로 전체 모발의 80% 이상을 차지한다.

② 케라틴 단백질을 18종의 아미노산으로 구성되어 있으며 이 중 시스틴(Cystine)이 가장 많다.

③ 화학적 조성은 질소(N)가 가장 많고 다음은 탄소(C), 수소(O), 황(S)의 순이다.

④ 케라틴 외에도 모발은 수분, 멜라닌, 지질 등을 함유하고 있다.

해설 두발은 탄소(50.65), 산소(20.85), 질소(17.14), 수소(6.26), 유황(5.00) 순이다.

160 화장을 일컫는 고유언어 중 '분대화장'의 분대(粉黛)가 뜻하는 것은?

① 백분과 연지

② 백분과 곤지

③ 백분과 눈썹먹

④ 백분과 액황

161 플랫 컬(Flat curl) 중 두발 끝이 컬의 중심이 되는 컬은?

① 포워드 컬(Forward curl)

② 리버스 컬(Reverse curl)

③ 스컬프쳐 컬(Sculpture curl)

④ 핀 컬(Pin curl)

해설 스컬프쳐 컬은 조각이란 뜻으로 스킵 웨이브나 플러프에 이용한다.

162 블리치 레벨(Bleach level) 중 6단계 정도에 해당하는 레벨(Level color)은?

① 노랑　　　　② 오렌지

③ 빨강　　　　④ 흑색

해설 블리치 레벨 : 모발을 탈색할 때 얻어지는 바탕색상

10 아주 밝은 노랑	5 붉은 오렌지
9 밝은 노랑	4 붉은색
8 노랑	3 어두운 적색
7 노랑 오렌지	2 적보라
6 오렌지	1 검정

163 퍼머넌트 1제 성분 중 모표피를 열게 하여 퍼머넌트제의 침투를 용이하게 하는 성분은?

① 안정제

② 트리트먼트 성분

③ 계면활성제

④ 알칼리제

해설 티오글리콜산이며 pH 9.0~9.6은 알칼리성이다.

164 광노화피부의 특징이 아닌 것은?

① 피부표면의 각질층의 증가
② 기름샘, 땀샘기능의 항진
③ 결체조직의 위축
④ 멜라닌 색소의 침착증가

165 미용기기에서 사용되는 고주파 전류에 관한 설명으로 틀린 것은?

① 보통 라디오나 무선에 사용되는 전파와 파장이 같다.
② 1만 Hz 정도의 고주파이다.
③ 혈액 순환을 높이고 신진대사를 촉진한다.
④ 매뉴얼 테크닉 후에 사용하면 효과적이다.

> **해설** 라디오 무선에 사용되는 전파보다 짧은 파장을 말한다.

166 모발 탈모의 원인으로 가장 거리가 먼 것은?

① 혈액순환 장애
② 영양부족
③ 세포의 노화
④ 테스토스테론의 감소

> **해설** 테스토스테론은 남성의 대표적인 성호르몬이다.

167 아크릴릭 네일의 문제점이 아닌 것은?

① 들뜸(Lifting)   ② 깨짐(Crack)
③ 곰팡이(Fungus) ④ 벗겨짐(Peeling)

168 헤어 세팅에 있어 최대한의 볼륨이 있으며, 베이스 강도가 최대일 때 베이스 크기와 롤의 위치는?

① 롤 직경×1, 온 베이스(On base)
② 롤 직경×1.5, 하프 오프 베이스(Half off base)
③ 롤 직경×1, 오프 베이스(Off base)
④ 롤 직경×1.5, 오버 디렉티드(Over directed)

> **해설** 1직경은 롤의 1길이와 1지름이다.

169 네일관리 시 사용되는 핸드파일(Hand files)에 해당하지 않는 것은?

① 우드 파일
② 쿠션패드 파일
③ 위생 파일
④ 벌브 피트 파일

170 각각의 단품을 브랜드의 구별 없이 같은 소재, 같은 색상, 같은 무늬에 따라 자유롭게 연출하는 방법은?

① 플러스 원 코디네이션(Plus one coordination)
② 피스 코디네이션(Piece coordination)
③ 옵셔널 코디네이션(Optional coordination)
④ 어케이션 코디네이션(Occasion coordination)

 정답

| 164 ② | 165 ① | 166 ④ | 167 ④ | 168 ① | 169 ④ | 170 ② |

171 스웨디시 매뉴얼 테크닉의 기본 동작이 아닌 것은?

① 에플러라지(Effleurage)
② 스쿠프(Scoop)
③ 페트리사지(Patrissage)
④ 바이브레이션(Vibration)

해설 스웨디시는 매우 부드러우면서 릴렉스한 동작이다. 스쿠프는 스웨디시 기본 동작에 해당하지 않는다.

172 그라데이션 커트 시 모발 끝의 무게감이 가장 많이 형성되는 것은?

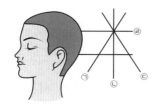

① ㄱ
② ㄴ
③ ㄷ
④ ㄹ

해설 ㄴ : 스퀘어 커트
ㄷ : 레이어 커트
ㄹ : 임의로 만든 모양. 해당되지 않음

173 헤어 블리치제에 대한 설명으로 옳은 것은?

① 모발에 착색을 하는 작용을 한다.
② 산화염료가 주원료이다.
③ 멜라닌 색소를 파괴하는 작용을 한다.
④ 다양한 컬러를 얻을 수 있다.

해설 헤어 블리치제는 색소를 탈색시킨다.

174 메이크업의 구성요소가 아닌 것은?

① 색상
② 선
③ 질감
④ 조명

175 다음 중 화장품에 사용되는 보습제가 아닌 것은?

① 글리세린
② 프로필렌글리콜
③ 아미노산
④ 젤라틴

해설 젤라틴은 힘줄, 연골 등을 구성하는 천연단백질 콜라겐이다.

176 온더 베이스 커팅(On the base cutting)에 관한 설명 중 틀린 것은?

① 같은 길이로 자른 것이다.
② 베이스 폭을 넓게 잡을수록 좋다.
③ 두상 라인을 그대로 표현한다.
④ 슬라이스 라인이 직선이나 곡선이나 관계없이 절단면의 아웃라인(Outline)은 같은 길이가 된다.

해설 베이스 폭을 넓게 잡을수록 길이의 단차가 크다.

177 이상적인 형태로서 헤어디자인의 모양이 아닌 것은?

① 오발형
② 장구형
③ 편구형
④ 구형

해설 • 장구형은 길쭉한 타원형
• 편구형은 넓적한 타원형
• 구형은 둥근형

정답 171 ② 172 ① 173 ③ 174 ④ 175 ④ 176 ② 177 ①

178 매뉴얼 테크닉에 대한 설명 중 틀린 것은?

① 모세혈관 벽을 튼튼하게 하는 효과가 있다.

② 신진대사를 낮추어 피부 진정작용을 한다.

③ 혈액 및 림프의 순환에 도움이 된다.

④ 화장품 중의 유효물질의 흡수력을 높인다.

179 실루엣에 따른 웨딩 코디네이션 시 허리선이 없고 어깨에서 밑단까지 흘러 내려 보이며 상체는 몸에 꼭 맞고 치마폭은 풀스커트로 퍼져 보이는 스타일은?

① 프린세스 스타일(A라인 스타일)

② 엠파이어 스타일(H라인 스타일)

③ 튜더 스타일(X라인 스타일)

④ 실루엣 스타일

180 탈모 치료제인 미녹시딜(Minoxidil)에 대한 설명으로 틀린 것은?

① 원래 고혈압치료제로 개발되었으나 부수적인 효과로 발모에 사용되었으며 로게인이라는 명칭으로 불린다.

② 진행 중인 탈모 중 정수리 부위에 효과가 좋으며 대머리가 되어버린 두피 앞쪽의 경우에는 효과가 미비하다.

③ 2%와 5% 두 가지 종류가 있으며 하루에 두 차례 꾸준히 복용하여 1~3 개월 이상 되었을 때 효과가 나타난다.

④ 심장혈관계에 질환이 있는 환자는 사용을 금지해야 하며 저혈압, 현기증, 협심증 등의 부작용이 있다.

181 헤어샴푸와 가장 거리가 먼 내용은?

① 두피 및 모발의 더러움을 씻어 없애고 청결을 유지한다.

② 다른 미용기술이 손쉽게 이루어지도록 만든 기초과정이다.

③ 두피와 모발의 생리적 기능을 돕고 발육을 건강하게 유지시킨다.

④ 모발에 광택을 주고 정전기를 없애준다.

> 해설 ④번은 헤어린스 역할이다.

182 헤어트리트먼트 사용 시 유분이 부족하고 거칠고 민감한 두피나 모발에 적합한 두발 화장품은?

① O/W 에멀전형 제품

② W/O 에멀전형 제품

③ 수렴화장수

④ 소염화장수

> 해설
> • O/W는 물에 오일성분이 혼합되는 상태. W/O는 오일에 물이 혼합되는 상태로 거칠고 민감한 두피는 W/O가 적합
> • 수렴화장수 : 각질층에 천연 보습인자 등 보습성분을 통해 수분 공급
> • 소염화장수 : 살균 소독을 통해 피부를 청결하게 함(여드름. 지성. 복합성 피부에 적합)

정답 　178 ②　　179 ①　　180 ③　　181 ④　　182 ②

183 퍼머넌트 웨이브에 관한 내용으로 옳은 것은?

① 기원전 3천 년경 이집트인들은 나일 강 유역의 진흙과 태양열을 이용하여 웨이브를 만들었다.

② 1905년 찰스 네슬러는 긴 모발에 시술하는 크로키놀(Croquinole)식 웨이브를 고안했다.

③ 1925년 조셉 메이어는 두피에 모발 끝으로 말아가는 스파이럴(Spiral)식 웨이브를 고안했다.

④ 1936년 영국의 스피크먼은 알칼리성 용액에 열을 가하는 히트 퍼머넌트 웨이브를 발명했다.

해설 1936년 영국 아스트베리, 스파크만 등의 학자들이 아유산수소나트륨을 사용하여 40℃의 온도에서 퍼머넌트웨이브를 골드라는 명칭을 사용해 골드퍼머넌트로 만들었다.

184 두피의 표피층에서 볼 수 없는 것은?

① 기저층   ② 각질층
③ 과립층   ④ 유두층

해설 유두층은 진피에 있다.

185 미용사, 간호사 등 물을 많이 쓰는 직업군과 가장 관계가 있는 것은?

① 접촉피부염
② 아토피성 피부염
③ 지루피부염
④ 건성습진

186 다음 중 퍼커션(Percussion)에 속하지 않는 것은?

① 처킹(Chucking)
② 커핑(Cupping)
③ 해킹(Hacking)
④ 너클링(Knuckling)

해설 퍼커션은 두드리고 때리고 흔드는 행위이다. 처킹은 상하로 움직이는 것으로 퍼커션에 속하지 않는다.

187 헤어트리트먼트 제품에서 습윤효과를 주는 원료가 아닌 것은?

① 글리세린
② 플로릴렌 글리콜
③ 솔비트
④ 브롬산나트륨

해설 글리세린은 관장, 윤활 보습 등의 목적으로 사용되는 약물이다. 또는 천연보습제로 화장품이나 비누를 만들 때 첨가하면 보습 효과를 준다.

188 미용상의 매뉴얼 테크닉 기술에 있어 유연법에 속하는 것은?

① 비팅(Beating)
② 슬래핑(Slapping)
③ 커핑(Cupping)
④ 니딩(Kneading)

해설 니딩 : 손가락을 이용하여 근육을 유연하게 해준다.

189 손톱이 처음 나서 끝으로 이동해 잘려 나가기까지는 몇 개월이 걸리는가?

① 약 2~3개월　② 약 5~6개월
③ 약 1년　　　④ 약 9~10개월

> **해설** 손톱은 1일 평균 0.1~0.15mm, 1개월에 3~5mm 자란다. 발톱은 손톱의 ½ 정도 늦게 자란다.

190 전기요법과 미용에 관한 설명으로 틀린 것은?

① 1786년 이탈리아의 의학자 갈바니에 의해 처음 발견되었다.
② 갈바닉 전류는 음극(-)에서 양극(+)으로 흐르는 직류이다.
③ 패러딕 전류는 전류의 방향과 크기가 주기적으로 바뀌는 교류전류이다.
④ 프리마톨(Frimator) 클렌징, 각질제거, 브러싱, 마사지에 효과적이다.

> **해설** 갈바닉 전류는 양극에서 음극으로 흐르며 양극과 음극에서 각각 작용이 다르다.

191 헤어스타일을 만들기 위해서는 일정한 흐름이 필요하다. 컬(Curl)의 방향이나 웨이브(Wave)의 흐름을 좌우하는 것은?

① 베이스(Base)
② 스템(Stem)
③ 루프(Loop)
④ 앤드 오브 컬(End of curl)

> **해설** 스템은 두발의 근원에서 P.P점까지이다.

192 디자인의 원칙에서 헤어디자인의 비례와 조화에 대한 설명 중 틀린 것은?

① 유사조화는 이질적인 것을 대비적으로 취하는 조화를 말한다.
② 조화는 부분과 부분, 부분과 전체와의 관련성이 있다.
③ 황금비율 5 : 3, 8 : 5 등의 황금분할이 적용된다.
④ 대비조화는 이질적인 것과의 대비로 강한 자극과 변화를 창출한다.

193 작은 가발로 특정 부위에 높이나 볼륨을 주는 등의 특별한 효과를 연출하기 위해서 부착하는 부분 가발은?

① 폴(Fall)
② 스위치(Switch)
③ 위그렛(Wigret)
④ 캐스케이드(Cascade)

> **해설** 폴은 짧은 길이의 형태와 헤어를 롱헤어로 변화주기 위해 사용된다.

194 두피 관리 시 두피측정기준에 해당되지 않는 것은?

① 두피의 피지량
② 두피의 색
③ 두피 모공의 상태
④ 모발의 색

 189 ② 　　190 ② 　　191 ② 　　192 ① 　　193 ③ 　　194 ④

195 다음 중 색상환에서 유사색의 관계에 있는 것은?

① 초록과 파랑　② 빨강과 초록
③ 주황과 파랑　④ 노랑과 보라

해설　②, ③, ④는 보색관계이다.

196 다음 중 정상두발의 경우 수분 흡수 시 평균 신장률로 가장 적합한 것은?

① 0%　② 10% 이하
③ 20% 이하　④ 50% 이하

해설　신장률이란 두발이 수분을 흡수할 때 늘어나는 비율이다. 평균 신장률은 50% 이하이다.

197 다음 중 모발의 성분인 케라틴에서 탄소가 차지하고 있는 비율로 가장 적합한 것은?

① 약 5%　② 약 15%
③ 약 30%　④ 약 50%

해설　탄소 50%, 산소 20%, 질소 17%, 수소 6%, 유황 5% 순서이다.

198 옛날부터 세계적으로 가장 많이 서비스하는 네일 케어 기법은?

① 프렌치 매니큐어(French manicure)
② 레귤러 매니큐어(Regular manicure)
③ 맨즈 매니큐어(Man's manicure)
④ 핫오일 매니큐어(Hot-oil manicure)

199 모발을 자르는 도구에 대한 설명으로 틀린 것은?

① 가위(Scissors) : 역학적으로 지레의 원리를 응용하여 두개의 날이 교차되어 두발을 자르도록 만들어진 절단 기구
② 가위(Scissors) : 가위 끝, 날 끝, 동인, 정인, 회전축, 다리, 약지환, 소지걸이, 엄지환 등의 구조로 이루어짐
③ 미니가위(Mini-scissors) : 손가락의 연장선으로서 작업을 하고자 하는 의도대로 자유자재로 움직일 수 있음
④ 미니가위(Mini-scissors) : 물리적인 방법론에서 합리적이지 않으나 손가락으로 커트하는 듯한 생생한 느낌을 가질 수 있음

해설　④ 미니가위는 큰 가위보다 물리적인 방법론에서 합리적이며 손가락으로 커트하는 듯한 생생한 느낌을 가질 수 있다.

200 미용사의 사명으로 적당치 않은 것은?

① 손님이 만족하는 개성미를 연출한다.
② 시대의 풍속을 건전하게 유도한다.
③ 새로운 유행만을 만들어 손님을 기쁘게 한다.
④ 공중위생을 철저히 준수한다.

정답　195 ①　196 ④　197 ④　198 ②　199 ④　200 ③

201 얼굴부위 피부관리 순서가 올바른 것은?

① 세안 → 피부정돈 → 손동작을 이
용한 얼굴 피부관리 → 팩 → 영양
② 세안 → 손동작을 이용한 얼굴 피
부관리 → 팩 → 피부정돈 → 영양
③ 손동작을 이용한 얼굴 피부관리 →
세안 → 팩 → 피부정돈 → 영양
④ 팩 → 세안 → 손동작을 이용한 얼굴
피부관리 → 피부정돈 → 영양

202 샴푸제의 작용으로 가장 거리가 먼 것은?

① 표면장력 저하
② 미셀 형성
③ 양성화
④ 가용화

> **해설** • 샴푸는 모발에 있는 표면장력을 저
> 하시켜 샴푸가 모발에 가까이 닿게
> 한다.
> • 샴푸의 계면활성제가 노폐물을 둘러
> 싸 미셀을 형성하고 미셀의 친수성
> 이 물분자와 상호작용하여 노폐물을
> 떼어낸다.
> • 샴푸의 가용화는 용매에 잘 녹지 않
> 는 물질이 미셀 사이사이에 녹아 들
> 어가는 현상이다.

203 두피의 기능으로 틀린 것은?

① 뇌를 중심으로 한 근유, 뼈조직 등
을 외부 충격으로부터 보호한다.
② 피지를 분비하는 피지선을 통해 비
타민 B 생성기능이 있다.

③ 발한 작용을 통하여 체온을 일정하
게 유지하는 역할을 한다.
④ 모발을 통해 유해 중금속을 체외로
배설하는 기능이 있다.

**204 기미 · 주근깨 피부에 맞는 화장법이 아
닌 것은?**

① 기미 · 주근깨 색과 피부색과의 중
간 색상의 파운데이션을 선택한다.
② 핑크 계열 파운데이션을 선택하여
사용한다.
③ 눈과 입술화장을 선명하게 강조한다.
④ 노란색 계열의 메이크업 베이스를
사용한다.

205 눈썹 수정의 종류가 맞게 된 것은?

① 시저스 커트(Sissors cut) – 블렌드
커트(Blend cut) – 트위저(Tweezer)
– 쉐이빙(Shaving)
② 시저스 커트(Sissors cut) – 틴닝 커
트(Thining cut) – 트위저(Tweezer)
– 블렌드 커트(Blend cut)
③ 블렌드 커트(Blend cut) – 시저스 커
트(Sissors cut) – 레이저 커트(Lazor
cut) – 쉐이빙(Shaving)
④ 블렌드 커트(Blend cut) – 시저스 커
트(Sissors cut) – 트위저(Tweezer)
– 스트록 커트(Stroke cut)

정답 201 ② 202 ③ 203 ② 204 ② 205 ①

Part Ⅰ
미용이론

206 퍼머넌트 웨이브 시술과정에서 산화제 작용 시간이 모발에 미치는 영향에 대한 설명 중 옳은 것은?

① 작용 시간이 짧으면 시스틴이 시스 테인으로 되는 과정이 짧아져 웨이 브 형성이 잘 되지 않는다.

② 작용 시간이 너무 길어지면 시스테 인이 시스테익산(Cysteic acid)으로 변해 모발이 손상된다.

③ 작용 시간이 길어도 모발은 손상되 지 않기 때문에 오랜 시간 동안 방 치해도 무관하다.

④ 작용 시간이 길수록 시스틴이 시스 테인으로 되기 때문에 컬력이 좋아 진다.

207 헤어커트 형태에서 조금의 층이 있으며 모서리를 강조하는 커트기법은?

① 원랭스 기법
② 그래듀에이션 기법
③ 세임 레이어 기법
④ 인크리스 레이어 기법

> **해설** 원랭스 기법은 무겁고 각진 형태이다. 레이어 기법은 층이 나면서 무게감이 없다.

208 고구려 고분벽화에 나타난 여성들의 헤 어스타일이 아닌 것은?

① 고리튼머리 　② 채머리
③ 푼기명머리 　④ 새앙머리

209 색의 3요소가 아닌 것은?

① 색상
② 색감
③ 명도
④ 채도

210 블로 드라이어의 사용상 주의점 중 틀린 것은?

① 핸드 헤어드라이어의 뜨거운 바람 이 나오는 출구를 두피나 목, 얼굴 에 대지 않도록 한다.

② 핸드 헤어드라이어는 젖은 머리카 락에 시술하게 되므로 머리카락에 바짝 대고 시술해야 한다.

③ 핸드 헤어드라이어의 팬 부분이 머 리에 닿지 않도록 해야 한다.

④ 핸드 헤어드라이어의 전기선이 고 객에게 닿지 않도록 해야 한다.

211 샴푸의 주성분인 계면활성제의 작용에 대한 설명으로 옳은 것은?

① 습윤작용은 고체 오염입자에 부착되 어 미세입자로 분해하는 작용이다.

② 유화작용은 모발과 오염입자의 부 착력을 강화시키는 작용이다.

③ 기포작용은 모발과 오물과의 접촉 면을 분리하는 작용도 한다.

④ 가용화는 수성물질을 미셀(Micelle) 에 가두어 분해하는 작용이다.

정답　206 ②　　207 ②　　208 ④　　209 ②　　210 ②　　211 ③

212 헤어커트 시 올바른 슬라이스(Slice) 방법과 가장 거리가 먼 것은?

① 커트라인에 평행으로 슬라이스한다.
② 모발의 양을 균등하게 한다.
③ 절단면, 스타일의 질감 등을 생각한다.
④ 헤어스타일의 아웃라인이다.

해설 ④번 헤어스타일의 외곽선이다.

213 열린 모표피(Cuticle)를 닫게 해주는 등전점을 가진 것은?

① 염모제
② 퍼머넌트 웨이브제
③ 비누
④ 헤어 린스제

해설 헤어 린스제는 약산성이다.

214 영구 염모제의 종류가 아닌 것은?

① 식물성 염모제
② 금속성 염모제
③ 산화형 염모제
④ 산성 염모제

해설 반영구 염모제는 산성. 코팅 염모제이다.

215 베이스 파팅에 관련된 내용으로 거리가 먼 것은?

① 온더 베이스는 같은 길이로 자를 때 1~1.5㎝ 파팅으로 뜬다.
② 사이드 베이스는 길이를 점점 길게 또는 짧게 된다.
③ 아크베이스는 모발길이를 점점 짧게 한다.
④ 오프더 베이스는 급격한 길이 변화를 원할 때 사용한다.

해설 아크베이스는 커트할 때 방향을 주는 파팅이다.

216 탈모 부위만큼 면도한 뒤 가모의 앞부분을 제외한 테두리 부분을 인체용 접착제를 이용해 두피에 부착하여 앞부분은 테이프를 이용해 부착하는 방식의 가모법은?

① 헤어피스
② 탈착식 가모
③ 부착식 가모
④ 위빙형 부착 가모

217 피지선에서 분비되는 피지에 대한 설명 중 잘못된 것은?

① 피지선에서 분비되는 순수한 피지는 50% 이상이 트리글리세라이드이다.
② 트리글리세라이드는 모낭에 존재하는 여드름균에 의해 유리지방산으로 분해된다.
③ 피지막의 pH는 약산성으로 세균의 활동을 활발하게 한다.
④ 피지는 피부의 모발은 윤기 있고 부드럽게 해준다.

정답 212 ④   213 ④   214 ④   215 ③   216 ③   217 ③

218 이상두피 케어를 하는 과정에서 마무리 단계에 빗이나 브러시로 두피의 자극을 피해야 하는 것은?

① 드라이 스캘프 트리트먼트(Dry scalp treatment)

② 오일리 스캘프 트리트먼트(Oily scalp treatment)

③ 댄디러프 스캘프 트리트먼트(Dandruff scalp treatment)

④ 플레인 스캘프 트리트먼트(Plain scalp treatment)

해설 ②는 빗이나 브러시로 두피를 자극하면 피지분비가 많아진다.

219 컬(Curl)을 구성하는 요소가 아닌 것은?

① 헤어 세이핑
② 텐션
③ 각도
④ 루프의 크기

해설 각도는 볼륨이 필요할 때 준다.

220 좌식샴푸의 특징과 가장 거리가 먼 것은?

① 두피 매니플레이션이 용이하다.
② 짧은 머리, 긴 머리 모두 충분히 세척해야 한다.
③ 고객의 부담감과 긴장감을 완화한 방법이다.
④ 와식샴푸보다 두발세정 효과가 탁월하다.

221 헤어 바이나이트 스타일에 대한 설명으로 틀린 것은?

① 머리의 표현으로 모발을 조각처럼 화려하고 의상과 메이크업을 조화롭게 연출한 스타일이다.
② 창작성과 예술성이 뛰어나다.
③ 헤어 바이나이트 스타일은 피스나 장식을 할 수 있다.
④ 헤어 바이나이트 스타일은 피스나 장식을 할 수 없다.

해설 헤어 바이나이트는 다양한 피스나 장식을 할 수 있다.

222 발바닥의 굳은살을 제거하는 도구는?

① 발가락 분리기
② 에머리보디
③ 콘 커터
④ 패디큐어 스테이션

223 헤어 디자인에 있어 이질적인 어울림으로 강한 자극의 효과를 줄 수 있는 것은?

① 균형
② 번진적인 리듬
③ 대비조화
④ 비례

해설 대비조화란 서로 다른 요소가 바람직한 관계로 아주 멋스러운 강한 자극을 줄 수 있다.

224 다음 중 얼굴 매뉴얼 테크닉의 효과가 아닌 것은?

① 피부의 감각 수용기를 자극하여 피부 혈액순환을 촉진시킨다.
② 피지선 분비를 촉진시킨다.
③ 피부의 온도를 낮추어 근육을 탄력 있게 해준다.
④ 각질을 제거한다.

> **해설** 피부의 온도를 상승하여 근육을 탄력 있게 해준다.

225 매뉴얼 테크닉 시 세정 효과가 아닌 것은?

① 수분제거
② 피지제거
③ 노폐물 제거
④ 각질제거

> **해설** 피지선에서 분비되는 지방성 또는 기름 같은 분비물로 모발과 피부를 윤기 있게 만드는 성분이다.

226 헤어스타일을 완성 후 거울로 스타일을 보여주는 미용과정은?

① 소재
② 구상
③ 제작
④ 보정

> **해설** 머리 모양을 관찰하고 검토하여 손질하는 과정으로 미용사는 보정이 끝날 때까지 긴장을 풀어서는 안 된다.

227 조선시대 기혼녀들의 머리양식이 아닌 것은?

① 어여머리
② 첩지머리
③ 대수머리
④ 종종머리

> **해설** 종종머리는 머리를 땋는 방법의 하나로 어린 여자아이의 머리를 꾸밀때 하는 머리이다.

228 블런트 커팅에서 베이스의 폭과 방향에 대한 설명 중 맞는 것은?

① 베이스의 폭을 넓게 하면 커트면의 오차가 크다.
② 모발의 길이를 길게 할 때 짧게 하는 것보다 커트면의 오차가 크다.
③ 베이스의 폭을 좁게 하면 커트면의 오차가 크다.
④ 시술자의 위치방향으로 베이스를 당겨서 커트하면 시술자에게서 먼 위치의 베이스 모발이 짧게 된다.

229 퍼머넌트 웨이브의 컬 굵기를 설명한 것 중 옳은 것은?

① 로드의 굵기는 컬의 굵기와 동일하다.
② 로드 지름의 약 3배 이상 길이가 컬의 흐름이 된다.
③ 로드 굵기와 모발의 길이는 헤어디자인을 시술하는 데 있어 전혀 고려 대상이 아니다.
④ 컬의 굵기는 로드 지름에 반비례한다.

 정답 224 ③ 225 ① 226 ④ 227 ④ 228 ① 229 ②

230 피부의 pH에 관한 설명 중 틀린 것은?

① 피부의 pH는 5~6 정도이며 성별, 연령, 인종 등에 따라 달라진다.

② 피부의 pH는 신생아나 노년기에 비해 피부신진대사가 왕성한 20대가 더 높다.

③ 건조한 피부의 표면에서 실제 pH값이 존재하지 않는다.

④ 피부를 이루는 케라틴 단백질은 pH 4 정도에서 응고가 일어난다.

231 코 전체를 어둡게 바르고 양 측면에 옅은 색을 바르는 화장법이 적합한 코의 형태는?

① 주먹코   ② 높은 코

③ 작은 코   ④ 매부리코

232 커트시 질감 내기할 때 사용하지 않은 도구는?

① 가위   ② 틴닝가위

③ 클리퍼   ④ 레이저

> **해설** 클리퍼는 일명 바리깡이다. 짧은 길이 커트를 할 때 사용한다.

233 유행의 주기를 바르게 설명한 것은?

① 소개기 – 가속기 – 상승기 – 절정기 – 하락기 – 폐용기

② 소개기 – 절정기 – 가속기 – 상승기 – 하락기 – 폐용기

③ 소개기 – 가속기 – 절정기 – 상승기 – 하락기 – 폐용기

④ 소개기 – 상승기 – 가속기 – 절정기 – 하락기 – 폐용기

234 일반적인 페이셜 매뉴얼 테크닉의 시술 방법이 아닌 것은?

① 경찰법 – 양손바닥과 손가락을 사용하여 왕복운동과 원형운동으로 가볍게 행한다.

② 유연법 – 피부 유연은 엄지를 피부에 밀착시키고 검지와 장지로 피부를 집어서 시술한다.

③ 고타법 – 양손 엄지와 검지, 중지로 두드리는 동시에 집어 올리거나 양손 엄지를 제외한 네손가락으로 피부를 튕기듯이 두드린다.

④ 진동법 – 왼손 중지에 검지를 포개 놓고 엄지와 함께 ㄷ자형을 만든 후, 오른손 중지에 검지를 포개놓고 ㄷ자 형 사이에 그 손가락을 넣어 나선형을 그리도록 해서 강하게 한다.

235 네일 랩의 종류가 아닌 것은?

① 실크테라피

② 화이버글라스

③ 탑베이스

④ 린넨

> **해설** 실크테라피는 헤어에센스로 만들어 사용한다.

236 일반적 스캘프 트리트먼트의 순서로 바른 것은?

① 브러싱 – 스케일링 – 샴푸 – 스티머 – 트리트먼트 – 적외선 – 마사지 – 샴푸 – 수분제거 – 마무리

② 브러싱 – 샴푸 – 트리트먼트 – 스케일링 – 적외선 – 마사지 – 샴푸 – 수분제거 – 마무리

③ 브러싱 – 샴푸 – 마사지 – 트리트먼트 – 스티머 – 적외선 – 스케일링 – 수분제거 – 마무리

④ 샴푸 – 트리트먼트 – 브러싱 – 스티머 – 마사지 – 적외선 – 샴푸 – 수분제거 – 마무리

237 퍼머넌트 웨이브제의 제2제는 산화제이다. 산화작용의 화학적 현상은?

① 물질이 산소를 잃거나 수소와 화합한다.

② 물질이 수소를 잃거나 산소와 화합한다.

③ 물질이 산소와 수소를 잃는다.

④ 물질이 산소 및 수소와 화합한다.

> **해설** 제2제는 물질이 수소를 잃거나 산소와 화합하는 산화작용을 통해 웨이브 고정역할을 한다.

238 스트랜드 테스트의 설명으로 맞지 않는 것은?

① 올바른 색상을 선택하기 위해서 한다.

② 정확한 염모제의 작용시간을 확인하기 위하여 실시한다.

③ 두발의 상태를 미리 확인하기 위함이다.

④ 48시간 동안 그대로 둔다.

239 모낭 형성 시 모발은 어느 배엽에서 형성되는가?

① 내배엽   ② 중배엽
③ 외배엽   ④ 간배엽

> **해설** 세 개의 세포층. 내배엽, 외배엽, 중배엽은 각각의 배엽에서 특정한 기관이 만들어진다. 간배엽은 피질세포 사이를 채우는 간층물질로 구성된다. 간층물질이 손상을 받으면 모발손상의 주요 원인이 된다.

240 체내의 수분과 산 및 알칼리의 균형을 유지시키며 과잉 섭취 시 신장질환의 원인이 되는 것은?

① 인   ② 나트륨
③ 철분   ④ 요오드

> **해설** 세계보건기구의 나트륨(소금) 권장량은 5g으로 과다섭취하면 중증 혈관 질환으로 발전될 가능성이 높다. 다음으로 신장에 문제가 된다.

정답   236 ①   237 ②   238 ④   239 ③   240 ②

241 노화피부의 특징이 아닌 것은?

① 진피 내 무코다당류(히아루론산)의
　감소
② 피지 생산 증가
③ 수분 손실의 증가
④ 콜라겐의 감소

242 남성탈모의 주된 원인에 속하는 것은?

① 고열
② 두피경화
③ 모유두 조직 노화
④ 남성 호르몬 과잉

243 위그 가발의 재질을 구별하는 방법에 대
한 내용으로 가장 적합한 것은?

① 인조가발은 태우면 빠르게 타며 고
　약한 냄새가 나고, 타고 남은 재가
　쉽게 부스러진다.
② 인조가발은 가격이 저렴하고 퍼머
　넌트 웨이브, 탈색 등의 시술이 용
　이하다.
③ 인모가발은 태우면 천천히 타고 손
　으로 비비면 부스러진다.
④ 인모가발은 가격이 비싸고 태우면
　특유의 냄새가 없다.

해설 인모가발은 황타는 냄새가 나며, 퍼머
넌트나 헤어컬러를 할 수 있다.

244 랑게르한스세포에 대한 설명으로 옳은
것은?

① 신경섬유 말단과 연결되어 촉각을
　감지한다.
② 중배엽의 진피에서 유래된 세포로 피
　부 기저층 직상에 걸쳐 산재해 있다.
③ 외배엽의 골수에서 기원하는 세포로
　서 면역과 관련 탐색 기능이 있다.
④ 골수에서 유래된 랑게르한스세포는
　특수한 방법에 의해서 구별된다.

해설 랑게르한스세포는 표피세포의 2~8%
를 차지하는 골수지원성 세포이다.

245 아이론에 대한 설명 중 틀린 것은?

① 굵은 모발이 가는 모발보다 열에
　더 잘 견디며, 가늘거나 염색 처리
　된 모발은 정상적인 모발보다 열에
　약하므로 온도를 조금 낮추어 사용
　한다.
② 고온의 열을 이용하기 때문에 모발
　을 손상시킬 수 있으므로 각별한 주
　의가 필요하다.
③ 일정한 온도를 유지해야 아름다운
　웨이브와 컬을 완성할 수 있다.
④ 1895년 프랑스의 마셀 그라또우
　(Marcel Grateau)에 의해 발명되
　었다.

해설 1875년 마셀 그라또우가 발명했다.

정답 241 ② 　　242 ④ 　　243 ③ 　　244 ④ 　　245 ④

246 다음 중 네일관리 시 필요한 제품이 아닌 것은?

① 팁
② 실크
③ 에어 브러시
④ 콜로디온

> **해설** 콜로디온은 특수 분장 제품으로 상처, 흉터를 만들 때 사용한다.

247 헤어 샴푸의 종류에 대한 설명으로 옳은 것은?

① 리퀴드 드라이 샴푸는 카오린, 탄산 마그네슘 등을 두발에 뿌린 후 건조시켜 털어낸다.
② 에그 샴푸는 달걀 흰자를 거품내어 두발에 발라 건조시킨 후 브러싱해서 제거한다.
③ 핫오일 샴푸는 화학 처리로 인해 건조해진 두발에 지방분을 공급해주는 목적으로 사용한다.
④ 토닉 샴푸는 손상된 모발에 영양분을 보충하여 윤기와 광택을 부여할 목적으로 사용한다.

> **해설** ① 리퀴드 드라이 샴푸는 벤젠 알코올을 사용한다.
> ② 에그 샴푸는 달걀노른자를 사용한다.
> ④ 토닉 샴푸는 두피세정, 두발의 생리기능을 높이는 역할이다.

248 펌 디자인 시 유니폼 레이어형에 보편적으로 적용되지 않는 펌 디자인 형태는?

① 윤곽, 확장 형태
② 쌓은 벽돌 형태
③ 교대 오블롱 형태
④ 수평 프로젝션 형태

> **해설** 수평 프로젝션 형태는 솔리드형이나 원랭스 커트에 적용할 수 있다.

249 린스제의 성분과 작용의 설명으로 틀린 것은?

① 산성 린스제를 장기간 사용하면 표백효과가 있다.
② 산성 린스제의 종류에는 레몬 린스, 구연산 린스 등이 있다.
③ 오일 린스제는 음이온 계면활성제나 유성성분이 주성분이다.
④ 오일 린스제는 모발에 유분을 공급하는데 적합한 린스제이다.

> **해설** 오일 린스는 모발에 유분을 보급할 목적으로 사용하나 지나치게 지성으로 만드는 결점 때문에 현재 잘 쓰지 않는다.

250 퍼머넌트 웨이브 형성에 영향을 주는 요인으로 거리가 가장 먼 것은?

① 모질의 상태
② 스트랜드의 각도
③ 와인딩 회전수
④ 린싱

> **해설** 린싱은 머리를 헹구는 단계에서 금속성 피막성과 불용성 알칼리 성분을 제거하고 정전기와 엉킴을 방지한다.

251 피부를 검게 만들며 탄력 섬유에 손상을 주어 피부노화의 요인이 되는 자외선 파장으로 가장 적합한 것은?

① 100~270nm   ② 280~310nm
③ 320~420nm   ④ 430~540nm

> **해설** 1,000~2,800Å은 원자외선, 2,800~3,200Å은 중자외선, 2,150~4,000Å은 근자외선으로 분류한다. 특히 2,800~3,200Å의 파장을 사람 몸에 유익한 생명선 또는 도르노(Dorno)의 건강선이라 한다.

252 모발구조 중 모표피에 대한 설명으로 틀린 것은?

① 내측으로 볼 수 있는 모표피 비늘층은 4/5 전후이고 나머지 1/5은 겹쳐져 있다.
② 모표피는 모발 내부를 감싸고 있는 화학적 저항성이 강한 층이다.

③ 모표피가 차지하는 비율은 10~15%로 투명, 습윤, 광택, 마찰에 대한 강도가 높다.
④ 모발길이 방향으로 나열된 모표피 세포집단은 모발의 10~15%를 차지한다.

> **해설** 모표피는 모발 가장 바깥쪽의 딱딱한 경 케라틴 층으로 기와 무늬의 투명하며 겹쳐있어 모발 내부를 외부의 자극으로부터 보호하는 역할을 한다.

253 내로우 웨이브(Narrow wave)의 정의에 관한 설명으로 가장 적합한 것은?

① 리지(Ridge)가 수직으로 되어 있는 웨이브이다.
② 리지와 리지 사이가 좁은 곱슬한 웨이브이다.
③ 리지(Ridge)가 수평으로 되어 있는 웨이브이다.
④ 폭이 큰 자연스런 웨이브이다.

> **해설** ① 내로우 웨이브 : 폭이 좁고 작은 웨이브
> ② 스윙 : 큰 움직임을 보는 듯한 웨이브
> ③ 수직 : 위아래로 곧게 향한 움직임
> ④ 수평 : 가로지르는 선을 표현한 웨이브

254 두발의 모주기(Hair cycle) 중 성장기 모발의 기간으로 가장 적합한 것은?

① 약 1~2개월 ② 약 3~6년
③ 약 3~6개월 ④ 약 1~2년

> **해설** 모발의 성장기 수명은 3~6년으로 전체 모발(10~15만모)의 약 88%를 차지하고 한 달에 1.5㎝ 정도 자란다.

255 세임 레이어 커트에 대한 설명으로 틀린 것은?

① 두상 전체의 두발 길이가 균등한 길이를 유지한다.
② 베이직 레이어, 유니폼 레이어라고도 한다.
③ 형에 사용되는 시술각은 두상곡면으로부터 90°이다.
④ 네이프 부위가 길고 탑 부위로 갈수록 짧아진다.

> **해설** ④는 인크리스 레이어형이다.

256 아크릴릭 네일 조형 시 아크릴릭 제품이 자연 네일 표면에 잘 접착되도록 네일에 바르는 재료는?

① 모노머(Monomer)
② 프라이머(Primer)
③ 폴리머(Polymer)
④ 카탈리스트(Catalyst)

> **해설** 프라이머는 접착력을 높이기 위해 손톱, 발톱 표면에 바르는 용액이다.

257 가발(인모)의 세정에 대한 설명으로 가장 적합한 것은?

① 리퀴드 드라이 샴푸를 한다.
② 양손으로 마찰하면서 세척한다.
③ 보통 샴푸로 하고 세정 시 반드시 빗을 사용하지 않고 한다.
④ 달걀 노른자로만 한다.

> **해설** 리퀴드 드라이 샴푸
> ① 벤젠이나 알코올 등의 휘발성 용제에 24시간 담갔다가 그늘에서 말린다.

258 과산화수소에 대한 내용으로 틀린 것은?

① 1볼륨은 1분자의 과산화수소가 방출하는 산소의 양을 나타낸다.
② 1분자의 과산화수소와 10볼륨의 6%의 과산화수소와 동일하다.
③ 9% 과산화수소는 100% 용액에 대하여 물 91g에 과산화수소 9g을 포함한다.
④ 6~10볼륨의 과산화수소는 색 활성화제 또는 색 완화제이다.

> **해설** 1분자의 과산화수소와 10볼륨의 3%의 과산화수소이다.

 정답 254 ②   255 ④   256 ②   257 ①   258 ②

259 12% 농도의 과산화수소는 몇 볼륨(Volume)의 블리치력을 갖는가?

① 20Vol

② 30Vol

③ 40Vol

④ 50Vol

해설 40Vol은 3~4 레벨 모발을 밝게 한다.

260 토탈 뷰티 코디네이션 시 의복 디자인의 원리는?

① 균형 – 리듬 – 비율 – 강조 – 색채

② 균형 – 비율 – 리듬 – 강조 – 통일

③ 균형 – 비율 – 리듬 – 재질 – 색채

④ 균형 – 비율 – 리듬 – 재질 – 통일

261 다음에서 설명하는 것은?

> 조선왕조실록 정조(正祖) 3년 2월의 내용을 살펴보면 가체에 대한 사치가 심해지자 정조는 등극하면서 궁중에서 사용하고 있던 가체를 금지하는 대신 나무로 만들어서 사용하도록 하였다.

① 첩지   ② 비녀

③ 떨잠   ④ 떠구지

해설 떠구지 : 어업머리 위에 장식한 나무틀

정답 259 ③   260 ②   261 ④

Part II

공중보건학

국가기술자격시험 미용사 일반 필기

| 참고문헌 |

「공중보건학」 제3판, 이한기, 문효정, 유용호, 이석일, 이준영 저, 현문사, 2013.3.8.
「에센스 공중보건학」, 김경희, 손규목, 오명석, 이해정, 최신식 저, 지구문화사, 2015.2.10

Hairdresser Written Test

Chapter 01 공중보건학 총론

01 공중보건학의 개념

1 공중보건학의 정의(C.E.A Winslow)

조직적인 지역사회의 노력으로 인하여 질병을 예방하고 생명을 연장시키며 신체적, 정신적 효율을 증진시키는 것을 의미한다.

2 세계보건기구(WHO)가 규정한 건강의 정의 (WHO 헌장)

건강이란 단순히 질병이 없거나 허약하지 않은 상태를 뜻하는 것만 아니라 신체적, 정신적 사회적으로 완전한 상태를 의미한다.

02 공중보건사업

1 공중보건의 3대사업

① 보건교육   ② 보건행정   ③ 보건관계법

2 공중보건교육대상

① 지역사회주민 또는 국민전체를 대상으로 한다.
② 공중보건사업 교육대상은 지역사회(최소단위)이다.
③ 공중보건은 개인을 대상으로 하는 사업이 아니다.

03 보건지표(보건지수)

1 보건지표의 정의

국가간 또는 지역사회의 건강수준은 보건지표를 이용하여 국민의 보건수준을 보건지표로 나타낸다.

2 3대보건지표(영아사망률 대표적 지표)

① 영아사망률 　　② 비례사망지수 　　③ 평균수명

3 WHO의 건강지표

① 평균수명 　　② 조사망률 　　③ 비례사망지수

> 💎 **Tip** 　영아사망률은 대표적인 보건수준평가 지표로 사용된다.

04 공중보건사업주요내용

1 질병관리

감염병관리, 기생출질환관리, 성인병관리

2 환경관리

오염관리, 위생관리, 식품위생, 공해문제 등

3 보건관리

보건행정, 인구보건, 보건영양, 모자보건, 정신보건, 학교보건 등

(1) α-index

영아 사망 중의 신생아 사망이 차지하는 비중으로서 선진국 일수록 1에 가까워진다.

α-index = 영아사망수 / 신생아사망수

05 인구보건 및 보건지표

1 인구 성장론

인구의 성장과 감소는 출생과 사망, 유입과 유출에 의해서 결정되는데 국민의 경제성장 공업화, 산업화 등 사회상에 영향을 받게 된다.

2 인구 증가

국가나 지역사회의 인구증감은 자연증가와 사회증가의 합을 의미하지만 세계 인구증감은 출생과 사망의 자연증가에 의해서 결정된다.

(1) 자연적 증가

① **조자연증가율** : $\dfrac{연간출생 + 연간사망}{인구} \times 1,000 =$ 조출생률 − 조사망률로 산출한다.

② **증가지수 또는 동태지수** : 출생수와 사망수의 비 또는 조출생률과 조사망률의 비로 산출한다.

③ **재생산율(Reproduction rate)** : 여자가 일생동안 낳는 평균 자녀수이며, 어머니의 사망률을 무시하는 재생산율을 총재생산율이라 하고 사망을 고려하는 경우에는 순재생산율이라 한다. 순재생산율 1.0이라면 인구의 증감이 없고, 1.0 이하이면 인구의 감소를, 1.0 이상이면 인구의 증가를 뜻한다.

(2) 사회적 증가(Social increase)

① 사회증가 = 유입인구 − 유출인구

② 자연증가 = 출생인구 − 사망인구

③ 인구증가 = 자연증가 + 사회증가

④ 인구증가율 $= \dfrac{\text{자연증가} + \text{사회증가}}{\text{인구}} \times 1,000$

⑤ 연간인구증가율 $= \dfrac{\text{연말인구} + \text{연초인구}}{\text{연초인구}} \times 1,000$

(3) 연령별 구성

연령별 구성은 전쟁, 인구이동, 감염병 등에 의하여 영향을 받으며 지역별로는 산업구조나 교육기관의 유무 등이 인구연령별 구성에 영향을 미친다.

① **영아인구(1세미만)** : 초생아, 신생아, 영아로 구분하기도 한다.
② **소년(유년)인구(1~14세)** : 유아인구, 학령전기인구, 학령기인구 등으로 나누어 생각하기도 한다.
③ **생산연령인구(15~64세)** : 청년인구, 중년인구, 장년인구로 구분하기도 한다.
④ **노년인구(65세 이상)**

06 연령별, 성별 구성의 5대 기본형

인구 구성은 성별 및 연령별 구성을 결합하여 인구의 정형과 비교 관찰하는 경우가 많은데 인구구성의 일반적 기본형은 다음과 같다.

① **피라미드형** : 인구가 증가할 잠재력을 많이 가지고 있는 형으로 출생률이 높고, 사망률도 높은형이다. 14세 이하 인구가 65세 이상의 인구의 2배 이상인 경우로 비생산층 인구끼리 비교한다.
② **종형** : 인구정지형으로 출생률과 사망률이 다 낮고, 14세 이하가 65세 이상 인구의 2배 정도인 경우이다.
③ **항아리형** : 평균수명이 높은 선진국가에서 볼 수 있는 형으로 인구가 감소하는 형이다. 출생률이 사망률보다 더 낮아 14세 이하가 65세 이상의 2배 이하인 경우이다.
④ **별형** : 생산연령인구가 많이 유입되는 도시지역의 인구 구성으로서 생산층 인구가 전체 인구의 1/2 이상인 경우로서, 생산층 인구가 증가되는 형이다.
⑤ **기타형** : 별형과는 반대로 생산층 인구가 다수 유출되는 농촌에서 볼 수 있는 형으로 생산층 인구가 전체 인구의 1/2 미만인 경우로서 생산층 인구가 감소하는 형이다.

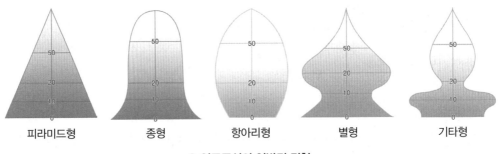

피라미드형　　종형　　항아리형　　별형　　기타형

○ **인구구성의 일반적 정형**

07 기타 인구 구성

인구 구성형은 산업별, 직업별, 인종별, 국적별, 교육정도별 등으로도 분류할 수 있다.

08 공중 보건의 지표

한 지역 사회나 국가의 보건 수준을 나타낼 수 있는 지표로서 영아 사망률, 보통 사망률, 비례사망지수 등이 있으나, 대표적인 것은 영아 사망률이며 더욱 세밀한 A-Index(신생아사망률 – 영아 사망률)가 이용된다.

한 국가 또는 지역사회 간의 보건수준을 비교하는 3대 지표는 ① 영아 사망률 ② 평균수명 ③ 비례사망지수이다.

① **영아 사망률 지표** : 생후 1세 미만의 연령군이라 일반 사망률에 비해 통계적 유의성이 크다.

$$영아사망률 = \frac{연간\ 영아사망수}{연간\ 출생아수} \times 1,000$$

② **평균 수명** : 사람이 평균적으로 몇 년을 살 수 있는지 통계를 나타내는 것이다. 평균 수명은 0세 때의 평균수명을 말한다.

③ **비례사망지수** : 연간 인구 사망수에 대한 50세 이상의 사망수를 백분율(%)로 표시한

지수이다.

$$비례사망지수 = \frac{50세 \ 이상 \ 사망수}{총 \ 사망수} \times 1,000$$

09 가족계획

1 가족계획사업

(1) 1960년대 : 자녀가 5~10명이상 되는 시절에 출생하는 자녀의 수를 줄이기 위해 3자녀 갖기 운동이 적극적으로 전개 되었다.

(2) 1970년대 : 가족계획사업이 2자녀 갖기 운동으로 출생자녀수를 낮추는 성과를 올렸다.

(3) 1980년대 : 저출산으로 인한 인구문제를 예상하지 못하였다.

2 가족계획의미

가족계획이란 알맞은 수의 자녀를 알맞은 터울로 낳아서 잘 양육하여 잘 살 수 있도록 하자는 뜻이다.

3 초산이 빠를수록 좋은 이유

(1) 불임증의 조기발견 및 조기치료를 위해서

(2) 초산이 늦을수록 난산이 많으므로

(3) 자녀의 수 터울을 조절할 수 있어서

(4) 노후에 자녀의 양육이나 교육능력을 고려해서

4 단산이 빠를수록 좋은 이유

(1) 단산이 늦어지면 자궁암이나 자궁근종에 의한 불임증이 많다.

(2) 빠른 단산은 여자의 젊음을 오래 유지할 수 있다.

(3) 자녀 양육의 임무를 비생산 연령이 되기 전에 마칠 수 있다.

(4) 단산은 모성사망의 위험성을 줄일 수 있다.

5 출산 간격

2명 이상을 낳을 때는 출산 간격은 2~5년 사이가 좋다.

6 출산 횟수

우리나라 가족협회 구호는 아들, 딸 구별말고 둘만 낳고 기르자

7 출산 계획

더운 여름철이나 추운 겨울철보다 봄이 좋다.

Chapter 02 모자보건

01 모자 보건의 목적

1 모자 보건의 정의(WHO 정의)

"모자 보건이란 모성의 건강유지와 육아 기술을 터득하여 정상분만과 정상적 자녀를 갖게하며 예측이 가능한 사고나 질환과 기형아를 예방하는 사업

02 모성 사망의 주요 원인

① 고혈압성 질환(임신중독증, 자간증)
② 출혈성 질환
③ 자궁 외 임신(유산)
④ 감염증(패혈증, 산욕열)

> **Tip** 모성사망시기는 주로 60~70%가 분만 후 사망이고, 분만 중 사망은 20% 전후, 분만 전은 20% 미만이다.

03 유산, 조산, 사산

① **유산** : 임신 7개월(28주)까지의 분만을 말한다.
② **조산** : 임신 28주부터 38주 사이의 분만을 말한다.
③ **사산** : 죽은 태아를 분만하는 경우를 말한다.
④ **정기산** : 39주부터 42주 사이의 4주간 사이에 분만을 말한다.
⑤ **과기산** : 임신 43주 이후 분만이며 체중 4kg 이상을 말한다.

04 영유아기의 특성

① **초생아** : 출생 1주까지
② **신생아** : 출생 4주까지
③ **영아** : 출생 1년까지
④ **유아** : 출생 4세이하

> 💎 **Tip**   선천기형아 : WHO에 의하면 전세계 신생아 중 5% 정도가 기형아나 이상이라고 한다.

05 한국의 영아 사망 10대 원인

① 태아발육장애   ② 신생아 호흡곤란   ③ 심장기형
④ 출산질식   ⑤ 신생아 호흡기질환   ⑥ 신생아 패혈증
⑦ 주산기 질환   ⑧ 출생아 출혈성질환   ⑨ 분만합병증
⑩ 기타 기형

> 💎 **Tip**   1997년 통계청 보고에서 영아 사망 5대 원인

① 선천성 이상 사망   ② 주산기 사망   ③ 불의의 사고사
④ 폐렴 및 기관지염 사망 ⑤ 심장병 사망

06 영유아의 보건

① **임신중독증** : 임신후반기 특히 8개월 이후 다발한다. 임산부 사망의 최대원이 되며 유산, 조산, 사산의 원인이 된다.
② **주산기 사망** : 임신 8개월(29주)이후부터 출생 1주 이내의 사망을 뜻하며 주원인은 임신 중독, 난산, 조산, 무산소 및 저산소증, 출생 시 손상 등이다.

③ 조산아 : 체중을 측정하여 2.5kg 미만을 조산아라 한다.

④ 조산아 4대 관리 원칙 : 체온보호, 감염병 감염방지, 영양보급, 호흡관리

⑤ 영아 : 12개월까지를 말하며 사망원인은 선천적 기형 및 출생아의 고유질환, 분만 시 손상, 폐렴, 기관지염, 위장염, 조산 등이다.

⑥ 유아 : 1~4세의 사망은 소화기 질환 및 호흡기계 질환이 많았으나 오늘날은 불의의 사고인 낙상, 화상, 익사 등이 많다.

07 임신중독증 관리

① 단백질, 비타민 공급

② 적당한 휴식과 체온 보호

③ 정기적 건강진단

※ 식염 당질, 지방질 과량섭취 금함.

08 유 · 조 · 사산 관리

① 조기발견, 조기치료　　② 급성 전신질환감염 사전예방　　③ 정기적인 진료

④ 난산자는 입원분만유도　　⑤ 산월 증설 및 보건교육　　⑥ 적당한 휴식

09 조산아 보호관리

① 체온보호　　② 감염병 전염방지　　③ 영양보급　　④ 호흡관리

Chapter 03 환경보건

01 환경위생

우리 인간의 건강이나 안전 및 생활의 편의 등에 직접 또는 간접적으로 영향을 미치는 환경은 이화학적 환경, 생물학적 환경, 사회적 환경, 문화적 환경 등 다양하다.

```
         ┌─ 자연적 환경 ┌─ 이화학적 환경 : 기온, 기습, 공기, 소음, 수질, 압력 등
         │             └─ 생물화학적 환경 : 미생물, 설치류, 모기, 파리 등
환경 ────┤
         │             ┌─ 인위적 환경 : 의복, 식생활, 주택, 위생, 시설 등
         └─ 사회적 환경 └─ 문화적 환경 : 정치, 경제, 종교 등
```

1 기후의 3요소

① 기온   ② 기습   ③ 기류

2 기후의 유형

① **대륙성 기후** : 일교차가 크고, 여름은 고온저기압을 잘 형성하며, 겨울은 맑은 날이 많은 것이 특징이다.

② **해양성 기후** : 기온변화가 육지보다 적고 완만하며, 고습다우성이며 자외선량과 오존량이 많은 것이 특징이다.

③ **사막기후** : 대륙성 기후의 극단기후 특성이 있다.

④ **산악기후** : 풍량이 많으며, 자외선과 오존량이 많은 것이 특징이다.

⑤ **산림기후** : 온화하고 온도교차가 적으며, 습도가 비교적 높은 것이 특징이다.

3 기후대

① **열대기후** : 연중 고온 다우 지역이고, 월평균 기온이 20℃ 이상인 지대

② **아열대** : 사막지역과 같이 강우량이 적은 지역

③ **한대기후** : 5월과 8~9월에 일교차가 심하고, 아한대는 여름철이 짧고 혹한의 겨울이 특징이다.

④ **온대** : 4계절의 구분이 확실하며 연평균기온이 10~20℃의 지대를 말한다.

> 💎 **Tip**
> - 열대와 한대의 중간지역(온대)
> - 연평균 기온 20℃의 등온선을 기준으로 열대와 온대로 나눔
> - 월평균 기온 10℃인 등온선을 기준으로 온대와 한대로 나눔

4 일광

파장의 범위가 넓지만 전체의 99%는 자외선, 가시광선, 적외선이다. 가시광선은 52%, 적외선은 42%, 자외선은 6% 정도이다.

(1) 일광의 역할

① 피부를 튼튼하게 한다.

② 장기기능 및 식욕을 증진시킨다.

③ 적혈구 및 헤모글로빈 증가로 산소흡수능력을 증가시킨다.

(2) 자외선(건강선, 생명선)

① 1cm^{2}당 85μW 자외선을 20분 이상 조사한다.

② **살균작용** : 2,500 ~ 2,800Å

③ **장애작용** : 피부의 홍반 및 색소침착을 일으키며 심할 때는 부종, 수포 형성, 피부박리, 결막염, 설안염, 피부암 등을 발생시킬 수 있다.

④ **긍정적 작용** : 비타민 D 형성, 구루병 예방, 피부결핵과 관절염 치료, 신진대사 촉진, 적혈구 생성촉진

(3) 가시광선

가시광선 파장은 3,900~7,700Å으로 망막을 자극하여 물체 식별은 물론 색채를 구별한다. 눈에 적당한 조도는 100~1,000lux이며 조도가 낮거나 지나치게 강하면 시력장애, 안정피로, 작업능률저하, 안구진탕증 등을 일으킨다. 태양 복사의 약 43%는 가시광선이며 빨간색에서 보라색으로 갈수록 파장이 짧아진다.

(4) 적외선(열선)

① 적외선은 파장이 7,800Å 이상이며 광선열 작용을 하기 때문에 열선이라고 한다.

② 적외선의 인체에 대한 작용은 피부온도 상승, 혈관확장, 피부홍반 등이다.

③ 적외선 고량조사 시 두통, 현기증, 열경련, 열사병의 원인이 된다.

5 온열조건

기온, 기습, 기류, 복사열로서 이를 4대 온열인자 또는 온열요소라고 하고, 종합적인 상태를 온열조건이라 한다.

(1) 기온(온도) : 보건적 실내온도는 18±2℃, 침실은 15±1℃, 병실은 21±2℃

(2) 습도(기습)

① 보건적으로 쾌적한 기습은 40~70% 범위

② 15℃에서는 70~80%, 18~20℃에서는 60~70%, 24℃ 이상에서는 40~60%가 적절하다.

(3) 기류(바람)

실내에서 쾌적한 기류는 0.2~0.3m/s이고, 실외에서는 1m/s 정도이다(0.1m/sec는 무풍, 0.5m/sec 이하는 불감기류).

(4) 복사열 : 복사열은 적외선에 의한 열이며 태양 에너지의 약 50%는 적외선이다.

6 종합온열지표

(1) 쾌감대 : 일반적으로 적당한 착의 상태에서 쾌감을 느낄수 있는 온열 조건

① 불감기류 : 0.2~0.5m/sec

② 기온(온도) : 17~18℃

③ 습도 : 60~65%

◎ 온도와 습도와 관계에서 쾌감을 느낄 수 있는 점(쾌감선)

(2) 감각온도(체감온도 : 실효온도)

① 기온, 기습, 기류의 3인자가 종합적으로 인체에 작용

② 기온이 20℃이고 무풍, 습도가 100%일 때 감각온도는 20℃이다.

③ 최호적 감각온도 : 여름철(64~79℉, 21.7℃) 겨울철(60~74℉, 18.9℃)

(3) 불쾌지수

불쾌지수는 기후상태로 인간이 느끼는 불쾌감을 기온과 기습을 조합하여 나타낸 지수이다.

① DI ≥ 70 : 다소 불쾌(10% 정도)

② DI ≥ 75 : 50% 불쾌

③ DI ≥ 80 : 거의 모든 사람이 불쾌

④ DI ≥ 85 : 매우 불쾌(모든 사람이 견딜 수 없는 상태)

(4) 체온조절

① 체온의 정상범위는 36.1~37.2℃이며 이 범위를 벗어나면 생리적 변화를 초래한다.

② 체온이 42℃ 이상이면 불가역적 변화를 일으키며, 특히 신경조직의 기능마비가 문제된다.

③ 체온이 30℃ 이하로 떨어지면 각 기관의 기능이 상실되어 회복불능의 상태가 된다.

④ 주위 환경의 기후조건에도 불구하고 체표온도 37℃의 구강온도를 유지한다.

> 💎 **Tip** 지적온도(피부가 순응할 수 있는 온도의 범위 10~40℃)
> • 주관적 지적온도(쾌적감각온도) : 감각적으로 가장 쾌적하게 느끼는 온도
> • 생산적 지적온도(최고생산온도) : 생산능률을 가장 많이 올릴 수 있는 온도
> • 생리적 지적온도(기능적 지적온도) : 최소의 에너지 소모로 최대의 생리적 기능을 발휘할 수 있는 온도

7 공기와 건강

(1) 공기의 성분

공기는 물 및 음식물과 더불어 인간의 생명을 유지하는데 꼭 필요한 절대적 3대 요소 중하나이다. 물 없이는 5일, 물만 있으면 1개월까지 생존하나 공기 없이는 단 5분도 살아남기힘들다.

① 성인이 하루에 필요한 음료수 : 2ℓ

② 성인이 하루에 필요한 음식물 : 1.5kg

③ 성인이 하루에 필요한 공기 : 13kℓ

(2) 정상공기의 화학적 성분

성분	화학기호	체적백분율(%)	중량백분율(%)
산소	O_2	20.93	23.01
질소	N_2	78.10	75.51
아르곤	Ar	0.93	1.286
이산화탄소	CO_2	0.03	0.04
네온	Ne	0.0018	0.0012

(3) 공기의 자정작용

① 공기 자체의 희석작용

② 강우나 강설 등에 의한 융해성 가스와 부유성 먼지의 세정작용

③ 산소와 오존 및 과산화수소에 의한 산화작용

④ 태양광선 중 자외선에 의한 살균작용

⑤ 녹색식물의 광합성에 의한 CO_2와 O_2의 교환작용

(4) 대기오염의 원인

① 각종 연료의 연소과정

② 화학물질의 화학반응과정

③ 각종 물질의 물리적 변화과정

(5) 군집독

다수인이 밀집한 실내 속 기후는 화학적 조성이나 물리적 조성의 큰 변화를 일으켜 불쾌감, 두통, 권태, 현기증, 구기, 구토, 식욕저하 등 생리적 이상을 일으켜 이런 현상을 군집독이라 한다.

(6) 산소

① 대기중의 산소의 변동범위는 15~27%이지만 일반적으로 21%이다.

② 실내공기중 산소량 10% 이하가 되면 호흡곤란이 온다.

③ 실내공기중 산소량 7% 이하가 되면 질식하게 된다.

(7) 이산화탄소(CO_2)

① 무색, 무취의 비독성가스이다.

② 실내공기 오염의 지표이다.

③ 이산화탄소 실내 서한량은 0.1%(1,000ppm)이다.

④ 실내공기중 이산화탄소가 7% 이상 증가하면 호흡곤란이 온다.

⑤ 실내공기중 이산화탄소가 10% 이상 증가하면 의식상실, 사망에 이르게 된다.

(8) 일산화탄소(CO)

① 무색, 무취이며 자극성이 없는 기체로 공기보다 가벼운 기체

② 물체가 불완전 연소할 때 많이 발생한다.

③ CO는 혈중의 헤모글로빈과 친화성이 산소에 비해 210~300배 강함

④ 조직세포에 공급할 O_2의 부족으로 무산소증 일으키며 이를 일산화탄소 이중작용이라 한다.

💎 Tip 일산화탄소 중독증상

① 혈중의 COHb 포화도 10% 미만 무증상 (20%에서 임상증상)

② 혈중의 COHb 포화도 50%에서 구토증

③ 혈중의 COHb 포화도 60%에서 혼수상태

④ 혈중의 COHb 포화도 70%이상에서 사망

💎 Tip 일산화탄소 허용한도

① 1시간 기준 : 0.04%(400ppm)

② 8시간 기준 : 0.01%(100ppm)

③ 0.1%(1,000ppm) 이상이면 생명이 위험

---

(9) 질소(N_2) : 감압병(잠함병)

① 공기 중 질소(N_2)의 구성비는 78%이며 이는 정상 수치이다(인체 피해 없음).

② 고기압환경이나 감압시 영향을 받게 되는데 4기압 이상 마취작용, 10기압 이상이면 의식상실, 사망한다.

③ 잠수작업이나 잠함작업과 같은 고압환경에서는 중추신경계에 마취작용을 하게 되며, 고압으로부터 급속히 감압할 때는 혈액 속의 질소가 기포를 형성하여 모세혈관에 혈전 (血栓)현상을 일으키게 되는데, 이를 감압병 또는 잠함병이라고 한다.

(10) 아황산가스(SO_2) : 도시공해의 요인

① 공기중의 비중은 공기 1에 대하여 2.263이다.

② 자극적인 냄새가 나는 무색 기체로 유독하다.

③ 대기오염의 지표로 서한도는 0.05ppm이다.

④ 점막의 염증, 호흡곤란, 농작물의 피해 등을 일으킨다.

(11) 오존(O_3)

① 자극성이 있는 가스체로 살균, 탈취, 탈색 작용이 있다.

② 성층권(지상 25~30km)에 있는 오존층은 자외선의 대부분을 흡수하여 지구 생태계를 유지시킨다.

③ 냉장고, 에어컨, 스프레이 등에 사용되는 프레온 가스가 오존층 파괴의 주범이다.

8 수질환경

(1) 상수

① 물의 생리적 작용

㉠ 물은 음식물의 소화, 운반, 영양분 흡수, 노폐물 배설, 호흡, 순환, 체온조절의 생리적 작용을 한다.

㉡ 성인의 경우 2.0 ~ 2.5L가 필요하다.

㉢ 사람 체중의 수분(60~70%)

㉣ 사람 세포내 수분(40%)

㉤ 사람 조직간 수분(20%)

㉥ 사람 혈액내 수분(5%)

㉦ 사람 체내 수분이 10% 상실하면 생리적 이상이 생긴다.

㉧ 사람 체내 수분이 20~22% 소실되면 생명이 위험하다.

㉨ 사람은 생명을 유지를 위하여 1일 2~2.5 ℓ 물이 필요하다.

② 수인성 전염의 전염원

㉠ 수인성(소화기계)전염병 : 오염된 물이나 음식물에 의해 전염

　　– 장티푸스, 파라티푸스, 세균성 이질, 콜레라, 유행성 간염 등 감염병

ⓛ 병원체들은 물에서 오래 생존 못하고 서서히 사멸
- 온도가 부적당 - 영양원 부족
- 일광에 살균작용 - 잡균과 생존 경쟁

③ 기생충 질병의 전염원(물과 관계되는 기생충)

㉠ 간디스토마(간흡충)

㉡ 폐디스토마(폐흡충)

㉢ 주혈흡충

㉣ 회충

㉤ 편충 등

※ 분변으로 오염 전파된다.

④ 수중불소량과 우식치

㉠ 불소가 너무 많은 물을 장기음용하면 반상치가 발생

㉡ 불소가 너무 적은 물을 장기음용하면 우식치 또는 충치가 발생

㉢ 반상치, 우식치는 주로 8~9세 어린이에게 많이 발생

㉣ 수중에 불소가 적은 경우 1ppm 정도 주입 방법 사용

⑤ 먹는물의 수질기준

㉠ 일반세균은 1ml 중 100(CFU)을 넘지 아니할 것

㉡ 대장균균은 50ml에서 검출되지 아니할 것

⑥ 대장균의 수질오염지표

㉠ 최확수(MPN) : 일반적으로 검수 100ml당 대장균군수

㉡ 대장균지수 : 대장균을 검출한 최소의 검수량의 역수로 나타낸다.

㉢ 먹는물에 대한 대장균군 시험 : 추정시험 → 확정시험 → 완전시험

⑦ 물의 자정작용

㉠ 희석작용 ㉡ 침전작용 ㉢ 폭기 등에 의한 산화작용

㉣ 자외선 살균작용 ㉤ 생물의 식균 작용

⑧ 정수법

㉠ 침전 : 보통침전법, 약물침전법

㉡ 여과 : 완속사여과, 급속사여과법

(2) 소독

① **물의 소독** : 가열법, 자외선법, 오존법, 염소소독법

  ㉠ 염소소독법의 장점

   – 소독력이 강하다.

   – 잔류효과가 우수하다.

   – 조작이 간편하고 가격이 저렴하다.

  ㉡ 염소소독법의 단점

   – 냄새가 강하다.

   – 발암 물질인 트리할로메탄이 발생 할 수 있다.

  ㉢ 유리 잔류 염소

   – 결합잔류염소 0.4mg/ℓ

   – 음용수 수도전 0.2mg/ℓ

> **Tip**
> • 상수소독에는 염소독이 사용되면 음용직전의 유리잔류 염소농도는 0.2mg/ℓ 이상 유지
> • 물 18ℓ 표백분 1~2g

(3) 경수와 연수

① **경수연화법**

  ㉠ 일시적 경수 : 탄산칼슘 등을 함유하고 있는 경수는 끓이면 연수로 변하여 단물이 된다.

  ㉡ 영구적 경수 : 물속에 황산염이 있어 끓여도 변화가 없기때문에 연수로 변화시킬 때는 석회소다요법과 탄산나트륨, 레올라이트(이온교환)법을 이용한다.

> **Tip** 세탁 후 흰 천이 붉게 물들거나 맑은 물에서 비린내가 나는 것은 물속의 철분 성분 때문이다.

Chapter 04 하수처리

01 하수

1 하수도의 분류

① **합류식** : 하수나 천수 등을 한꺼번에 운반
② **분류식** : 천수를 별도로 운반
③ **혼합식** : 천수와 가정용수의 일부를 운반

2 하수처리

① **예비처리** : 제진망, 침사지, 침전조 등의 시설을 이용한다.
② **본처리** : 호기성 분해처리, 혐기성 분해처리
  ㉠ 호기성 분해처리는 살수여상법과 활서오니법이 있다.
  ㉡ 혐기성 분해처리는 부패조, 임호프탱크, 산화지법 등이 있다.
③ **오니처리** : 투기법, 소각법, 퇴비화법, 사상건조법, 소화법 등이 있다.

3 하수오염측정

(1) 생물학적 산소요구량(BOD)

① 세균이 호기성 상태에서 유기물질을 산화하는 데 소비한 산소량이다.
② 하수오염도 측정은 20℃에서 5일간 측정한다.
③ BOD가 높다는 것은 오염도가 높음을 의미한다.
④ 방류 하수의 기준에서 가정하수는 20ppm이다.
⑤ 폐수는 30ppm 이하이다.
⑥ 물고기 서식한계는 5ppm 이하이다.

(2) 화학적 산소요구량(COD)

주로 공장 유독성 폐수측정에 이용된다.

(3) 용존산소량(DO)

수중에 용해되어 있는 산소량을 말하며 BOD가 높으면 DO는 낮아진다.

(4) 분뇨 오염

① **분변오염질환** : 장티푸스, 세균성 이질, 콜레라 등

② **분변오염기생충질환** : 회충, 구충, 편충, 요충

(5) 변소의 유형

① **흡취식 변소** : 분뇨분리식 변소, 메탄가스발생식 변소, 부패조 변소

② **수세식 변소** : 하수도가 없는 지역에서 분뇨정화조를 설치하여 오수정화한 후 방류하는 시설을 갖춘 변소로서 우리나라 도시에서 사용

> **Tip** 정화조를 1년에 1회 청소하는 이유
>
> 방류수가 악화되므로 청소하여야 한다.

05 쓰레기(폐기물) 처리

01 쓰레기 분류

1 생활폐기물의 분류

- 주개(제1류) : 동물성 및 식물성 주개
- 가연성 진개(제2류) : 종이, 나무, 풀, 고무류, 피혁류 등
- 불연성 진개(제3류) : 금속, 도자기, 석기, 초자, 토사류 등
- 재활용성 진개(제4류) : 병류 종이류, 플라스틱류 등

2 산업 폐기물

산업 폐기물은 특성에 따라 위탁처리한다.

3 매립법

- 매립 경사는 30°이다.
- 매립 진개 두께는 1~2m이상이다.
- 매립 후 10년 경과 되어야 사용 가능하다.

Chapter 06 주택보건

01 주택보건

(1) 주택의 기본적 조건

① 건강성   ② 안정성   ③ 기능성   ④ 쾌적성 등이 4대요소이다.

(2) 주택의 위생학적 조건(대지)

① **환경** : 공해 발생 우려가 없고 교통이 편리해야 함
② **지형** : 넓고 언덕의 중복위치
③ **지질** : 건조하고 침투성이 크며 유기물의 오염이 되지 않은 곳
④ **지하 수위** : 지표로부터 1.5m 이상 3m 정도인 곳

(3) 주택 구조

① **지붕** : 방습, 방한, 방열을 잘할 수 있어야 함
② **마루** : 통기를 고려해 지면으로부터 45cm 이상 간격을 두어야 함
③ **거실 천장 높이** : 2.1m 정도가 적당
④ **벽** : 방한, 방습, 방음, 방화, 방서 등이 고려되어야 함
⑤ **방이나 거실의 배치** : 남향으로 하고 잘 사용하는 방을 북쪽으로 함

(4) 소음진동관리법

① 층간소음(공동주택층간소음)
② 직접충격소음(뛰거나 걷는 동작음)
③ 공기전달소음(TV, 음향기음)

(5) 직접충격소음 허용기준

1시간동안 측정하여 1분간 소음도가 주간(43dB), 야간(38dB) 이내

(6) 최고소음 허용기준

1시간동안 3회 이상 측정하여 주간(57dB), 야간(52dB) 이하

(7) 공기전달소음 허용기준

5분간 주간(45dB), 야간(40dB) 이하

Chapter 07 환기

01 자연환기

① **중력환기** : 실내와의 온도차에 의해서 이루어지는 환기를 말하며 실내로 들어오는 공기는 하부로, 나가는 공기는 상부로 이동하는데 그 중간에 압력 0의 지대가 형성된다.

② **풍력환기** : 음압에 의한 압력차에 의하여 형성되는 환기이다.

> **Tip** 바람의 세력, 속력, 매초미터로 나타낸다.

02 인공환기

동력을 이용한 인공적인 환기 또는 동력환기라고 한다.

① **배기식 환기법** : 실내의 오염공기를 실외로 내보내는 방법

② **송기식 환기법** : 외부의 신선한 공기를 실내로 불어넣는 방법

③ **평형식 환기법** : 송기식 환기법과 배기식 환기법을 병용하는 방법

03 채광 및 조명

(1) 자연조명(채광)

① 주간의 태양광선에 의하여 밝기를 유지하는 것을 자연조명(채광)이라 한다.

② 자연조명에는 직사광선과 천공광이 관여하는데 창을 통하여 실내에 이용되는 것을 천공광이라 한다.

③ 천공광은 1년을 통하여 주광량의 양이 10~25%이다(비가 올 때 주광은 전부 천공광이다.)

(2) 주택의 자연조명 조건

① **창의 방향** : 주택의 방향은 남향이 좋으며, 주택의 일조량은 하루에 4시간 이상이 좋다. 조명의 평등을 요하는 작업실은 동북 또는 북창이 좋다.

② **창의 면적** : 방바닥 면적의 1/7 ~ 1/5이 적당하며 최저 1/2 이하여서는 안 된다.

③ **거실의 안쪽 길이** : 거실의 안쪽 길이는 창틀 윗부분까지의 높이의 1.5배 이하인 것이 좋다.

④ **개각과 입사각** : 실내 각점의 개각 4~5°, 입사각은 28° 이상이 좋다.

(3) 인공조명

인공조명은 액체, 가스, 고체물 등의 연소방법으로 얻는 방법보다 전기 에너지를 이용하는 것이 위생적이다. 인공조명방법은 직접조명, 간접조명 및 반간접조명의 3가지 방법이 있다.

① **직접조명** : 조명효율이 크고 경제적이기는 하지만 현휘(눈부심)를 일으키고 강한 음영 (그늘)으로 불쾌감을 준다.

② **간접조명** : 반사에 의한 산광상태로, 온화하며 음영이나 현휘도 생기지 않으나 조명효율이 낮고 설비 유지비가 다소 비싸게 든다.

③ **반간접조명** : 직접조명과 간접조명의 절충식으로 반투명의 역반사각에 의해 작업면 상에 오는 광선의 1.2 이상을 간접광에, 나머지를 직접광에 의존하는 방법이다.

> **Tip** 인공조명의 구비조건
> • 조명의 색은 주광색에 가까운 것이 좋다.
> • 너무 강한 음영이나 현휘를 일으키지 않아야 한다.
> • 유해가스의 발생과 폭발 및 발화 위험이 없어야 한다.
> • 조도는 균등하며 충분한 밝기여야 한다.
> • 취급이 간편하고 저렴해야 한다.
> • 광원은 작업자 왼쪽 위에서 비추는 것이 좋다.

(4) 적정 조명의 조도

① **현관, 복도, 화장실, 강당, 거친 작업실** : 50 ~ 100lux

② **일반작업실** : 100 ~ 300lux 와 40 ~ 60lux

③ **정밀작업실** : 300 ~ 1,000lux 와 60 ~ 90lux

④ 초정밀작업실 : 1,000lux와 90~250lux

⑤ 조도와 단위 : 1lux는 1촉광의 광원이 1m 거리에서 평활평면에 비치는 명도이다.

(5) 부적당한 조명에 의한 건강장애

① 가성근시　　② 안정피로　　③ 안구진탕증　　④ 전광선안염, 백내장

04 온도 조절

(1) 적정실내온습도

① 실내온도 : 18±2℃　　　　　② 침실온도 : 15±2℃

③ 두부와 발의 온도차 : 2~3℃　　④ 실내습도 : 40~70%

> 💎 Tip
> • 실내외 온도차 : 5~7℃
> • 실내 온 · 습도 : 16~18℃, 40~70%

(2) 난방방법 : 국소난방과 중앙난방

(3) 냉방방법

① 실내외의 온도차 : 5 ~ 7℃

② 10℃ 이상의 차이는 건강상 해롭다.

05 의복

(1) 일반적인 의복의 목적

① 체온조절　② 사회생활　③ 신체의 보호　④ 신체청결　⑤ 미용　⑥ 표시

(2) 위생학적 조건

① 기후조절력　　② 피부보호력　　③ 체온조절력

㉠ 체온열은 36.5℃ 유지　　　㉡ 여름철은 몸무게의 2~3%

㉢ 겨울철은 몸무게의 5~6%

Chapter 08 기생충 종류

01 선충류

(1) 회충

인체에 감염되면 소장에서 부화한다. 전파경로는 주로 분변으로부터 야채, 불결한 손, 파리 등의 매개로 오염된 음식물, 음료수 등을 통해 경구 침입한다. 우리나라에서 가장 높은 감염률을 나타내며 권태, 식욕감퇴, 복통, 체중감소, 구토 등의 증상이 나타난다.

(2) 요충

항문 주위에 산란하고 집단 감염이 잘 되며 자가 감염도 잘 된다. 어린아이의 항문에서 서식하고 취침 시 자유로이 이동하여 옆 사람에게 전파된다.

(3) 편충

우리나라에서 감염률이 높은 기생충이며 그 기생수가 10마리 미만으로 증상이 거의 나타나지 않는다. 인체에 섭취되면 소장에서 부화되고 점차 대장, 맹장 등으로 내려와 성숙, 정착한다.

(4) 구충(십이지장충)

인체 기생부위는 소장 상부이며, 특히 공장 상부에 기생한다. 인체 감염 경로는 경구 감염, 경피 감염의 두 가지 경로가 있다. 구충은 경피 침입 시 홍반, 수포 등 염증이 생기고, 빈혈과 소화장애, 독소분비 등을 일으킨다.

(5) 동양모양선충

경구적으로 침입하며, 위장을 지난 다음 소장에 기생한다.

(6) 선모충

감염률을 낮으나 세계적으로 분포되어 있다.

02 흡충류

(1) 간흡충(간디스토마)

담수산 어류를 생산하는 지역에서 유행되는 대부분이 잉어과에 속하는 어류이고 경구감염 되며, 담관을 통해 간장에 기생한다.

① 제1중간숙주 : 왜우렁이
② 제2중간숙주 : 잉어, 붕어, 피라미, 모래무지

(2) 폐흡충(폐디스토마)

동아시아와 우리나라의 산간지역에 많이 분포되어 있으며 본충은 폐에 기생한다. 기생부위에 따라 폐부 폐흡충증, 복부 폐흡충증, 뇌부 폐흡충증, 안구 폐흡충증이 있다.

① 제1중간숙주 : 다슬기
② 제2중간숙주 : 가재, 게

(3) 요꼬가와흡충증

본충은 인체 내 소장에 기생한다.

① 제1중간숙주 : 다슬기
② 제2중간숙주 : 담수어(은어)

(4) 기타 흡충류

일본 주혈흡충, 만손주혈충, 말하르츠주협흡충 등이 있다.

03 조충류

(1) 무구조충(민촌충)

자웅동체이며 인간의 소장에 기생한다(중간숙주 – 소고기)

(2) 유구조충(갈고리촌충)

자웅동체이며 인체의 소장에 기생한다(중간숙주 – 돼지고기)

(3) 광절열두조충(긴촌충)

    ① 제1중간숙주 : 물벼룩

    ② 제2중간숙주 : 어류(담수어, 연어, 송어, 농어)

(4) 기타 조충류

    만손열두조충, 위립조충, 왜소조충, 축소조충

04 원충류

    ① 이질, 아메바

    ② 람불편모충

    ③ 말라리아 원충

05 구충 · 구서

(1) 위생해충

    해충이란 인간에게 직접, 간접으로 피해를 주는 모든 곤충을 총칭한다.

(2) 위생해충의 일반적 구제법

    ① **환경적 방법** : 발생원 및 서식처 제거

    ② **물리적 방법** : 유문동 사용, 각종 트랩, 파리채, 끈끈이 사용

    ③ **화학적 방법** : 속효성 및 잔효성 살충제 분무

    ④ **생물학적 방법** : 천적 이용, 불임웅충 방사법 등

(3) 쥐가 전파할 수 있는 질병

    ① **세균성 질병** : 페스트, 아일씨병, 서교열, 살모넬라증

    ② **리케치아성 질병** : 발진열, 쯔쯔가무시병

    ③ **바이러스 질병** : 유행성출혈열

④ **기생충 질병** : 아메바 이질, 선모충증

(4) 파리에 의한 피해 내용

① **소화기계 감염병** : 파라티푸스, 장티푸스, 콜레라, 이질, 식중독균 등의 전파

② **호흡기계 감염병** : 결핵, 디프테리아 등의 전파

③ **기생충질환** : 회충, 편충, 요충, 촌충 등의 전파

④ 소아마비, 화농균 등의 전파와 흡혈에 의한 피해, 외청도에 우연히 기생하므로 발생하는 승저증(蠅蛆症)이 있을 수 있으며, 불쾌감, 수면방해를 한다.

(5) 바퀴

① **가주성 바퀴의 종류** : 독일바퀴, 일본바퀴, 이질바퀴, 먹바퀴 등

② **바퀴에 의한 피해 내용**

• 소화기계 감염병 : 세균성 이질, 콜레라, 장티푸스, 살모넬라, 유행성 간염 및 소아마비 등

• 호흡기계 질병 : 결핵, 디프테리아

• 기생출 질병 : 회충, 구충, 아메바성 이질 등

(6) 모기

① **한국의 감염병 매개 모기의 종류**

• 중국얼룩날개모기

• 작은빨간집모기

• 토고숲모기

② **모기가 전파하는 감염병**

• 말라리아(중국얼룩날개모기)

• 일본뇌염(작은빨간집모기)

• 사상충증(토고숲모기)

• 황열, 뎅기열

Chapter 09 환경 오염

01 환경오염과 공해

(1) 환경오염과 오탁

인위적 원인으로 공기, 물, 토양등이 오염되어 지역사회 주민의 건강, 재산, 경제적 피해와 자연환경의 악화를 초래하는 의미

① 공해(公害)란 특정 또는 비특정의 원인에 의하여 일반공중 또는 비특정 다수인에게 생명, 안전, 재산에 위해를 끼치고 공중의 공동권리행사를 방해하는 것을 말한다.

② 사해(私害)란 특정의 원인에 의하여 특정인 또는 비교적 소수인에게 생활방해를 하는 것을 말한다. 따라서 환경오염문제는 공해문제가 중심이 된다.

(2) 지구 환경 본질적 악화 원인

① 지구환경의 부하 능력을 고려하지 않은 산업 확충

② 지구의 수용능력을 초과하는 폭발적 인구증가에 기인한다.

③ 인구의 급격한 증가는 식량부족, 물부족, 환경파괴는 가속화 하고 있다.

(3) 환경오염(공해)의 유형

① 지역구조형 환경오염(공해)

　ⓐ 산업형 공해　　ⓑ 도시형 공해　　ⓒ 혼합 공해

② 오염구조형 환경오염(공해)

　ⓐ 연료에 의한 공해　　ⓑ 운송교통공해　　ⓒ 자연환경공해

02 대기오염

(1) 대기오염의 원인

① **자연적인 원인** : 화산폭발, 대형산불, 모래, 바람 등에 의한 대기오염

② 인위적인 원인 : 화력발전소, 자동차, 냉·난방, 철강 및 금속제련소 등

③ 1차 오염 물질 : 대기오염 발생원으로부터 직접 대기중으로 배출

    ⊙ 일산화탄소(CO)   ⓛ 이산화탄소(CO_2)   ⓒ 아황산가스(SO_2)

    ⓔ 암모니아(NH_3)   ⓜ 납(Pb)   ⓗ 아연(Zn)   ⓢ 수은(Hg)

④ 2차 오염 물질 : 1차 오염물질이 대기중에서 반응하여 생성된 물질

    ⊙ 오존(O_3)   ⓛ 과산화수소(H_2O_2)   ⓒ 질산과산화아세틸(PAN)

    ⓔ 광화학 옥시던트(PBN)   ⓜ 알데히드(Aldehyds(HCHO))

(2) 기온역전

① 기온역전의 정의

대류권 내에서는 100m 상승할 때마다 온도가 1℃ 정도 하강하는데, 반대로 고도에 따라 대류권의 기온이 상승하는 현상을 기온역전이라고 한다.

② 기온역전의 종류

    ⊙ 방사성 역전(복사역전, 지표역전) : 일몰 후부터 아침까지 하부 공기층 지열 복사로 먼저 냉각 및 상승됨으로서 형성되는 것, 지표 가까이에서 생김(런던 스모그)

    ⓛ 전선성 역전 : 한랭전선이나 온난전선이 통과할 때 생기는 역전

    ⓒ 침강성 역전 : 고기압하에서 대기오염물질이 상부의 차가운 공기층으로 상승하지 못해 마치 뚜껑 모양의 형태로 공기가 침강하여 형성되는 역전(LA 스모그)

(3) 산성비

① 비와 눈은 대기오염을 세정시키는 작용을 하지만 대기오염이 심하면 산성비의 원인이 된다.

② 빗물의 산도가 pH 5.6보다 높은 pH 3~5정도의 비가 내리면 산성비라 한다.

③ 산성비는 금속, 건축물의 부식, 건축문화재 및 석조물의 손상, 토양 및 담수 산성화, 식물세포파괴, 산림과 농작물피해, 생태계 파괴원인

(4) 미세먼지

미세먼지는 주로 화석연료의 연로물질, 자동차 매연, 산업장의 분진등으로 형성되는데 10㎛(PM10)이하면 미세먼지, 2.5㎛(PM2.5)이하이면 초미세먼지라고 한다.

※ 미세먼지 특별법 (2019년 2월)

미세먼지 관리를 위해 국가와 지방자치단체 및 국민의 책무를 규정하였다.

ㄱ PM2.5(PM10) 농도가 15㎍(30㎍)/㎥/day 이하이면 좋다.

ㄴ 35(80) 이하이면 보통, 75(150) 이하이면 나쁨.

ㄷ 76(151) 이상이면 매우 나쁨

ㄹ 나쁨단계 주의보

ㅁ 매우 나쁨단계 : 경보 발령

> **💎 Tip** 기온역전현상
>
> • 대기온도가 지면보다 상층이 높을 경우, 즉 기온은 보통 상공일수록 온도가 낮으나 때로는 상공일수록 높아지는 경우이다. 흔히 겨울에 일어난다.
> • 지면의 냉기류가 급속히 상승하는 현상(회오리바람)이다. 이를 통해 대기오염이 심하게 일어난다.

(5) 황사

① 황사는 매년 2~3월경 건조기

② 황사는 호흡기 질환, 안질환, 알레르기 질환

③ 400㎍/hr 이상이면 황사주의보

④ 800㎍/hr 이상이면 황사경보를 발령

(6) 오존(오존 경보제도)

① 자외선광도측정 1시간 평균오존농도가(0.12ppm)이상 주의보 발령

 − 호흡기계 환자, 노약자, 실외활동 자제

② 자외선광도측정 1시간 평균오존농도가(0.3ppm)이면 경보 발령

 − 유치원과 초등학교는 실외운동 자제

③ 자외선광도측정 1시간 평균오존농도가(0.5ppm)이면 중대 경보 발령

 − 유치원과 초등학교를 휴교 조치, 자동차 운행규제, 주민의 실외활동을 금함

03 수질 오염

(1) 수질오염

① 수질오염원

ⓐ 농업에 의한 오탁(화학비료, 농약)과 축산에 의한 배설물 오염

ⓑ 광업에 의한 오탁(쇄석, 채석, 채탄 시의 미분탄 등)

ⓒ 도시하수에 의한 오탁(가정하수, 병원폐수 등)

ⓓ 각종 산업장 폐수 오탁과 공업에 의한 오탁 등

② 인체에 대한 피해

ⓐ 미나마타병 : 공장에서 흘러나온 수은폐수가 어패류에 오염되어 이를 먹은 사람에게 발병한 병으로 이를 미나마타병이라 한다.

ⓑ 이타이이타이병 : 일본의 도야마 현에 있는 미쯔이 아연제련공장에서 버린 폐광석에 함유된 카드뮴에 의하여 지하수와 지표수가 오염되었다. 이를 논의 용수로 사용하여 논에 축적된 것이 벼에 흡수되었으며, 이 쌀이 카드뮴 중독의 원인이 된 것을 확인하였다.

③ 오염물질 생활용수의 수질기준

ⓐ 수소이온농도(pH 5.8~8.5)

ⓑ 대장균균수(5,000MPN/100㎖)

ⓒ 질산소질소(20 이하)

ⓓ 염소이온(250 이하)

ⓔ 일반세균(100CFU/㎖)

Chapter 10 소음과 진동

01 소음

1 소음이란

- 개인의 입장에서 "원치 않는 소리"라고 말할수 있다.
- 소음은 사람에게 정신적·심리적인 면에 나쁜 영향을 미치므로 잠행성 오염물이라고도 한다.
- 우리나라는 1990년 소음진동규제법을 제정·공포하였다.

2 소음의 단위

(1) Decibel(dB) : 소음의 강도

음파의 전파 방향에 수직한 단위 면적을 단위 시간에 통과하는 음의 압력(음의 세기)

(2) Phon : 음의 크기

감각적인 음의 크기의 수준, 1,000Hz에는 dB=phon이므로, 1,000Hz을 기준으로 해서 나타난 dB을 phon이라 함(음의 고저도와 감도)

(3) Sone : 소리크기단위

소음의 크기의 양적단위. 1,000Hz의 순음이 40dB의 음일 때 1sone 감각량이 된다.

3 소음의 정도

① 30db : 교외 주택지(밤)
② 40~50dB : 교외 주택지(낮)
③ 50~60dB : 평균적인 사무실 내
④ 60dB : 보통의 말소리
⑤ 60~70dB : 조용한 거리

Part II 환경보건학

⑥ 70~80dB : 시끄러운 거리

⑦ 80~90dB : 지하철 속

⑧ 100dB : 고가도로 밑

⑨ 110~120dB : 제트기 이착륙 지점

⑩ 140dB : 통각음

4 소음의 영향

① 불쾌감과 수면장애

② 대화 장애와 능률저하

③ 소음성 난청

　㉠ 일시적 난청 : 4,000㎐와 6,000㎐에서 순간적으로 발생하며 회복된다.

　㉡ 영구적 난청 : 3,000~6,000㎐에서 나타나고, 특히 4,000㎐에서 가장 심하다.

5 소음의 허용기준

① 환경법상 보정표에 의한 평가 소음도 : 50dB(A) 이하

② 지속음 기준 : 폭로 한계 90dB(A), 1일 8시간 기준

③ 충격음 기준 : 최고 음압의 폭로 한계 140dB(A)

④ 평생 총폭로량 : 150dB(A) 이하

> 💎 **Tip**
> • 소음측정은 일반적으로 장애물이 없는(반경 3.5m)지점에서 지면 위 1.2~1.5m 높이에서 실시한다.
> • 불안의 노이로제 : 신경쇠약, 강박신경증, 히스테리

Chapter 11 식품위생

01 식품위생의 정의

(1) WHO(세계보건기구)

식품위생이란 식품의 재배, 생산, 제조, 유통과정이 최종적으로 사람에게 섭취하는 과정까지 모든 단계를 걸쳐 식품의 안정성, 건전성 및 완전 무결성을 확보하기 위한 모든 수단이다.

(2) 식품위생 관리 3대요소

① 3대 **접근요소** : 안전성, 완전 무결성, 건전성
② 3대 **보건악** : 부정식품, 부정의료, 부정의약품

02 식품과 감염병

(1) 경구감염(소화기계)

① **세균성 감염병** : 장티푸스, 파라티푸스, 이질, 콜라라 등
② **바이러스병 감염병** : 유행성 간염, 폴리오 등
③ **인수공통감염병** : 결핵, 탄저, 브루셀라증, 야토병, 공수병 등

03 식품과 기생충질병

(1) 채소를 통한 기생충 질환

① 회충   ② 십이지장충   ③ 편충   ④ 요충   ⑤ 아메바성 이질   ⑥ 편충

(2) 육류를 통한 기생충 질환

① **돼지고기** : 유구조충(선모충, 갈고리촌충)   ② **소고기** : 무구조충(민촌충)

(3) 담수어(민물고기)를 통한 기생충 질환

① **간디스토마(간흡충)** : 왜우렁이, 담수어, 참붕어

② 폐디스토마(폐흡충) : 다슬기, 가재, 게　　③ 요코가와 흡충 : 은어, 잉어

④ 이형흡충 : 숭어　　⑤ 유구악구충 : 가물치

(4) 해수어류를 통한 기생충 질환

① 아나사키스증 : 고등어, 갈치, 청어, 대구, 조기 등

04 식중독

식중독이란 급성 위장장애 또는 신경장애현상을 일으키는 중독성 질병이다.

(1) 식중독 분류

세균성 식중독	감염형	살모넬라, 장염비브리오균, 병원성대장균, 장염균 등
	독소형	포도상구균, 보툴리누스균, 웰치균 등
자연독 식중독	식물성	버섯독, 감자(솔라닌), 맥각균, 청매 등
	동물성	복어독, 조개류 등
화학물질		불량첨가물, 유해금속, 포장재 등
감염형 식중독		살아있는 유해세균을 다량으로 먹음으로서 발병
독소형 식중독		세균이 음식물 중에서 증식하여 산출된 장독소나 신경독소가 원인이 됨

(2) 자연독에 의한 식중독

동물성 식중독	복어중독	테트로도톡신
	조개류	베네루핀, 미티로톡신
식물성 식중독	독버섯	무스카린, 아마니타톡신
	감자	솔라닌
	맥각	에르고톡신(호밀에 생각는 병, 곰팡이)
	독미나리	시큐톡신
	청매	아미그달린(푸른매실)
	황변미	아이슬란디톡신(저장쌀)
	비타민 D	구루병, 곱추병(간, 버터, 표고, 계란, 우유)
	비타민 E	유산, 불임증(간, 옥수수, 토마토)
	비타민 K	출혈 시 혈액응고장애(콩기름, 돼지간)

(3) 부패와 변패

① **변질** : 영양물, 비타민의 파괴와 향미가 손상되거나 탈수가 되어 식용에 부적합하게 되는 현상을 변질

② **부패** : 미생물에 의하여 단백질이 분해가 생성되어 악취 발생하는 현상을 부패

③ **변패** : 유기화합물로서 당질, 지방질도 미생물에 의해 변질, 변패

(4) 식품 물리적 보존법

① **가열법** : 미생물은 80℃에서 30분 가열하면 사멸되고, 120℃에서 20분 가열하면 완전멸균 된다.

② **냉장 및 냉동법**

- 냉장 0~10℃ 저장
- 냉동 0℃이하 저장
- 채소류 : 1~4℃ 냉장
- 육류, 어류 : 0℃ 이하 냉동

③ **건조 및 탈수법**

수분이 40%이면 미생물 번식은 완만해지고 15%정도 건조하면 미생물 증식을 억제, 음식물은 손상시키지 않은 적당한 건조

④ **자외선 및 방사선 이용법**

- 자외선의 살균 파장은 2500Å~2700Å 사이에서 이루어진다.
- 방사선은 식품을 다량 장기보존할 수 있다.

⑤ **화학적 보존법**

- 방부제 첨가법
- 소금, 설탕 절임법
- 훈연법

Chapter 12 보건영양

01 보건 영양의 개념

세계보건기구(WHO)에서 영양이란 "생명체가 생명을 유지하고 성장·발육하기 위해서 외부로부터 여러 가지 음식물을 섭취하여 건강한 체조직을 구성하고 에너지를 발생시켜 생명현상을 유지하는 과정이다." 라고 정의하고 있다.

1 영양과 영양소 및 열량소

(1) 3대영양소 : 단백질, 지방, 탄수화물

(2) 4대영양소 : 단백질, 지방, 탄수화물, 무기질

(3) 5대영양소 : 단백질, 지방, 탄수화물, 무기질, 비타민

(4) 6대영양소 : 단백질, 지방, 탄수화물, 무기질, 비타민, 물

2 영양소의 작용(3대 기능)

영양소의 주작용은 열량공급, 신체의 조직구성 및 신체의 생리기능조절이며 이를 3대 작용이라 한다.

※ 신체의 열량공급작용

① **단백질 및 탄수화물** : 1g당 4kcal 전후 열량 발생

② **지방질** : 9kcal 전후 열량 발생

3 신체의 열량공급 작용

① **성인의 칼로리 권장량** : 남자 2500kcal / 여자 2000kcal

4 산성식품과 알칼리 식품

① 산성식품
- 육류 : 소고기, 돼지고기, 닭고기
- 곡류 : 밀가루, 밥, 국수, 빵, 떡, 과자 등
- 어류 : 오징어, 참치, 문어

② 알칼리 식품
- 해조류 : 미역, 다시마 등
- 채소류 : 생강, 토란, 감자, 고구마, 당근, 배추, 가지, 시금치 등
- 과실류 : 레몬, 매실, 감귤, 사과, 포도 등
- 그 외 우유, 콩, 버섯류

5 신체의 조직구성

① **단백질** : 근육조직
② **칼슘과 인** : 치아와 골격
③ **철분** : 혈액구성

6 신체의 생리기능조절

① **비타민과 무기질** : 식품의 산화작용 촉진 및 심장운동 촉진
② **요오드** : 갑상선 기능유지

7 5대 영양소

① 단백질　　② 탄수화물
③ 지방질　　④ 비타민
⑤ 무기질

8 비타민 작용 결핍증

① 비타민 A : 야맹증, 안구건조증(뱀장어, 버터, 소 간, 계란, 시금치, 당근)

② 비타민 B_1 : 각기병, 식욕부진, 피로감(돼지고기, 쇠고기, 잉어, 보리, 감자)

③ 비타민 B_2 : 구순염, 구각염석염(우유, 계란, 간, 쇠고기, 효모식품)

④ 비타민 B_6 : 빈혈, 피부병(간, 우유, 쌀, 밀)

⑤ 비타민 B_{12} : 악성빈혈, 간, 콩팥비대증(간, 조개)

⑥ 비타민 C : 괴혈병, 식욕감퇴, 심장쇠약(야채, 과일)

⑦ 비타민 D : 구루병, 곱추병(간, 버터, 표고, 계란, 우유)

⑧ 비타민 E : 유산, 불임증(간, 옥수수, 토마토)

⑨ 비타민 K : 출혈 시 혈액응고장애(콩기름, 돼지 간)

> **💎 Tip**
> • 체내 수분의 5%를 상실하면 갈증
> • 체내 수분의 10%를 상실하면 신체의 이상
> • 체내 수분의 15%를 상실하면 생명이 위험

Chapter 13 산업보건

01 산업 보건의 정의

산업 보건에 대해 국제 노동기구(ILO)와 세계보건기구(WHO)는 다음과 같이 정의하였다.

(1) 산업보건

모든 산업장 직업인들의 육체적, 정신적, 사회적 안녕이 최고도로 증진 유지하도록 하는 데 있다.

(2) 작업환경의 조건

　① 채광　　② 조명설비　　③ 난방, 냉방　　④ 온도습도조절

　⑤ 환기 및 공기조정　　⑥ 소음방비　　⑦ 진동방비　　⑧ 질병예방

(3) 근로자 후생복지조건

　① 탈의실　　② 휴게실　　③ 식당　　④ 세면장　　⑤ 화장실　　⑥ 욕실

　⑦ 세탁실　　⑧ 진료실　　⑨ 필수품 보관소

(4) 육체적 근로강도의 지표(에너지 대사율)

　① 경노동(1이하)　　② 중등노동(1~2)　　③ 강노동(2~4)

　④ 중노동(4~7)　　⑤ 격노동(7이상)

(5) 근로자 영양관리

　① **고온작업** : 비타민 A, 비타민 B_1, 비타민 C, 식염

　② **저온작업** : 비타민 A, 비타민 B_1, 비타민 C, 비타민 D, 지방질

　③ **소음작업** : 비타민 B_1

　④ **강노동작업** : 비타민 종류, 칼슘 등

(6) 근로자 근로시간

① 주당 근로시간(1919년 법안) : 1일 8시간 주당 48시간

② 주당 근로시간(1931년 법안) : 1일 8시간 주당 40시간

③ 연소근로자(15~18세) : 1일 7시간 주당 35시간

④ 고압 및 저온작업장 : 1일 6시간 주당 34시간

(7) 재해로 인한 휴일

① 사망

② 중상 : 휴업 14일 이상

③ 중등상 : 휴업 8~13일

④ 경상 : 휴업 3~7일

⑤ 미상 : 휴업 1~2일

⑥ 불휴재해 : 휴일 없음

(8) 재해지표

① 건수율(연천인율) : 1년간 발생하는 사상자 수

② 도수율(빈도율) : 1년간 근로시간 100만 시간당 재해발생 건수를 나타낸 수치

③ 강도율 : 1,000시간을 단위시간으로 하여 연 작업시간당 작업손실일수로서 재해에 의한 손상의 정도를 나타내는 수치

(9) 재해발생 시기

① 계절 : 여름(7,8,9월)과 겨울(12,1,2월)에 많이 발생한다.

② 주일 : 목요일, 금요일에 다발하고 토요일은 감소한다.

③ 시각 : 오전은 업무시작 3시간경, 오후는 업무시작 2시간경에 다발한다.

(10) 이상기온에 의한 직업병

① 열경련 : 체내의 수분 및 염분손실이 원인

② 열허탈증 : 말초혈액순환부진으로 혈관신경부 조절 이상, 심박출량 감소, 순환기 이상, 피부혈관 확장, 탈수 등

③ 열사병 : 더운 환경에서 심한 육체노동으로 인한 뇌온 상승 및 중추신경장애 등

④ 열쇠약증 : 만성적 체열소모로 인한 만성 열중증

(11) 저온환경에서 발생되는 동상분류

① 1도 동상 : 발적, 종창이 일어난 상태

② 2도 동상 : 수포형성에 의한 삼출성 염증

③ 3도 동상 : 국소 조직의 파괴 상태

(12) 불량조명에 기인하는 직업병

① 안전피로증   ② 근시   ③ 안구진탕증

(13) 자외선과 적외선에 기인하는 직업병

① 피부장애   ② 눈의 장애

(14) 작업장의 진애에 기인하는 직업병

① 진폐증 : 분진(탄폐, 석회진폐, 구폐, 석면폐 등)

② 규폐증 : 유리규산(규석, 석영) 미세결정형 및 무정형(규조토, 석영유리)

③ 석면폐증 : 소화용재, 절연체, 내화직물, 석면섬유

Chapter 14 성인 및 노인보건

01 성인병과 보건

1 성인병의 정의

성년기 이후 노화와 더불어 점차 증가하는 만성 퇴행성질환과 무능력상태 및 기능장애 증상

2 성인병 발생상황

① **암질환** : 위암, 대장암, 폐암, 간암, 신장암 등
② **뇌혈관질환** : 뇌졸중, 뇌출혈, 뇌혈색전증, 뇌경색 등
③ **심장질환** : 심장마비, 심부전증, 부정맥, 협심증, 심근경색증 등

3 성인병의 분류

① **뇌졸증** : 후유증으로 불구, 무능력 상태를 남기는 질환
② **고혈압, 당뇨병** : 장기간 관찰, 전문적인 관리를 요하는 질환
③ **치매** : 불가역적 병적변화를 가지는 질병

4 WHO가 제시한 암 발생 4대 요인

① **식생활습관** : 짠음식, 태운음식, 동물성지방질 음식 등
② **흡연** : 전체 암의 약 30%정도 흡연의 발생
③ **생물체감염** : 바이러스 등 감염. 암을 유발
④ **환경오염물질** : 화학물질이 각종 암의 원인

5 평균수명

① WHO는 2015년도 세계 평균수명을 71.4세로 발표하였다.
② OECD 회원국의 평균수명은 80.5세 이다.
③ 2015년도 우리나라 수명은 82.3세 이다.
　　– 남성은 78.8세 / 여성은 85.6세

02 노인보건사업의 대상인구

1 노인보건의 대상인구

① 과거 – 60세 이상 인구
② 현재 – 65세 이상 인구
③ 미래 – 70세 또는 그 이상 인구

2 노화현상의 개념

(1) 노화란 무엇인가

노화란 "질병이나 사고가 아니면서 정상적으로 시간이 지남에 따라 점진적으로 나타나는 신체와 정신 측면에서의 구조적인 변화"이다.

(2) 노화의 요인과 노화의 현상

① **노화의 요인** : 각 개인의 유전적 요인, 생활습관적 요인, 기호식품 요인, 심리적 요인 사회적 요인, 직업적 요인, 공해환경 요인, 자연적 요인과 각 개인의 여건, 지역 및 기후 의 특성 요인 등
② **노화의 현상** : 전신(全身)위축, 색소침착, 체격의 위축, 인체표면의 불균형화 현상 등

3 노인성 질환

(1) 만성퇴행성 질환

동맥경화증, 만성폐기종, 척추와 관절의 퇴행성 변화, 전립선 비대 등

(2) 기타 노화에 따른 질환

뇌졸중, 악성종양, 심장질환, 호흡기질환, 노인성 정신질환 등

(3) 노인 3대 문제

빈곤문제, 질병문제, 고독(소외)문제

(4) 노화현상기전

순환기능저하, 호흡기능저하, 소화기능저하, 신경기능 및 정신기능저하

(5) 노인사망의 주요질병

① 암   ② 뇌혈관 질환   ③ 심장질환   ④ 당뇨병   ⑤ 만성기도질환

(6) 건강증진

- 금연하고 음주는 적게 소식하며 많이 움직이고 충분한 휴식을 해야한다.
- 우리나라 국민건강증진법
- 보건교육, 영양개선, 건강생활실천 사업 등을 통하여 국민건강을 증진시키는 사업

4 만성 성인병 질환

(1) 고혈압

순환혈액이 혈관벽에 미치는 압력을 말한다.

(2) 뇌졸중

뇌 혈관의 급격한 순환장애로 인한 (뇌출혈, 뇌경색)을 말한다.

(3) 동맥경화증

동맥혈관 내벽에 지질이 축적되어 동맥이 막혀 혈액순환이 정상으로 순환되지 못하는 질병

– 심한 빈혈을 유발하여 심근경색증, 협심증의 원인이 된다.

(4) 당뇨병

인슐린(단백질성호르몬)의 분비량이 부족하거나 혈당량이 정상인보다 단백질 호르몬이 늦게 떨어지는 당질대사질환이다.

5 **암발생 5대암**

① 갑상선암   ② 유방암   ③ 위암   ④ 대장암   ⑤ 폐암

6 **암질환 예방**

(1) 암 발생 원인제거

발암물질, 흡연, 과음, 짠 생선, 태운 음식, 맵고 자극적인 음식은 피하고 신선한 녹황색 채소, 비타민 A, 비타민 C 식품을 많이 섭취하는 것이 좋다.

(2) 조기발견과 조기치료

• 암은 조기발견으로 완치 될 수 있다.
• 5년 생존율을 높이기 위해 정기검진으로 조기 발견이 중요하다.

Chapter 15 소독학

01 소독의 정의

1 소독과 멸균

① **소독** : 병원 미생물의 생활력을 파괴 또는 멸살시켜 감염 및 증식력을 없애는 것
② **멸균** : 강한 살균력을 작용시켜 모든 미생물 또는 포자까지 멸살 파괴시키는 것
③ **방부** : 미생물의 발육과 생활작용을 저지 또는 정지시켜 부패나 발효를 방지하는 것
※ 작용강도는 멸균 〉 소독 〉 방부 순이다.

02 소독법의 분류

1 이학적(물리적)소독법

① **건열멸균법** : 170℃에서 1~2시간 소독한다.
② **화염멸균법** : 불꽃 속에서 20초이상 접촉한다.
③ **습열멸균법**
  ㉠ 자비소독 : 끓는물 100℃에서 15~20분 처리한다. 석탄산(5%)이나 크레졸(2~3%)
     을 첨가하면 소독효과가 높아진다.
  ㉡ 고압증기 : 포자형성균의 멸균에 제일 좋은 방법이다. 주로 실험실이나 연구실에
     서 사용한다.
     - 고압증기멸균기
       10Lbs(115.5℃) - 30분간 / 15Lbs(121.5℃) - 20분간 / 20Lbs(126.5℃) - 15분간
④ **유통증기(간헐)멸균법**
  ㉠ 유통증기 : Koch 멸균기를 사용하여 유통증기를 100℃에서 30분, 60분 가열 방법
  ㉡ 간헐멸균 : 세균오염이 예상되는 포자를 멸살하기위해 1일 1회씩 100℃ 증기로 30

분씩 3회 실시한다. (휴지기 온도는 20℃ 실온보관)

⑤ 저온소독

우유는 60~65℃ 30분간 처리한다. (부패방지 목적)

⑥ 초고온 순간멸균법

우유를 135℃에서 2초간의 순간 열처리한다. 미생물만을 멸살 시킨 것

⑦ 무가열 멸균법

자외선 멸균법 : 자외선 살균은 2600Å~2800Å의 파장이 사용된다. 주로 무균실, 수술실, 제약실 등에서 사용한다.

⑧ 세균여과법

화학물질이나 열을 이용할 수 없을 때 사용되며 무균조작 또는 희석법에 멸균이나 소독을 대신 할 수 있다.

2 화학적 소독법

(1) 소독약의 구비조건

소독용 화학약품으로서 소독제의 구비조건은 다음과 같다.

① 살균력이 강할 것

② 물품의 부식성, 표백성이 없을 것

③ 용해성이 높고, 안전성이 있을 것

④ 경제적이고, 사용방법이 간편할 것

(2) 소독약의 살균기전

소독약의 살균기전과 해당 소독제는 다음과 같다

① **산화작용** : 염소(Cl_2)와 유도체, 과산화수소(H_2O_2), 오존(O_3), 과망산칼륨($KMnO_4$)

② **균단백 응고작용** : 석탄산, 알코올, 크레졸, 포르말린, 승홍

③ **균체의 효소 불활화작용** : 알코올, 석탄산, 중금속염, 역성비누

④ **가수분해작용** : 강산, 강알칼리, 열탕수

⑤ **탈수작용** : 식염, 설탕, 포르말린, 알코올

⑥ **중금속염의 형성작용** : 승홍, 머큐로크롬, 질산은

⑦ 이상 작용의 복합작용으로 소독이 이루어진다.

(3) 소독약의 종류별 특성

① 석탄산

방역용 석탄산은 3%(3~5%) 수용액을 사용하는데, 저온에는 용해가 잘 되지 않으며, 산성도가 높고, 고온일수록 소독효과가 크기 때문에 열탕수로 사용하는 것이 좋다.

ㄱ 석탄산의 장점

살균력이 안정하고, 유기물에도 소독력이 약화되지 않는다.

ㄴ 석탄산의 단점

피부점막에는 자극성이 강하며, 금속 부식성이 있고 냄새와 독성이 강하다.

ㄷ 석탄산의 살균기전

균체 단백의 응고작용, 세포용해작용, 균체의 효소계 침투작용 등이다.

ㄹ 소독대상물

환자의 오염의류, 용기, 오물, 실험대, 배설물, 토사물 등의 소독에 사용된다.

ㅁ 석탄산계수

다른 소독약의 살균력을 나타내는 지표로서 활용된다.

> **💎 Tip** 석탄산계수
>
> 소독약의 살균을 비교하기 위하여 쓰이는 것인데 성상이 안정되고 순수한 석탄산을 표준으로 하여 어떤 균주를 10분 내에 살균할 수 있는 석탄산의 희석배수와 시험하려는 소독약의 희석배율을 비교하는 방법이다.
>
> • 석탄산계수 $= \dfrac{\text{소독약의 희석배수}}{\text{석탄산의 희석배수}}$
>
> • 어떤 세균을 20℃에서 10분간에 사멸할 수 있는 순수한 석탄산 희석배율이 90배일 때, 실험하려는 소독약을 180배로 희석한 것이 같은 조건하에서 같은 살균력을 갖는다면 석탄산계수는 2가 된다.

② 크레졸

ㄱ 물에 난용이므로 크레졸비누액 3에 물97의 비율로 크레졸 비누액을 만들어 사용한다.

ㄴ 소독력이 강해서 석탄산계수는 2이다.

ㄷ 크레졸은 바이러스에는 소독효과가 적다.

ㄹ 세균 소독에는 효과가 크고 유기물에도 소독효과가 약화되지 않는다.

ㅁ 피부 자극성은 없으나 냄새가 강한 것이 단점이다.

③ 승홍

ㄱ 승홍은 성인의 치사량이 1g일 정도로 맹독성 물질이다.

ⓛ 승홍액은 무색이므로 푸크신액으로 염색해서 사용한다.

ⓒ 금속 부식성이 강하고 단백질을 응고시킨다.

ⓔ 조제방법은 승홍(1)+식염+물(1,000)의 비율(약0.1%)로 한다.

ⓜ 승홍의 농도는 0.1%이다.

ⓑ 승홍정(1정당 0.5g을 포함) 1정당 물약500g의 비율로 사용한다.

④ **생석회**

ⓖ 생석회는 습기가 있는 분변, 하수, 오수, 오물, 토사물 등 소독에 적당하다.

ⓛ 공기에 오래 노출되면 살균력이 약화된다.

ⓒ 생석회 분말(2):물(8)의 비율로 사용한다.

⑤ **과산화수소**

ⓖ 과산화수소는 3% 수용액이 사용된다.

ⓛ 무포자균 살균에 효과적이다.

ⓒ 자극성이 적어 구개염, 인두염, 입안세척, 상처 등에 사용된다.

⑥ **알코올**

ⓖ 알코올(에탄올 에틸)은 인체에 무해하여 피부 및 기구소독에 사용된다.

ⓛ 알코올 농도는 75%(에탄올)이 사용된다.

ⓒ 무포자균에 효과가 있으며 포자형성군에는 효과가 없다.

ⓔ 메탄올 메틸은 산업용, 공업용으로 사용되며 인체에 유해하다.

⑦ **역성비누(계면활성제)**

ⓖ 무취, 무해하여 식품소독에 좋으며 자극성 및 독성이 없다.

ⓛ 침투력과 살균이 강하다.

ⓒ 포도상구균, 결핵균 등에 유효하며 0.01~0.1% 액을 사용한다.

> **Tip** 역성비누(계면활성제)
>
> ┌ 양이온(살균제)
> └ 음이온(세정작용, 보통비누)

⑧ **포르말린**

ⓖ 메틸알코올(메탄올)을 산화시켜 얻은 가스를 물에 녹인 것으로 10~15% 메틸알코
올을 첨가하여 만든다.

ⓒ 온도가 살균력에 크게 영향을 미쳐 20℃ 이하에서는 부적당하다

ⓒ 비율은 포르말린 1에 물 34의 비율로 소독대상물을 10분이상 담근다.

⑨ **포름알데히드**

㉠ 메틸알코올(메탄올)을 산화하여 만든 가스체이다.

ⓒ 자극성과 냄새가 심해서 점막을 자극한다.

ⓒ 물에 잘 용해되며 강한 환원력이 있어 낮은 온도에 살균 작용이 있다.

㉣ 밀폐 실내 또는 선박 등 소독에 사용된다.

⑩ **염소(표백분, 차아염소산나트륨)**

㉠ 표백, 방취, 방부역으로 사용한다.

ⓒ 냄새가 강하고 독성이 있다.

ⓒ 소독력이 강하고 잔류효과가 우수하다.

㉣ 대량 소독 염소 1~2ppm을 사용하며 소량으로는 표백분을 사용한다.

㉤ 잔류 염소량은 0.2ppm이다.

(4) 소독약의 농도표시법

① 퍼센트(%) : 희석액(100g/㎖) 속에 용질이 어느 정도 포함되어 있는가 수치

% = 백분율 예) 5%의 용액 = 용질량/용액량 = 5 → 5/100

② 퍼밀리(‰) : 용액 1,000g중에 포함되어 있는 소독약의 양

‰ = 천분율 예) 50‰의 용액 = 용질량/용액량 = 5/100 → 50/1000

③ 피피엠(ppm) : 용액 100만g/㎖ 중에 포함되어 있는 소독의 양

50,000ppm = 5/100 → 50,000/1,000,000

④ 희석액의 배수

용질량 × 희석배수 = 용액량

용액량 / 용질량 = (배)

용질량/용액량 = 1/(배)

※ 농도의 관계는 다음과 같다.

용액량/용질량 = (%)/100 = (‰)/1,000 = ppm/1,000,000 = 1/(배)

(5) 대상물에 따른 소독 방법

① **토사물, 배설물** : 소각법, 석탄산, 크레졸, 생석회

② **고무ㆍ피혁제품** : 석탄산, 크레졸, 포르말린수

③ **화장실, 하수구, 오물** : 크레졸, 석탄산, 포르말린, 생석회

④ **수지소독** : 역성비누, 석탄산, 크레졸, 승홍수

⑤ **금속제품** : 에탄올, 자외선, 자비소독, 증기소독

⑥ **서적, 종이** : 포름알데히드 소독

⑦ **의복, 침구류, 모직류** : 일광소독, 증기소독, 자비소독 또는 크레졸수, 석탄수에 2시간
정도 담근다.

⑧ **시신** : 석탄산수, 크레졸수, 승홍수, 알코올, 생석회

Chapter 16 역학의 개념

01 역학의 정의

- 인간집단이 연구대상이다.
- 질병의 발생이나 분포 및 유행 경향을 밝히고 그 원인을 규명한다.
- 그 질병에 대한 예방대책을 개발하는 것이 목적인 학문이라 할 수 있다.

02 역학의 목적

① 질병 발생의 원인 규명
② 질병 발생과 유행의 감시
③ 보건 사업과 기획의 평가자료 제공
④ 질병의 자연사를 연구
⑤ 질병 진단하고 치료하는 임상연구활용

03 질병발생 3대인자

① 병인적 인자   ② 숙주적 인자   ③ 환경적 인자

04 기술역학

① 인적특성　　　　　　　　② 지역성특성
③ 시간적특성　　　　　　　　④ 질병발생의 원인적 특성을 기록

05 감염병 역학조사내용

① 환자 인적사항　　　　　　② 환자 발병일, 발병장소
③ 감염원인 및 감염경로　　　④ 환자진료기록

06 감염병 역학조사방법

① 설문조사, 면접조사　　　　② 인체검체 및 시험
③ 환경검체채취 및 시험　　　④ 매개곤충 및 동물 검체채취 및 시험
⑤ 진료기록 조사 및 의사 면접 등

07 감염병 역학조사결과

① 병원체 종류(세균, 바이러스)　② 전염원과 병원소
③ 전파경로(식품,공기)　　　　④ 인체침입과 탈출경로(호흡기계, 소화기계)
⑤ 인체 감수성 및 면역상태

Chapter 17 감염병 관리

01 감염병의 3대 요인

1 유행의 3대요인

① 감염원 : 병원체를 내포하는 모든 것

② 감염경로 : 병원체의 전파수단, 환경요인

③ 감수성 숙주 : 감염병에 대한 면역성없이 감염이 잘되는 숙주

2 유행의 6대요인

① 병원체   ② 병원소   ③ 병원소로부터 병원체 탈출   ④ 전파

⑤ 새로운 숙주침입   ⑥ 감수성 숙주

3 감염병의 생성

(1) 병원체

① 동물기생체 : 말라리아, 아메바성 이질, 질 트리코모나스 등

② 식물기생체 : 곰팡이, 무좀, 도장, 부스럼 등의 질환

③ 세균 : 20℃이하서 잘 번식(저온성 세균)

　　　　 55~60℃에서 잘 번식(고온성 세균)

※ 디프테리아, 장티푸스, 결핵, 콜레라, 폐렴, 한센병 등

④ 바이러스 : 폴리오, 에이즈, 광견병, 일본뇌염, 인플루엔자, 홍역 등

⑤ 리케차 : 발진티푸스, 발진열, 홍반열, 쯔쯔가무시병(양충병)

⑥ 기생충 : 말라리아, 아메바성 이질, 회충, 요충, 십이장충 등

(2) 병원소

① 인간병원(환자, 보호자)

㉠ 병후(회복기)보균자 : 임상증상이 소실된 상태에서 병원체를 배출하는 자

㉘ 장티푸스, 세균성 이질, 디프테리아 감염자

㉡ 잠복기보균자 : 발병전 보균자로서 병원체를 배출하는자

㉘ 디프테리아, 폴리오, 백일해, 홍역 등

㉢ 건강보균자 : 병원체 감염을 받고도 발병되지 않은 보균자

㉘ 디프테리아, 폴리오, 일본뇌염 등

※ 현성 감염자 : 임상적 증세가 있는 감염자(발병한다)

불현성 감염자 : 임상적 증세가 없는 감염자(발병하지 않는다)

㉣ 환자의 전염원 : 은닉환자, 간과환자, 전구기환자, 현성환자

– 현성환자는 감염병 관리, 감시를 할 수 있지만 은닉, 간과, 전구기환자의 경우 중요한 관리 대상자다.

② 동물병원소(인수공통 감염병)

– 소 : 결핵, 탄저, 파상열, 살모넬라증, 보툴리즘, 광우병

– 돼지 : 일본뇌염, 탄저, 렙토스피라증, 살모넬라증

– 양 : 탄저, 보툴리즘

– 개 : 광견병(공수병), 톡소플라스마증, 일본주혈흡충증

– 말 : 탄저, 유행성 뇌염, 살모넬라증

– 쥐 : 페스트, 발진열, 살모넬라증, 렙토스피라증, 쯔쯔가무시병(양충병)

– 고양이 : 살모넬라증, 톡소플라스마증

– 조류 : 살모넬라증, 결핵, 조류독감

③ 토양 : 토양이 병원소인 것은 진균(Fungi), 파상풍 등이 있다.

(3) 병원소에서 병원체 탈출

① 호흡기관 : 병원체 주로 대화, 기침, 재채기, 호흡기계를 통해 전파(비말, 포말감염)

– 감기, 홍역, 볼거리, 폐결핵, 인플루엔자, 폐렴 등

② 소화기관 : 병원체가 소화기계통, 주로 분변을 통해 탈출

– 콜레라, 장티푸스, 파라티푸스, 식중독, 세균성 이질 등

③ 비뇨기관 : 병원체는 주로 혈행성 및 성기분비물로 탈출

　　　　　– 성병(임질, 매독, 연성하감)

　　④ **개방병소** : 신체 표면의 상처, 농양, 종기 등을 통해서 직접 탈출

　　⑤ **기계적 탈출** : 자기힘으로 탈출 못하고 매개 곤충 또는 흡협에 의한 탈출 주사기로도 직·간접 탈출한다.

　　　　　– 뇌염, 황열, 재귀열 등

(4) 전파(직접 전파, 간접 전파)

　　① **직접 전파** : 병원체 전파체(매개체) 없이 숙주에서 다른 숙주로 전파되는 것을 말한다.

　　　　　– 성병, 나병, 결핵, 홍역, 파상풍, 인플루엔자, 피부질환 등

　　② **간접 전파**

　　　　㉠ 활성 전파체(전파동물)

　　　　　　모기, 진드기, 쥐, 파리, 새우 등 매개 곤충 및 동물에 익해 전파 됨

　　　　　　즉 생물학적 전파라고 한다.

　　　　㉡ 비활성 전파체

　　　　　　병원체를 전파하는 무생물을 말한다.

　　　　　　물, 우유, 식품, 공기, 의복, 침구, 책, 완구 등으로 전파 됨

(5) 새로운 숙주의 침입

　　병원체가 병원소에서 탈출하는 과정

　　① **소화기로 침입하는 전염병** : 콜레라, 이질, 장티푸스, 파라티푸스, 폴리오, 간염, 파상열 등

　　② **호흡기로 침입하는 전염병** : 결핵, 두창, 디프테리아, 수막구균성, 수막염, 백일해, 홍역, 유행성이하선염, 폐렴 등

　　③ **비뇨생식기** : 성기점막, 피부

(6) 숙주 감수성과 면역

　　① 병원체가 숙주에 침입하면 반드시 발병되는 것이 아니고 신체의 저항 균형이 파괴에 의해서 발병되거나 면역이 형성된다.

　　② 개인차에 의해서 선천성 면역이라 할지라도 미감염자의 체내에 병원체가 침입했을 때 95%는 발병하고 5%는 발병하지 않는다면 이것을 "감수성 지수", "접촉감염지수"라 한다.

③ 감수성 지수는 급성호흡기계 감염병에 있어서 감수성 보유자가 감염되어 발병하는 비율로 %로 표시한다.

　　㉠ 두창(천연두), 홍역 – 95%

　　㉡ 백일해 – 60~80%

　　㉢ 성홍열 – 40%

　　㉣ 디프테리아 – 10%

　　㉤ 소아마비(폴리오) – 0.1%

02 면역

1 선천성 면역과 후천성 면역

(1) 선천성 면역

　① 종족, 인종, 풍토, 개인저항성에 따라 차이가 난다.

　② 태어날 때부터 지니고 있는 면역

(2) 후천성 면역

　① **능동면역**

　　㉠ 자연능동면역 : 전염병에 감염된 후 성립된 면역

　　㉡ 인공능동면역 : 예방접종(피하접종)후 생성된 면역

　② **수동면역**

　　㉠ 자연수동면역 : 모체면역 및 태반면역

　　㉡ 인공수동면역 : 혈청접종(혈청요법) 후 생성된 면역

(3) 면역 예방 백신의 종류

　① **생균백신** : 미생물을 산 채로 제조한 백신

　② **사균백신** : 병원체를 56~60℃로 가열하여 제조한 백신

(4) 예방접종

○ 소아표준 예방접종표

종류	연령	접종내용	예방접종 금기 대상자
기본 접종	4주 이내 2개월 4개월 6개월 12~15개월	결핵(BCG) 경구용 소아마비(OPV), 디프테리아 백일해, 파상풍(DPT), B형간염 경구용 소아마비, DPT, B형간염 경구용 소아마비, DPT, B형간염 홍역, 유행성이하선염, 풍진(MMR)	① 열이 높은 자 ② 심장, 신장, 간장 질환자 ③ 알러지 또는 경련성 환자 ④ 임산부 ⑤ 병약자
추가 접종	15~18개월 3세 4~6세	DPT 일본 뇌염 경구용 소아마비, DPT, MMR	

① 경구용 소아마비 접종 시는 접종 전후 1시간 동안은 수유하지 않는다.

② DPT의 기본접종은 2개월 간격으로 3회 접종을 원칙으로 하나, 주사 후 6개월까지는 간격이 부정확해도 그대로 실시하고 간격이 6개월 이상일 때는 다시 초회부터 재접종 한다.

③ 홍역 접종은 15개월에 실시하되 유행할 때는 생후 6개월 후에 조기 접종할 수 있다 (단, 이때에는 생후 15개월에 재접종해야 한다).

④ 일본뇌염은 1~2주 간격으로 2회 접종한다(단, 유행 시기 전에 완료해야 한다).

⑤ 위의 표에 관계없이 해당 질병의 유행 시, 환자와의 접촉 시 또는 화상을 받았을 때 (파상풍)에는 수시로 추가접종을 실시한다.

⑥ B형간염은 모체가 항원 양성일 때는 생후 12시간 이내에 접종하고, 음성일 때는 DPT 와 같은 시기에 접종한다.

⑦ 혼합백신체제
　　• DPT(디프테리아, 파상풍, 백일해)
　　• TD(파상풍, 디프테리아)
　　• DPT-IPV(디프테리아)

Chapter 18 법정 감염병 및 검역질병

01 법정 감염병의 목적

국민 건강에 위해(危害)가 되는 감염병의 발생과 유행을 방지하고 그 예방 및 관리를 위하여 필요한 사항을 규정함으로써 국민 건강의 증진 및 유지에 이바지

02 법정감염병의 종류

제1급감염병, 제2급감염병, 제3급감염병, 제4급감염병, 기생충감염병, 세계보건기구 감시대상 감염병, 생물테러감염병, 성매개감염병, 인수(人獸)공통감염병 및 의료관련감염병

03 법정감염병의 특성 및 종류

(1) "제1급감염병"이란 생물테러감염병 또는 치명률이 높거나 집단 발생의 우려가 커서 발생 또는 유행 즉시 신고하여야 하고, 음압격리와 같은 높은 수준의 격리가 필요한 감염병으로서 다음 각 목의 감염병을 말한다. 다만, 갑작스러운 국내 유입 또는 유행이 예견되어 긴급한 예방 및 관리가 필요하여 보건복지부장관이 지정하는 감염병을 포함한다.

① 에볼라바이러스병 ② 페스트 ③ 라싸열
④ 크리미안콩고출혈열 ⑤ 남아메리카출혈열 ⑥ 리프트밸리열
⑦ 마버그열 ⑧ 탄저 ⑨ 두창
⑩ 보툴리눔독소증 ⑪ 야토병 ⑫ 디프테리아
⑬ 중증급성호흡기증후군(SARS) ⑭ 중동호흡기증후군(MERS)
⑮ 동물인플루엔자 인체감염증 ⑯ 신종인플루엔자 ⑰ 신종감염병증후군

(2) "제2급감염병"이란 전파가능성을 고려하여 발생 또는 유행 시 24시간 이내에 신고하여 야하고, 격리가 필요한 다음 각 목의 감염병을 말한다. 다만 갑작스러운 국내 유입 또는 유행이 예견되어 긴급한 예방 및 관리가 필요하여 보건복지부장관이 지정하는 감염병을 포함한다.

① 결핵   ② 수두   ③ 홍역   ④ 세균성 이질

⑤ A형간염   ⑥ 장티푸스   ⑦ 콜레라   ⑧ 장출혈성 대장균감염증

⑨ 파라티푸스   ⑩ 백일해   ⑪ 유행성 이하선염   ⑫ 풍진

⑬ 한센병   ⑭ 폐렴구균 감염증   ⑮ B형헤모필루스 인플루엔자

⑯ 수막구균 감염증   ⑰ 폴리오   ⑱ 성홍열

⑲ 반코마이신내성황색포도알균(VRSA) 감염증

⑳ 카바페넴내성장내세균속균종(CRE) 감염증   ㉑ E형간염

(3) "제3급감염병"이란 그 발생을 계속 감시할 필요가 있어 발생 또는 유행 시 24시간 이내에 신고하여야 하는 다음 각 목의 감염병을 말한다. 다만 갑작스러운 국내 유입 또는 유행이 예견되어 긴급한 예방 및 관리가 필요하여 보건복지부장관이 지정하는 감염병을 포함한다.

① 파상풍   ② 일본뇌염   ③ B형간염   ④ C형간염

⑤ 발진티푸스   ⑥ 쯔쯔가무시증   ⑦ 비브리오패혈증   ⑧ 말라리아

⑨ 발진열   ⑩ 레지오넬라증   ⑪ 렙토스피라증   ⑫ 브루셀라증

⑬ 공수병   ⑭ 신증후군출혈열   ⑮ 지카바이러스 감염증

⑯크로이츠펠트-야콥병(CJD) 및 변종크로이츠펠트-야콥병(vCJD)   ⑰ 뎅기열

⑱ 큐열   ⑲ 황열   ⑳ 치쿤구니야열   ㉑ 라임병

㉒ 진드기매개뇌염   ㉓ 유비저   ㉔ 웨스트나일열   ㉕ 매독

㉖ 중증열성혈소판감소증후군(SFTS)   ㉗ 후천성면역결핍증(AIDS)

(4) "제4급감염병"이란 제1급감염병부터 제3급감염병까지의 감염병 외에 유행 여부를 조사하기 위하여 표본감시 활동이 필요한 다음 각 목의 감염병을 말한다.

① 인플루엔자   ② 편충증   ③ 회충증   ④ 간흡충증

⑤ 요충증   ⑥ 장흡충증   ⑦ 폐흡충증   ⑧ 수족구병

⑨ 임질   ⑩ 클라미디아감염증   ⑪ 연성하감   ⑫ 성기단순포진

⑬ 첨규콘딜롬   ⑭ 메티실린내성황색포도알균(MRSA) 감염증

⑮ 반코마이신내성장알균(VRE) 감염증　　　⑯ 해외유입기생충감염증

⑰ 다제내성아시네토박터바우마니균(MRAB) 감염증　⑱ 장관감염증

⑲ 엔테로바이러스감염증　　　　　⑳ 다제내성녹농균(MRPA) 감염증

㉑ 급성호흡기감염증　　　　　　　㉒ 사람유두종바이러스 감염증

(5) "기생충감염증"이란 기생충에 감염되어 발생하는 감염병 중 보건복지부장관이 고시하는 감염병을 말한다.

① 간흡충증　　　② 폐흡충증　　　③ 장흡충증　　　④ 회충증

⑤ 요충증　　　　⑥ 편충증　　　　⑦ 해외유입기생충감염증

(6) "세계보건기구 감시대상 감염병"이란 세계보건기구가 국제공중보건의 비상사태에 대비하기 위하여 감시대상으로 정한 질환으로서 보건복지부장관이 고시하는 감염병을 말한다.

① 콜레라　　　　② 폐렴형 페스트　　③ 두창　　　　④ 바이러스성 출혈열

⑤ 신종인플루엔자　⑥ 폴리오　　　⑦ 황열　　　　⑧ 웨스트나일열

⑨ 중증급성호흡기증후군(SARS)

(7) "생물테러감염병"이란 고의 또는 테러 등을 목적으로 이용된 병원체에 의하여 발생된 감염병 중 보건복지부장관이 고시하는 감염병을 말한다.

① 페스트　　　　② 두창　　　　　③ 야토병　　　　④ 마버그열

⑤ 에볼라열　　　⑥ 라싸열　　　　⑦ 보툴리눔독소증　⑧ 탄저

(8) "성매개감염병"이란 성 접촉을 통하여 전파되는 감염병 중 보건복지부장관이 고시하는 감염병을 말한다.

① 임질　　　　　② 클라미디아　　③ 매독　　　　　④ 첨규콘딜롬

⑤ 성기단순포진　⑥ 연성하감　　　⑦ 사람유두종바이러스 감염증

(9) "인수공통감염병"이란 동물과 사람 간에 서로 전파되는 병원체에 의하여 발생되는 감염병 중 보건복지부장관이 고시하는 감염병을 말한다.

① 결핵　　② 일본뇌염　　　　③ 큐열　　　　④ 탄저

⑤ 공수병　⑥ 동물인플루엔자 인체감염증　⑦ 변종크로이츠펠트−야콥병(vCJD)

⑧ 중증급성호흡기증후군(SARS)　　⑨ 브루셀라증　⑩ 장출혈성대장균감염증

(10) "의료관련감염병"이란 환자나 임산부 등이 의료행위를 적용받는 과정에서 발생한 감염

병으로서 감시활동이 필요하여 보건복지부장관이 고시하는 감염병을 말한다.

① 메티실린내성황색포도알균(MRSA) 감염증

② 반코마이신내성황색포도알균(VRSA) 감염증

③ 반코마이신내성장알균(VRE) 감염증

④ 카바페넴내성장내세균속균종(CRE) 감염증

⑤ 다제내성아시네토박터바우마니균(MRAB) 감염증

⑥ 다제내성녹농균(MRPA) 감염증

(11) "관리대상 해외 신종감염병"이란 기존 감염병의 변이 및 변종 또는 기존에 알려지지 아니한 새로운 병원체에 의해 발생하여 국제적으로 보건문제를 야기하고 국내 유입에 대비하여야 하는 감염병으로서 보건복지부장관이 지정하는 것을 말한다.

(12) "고위험병원체"란 생물테러의 목적으로 이용되거나 사고 등에 의하여 외부에 유출될 경우 국민 건강에 심각한 위험을 초래할 수 있는 감염병병원체로서 보건복지부령으로 정하는 것을 말한다.

1 세균 및 진균

① 페스트균   ② 탄저균(탄저균 스턴 제외)   ③ 비저균

④ 브루셀라균   ⑤ 보툴리눔균   ⑥ 멜리오이도시스균   ⑦ 클라미디아 시타시

⑧ 이질균   ⑨ 야토균   ⑩ 큐열균   ⑪ 발진티푸스균

⑫ 홍반열 리케치아균   ⑬ 콕시디오이데스균   ⑭ 콜레라균

2 바이러스 및 프리온

① 헤르페스 B 바이러스   ② 이스턴 이콰인 뇌염 바이러스

③ 크리미안 콩고 출혈열 바이러스 ④ 황열 바이러스   ⑤ 헨드라 바이러스

⑥ 라싸 바이러스   ⑦ 마버그 바이러스   ⑧ 원숭이폭스 바이러스

⑨ 니파 바이러스   ⑩ 리프트 밸리열 바이러스

⑪ 남아메리카 출혈열 바이러스   ⑫ 에볼라 바이러스   ⑬ 서부 마 뇌염 바이러스

⑭ 소두창 바이러스   ⑮ 두창 바이러스   ⑯ 진드기 매개뇌염 바이러스

⑰ 중증 급성호흡기 증후군 코로나 바이러스 ⑱ 베네수엘라 이콰인 뇌염 바이러스

⑲ 고위험 인플루엔자 바이러스　　　　⑳ 조류 인플루엔자 인체감염증 바이러스

㉑ 중동 호흡기 증후군 코로나 바이러스　　㉒ 전염성 해면상 뇌병증 병원체

3 그 밖에 보건복지부장관이 외부에 유출될 경우 공중보건상 위해 우려가 큰 세균, 진균, 바이러스 또는 프리온으로서 긴급한 관리가 필요하다고 인정하여 지정 · 공고하는 병원체

4 감염병의 전파관리 책무와 관리체계

(1) **국가, 지방자치단체의 책무(제4조)** : 국가와 지방자치단체는 감염병의 예방 및 방역대책, 감염병 환자의 진료 및 보호, 예방접종의 계획 및 실시 등의 책무가 있다. 즉 감염병 환자의 인간의 존엄성과 기본적 권리를 보호하기 위한 책무를 지닌다.

(2) **의료인 등의 책무(제5조)** : 의료인, 의료기관 및 의료단체는 국가와 지방자치단체가 수행하는 감염병의 발생감시, 예방, 관리 및 역학조사에 협조하여야 한다.

(3) **국민의 알 권리(제6조)** : 국민은 국가와 지방자치단체의 감염병 예방 및 관리할동에 협조할 책임과 감염병 발생현황, 예방 및 관리 등의 정보와 대응방법을 알 권리가 있다.

5 검역감염병의 종류와 감시기간

① 콜레라 – 5일　　　　② 황열 – 6일　　　　③ 페스트 – 6일

④ 조류인플루엔자 인체감염증 – 10일　　　⑤ 신종 인플루엔자감염증 – 10일

⑥ 중증급성호흡기증후군 – 10일

⑦ 감염병이 국내외로 전파 우려가 있어 보건복지부장관이 고시한 감염병은 그 최대 잠복기간으로 하고 있다.

6 검역소

① 국립인천공항검역소　　② 국립인천검역소　　③ 국립군산검역소

④ 국립목포검역소　　　　⑤ 국립여수검역소　　⑥ 국립통영검역소

⑦ 국립마산검역소　　　　⑧ 국립김해검역소　　⑨ 국립부산검역소

⑩ 국립울산검역소　　　　⑪ 국립포항검역소　　⑫ 국립동해검역소

⑬ 국립제주검역소 등 13개 국립검역소와 10개 지소가 있다.

7 환자발생 신고 및 관리체계

(1) 환자발생 신고체계(감염병 예방 및 관리에 관한 법률)

① 의사, 치과의사 또는 한의사는 다음 각 호의 어느 하나에 해당하는 사실이 있으면 소속 의료기관의 장에게 보고하여야 하고 해당 환자와 그 동거인에게 보건복지부장관이 정하는 감염 방지 방법 등을 지도하여야 한다.

ㄱ 감염병환자 등을 진단하거나 그 사체를 검안(檢案)한 경우

ㄴ 예방접종 후 이상반응자를 진단하거나 그 사체를 검안한 경우

ㄷ 감염병환자등이 제1급감염병부터 제3급감염병까지에 해당하는 감염병으로 사망한 경우

② 감염병병원체 확인기관의 소속 직원은 실험실 검사 등을 통하여 보건복지부령으로 정하는 감염병환자등을 발견한 경우 그 사실을 감염병병원체 확인기관의 장에게 보고하여야 한다.

③ 보고를 받은 의료기관의 장 및 감염병병원체 확인기관의 장은 제1급감염병의 경우에는 즉시, 제2급감염병 및 제3급감염병의 경우에는 24시간 이내에, 제4급감염병의 경우에는 7일 이내에 보건복지부장관 또는 관할 보건소장에게 신고하여야 한다.

④ 육군, 해군, 공군 또는 국방부 직할 부대에 소속된 군의관은 제1항 각 호의 어느 하나에 해당하는 사실(제16조제6항에 따라 표본감시 대상이 되는 제4급감염병으로 인한 경우는 제외한다)이 있으면 소속 부대장에게 보고하여야 하고, 보고를 받은 소속 부대장은 제1급감염병의 경우에는 즉시, 제2급감염병 및 제3급감염병의 경우에는 24시간 이내에 관할 보건소장에게 신고하여야 한다.

(2) 인수공통감염병의 통보

① 신고를 받은 국립가축방역기관장, 신고대상 가축의 소재지를 관할하는 시장·군수·구청장 또는 시·도 가축방역기관의 장은 가축전염병 중 다음 각 호의 어느 하나에 해당하는 감염병의 경우에는 즉시 질병관리청장에게 통보하여야 한다.

ㄱ 탄저   ㄴ 고병원성조류인플루엔자   ㄷ 광견병

ㄹ 그밖에 대통령령으로 정하는 인수 공통감염병

② 통보를 받은 질병관리청장은 감염병의 예방 및 확산 방지를 위하여 이 법에 따른 적

절한 조치를 취하여야 한다.

(3) 표본감시체계

① **표본감시기관 지정** : 질병관리청장은 감염병의 의과학적인 감시를 위하여 질병 특성과 지역특성을 고려하여 보건의료기관이나 그 밖의 기관 또는 단체를 표본감시기관으로 지정할 수 있다(제16조).

② **감시체계 운영** : 질병관리청은 시, 도, 군(시), 구의 의료기관을 표본감시기관으로 지정하고, 각급 학교의 참여로 감시체계를 운영하고 있다.

③ **표본 감시대상 감염병 발생현황 파악** : 법정감염병 중 ㉠ 발병자 전수조사가 불가능한 성병, B형간염, ㉡ 감염병 관리상 조기발견이 매우 중요한 인플루엔자, 해외유입 기생충질병 등은 표본감시 의료기관을 지정하여 발생현황을 파악하고 있다.

(4) 필수예방접종과 임시예방접종

① **필수예방접종** : 특별자치도지사 또는 시장 · 군수 · 구청장은 다음 각 호의 질병에 대하여 관할 보건소를 통하여 필수예방접종을 실시하여야 한다.

① 폴리오　　② 백일해　　③ 디프테리아　　④ 결핵　　⑤ 파상풍　　⑥ 홍역

⑦ B형간염　　⑧ 유행성 이하선염　　⑨ 수두　　⑩ 풍진　　⑪ A형간염

⑫ B형헤모필루스인플루엔자　　⑬ 폐렴구균　　⑭ 인플루엔자　　⑮ 일본뇌염

⑯ 사람유두종바이러스 감염증

⑰ 그 밖에 보건복지부장관이 감염병의 예방을 위하여 필요하다고 인정하여 지정하는 감염병

② **임시예방접종** : 특별자치도지사 또는 시장 · 군수 · 구청장은 다음 각 호의 어느 하나에 해당하면 관할 보건소를 통하여 임시예방접종을 하여야 한다.

㉠ 질병관리청장이 감염병 예방을 위하여 특별자치도지사 또는 시장 · 군수 · 구청장에게 예방접종을 실시할 것을 요청한 경우

㉡ 특별자치도지사 또는 시장 · 군수 · 구청장이 감염병 예방을 위하여 예방접종이 필요하다고 인정하는 경우

(5) 급성감염병 관리체계

① **한국** : 급성 감염병이 발생했을 때 4단계로 나누어 관리한다.

㉠ 1단계 : 해외에서 신종감염병 발생이니 국내에서 원인불명의 감염병이 발생할 때,

유행의 감시활동을 실시하는 관심단계(Blue)

     ⓛ 2단계 : 신종감염병이 국내유입이나 국내에서 신종감염병이 발생할 때, 관리협조
체계를 가동하는 주의단계(Yellow)

     ⓒ 3단계 : 신종감염병의 국내외 확산방지 및 대처방안을 계획하고 점검하는 경계단
계 (Orange)

     ⓔ 4단계 : 신종감염병이 전국적으로 확산징후가 있는 경우 즉각적인 대응태세에 돌
입하는 심각단계(Red)

② WHO : 급성 감염병의 유행을 6단계로 구분하여 관리한다.

    1단계 : 감염병 유행이 동물 간에만 이루어질 때 발령하고

    2단계 : 동물에서 인간에게 전염되는 단계

    3단계 : 인간 상호간에 전염이 산발적이거나 소규모로 유행할 때

    4단계 : 인간 상호간의 전염이 지역단위로 유행할 때

    5단계 : 인간 상호간의 전염이 1개 대륙, 2개 국가 이상에서 이루어질 때

    6단계 : 2개 대륙 이상에서 이루어질 때 발령 관리한다.

8 감염병의 전파 예방대책

(1) 병원소의 제거 및 격리

① 동물병원소로 되어 있는 인축공통감염병(광견병, 우형결핵, 페스트, 탄저 등)은 감염
가축을 제거함으로서 감염병의 전파를 예방할 수 있다.

② 인간이 병원소인 감염병(결핵, 한센병, 콜레라, 페스트, 디프테리아, 장티푸스, 세균
성 이질 등)은 인간병원소를 일정기간 격리하거나 치료함으로서 예방할 수 있다.

(2) 환경위생 관리

환경위생을 철저히 하는 것은 병원체가 병원소로부터 탈출하여 새로운 숙주에 침입하는
과정을 관리하는 방법이다.

① 소화기계 감염병을 환자의 배설물이나 오염된 물건들을 소독하여야 하며 구충, 구서,
음료수 소독, 식품의 위생관리 등의 조치가 필요하다(소화기계 감염병의 예방은 환경
위생 개선이 가장 중요하다).

② 호흡기계 감염병은 이런 환경위생적인 방법으로는 예방할 수 없기 때문에 객담의 소

독이나 환자와의 접촉기회를 차단한다.

③ 곤충매개 감염병은 매개곤충의 구제가 중요하다.

(3) 숙주의 면역증강 대책

숙주의 면역증강을 위하여 예방접종, 면역혈청(Antitoxin), γ-globulin 접종이나 영양개선, 적절한 운동과 휴식, 충분한 수면 등의 관리도 필요하다.

(4) 행정적인 관리대책

① 감염병예방법의 규정에 따라 53종의 법정감염병과 9종의 지정감염병에 대해서는 국가 또는 지방자치단체에서 관리한다.

② 검역법의 규정에 따라 검역감염병(콜레라, 페스트, 황열, 생물테러감염병, SARS, AI 등)은 국가가 관리한다.

Hairdresser Written Test

Part II 공중보건학

Chapter 18 | 법정 감염병 및 검역질병 281

Chapter 19 급성 · 만성 감염병

- 급성 감염병 : 발병률이 높고 유병률은 낮다.
- 만성 감염병 : 발병률이 낮고 유병률은 높다.

01 소화기계(경구적)감염병

- 병원균이 음식물, 식수에 오염되어 경구적으로 침입하여 감염되는 수인성 감염병을 말한다
- 소화기계 2급 감염병 :
① 장티푸스　　② 콜레라　　③ 세균성 이질　　④ 장출혈성 대장균(O157)
⑤ 폴리오(급성회백수염)　　⑥ 파라티푸스

(1) 장티푸스
① **병원체** : 포자와 협막이 없는 단간균
② **병원소** : 환자, 보균자
③ **감염원** : 오염음식물, 오염해산물
④ **잠복기간** : 1~3주 전후

(2) 콜레라
① **병원체** : 한 개의 편모를 가지고 있는 단간균
② **병원소** : 환자
③ **감염원** : 대변, 토사물, 오염수, 오염음식물
④ **잠복기간** : 12~48시간, 최장 5일까지도 잠복 가능

(3) 세균성 이질
① **병원체** : 단간균, 편모가 없는 음성균
② **병원소** : 환자

③ **감염원** : 오염수, 오염음식물

④ **잠복기간** : 2~7일

(4) 장출혈성 대장균 감염증(O157 대장균)

① **병원체** : 장염균, 쥐티푸스균 등 원인균은 30여종으로 알려져 있음

② **병원소** : 환자, 보균자, 가축, 쥐

③ **감염원** : 오염 음식물, 오염된 채소류, 햄버거의 패티

④ **잠복기간** : 12~48시간, 평균 20시간

(5) 폴리오(급성 회백수염, 소아마비)

① **병원체** : 폴리오 바이러스

② **병원소** : 환자 및 불현성 감염자

③ **감염원** : 오염 음식물

④ **잠복기간** : 1~3주 전후

※ 기본접종 : 생후 2개월 ~ 2개월 간격으로 3회 실시, 추가접종 18개월에 실시한다.

(6) 파라티푸스

파라티푸스는 임상적, 병리학으로 장티푸스와 흡사하다. 다만 잠복기간이 짧다

02 호흡기계(비말, 포말) 감염병

- 호흡기계로 침입하는 감염병은 환자, 보균자 객담, 콧물, 담화, 재채기등으로 배출 · 전파되어 비말 감염, 포말로 전파된다.
- 비말감염의 거리는 대화시 수포가 1m, 기침,재채기,수포가 3m 범위
- 호흡기계 제2급 감염병

① 디프테리아　　② 백일해　　③ 홍역　　④ 두창

⑤ 유행선이하선염(볼거리)　　⑥ 풍진　　⑦ 인플루엔자　　⑧ 수두

(1) 디프테리아

① **병원체** : 양성 간산균, 포자는 협성하지 않는다.

② **병원소** : 환자, 보균자

③ **감염원** : 환자, 보균자의 콧물, 인후분비물, 기침, 재채기, 피부의 상처를 통하여 직접
전파된다.

④ **잠복기간** : 2~5월

(2) 백일해

① **병원균** : 음성균

② **병원소** : 환자

③ **감염원** : 비말감염으로 객담, 오염된 먼지

④ **잠복기간** : 1주간 전후

(3) 홍역

① **병원체** : 홍역 바이러스

② **병원소** : 환자

③ **감염원** : 환자객담, 인후분비물 비말 감염

④ **잠복기간** : 8~13일 정도

(4) 두창(천연두)

① **병원체** : 두창 바이러스

② **병원소** : 환자, 보균자

③ **감염원** : 공기전파

④ **잠복기간** : 12일 정도

(5) 유행성이하선염(볼거리)

① **병원체** : 멈프스 바이러스

② **병원소** : 환자, 보균자

③ **감염원** : 타액으로 공기전파

④ **잠복기간** : 3주

(6) 풍진

    ① **병원체** : 풍진 바이러스

    ② **병원소** : 환자, 보균자

    ③ **감염원** : 비말, 공기전파 타액으로 배출 됨

    ④ **잠복기간** : 2~3주

(7) **인플루엔자(독감)** : 열 38℃ 이상 고열, 두통, 오한, 인후통 등 폐렴 및 뇌염 등의 합병증을 유발 함 (4급 감염병으로 표본 감시 대상이다.)

    ① **병원체** : 변종 바이러스

    ② **병원소** : 환자, 보균자

    ③ **감염원** : 감염자 기침, 재채기, 비말감염, 콧물 묻은 오염된 손이나 개달물도 감염이 가능하다.

    ④ **잠복기간** : 1~3일간 또는 1주일 전염, 발병 3일경 가장 강해진다.

(8) 수두

    ① **병원체** : 수두 바이러스

    ② **병원소** : 환자

    ③ **감염원** : 직접 접촉 또는 공기전파

    ④ **잠복기간** : 2~3주(13~17일)

03 절지동물 매개 감염병

    ① **모기가 매개하는 감염병** : 일본 뇌염, 말라리아, 황열, 뎅기열, 웨스트나일열

    ② **진드기가 매개하는 감염병** : 신증후군출혈열(유행성출혈열), 쯔쯔가무시증

    ③ **이가 매개하는 감염병** : 발진티푸스, 발진열

    ④ **벼룩이 매개하는 감염병** : 페스트

(1) 페스트

    ① **병원체** : 음성균

    ② **병원소** : 야생 설치류, 집쥐, 환자

③ **감염원** : 쥐, 벼룩

④ **잠복기간** : 선 페스트 2~6일, 폐 페스트 3~4일

※ 페스트는 검역대상의 외래 감염병 제1급 감염병이며 림프선종, 폐렴급성감염병으로 폐혈증을 일으키는데 선 페스트와 폐 페스트로 분류한다.

(2) 발진티푸스

① **병원체** : 리케치아

② **병원소** : 환자

③ **감염원** : 이의 장내에서 발육증신된 병원체가 탈출하여 상처로 침입, 먼지를 통하여 호흡 기계로 감염된다.

④ **잠복기간** : 13~17일이다.

※ 발열, 근육통, 전신신경증상, 발진(장미진) 등을 나타내는 3급 법정 감염병이다.

(3) 말라리아

① **병원체** : 말라리아 원충

② **병원소** : 환자, 보충자

③ **감염원** : 학질 모기, 중국 얼룩날개 모기전파, 인체내에서 무성생식하고 모기체내에서 유성생식하기 때문에 모기가 종말숙주이고 인간은 중간숙주가 된다.

④ **잠복기간** : 3년간이다.

※ 말라리아는 제3급 감염병으로써 학질, 하루거리, 초학, 복학, 학중 등으로 불린다.

(4) 유행성 일본뇌염

① **병원체** : 바이러스

② **병원소** : 돼지

③ **감염원** : 모기 매개, 임상증상을 나타내는 현성감염자, 대부분 불현성 감염자이다.

④ **잠복기간** : 5~10일

※ 유행성 일본뇌염은 제3급 감염병으로 우리나라에서 8~10월 사이에 발생한다.

(5) 신증후군 출혈열

① **병원체** : 바이러스

② **병원소** : 들쥐, 집쥐, 등줄쥐

③ **감염원** : 들쥐에 기생하는 좀 진드기가 전파한다.

④ **잠복기간** : 2~3주

※ 5월~6월, 10월~12월에 많이 발생하는데 심한출혈, 혈뇨, 단백뇨 등으로 인한 패혈증으로 사망한다. 유행성 출혈열은 제3급 감염병이다.

(6) 쯔쯔가무시증 : 중증열성혈소판감소증후군

① **병원체** : 리케치아, 쯔쯔가무시

② **병원소** : 등줄쥐, 갈밭쥐

③ **감염원** : 들쥐에 기생하는 털진드기, 진드기 유충이 피부 체액을 흡입할 때 경피감염도 가능하다.

④ **잠복기간** : 12~16일 전후

(7) 지카 바이러스 감염증

① **병원체** : 지카 바이러스

② **병원소** : 붉은 털 원숭이

③ **감염원** : 이집트 숲 모기

④ **잠복기간** : 2주

04 인수공통감염병

인간과 동물이 병원소가 되는 인수공통감염병

(1) 공수병(광견병)

① **병원체** : 공수병 바이러스

② **병원소** : 환자, 개, 늑대, 여우, 스컹크 등

③ **감염원** : 개의 타액

④ **잠복기간** : 2~3주

(2) 탄저

① **병원체** : 탄저균

② **병원소** : 소, 양, 산양, 말

③ **감염원** : 오염된 사료를 통해 경구감염 되는 경우 장탄저

              양털 등을 깎을 때 기도감염 되는 경우 폐탄저

④ **잠복기간** : 1주 ~ 60일까지

(3) 렙토스피라증

① **병원체** : 렙토스피라균

② **병원소** : 들쥐

③ **감염원** : 들쥐의 배설물, 농부가 상처로 감염되기도 한다.

④ **잠복기간** : 10일 전후

05 만성감염병

- **만성감염병 종류** : 결핵, 나병, 성병, 트라코마, 후천성면역결핍증, B형간염 등의 전염성 질병이다.
- **아급성 감염병** : 성병, 트라코마, 에이즈, B형간염 등

1 결핵

① **병원체** : 간균, 인형결핵, 우형결핵, 조형결핵 3종으로 분류된다.

② **병원소** : 환자, 보균자, 동물 등

③ **감염원** : 폐결핵 객담, 비말, 신장결핵(소변), 장결핵(분변) 등이며 인체의 감염은 비말 감염, 우유감염, 오염된 식기, 오염된 식품 등이다.

(1) 잠복기 결핵환자 색출을 위한 진단검사

① X-ray 간찰   ② X-ray 직찰   ③ 객담 검사

(2) 투베르쿨린테스트(OT 및 PPD테스트)

① OT(순화단백제) : 검사액 0.1㎖를 피내 접종 48시간 후 발적부위 측정 4mm이하는 음성(−), 5~9mm는 의양성(±), 10mm 이상은 양성(+)으로 등분 한다.

② PPD(반응검사) : PPD 접종 72시간 후 발적부위직경 10mm 이상은 양성 그 이하는 음성으로 구분한다.

2 한센병(나병)

• 한센병은 피부말초신경의 손상으로 만성 감염병으로 제2급 감염병이다.

① **병원체** : 항산성 간균

② **병원소** : 환자, 비감염자

③ **감염원** : 병소의 배설물, 분비물, 기물을 통한 간접전파, 비감염자에 접촉하여 직접전파, 병원체의 인체침입(피부 상처, 상부 호흡기의 점막을 통함)

④ **잠복기간** : 5년

3 성매개 감염병

(1) 매독

매독은 중추신경계, 심장혈관, 장기나 조직에 침입하여 심한 병변을 일으켜 여성의 경우 유산, 사산 원인이 되고 태아도 심한 병변을 준다.

① **병원체** : 나선균인 매독균

② **병원소** : 환자

③ **감염원** : 직접접촉감염, 수혈감염

④ **잠복기간** : 3주

(2) 임질

임질은 생식기에 침범하여 실명, 관절염, 결막염, 직장감염 등을 일으킨다.

① **병원체** : 그람음성 쌍구균인 임질균

② **병원소** : 환자

③ **감염원** : 생식기 감염, 요도로 감염, 결막염, 회음부, 항문

④ **잠복기간** : 2~7일

(3) 트라코마

- 눈의 각막과 결막에 급성 및 만성 질환을 유발시키는 감염
- 시력장애가 오며 눈동자 손상 등으로 실명하는 질환

① **병원체** : 트라코마 바이러스

② **병원소** : 환자

③ **감염원** : 수건, 오염기물의 개달물

④ **잠복기간** : 5~12일

(4) 간염(바이러스 A, B, C)

－ 유행성 간염 : 간 세포변성, 염증성 질환, 황달이 생기는 감염병

① **병원체** : 간염B바이러스, DNA바이러스

② **병원소** : 환자

③ **감염원** : 분변 오염에 의한 음식물, 오염된 주사기, 수혈시 환자혈액, 타액, 정액, 질분비물

④ **잠복기간** : 2~3개월

(5) 후천성 면역 결핍증

－ 에이즈 : 1981년 미국에서 최초 환자 발생, 1985년 한국에서 최초 환자 발생

① **병원체** : 레트로 바이러스

② **병원소** : 사람, 야생동물

③ **감염원** : 성접촉, 혈액수렴, 오염된 주사기

④ **잠복기간** : 1주~6주 이지만 감염 후 2~3개월이면 항체 양성 반응이 나타난다.

Chapter 20 보건행정

01 보건 행정의 개념

1 W.G Smillie 의 보건행정

① 공공기관 또는 사적기관

② 사회 복지를 위하여

③ 공중보건의 원리와 기법을 응용하는 과정

2 WHO가 정한 범위

보건 관련 통계의 수집과 분석 및 보건, 보건교육, 환경위생, 감염병관리, 모자보건, 의료, 보건간호

3 중앙의 보건행정조직

(1) 중앙의 보건행정체계

대통령 → 국무총리 → 보건복지부 → 식품의약품안전청

(2) 보건에 관한 기술행정

중앙관서인 보건복지부에서 관장하고 있으며, 보건에 관한 일반 행정은 행정안전부가 지휘 · 감독하고 있다.

4 보건행정조직의 원칙

(1) 조정의 원칙

공동 목표를 달성하기 위한 행동통일의 수단이 되는 원칙

(2) 목표의 원칙

상부 조직이 갖는 장기적인 목표와 하부 조직이 갖는 단기적인 목표의 명확성 유지

Chapter 20 | 보건행정 **291**

(3) 명령통일(획일성)의 원칙

명령은 통일성이 있어야 한다는 원칙

(4) 분업의 원칙

업무의 전문화, 기능화, 동질화의 원칙

(5) 계층화의 원칙

업무를 효율적으로 수행하기 위하여 체제가 계층화되어야 한다는 원칙

(6) 책임과 권한의 일치 원칙

권한과 책임은 일치해야 한다는 원칙

(7) 통솔 범위의 원칙

업무의 성격, 감독자의 자질, 근무 장소의 분산 정도 등을 고려하여 통솔의 범위를 정해야한다는 원칙

💎 **Tip** 세계보건행정조직 및 기구명칭

- WHO : 세계보건기구
- UNICEF(유니세프) : 유엔아동기금
- PAHO : 범미보건기구
- ILO : 국제노동기구(노동위생)
- UNESCO : 국제연합교육과학문화기구
- WMO : 세계기상기구
- UNDP : 유엔개발계획
- F.A.O : 식량농업기구(영양부문)
- UNFPA ; 유엔인구활동기금
- IPPPF : 국제가족계획 연맹
- UNEP : 환경계획
- UNDCP : 유엔마약류통제본부

💎 **Tip** 세계보건기구(WHO) 창설은?

세계보건기구는 1948년 4월 7일 발족, 본부는 스위스제네바에 위치한다.
한국도 1949년 8월 17일에 서태평양지역에 65번째 가입.

Part II 종합예상문제

001 WHO가 제시한 건강의 정의는?

① 정신적, 사회적 완전 상태

② 사회적 안녕과 정신적으로 완전한 상태

③ 질병이 없고 육체적으로 완전한 상태

④ 육체적, 정신적, 사회적 안녕인 상태

해설 건강이란 질병이 없고 육체적, 정신적, 사회적 안녕의 상태

002 공중보건을 적절하게 정의한 것은?

① 질병예방, 생명연장, 건강증진에 관한 기술이며 과학

② 건강증진, 조기치료, 건강유지에 관한 기술이며 과학

③ 질병예방, 건강증진, 조기치료에 관한 기술이며 과학

④ 조기치료, 조기발견, 건강증진에 관한 기술이며 과학

해설 공중보건학은 질병을 예방하고 생명을 연장하며 신체적, 정신적 효율을 증진시키는 기술이며 과학이다.

003 공중보건의 목적이 아닌 것은?

① 질병 예방

② 수명 연장

③ 신체적, 정신적 증진

④ 국민보건 생활수준과 경제수준 향상

해설 질병 예방, 수명 연장, 신체적 정신적으로 국민건강을 증진시키는 것이 공중보건의 목적이다.

004 공중보건사업의 최소한의 단위는?

① 각 개인

② 국가

③ 지역사회

④ 작업장

해설 공중보건사업은 개인이 아닌 지역주민 또는 지역 사회이다.

005 공중보건사업 대상을 가장 잘 표현한 것은?

① 지역사회 전체 주민

② 저소득층 주민

③ 감염병 환자, 보균자

④ 가족단위

해설 공중보건사업은 기본적인 주요대상자는 지역사회주민

006 공중보건사업 실시과정에서 기본사업이 아닌 것은?

① 질병 치료
② 질병 예방
③ 수명 연장
④ 건강과 능률 향상

해설 공중보건은 질병치료보다 예방에 중점을 둔다.

007 Winslow C.E.A.가 공중보건을 정의한 내용이 아닌 것은?

① 질병 예방, 질병 치료
② 생명 연장
③ 질병 예방과 생명 연장
④ 건강 증진과 수명 연장

해설 Winslow C.E.A.는 공중보건을 질병 예방, 생명 연장, 건강과 능률 상승이라고 정의했다.

008 WHO에서 제시한 국가 간의 보건 수준 비교에 이용하는 종합건강지표는?

① 평균수명, 보통사망률, 비례사망지수
② 평균수명, 영아사망률, 보통사망률
③ 평균수명, 모성사망률, 비례사망지수
④ 평균수명, 모성사망률, 보통사망률

해설 3대 보건 지표 : 보통사망률, 비례사망지수, 평균수명. 대표적인 지표로 영아사망률이 이용된다.

009 국가 간 보건수준 지표가 아닌 것은?

① 국제 조사
② 평균 수명
③ 조사망률
④ 영아사망률

해설 국제조사는 인구 통계이다.

010 국가 간 또는 지역사회간의 보건 수준의 지표가 아닌 것은?

① 비례사망지수
② 생활보호지수
③ 평균수명
④ 조사망률

해설 보건 수준의 평가지표는 영아사망률, 모성사망률, 비례사망지수, 조사망률이 이용된다.

011 공중보건의 수준을 평가하는 보건지표 중 주요지수의 지표는?

① 영아사망률
② 비례사망지수
③ 질병발병률지수
④ 질병유행지수

해설 주요지수로는 영아사망률, 보통사망률, 비례사망지수가 있고 대표적으로 사용되는 지표는 영아사망률이 사용된다.

정답 006 ① 　 007 ① 　 008 ① 　 009 ① 　 010 ② 　 011 ①

012 환경위생사업이 아닌 것은?

① 상수위생사업

② 하수, 분뇨위생사업

③ 해충구제사업

④ 감염병 예방사업

> 해설 환경위생사업은 식수, 공기, 분뇨, 쓰레기 등 환경 위생을 증진시키는 사업이다.

013 기후 3요소에 해당하지 않는 것은?

① 기온   ② 기습

③ 기류   ④ 기압

> 해설 기후 3대 요소는 기온, 기습, 기류이다.

014 기후대의 유형이 아닌 것은?

① 열대   ② 아열대

③ 온대   ④ 한대

> 해설 기후대는 연평균 20℃ 등온선을 기준으로 열대와 온대를 구분하고 10℃ 등온선을 기준으로 온대와 한대로 구분한다.

015 자외선에 관한 사항 중 맞지 않는 것은?

① 살균작용을 한다

② 비타민 B를 형성한다

③ 피부에 홍반 색소 등을 침착시킨다.

④ 과다노출되면 피부암을 유발한다.

> 해설 자외선은 비타민 D를 형성한다.

016 자외선 작용에 맞지 않는 것은?

① 살균 작용

② 피부암 유발 작용

③ 일사병 유발 작용

④ 구루병 예방 작용

> 해설 적외선(열선)은 열사병 또는 열 경련을 유발한다.

017 생활환경 중에서 자연환경이 아닌 것은?

① 공기

② 토양

③ 미생물

④ 식품

> 해설 • 자연환경 : 위생곤충, 각종 미생물, 공기, 토양 등
> • 사회적 환경 : 의복, 식생활, 주거, 정치, 종교 등

018 성인이 1일 호흡에 필요한 공기량은?

① 8kL

② 6kL

③ 13kL

④ 3kL

> 해설 성인의 1일 호흡에 필요한 공기는 13kL이다.

019 공기 중의 산소(O_2)농도가 몇 % 이하일 때 질식사 할 수 있는가?

① 7% ② 10%
③ 15% ④ 20%

> **해설** 공기 중 산소의 농도가 10% 이하이거나 CO_2가 7% 이상이면 호흡이 곤란하고 산소량이 7% 이하이거나 CO_2가 10% 이상이면 질식사한다.

020 CO_2를 실내 공기 오염지표로 사용하는 이유는?

① 산소량과 반비례하기 때문에
② O_2와 관련성이 없기 때문에
③ CO_2와 CO로 변화하기 때문에
④ 공기오탁의 전반적인 상태를 추측할 수 있기 때문에

> **해설** 전반적인 공기의 상황을 추측할 수 있기 때문이다.

021 실내공기의 오염지표로 하는 원소기호와 서한도는?

① CO = 1,000ppm
② CO_2 = 1,000ppm
③ CO_2 = 100ppm
④ CO = 100ppm

> **해설** 실내공기 오염 지표는 이산화탄소(CO_2)로, 서한량은 0.1%(1,000ppm)이다

022 공기 중 CO_2가 몇 %이상이면 호흡곤란이 오는가?

① 7% ② 3%
③ 5% ④ 0.3%

> **해설** 이산화탄소가 공기 중 7% 이상이 되면 호흡곤란 증세가 나타나고 10% 이상이면 생명이 위험하다

023 군집독에 관한 설명으로 잘못된 것은?

① 밀폐된 장소에 다수가 있는 경우 발생한다.
② 군집독은 기후 상태에 따라 악화되는 질환이다.
③ 두통, 현기증, 구토 등의 증상이 생긴다.
④ 실내의 기온, 습도, CO_2의 함량 등이 증가의 원인이다

> **해설** 군집독은 공기오염의 하나로 다수의 인원이 좁은 실내공간에 있을 때 인체에 유해한 현상이다.

024 일상생활에서 쾌적함을 느끼는 온도와 습도는?

① 18±2℃, 60±10%
② 16±2℃, 50±10%
③ 18±2℃, 40±10%
④ 16±2℃, 70±10%

> **해설** 쾌적감을 느끼는 실내의 조건은 18±2℃의 온도와 40~70%의 상대습도이다.

정답 019 ①   020 ④   021 ②   022 ①   023 ②   024 ①

025 일산화탄소 중독 후 나타나는 증상이 아닌 것은?

① 언어장애
② 뇌신경장애
③ 소화기장애
④ 지각기능 장애

> 해설 일산화탄소(CO) 중독 증상으로는 중추신경 장애, 뇌세포 장애, 언어장애, 지각장애, 시야 협착 등이 있다.

026 일산화탄소 중독으로 증상(경증)이 일어나는 CO+Hb 농도로 알맞은 것은?

① 10%   ② 5%
③ 0.1%   ④ 20%

> 해설 일산화탄소 중독으로 혈중 CO+Hb 농도가 20% 이상이면 두통 증상, 50% 이상에서 구토 증상을 보이고, 70% 이상에서는 사망한다.

027 공기의 자정작용과 관련 요인이 잘못 연결된 것은?

① 살균작용 = 자외선
② 세정작용 = 강우(비)와 강설(눈)
③ 교환작용 = 산소+이산화탄소
④ 희석작용 = 산소+이산화탄소

> 해설 공기는 바람과 기류에 의하여 희석작용을 한다.

028 잠함병 증상에 해당하지 않는 것은?

① 마비증상
② 사지관절통
③ 혈액순환 장애
④ 폐출혈

> 해설 잠함병의 증상으로는 마비, 관절통, 뇌혈액 순환장애 등이 있다.

029 자외선이 인체에 미치는 영향으로 알맞은 것은?

① 전 작용을 일으킨다.
② 백내장, 결막염 등을 유발한다.
③ 순응능력을 저하시킨다.
④ 자외선 파장으로 일사병을 유발한다.

> 해설 자외선이 인체에 미치는 영향에는 백내장, 결막염, 홍반, 색소침착, 수포현상, 피부암 등이 있다.

030 다음 중 저기압 환경에서 나타날 수 있는 질병은?

① 고산병, 항공병
② 동상
③ 피부암, 피부질환
④ 잠함병

> 해설 저기압 환경에서 발생하는 질병으로는 고산병과 항공병이 있다.
> 잠함병은 급격한 감압에 의해 질소가 혈액이나 지방조직에서 기포화하여 발생하는 질병이다.

정답 025 ③   026 ④   027 ④   028 ④   029 ②   030 ①

031 O₂에 비하여 헤모글로빈과 CO의 결합력은?

① 100배   ② 250배
③ 150배   ④ 50배

> **해설** CO(일산화탄소)는 무색, 무비, 무취의 맹독성 가스로, Hb(헤모글로빈)에 대한 결합력은 O₂(산소)에 비해 250~300배 정도 강하며 허용량은 100ppm(0.1%) 정도이다.

032 인구통계 양식이 아닌 것은?

① 성비 = 남자의 수 / 여자의 수×100
② 인구의 사퇴 증가 = (유입인구 − 유출인구)
③ 인구의 자연증가 = (출생인구 − 사망인구)
④ 인구증가율(자연증가+사회증가)×100

> **해설** 인구증가율 = (자연증가 + 사회증가)× 1000으로 산출한다.
> 연간 인구증가율 = (연말 인구 − 연초 인구)×100

033 다음 중 인구동태조사에 맞는 것은?

① 인구분포   ② 인구크기
③ 출생 및 사망   ④ 국제조사

> **해설** 일정 기간 동안의 인구변동을 말하며 출생, 사망, 전입, 전출이 인구동태조사이다.

034 도시형 인구구조의 특징은?

① 종형   ② 항아리형
③ 별형   ④ 피라미드형

> **해설** 도시형 인구구조는 별형으로, 15~49세의 인구가 전체 인구의 50%를 초과하고 생산연령인구가 도시로 유입되는 형태이다.

35 인구이동이 전혀 일어나지 않는 인구는?

① 안정인구   ② 정지인구
③ 준안정인구   ④ 봉쇄인구

> **해설** 봉쇄인구는 인구이동이 전혀 일어나지 않는 인구로서 출생과 사망에 의해서만 변동이 일어나는 인구이다.

036 인구결합(귀속)별 인구의 분류가 아닌 것은?

① 현재인구   ② 상주인구
③ 중앙인구   ④ 법적인구

> **해설** 인구결합(귀속)별 인구에는 현재인구, 상주인구, 법적인구, 출생지인구가 있다.

037 인구가 증가할 가능성이 큰 인구구성형태는?

① 항아리형   ② 종형
③ 피라미드형   ④ 별형

> **해설** 피라미드형은 인구발전형태로, 0~14세 이상의 인구가 50세 이상의 인구의 2배를 초과하며 출생률보다 사망률이 낮고, 주로 후진국에서 나타난다.

정답 031 ② 032 ④ 033 ③ 034 ③ 035 ④ 036 ③ 037 ③

038 다음 중 서로 관계가 없는 것은?

① 종형 – 인구정지형
② 별형 – 인구유입형
③ 피라미드형 – 인구감퇴형
④ 항아리형 – 인구감퇴형

해설 피라미드형은 인구발전형이며 별형은 도시형이다.

039 가족계획의 근본적인 의미라고 볼 수 있는 것은?

① 가정변화
② 불임조절
③ 불임계획
④ 계획출산

해설 건강 및 경제능력을 고려하여 자녀수를 결정하고 낳고 싶은 시기에 자녀를 낳도록 하는 것이 가족계획이다.

040 대표적인 가족계획의 성공과 실패의 판단기준은?

① 영아사망률 증가
② 조출생률 증가
③ 모성사망률 증가
④ 사회적, 경제적 향상

해설 조출생률은 가족계획사업의 효과를 판단하는 좋은 지표이다.

041 WHO가 규정한 "조산아"의 의미는?

① 임신기간 28주에서 38주 이내에 태어난 출생아
② 출생 당시 체중이 3.5kg 이하인 출생아
③ 체중이 2.0kg 이하의 저체중아와 임신 28주 내의 출생아
④ 선천성 기형아

해설 WHO에서 규정한 조산아는 임신기간 28주~38주 이내에 태어난 출생아와 체중이 2.5kg 이하인 출생아를 말한다.

042 모성사망원인과 관련이 적은 것은?

① 임신중절술
② 자궁외 임신
③ 임신중독증
④ 산욕기출혈

해설 모성사망의 주된 원인은 임신중독증, 자궁외 임신, 출혈, 산욕열이다.

043 모체의 변화가 임신 이전의 상태로 회복되는 기간을 무엇이라고 하는가?

① 분만기
② 수유기
③ 산욕기
④ 주산기

해설 임신 이전의 상태로 회복되는 기간을 산욕기라고 한다.

044 임신중독증의 3대 증상으로 옳은 것은?

① 부종, 단백뇨, 고혈압
② 고혈압, 염색체 이상
③ 단백뇨, 출혈
④ 비만, 단백뇨

해설 임신중독의 3대 증상은 부종, 단백뇨, 고혈압이 있다.

045 남녀구성비율 중 2차 성비란 무엇을 의미하는가?

① 태아의 성비
② 출생아의 성비
③ 전체인구의 성비
④ 성인의 성비

해설 제 1차 성비 – 태아의 성비, 제 2차 성비 – 출생하는 시기의 성비, 제 3차 성비 – 전체 인구의 성비를 말한다.

046 어느 한 지역에서 초생아 사망률이 20%일 때, 이 지역의 사망률을 감소시킬 수 있는 방안으로 적당한 것은?

① 검역을 강화한다.
② 영아에 대한 예방접종을 철저히 한다.
③ 산모에 대한 산전관리를 강화한다.
④ 분만시설을 제대로 구축한다.

해설 초생아 사망원인은 대부분 예방하기 곤란한 선천적 원인과 유전적 요인으로, 산모에 대한 보건관리가 중요하다.

047 임신중독증의 3대 증상을 바르게 나열한 것은?

① 부종, 고혈압, 당뇨병
② 부종, 고혈압, 단백뇨
③ 산욕열, 당뇨병, 부종
④ 산욕열, 당뇨병, 고혈압

해설 임신중독증의 3대 증상 : 부종, 고혈압, 단백뇨
3대 요인 : 단백질 부족, 당뇨병, 고혈압

048 임신과 분만 및 산욕기에 있는 여성이 사망하는 경우 집계되는 통계치는?

① 모성사망률
② 사산율
③ 주산기 사망률
④ 영아사망률

해설 모성사망률은 1년간의 출생아 수로 1년 간의 모성사망 수를 나눈 수치이다.

049 인체의 체온상승(열 발생)에 많은 영향을 미치는 부위는?

① 신장
② 피부
③ 골격근
④ 심장

해설 인체의 열 생산의 비중은 골격근 59.5%, 간 21.9%, 신장 4.9%, 심장3.6%, 호흡 2.8%, 기타 1.8%이다.

050 온열조건에 대한 설명 중 잘못된 것은?

① 쾌적대는 기온이 20℃, 습도가 50% 정도면 적당하다.
② 최적감각온도는 여름철이 21.7℃, 겨울철은 18.9℃이다.
③ 불쾌지수가 80 이상이면 50%정도의 사람이 불쾌감을 느낀다.
④ 보건습도는 40~70%정도이다.

해설 불쾌지수가 80%이상이면 모든 사람이 불쾌감을 느낀다.

051 사람의 신체부위 중 체열을 가장 많이 방출하는 것은?

① 신장
② 머리
③ 얼굴
④ 피부

해설 피부의 체열방산량은 전체의 약 88% 정도이다.

052 다음 중 이상적인 인공환기법은?

① 배기식 환기법
② 병용식 환기법
③ 공기조정법
④ 송풍식 환기법

해설 인공환기에는 4가지 방식이 있다.
① 공기조정법 : 가장 이상적인 환기법으로 온도와 습도의 조절이 가능하고 배기오염을 처리하는 여과설비를 갖추고 있다.
② 배기식 환기법 : 오염물의 배기 처리에 효과적이다.
③ 송풍식 환기법 : 신선한 공기공급이 가능하며 오염물 자체를 희석시킨다.
④ 병용식 환기법 : 급.배기를 동시에 할 수 있어 편리하다.

053 우리나라 수질기준 상 사용허가가 불가능한 것은?

① 병원미생물의 오염미생물이 없는 경우
② 암모니아성 질소와 질산성 질소가 검출되지 않은 경우
③ 일반세균수가 100중 100CFU 이하인 경우
④ 과망간산칼륨의 소비량이 20ppm 이하인 경우

해설 과망간산칼륨의 소비량은 10ppm이 넘어서는 안 된다.

054 온열요소가 아닌 것은?

① 기온 ② 기압
③ 기습 ④ 복사열

해설 4대 온열 요소는 기온, 기습, 기류, 복사열이다.

정답 050 ③ 051 ④ 052 ③ 053 ④ 054 ②

055 기온의 연교차가 가장 큰 지역은?

① 열내 지역
② 온대 지역
③ 한대 지역
④ 아열대 지역

> 해설   한대지방의 온도는 7월에 최고, 1월에 최저를 기록하며 연교차가 크다.

056 온열요소에 대한 설명으로 옳지 않은 것은?

① 기온은 기후요소 중 가장 중요하다.
② 기류는 카파 온도계로 측정한다.
③ 복사열은 거리의 제곱에 비례해서 증가한다.
④ 상대습도는 그 지방의 기온변화에 반비례한다.

> 해설   복사열은 거리의 제곱에 비례해서 감소한다.

057 식수의 수질기준 중 대장균에 대한 기준으로 알맞은 것은?

① 100cc 중에 검출되지 않을 것
② 50cc 중에 검출되지 않을 것
③ 1cc 중에 10% 이하일 것
④ 10cc 중에 10% 이하일 것

> 해설   대장균군은 100cc 중에 검출되지 않아야 한다.

058 자연환기가 잘 되기 위한 중성대의 위치로 옳은 것은?

① 천장 가까이
② 방 중앙
③ 방바닥 가까이
④ 방 중앙의 중간

> 해설   중성대의 위치가 천장에 가까울수록 자연환기가 잘 되고 공기가 쾌적하다.

059 상수의 정수과정에 맞지 않는 것은?

① 여과법
② 침전법
③ 희석법
④ 폭기법

> 해설   상수는 침전–폭기–여과–소독의 과정을 거쳐 정수된다. 희석법은 세정법, 산화법, 탄소동화법과 함께 공기의 자정 작용법에 속한다.

060 실외기온측정은 지상 몇 m 높이에서 실시해야 하는가?

① 2m   ② 1m
③ 1.5m   ④ 3m

> 해설   백엽상은 기상관측용 설비가 설치된 작은 집 모양의 백색 나무상자 안에 최고온도계, 최저온도계, 자기온도계, 습도계가 설치된 것을 말하며, 실내에서 4.5m, 실외에서 1.5m 높이에서 측정해야 한다.

 정답   055 ③   056 ③   057 ①   058 ①   059 ③   060 ③

061 기습에 대한 설명으로 틀린 것은?

① 기습은 기후를 완화시킨다.

② 더울 때 기습이 높으면 더 덥게 느껴진다

③ 추울 때 기습이 낮으면 더 춥게 느껴진다

④ 기습은 12~14시 사이가 가장 높다.

해설 하루 중 오후 2시~3시 경 까지는 기습이 높은 것이 아니라 가장 낮은 시간이다.

062 수인성 감염병이 아닌 것은?

① 콜레라   ② 세균성 이질

③ 장티푸스   ④ 발진티푸스

해설 발진티푸스는 이에 의해 감염된다.

063 다음 중 완속여과법과 관계없는 것은?

① 수면동결이 쉬운 곳이 좋다.

② 건설비가 많이 든다.

③ 여과속도가 3~5m/일이다.

④ 세균제거율은 98~99%이다.

해설 급속여과는 물이 잘 어는 곳(수면동결이 쉬운 곳)이 좋다.

064 상수처리과정 중 급속여과에 관한 내용으로 옳지 않은 것은?

① 침전법은 약품침전법을 사용한다.

② 수면동결이 쉬운 곳이 좋다.

③ 1일 처리 수량이 완속여과에 비해 많다

④ 유지관리비가 적게 든다.

해설 급속여과는 약품응집 때문에 유지관리비가 다른 방식에 비해 많이 든다.

065 상수도의 정수과정으로 옳게 나열된 것은?

① 원수 – 침전조 – 소독조 – 침사조

② 원수 – 침전조 – 침사조 – 소독조

③ 원수 – 침사조 – 침전조 – 소독조

④ 원수 – 소독조 – 침사조 – 침전조

해설 상수도의 정수과정은 원수 – 침사조 – 침전조 – 소독조 – 송수 – 급수이다.

066 다음 중 염소 소독에 관한 설명으로 잘못된 것은?

① 온도, 반응시간, 염소의 농도가 증가하면 살균효과도 증가한다

② 염소처리 후에는 부활현상이 생긴다.

③ 소독력과 잔류효과가 강한 장점이 있다.

④ 맛, 냄새가 없고 비경제적이다.

해설 염소소독법은 불연속점 염소처리법을 이용한 방법으로 농도, 반응시간, 온도, pH 및 수량에 따라 살균효과가 좌우된다. 특징으로는
① 소독력이 강해 가장 널리 이용된다.
② 잔류효과가 강하다
③ 조작이 간편하고 경제적이다
④ 냄새와 독성이 있다.

067 지하수에 관한 설명으로 옳지 않은 것은?

① 자정속도가 빠르다
② 유기물함량이 적다
③ 경도가 높다
④ 연중수온이 거의 일정하다

> **해설** 지하수는 유황, 철 등의 무기물이 많으며 탁도는 낮고 유기물, 세균 등이 적어 수질이 양호하다.

068 화학적 산소요구량을 의미하는 COD에 관한 내용으로 옳지 않은 것은?

① COD란 화학적인 의미가 내포되어 있다.
② 폐수는 COD보다 BOD가 크다
③ 산화될 수 있는 물질을 산화시키는데 소요되는 산소량을 의미한다
④ COD는 BOD보다 짧은 시간 안에 측정할 수 있다.

> **해설** 유기물은 적고 무기환원성 물질인 아질산염, 철염, 화합물들이 많은 폐수의 경우 COD가 BOD보다 크다

069 대장균의 수질판정기준에 관한 사항으로 옳지 않은 것은?

① 병원성이 크기 때문
② 병원균의 오염을 추정할 수 있기 때문
③ 분변오염을 추측할 수 있기 때문
④ 검출방법이 간편하기 때문

> **해설** 대장균을 검사하는 이유는 병원성이 있기 때문이 아니라 비병원성인 병원균의 오염을 추측할 수 있기 때문이다.

070 식수 오염의 생물학적 지표로 사용하는 것은?

① 경도
② 탁도
③ 색도
④ 대장균군

> **해설** 식수 수질 기준법의 미생물지표는 대장균군이다.

071 하수도 복개로 인해 문제가 될 수 있는 것으로 알맞은 것은?

① 이산화탄소 증가
② pH의 증가
③ 메탄가스 증가
④ 대장균 증가

> **해설** 하수도 복개로 혐기성균에 의한 메탄가스가 증가함

072 하수처리의 예비처리로 맞는 것은?

① 살수여과법
② 침사지법
③ 활성오니법
④ 혐기성분해법

> **해설** 하수의 예비처리에는 제진망, 침사지, 침전조가 있다.

정답 067 ① 068 ③ 069 ① 070 ④ 071 ③ 072 ②

073 하수처리의 본처리로 알맞은 것은?

① 폭기조법
② 침전지법
③ 침사조
④ 제진망

해설 본처리에는 혐기성처리법인 부패조(폭기법), 임호프 탱크법, 호기청처리법인 살수여상법, 활성오니법, 산화지법 등이 있다.

074 다음 중 혐기성처리법에 속하는 것은?

① 임호프탱크법
② 활성오니법
③ 산화지법
④ 침전여상법

해설 혐기성처리법에는 임호프탱크법, 부패조(폭기법)이 있고, 호기성처리법에는 산화지법, 활성오니법, 응집침전법 등이 있다.

075 하수처리에서 활성오니법처리는 어떤 처리방식인가?

① 생물학적 처리
② 물리적 처리
③ 화학적 처리
④ 물리 · 화학적 처리

해설 활성오니법은 호기성균(세균)을 이용한 생물학적 분해처리이다.

076 다음 중 공장폐수오염을 측정할 때 이용하는 지표는?

① 용존산소량
② 대장균량
③ 부유물질량
④ 화학적 산소 요구량

해설 화학적 산소 요구량(COD)는 공장폐수의 오염도 및 호수, 바다의 오염 지표로 쓰인다.

077 다음 중 BOD와 DO 값은 어떤 관계가 있는가?

① BOD가 높으면 DO도 높다
② BOD가 높으면 DO는 낮다
③ BOD와 DO는 서로 상관없다.
④ BOD와 DO의 값은 항상 같다

해설 BOD와 DO의 값은 반비례의 관계를 갖는다.

078 미나마타병의 원인은?

① 카드뮴
② 질소
③ 수은
④ 탄소

해설 미나마타병의 원인물질은 수은이다. 카드뮴은 이따이이따이병의 원인이다.

079 분뇨의 비위생적 처리로 인체감염이 적은 것은?

① 회충, 구충
② 장티푸스
③ 세균성 이질
④ 한센병

해설 한센병(나병)은 피부의 접촉으로 감염된다.

080 대량의 분변을 소독하는 수단으로 적절한 것은?

① 승홍
② 석탄산
③ 생석회
④ 크레졸

해설 생석회는 변소 등에 이용되며 대량은 생석회, 소량은 크레졸을 이용해 소독한다.

081 분뇨 비위생적 처리로 인해 인체에 감염되는 기생충은?

① 구충
② 파상풍
③ 폴리오
④ 발진티푸스

해설 분뇨는 기생충과 소화기감염병(수인성 감염)을 유발한다.

082 도시폐기물 처리법에 많이 사용되는 방법은?

① 소각법
② 매립법
③ 해양투기법
④ 퇴비화법

해설 매립법에는 구매립법, 경사매립법, 저지매립법 등이 있다.

083 병원에서 감염병 환자 폐기물을 안전하게 처리하기 위해 사용하는 방법은?

① 소각법
② 매립법
③ 해양투기법
④ 비료화법

해설 병원에서 나오는 폐기물 등은 병원균의 처리를 위해 태워 없애는 소각법을 이용하는 것이 적절하다.

084 폐기물을 매립할 때 폐기물과 복토의 적절한 두께로 맞는 것은?

① 폐기물 1m 이하, 복토 1m
② 폐기물 3m 이하, 복토 2m
③ 폐기물 5m 이하, 복토 2m
④ 폐기물 2m 이하, 복토 1m

해설 매립하는 진개의 두께는 2m 이하가 적당하며 최종 복토는 1m 이상의 두께가 권장된다. 매립지는 10년 이상이 경과한 후에 사용하는 것이 좋다.

정답 079 ④ 080 ③ 081 ① 082 ② 083 ① 084 ④

085 주택의 조건으로 맞지 않는 것은?

① 지하수는 3m 이상이어야 한다

② 공장이나 산업장이 주위에 없어야
한다

③ 폐기물 매립 후 3년 이상이 지나야
한다

④ 남향 또는 동남향이어야 한다.

> **해설** 주택지로 사용하려면 매립 이후 10년
> 이상이 경과되어야 한다.

086 보건학적으로 주택의 조건으로 맞지 않
는 것은?

① 채광 조절이 좋아야 한다

② 냉/난방의 조절이 좋아야 한다

③ 중성대가 방바닥에 형성되어 있어
좋다

④ 환기조절이 양호하여야 한다

> **해설** 중성대가 천장 가까이 형성되면 환기
> 량이 좋아진다.

087 보건학적으로 주택실내의 환경조건으로
맞지않는 것은?

① 실내/외 온도차는 5~7℃

② 거실의 온도는 18±2℃

③ 중성대는 방바닥에 형성

④ 실내조도는 50~80ℓx

> **해설** 중성대는 천장 가까이에 형성되어야
> 한다.

088 주택 실내조명으로 알맞은 조명은?

① 자연조명   ② 인공조명

③ 직접조명   ④ 측면조명

> **해설** 자연조명은 태양을 광원으로 하는 주
> 간조명을 뜻한다.

089 조명불량으로 인체에 유발되는 질환으로
적절한 것은?

① 각막염   ② 안염

③ 안정피로   ④ 트라코마

> **해설** 불량조명은 시력감퇴, 안정피로, 안구
> 진탕증, 두통 등의 증상을 유발한다.

090 다음 중 눈의 보호에 적절한 조명방식은?

① 간접조명   ② 직접조명

③ 인공조명   ④ 반간접조명

> **해설** 간접조명은 눈의 보호에 좋은 조명이
> 지만 조도가 낮은 편이다.

091 건강장애를 유발시키는 소음과 무관한
것은?

① 소음의 크기

② 소음의 방향

③ 공기전달소음

④ 층간소음

> **해설** 청력장애 : 소음의 크기(세기)
> 각 개인의 감수성에 따라 소음의 간격
> 과 시간적 변동이 일어난다.

092 반복적인 소음의 허용 기준치는?

① 90dB   ② 70dB

③ 120dB   ④ 100dB

해설   소음 폭로 한계는 90dB이다.

093 소음의 허용기준이 틀린 것은?

① 충격음의 최고음도의 폭로 한계는 200dB

② 보정표에 의한 평가소음도는 50dB

③ 소음의 최고폭로량은 150dB

④ 반복적인 수음의 폭로한계는 90dB

해설   충격에 의한 소음의 최고음은 140dB 이다.

094 불량조명과 연관성이 가장 적은 것은?

① 불쾌감   ② 안정피로

③ 트라코마   ④ 근시

해설   트라코마는 급만성감염병이며 조명과 무관하다.

095 자외선이라고 할 수 없는 것은?

① 적외선량이 부족하다

② 살균작용이 있다

③ 구루병 예방에 도움을 준다

④ 피부건강에 도움을 준다

해설   자외선은 생명선이라고도 하며 비타민 D를 형성해 구루병을 예방하고 살균작용을 한다.

096 자외선에 대한 설명으로 옳지 않은 것은?

① 살균작용을 한다

② 비타민B를 형성한다

③ 과다노출되면 피부암의 위험이 있다

④ 피부 홍반과 색소침착이 있다

해설   자외선에 노출되면 비타민D가 생성된다.

097 다음 중 직접조명의 특징으로 틀린 것은?

① 조도 증가

② 과도한 현휘

③ 강한 음영

④ 눈의 피로 예방

해설   직접조명은 효율이 크고 경제적이지만 강한 음영과 현휘로 불쾌감이 생길 수 있다.

098 정밀작업실(기계실, 재봉실 등)의 적절한 인공조명 조도는?

① 80~120ℓx

② 30~80ℓx

③ 50~100ℓx

④ 100~200ℓx

해설   정밀작업실의 표준조도는 100~200ℓx 이다.

 정답   092 ①   093 ①   094 ③   095 ①   096 ②   097 ④   098 ④

099 조명 선택 시 고려사항이 아닌 것은?

① 백열등이어야 한다
② 간접조명이어야 한다
③ 유해가스가 없어야 한다
④ 열 발생이 적어야 한다

해설 조명의 조건으로는 ① 조도는 작업상 충분할 것 ② 광색은 주광색에 가까울 것
③ 폭발이나 발화의 위험이 없을 것
④ 취급이 간편하고 가격이 저렴할 것 등이 있다.

100 실내와 실외의 온도차로 적절한 정도로 옳은 것은?

① 5~7℃   ② 2~3℃
③ 8~10℃   ④ 10~12℃

해설 실내외의 적절한 온도차는 5~7℃로, 10℃이상의 차이가 나면 냉방병을 유발할 수 있다.

101 냉/난방이 필요한 실내온도로 적절한 것은?

① 26℃(냉방), 10℃(난방)
② 26℃(냉방), 16℃(난방)
③ 26℃(냉방), 18℃(난방)
④ 16℃(냉방), 10℃(난방)

해설 실내의 온도가 10℃이하면 난방이 필요하고, 26~28℃이상이면 냉방이 필요하다.

102 함기성은 낮지만 열전도율이 가장 큰 것은?

① 마직류   ② 모직류
③ 면직류   ④ 화학섬유류

해설 열전도율은 견지물이 19.2, 마직류가 29.5

103 겨울철 의복 구비조건으로 옳지 않은 것은?

① 흡수성이 높을 것
② 함기량이 높을 것
③ 중량이 가벼울 것
④ 열전도율이 낮을 것

해설 겨울철에는 흡수성이 낮고 함기량이 높은 의복이 좋다.

104 일상생활에서 구충구서의 원칙이 아닌 것은?

① 대상 동물의 생태습성에 따라 구제
② 광범위하게 동시 구제
③ 발생원 및 서식처 제거
④ 해충의 성충 구제

해설 해충의 구제원칙은 ① 대상 동물의 생태습성에 따라 구제 ② 광범위하게 동시 구제 ③ 발생원 및 서식처 제거 ④ 발생 초기 구제이다.

 정답 099 ① 　　100 ① 　　101 ① 　　102 ① 　　103 ① 　　104 ④

105 채독증이 원인이며 피부감염이 되는 이 기생충은?

① 회충
② 십이지장충
③ 요충
④ 조충

> **해설** 주로 인분을 퇴비로 사용한 논밭에는 꼭 신발을 이용해야 한다.

106 회충에 대한 설명으로 옳지 않은 것은?

① 회충의 유충은 심장과 폐포를 거친다.
② 회충의 유충은 장내에서 군거생활을 한다
③ 인체감염 후 75일이면 성충이 되어 산란한다
④ 회충알은 일광에 의하여 사멸하지 않는다

> **해설** 회충알은 건조한 환경 및 일광에 약하다

107 채소류로부터 인체에 감염되는 기생충은?

① 요충
② 선모충
③ 무구조충
④ 유구조충

> **해설** 유구조충은 돼지고기. 무구조충은 쇠고기를 통해 감염되는 기생충이다.

108 요충은 인체 내에서 산란하는데 주로 인체의 어느 부위에서 산란하는가?

① 대장
② 소장
③ 위장
④ 항문

> **해설** 요충은 맹장과 소장에 기생하지만 산란시에는 항문까지 내려와 산란한다

109 우리나라에서 가장 감염률이 높은 기생충은?

① 간디스토마(간흡충증)
② 폐디스토마(폐흡충증)
③ 무구조충증
④ 유구조충증

> **해설** 기생충 감염률은 간흡충증 1.4%, 요충 0.3%, 회충 0.06%, 편충 0.04% 순이다.

110 잉어, 붕어 등의 담수어를 날것으로 먹는 경우 감염되는 기생충은?

① 무구조충
② 간흡충증
③ 유구조충
④ 폐흡충증

> **해설** 무구조충(쇠고기), 유구조충(돼지고기), 폐흡충(참게, 가재 등), 간흡충(담수어)

111 간디스토마 기생충의 중간숙주는?

① 게, 은어

② 물벼룩, 송어, 연어

③ 다슬기, 게, 가재

④ 담수어, 쇠우렁이

> **해설** 간디스토마(간흡충)은 쇠우렁이(제1중간숙주) – 참붕어, 피라미, 모래무지(제2중간숙주)를 통해 감염된다.

112 다음 중 중간숙주가 다슬기, 게, 가재인 기생충은?

① 간디스토마(간흡충)

② 폐디스토마(폐흡충)

③ 광절열두조충

④ 갈고리촌충

> **해설** 폐흡충의 제1중간숙주는 다슬기, 제2중간숙주는 가재와 게이다.

113 기생충과 매개동물의 연결이 잘못된 것은?

① 광절열두조충증 : 물벼룩, 송어, 연어

② 유구조충증 : 우육(쇠고기)

③ 폐흡충증 : 다슬기, 게, 가재

④ 요꼬가와흡충증 : 다슬기, 은어

> **해설** 유구조충(갈고리조충)은 돈육(돼지고기)을 날로 섭취하면 감염될 수 있다.

114 모기를 통해 전염되지 않는 질병은?

① 일본뇌염

② 발진티푸스

③ 말라리아

④ 황열

> **해설** 발진티푸스는 이에 의해 감염되는 감염병이다

115 다음 중 바퀴벌레가 전파하는 감염병은?

① 황열

② 발진티푸스

③ 말라리아

④ 장티푸스

> **해설** 바퀴벌레는 수인성(소화기계) 감염병을 전파하는데, 장티푸스, 파라티푸스, 세균성 이질, 콜레라 등이 있다.

116 감염병과 매개동물의 연결로 잘못된 것은?

① 모기 – 말라리아

② 벼룩 – 페스트

③ 파리 – 황열

④ 이 – 발진티푸스

> **해설** 황열은 모기에 의해 전파되며, 파리는 주로 소화기계 전염병을 유발한다.

 정답 111 ④　　112 ②　　113 ②　　114 ②　　115 ④　　116 ③

117 감염병과 매개동물의 연결로 잘못된 것은?

① 토고숲모기 – 뎅기열
② 진드기 – 재귀열
③ 작은빨간집모기 – 일본뇌염
④ 중국얼룩무늬모기 – 말라리아

> 해설 토고숲모기는 말레이사상충을 전염시키며, 뎅기열은 이집트숲모기가 전염시킨다

118 파리가 전파하여 발생하는 감염병은?

① 사상충
② 파라티푸스
③ 황열
④ 학질

> 해설 파리가 전파하는 감염병은 장티푸스, 콜레라, 파라티푸스, 이질, 결핵 등이 있다.

119 쇠고기, 돼지고기, 민물고기를 생식하였을 때 감염될 수 있는 기생충은?

① 회충
② 촌충
③ 십이지장충
④ 폐흡충

> 해설 무구조충(민촌충)은 쇠고기를 통해 감염되고, 유구조충(갈고리촌충)은 돼지를 통해 감염되며, 광절열두조충(긴촌충)의 숙주는 민물고기이다.

120 다음 중 벼룩이 옮기는 감염병은?

① 장티푸스
② 페스트
③ 말라리아
④ 유행성출혈열

> 해설 페스트는 열대 벼룩이 매개하는 감염병이다.

121 다음 중 렙토스피라증을 매개하는 것은?

① 벼룩
② 참진드기
③ 이
④ 들쥐

> 해설 렙토스피라증은 농경지나 산 밑에 서식하는 들쥐의 오줌을 매개로 피부의 상처를 통해 감염되는 감염병으로, 주로 9~10월에 많이 발생한다.

122 가주성 파리 중 가장 흔한 파리는?

① 쉬파리
② 집파리
③ 금파리
④ 공주집파리

> 해설 인가나 주택 등에 가장 많이 활동하는 파리는 집파리이다.

123 다음 중 쥐가 옮기는 질병이 아닌 것은?

① 살모넬라
② 유행성출혈열
③ 페스트
④ 사상충병

> 해설 사상충병은 토고숲모기에 의해 감염된다

 정답 117 ①   118 ②   119 ②   120 ②   121 ④   122 ②   123 ④

124 다음 중 대기오염물질의 지표로 사용되는 물질은?

① SO_2　　　② O_2
③ CO_2　　　④ N_2

해설 아황산가스(SO_2)는 대기오염의 지표로 사용된다.

125 대한민국 환경정책기본법에 규정된 SO_2(아황산가스)의 연평균 대기 환경 기준은?

① 0.02ppm 이하
② 0.05ppm 이하
③ 0.06ppm 이하
④ 0.1ppm 이하

해설 연평균 기준 0.02ppm, 24시간 기준 0.05ppm

126 다음 기후현상 중 대기오염을 일으킬 수 있는 요인은?

① 고기압
② 기온 역전
③ 고온다습한 공기
④ 무풍

해설 기온역전이 발생할 경우 공기의 혼합이 이루어지지 않고 대기오염물질이 축적되기 때문에 대기오염 발생에 좋은 기상조건이 되기 때문이다.

127 대기오염에 관련된 질병의 요소로 적절한 것은?

① 순환기계 질병
② 호흡기계 질병
③ 비뇨기계 질병
④ 소화기계 질병

해설 대기오염 물질에는 가스상 물질와 입사상 물질이 있는데 모두 호흡기계 질병과 연관이 있다.

128 다음 중 산성비의 원인 물질이 아닌 것은?

① 염산　　　② 황산
③ 질산　　　④ CO_2

해설 산성비는 빗물의 pH가 5.6이하일 때 산성비라고 한다. 원인물질은 황산, 질산, 염산 등이 있다.

129 상공의 기온이 하층보다 높을 때 공기의 교환도 적고 확산도 되지 않는 현상은?

① 열섬 효과
② 온실 효과
③ 기온 역전
④ 광화학 스모그

해설 기온 역전이란 상공으로 갈수록 기온이 하강하는 게 일반적이나 상공의 기온이 하층보다 높을 때 대기는 매우 안정된 상태가 되어 공기교환도 적고 확산도 잘 되지 않게 되는 현상을 말한다.

정답 124 ①　　125 ①　　126 ②　　127 ②　　128 ④　　129 ③

130 대기오염물질 중 고혈압, 구내염, 인후염, 신경염을 유발하고 미나마타병의 원인인 것은?

① 카드뮴   ② 황화수소

③ 페놀   ④ 수은

> **해설** 카드뮴은 골연화증, 심한 통증 유발, 이
> 타이이타이병 : 카드뮴 중독
> 황화수소 : 폐출혈, 카타르성 비염 유발
> 페놀 : 적혈구 감소, 백혈증 유발, 소독
> 제로도 사용된다.

131 거의 모든 사람이 불쾌감을 느끼는 불쾌지수는?

① 불쾌지수≥80

② 불쾌지수≥70

③ 불쾌지수≥85

④ 불쾌지수≥75

> **해설** 불쾌지수와 인체에 미치는 영향
> 불쾌지수≥70 : 10%정도 불쾌, 불쾌지
> 수≥75 : 50%정도 불쾌, 불쾌지수≥80
> : 거의 모든 사람이 불쾌, 불쾌지수≥85
> : 견딜 수 없는 불쾌

132 음료수로 가장 적합하다고 할 수 있는 것은?

① 지하수   ② 천수와 해수

③ 지표수   ④ 호수와 해수

> **해설** 여러 가지 물을 단순비교할 때 지하수
> 가 가장 적당하다고 할 수 있다.

133 BOD(생물학적 산소요구량)는 어느 온도에서 얼마 동안 저장한 후 측정한 값인가?

① 15℃에서 5일 간

② 10℃에서 5일 간

③ 20℃에서 5일 간

④ 15℃에서 10일 간

> **해설** 20℃에서 5일간 배양할 때 소모되는
> 산소량을 BOD라고 한다.

134 냉면육수에서 대장균이 검출된 경우 가장 적절한 의미는?

① 냉면육수가 부패되고 있다

② 병원균의 오염가능성이 높다

③ 냉면의 육수가 신선도가 낮다

④ 영양가가 매우 낮아졌다

> **해설** 대장균이 검출되면 병원성 미생물이
> 생존해 있을 가능성이 있다

135 생물학적 수질 오염지표는?

① 경도

② 대장균

③ 탁도

④ 용존산소량

> **해설** 생물학적 오염지표는 유기성 오염물질
> 에 관한 지표이다.

 정답 130 ④   131 ①   132 ①   133 ③   134 ②   135 ②

136 우리나라에서 산업재해보상보험법이 제정, 공포된 년도는?

① 1980년　　② 1953년
③ 1963년　　④ 1977년

> **해설** 산업재해보상보험법은 1963년 제정, 공포되었다.
> 1953년 근로기준법 제정·공포
> 1977년 1월 의료보호 시작, 7월 의료보험 시작
> 1980년 노동청은 노동부로 개정
> 1981년 산업안전보건법 제정·공포

137 산업보건에 필요대상이 아닌 것은?

① 산업보건관리가 인권문제로 대두되었다
② 작업환경으로 인해 발생하는 질병 치료에 집중한다
③ 산업발달로 인해 노동인구가 증가하였다
④ 근로자의 건강보호, 증진으로 생산성과 품질향상을 도모한다

> **해설** 산업보건은 질병치료가 아니라 질병예방에 중점을 둔다.

138 산업보건과 관련된 국제기구는?

① ILO　　② WTO
③ UNICEF　　④ IOPH

> **해설** ILO(국제노동기구)는 1919년 발족되어 산업보건의 발전을 도모하고 있다.

139 근로기준법에 의한 임산부 보호가 아닌 것은?

① 출산전후 휴가기간의 배정은 산후 후에 45일 이상이 되어야 한다
② 임신 중인 여성에게 출산 전후 휴가를 출산 전후를 합하여 120일 이상 주어야 한다
③ 임신 중인 여성근로자에게 시간 외 근로를 하게 하면 안 된다
④ 임신 중인 여성근로자의 요구가 있을 시에 쉬운 종류의 근로로 전환하여야 한다.

> **해설** 사용자는 임신 중인 여성에게 출산 전과 출산 후를 통하여 90일의 출산전후 휴가를 주어야 한다. 그리고 휴가 기간의 배정은 출산 후에 45일 이상이 되어야 한다.

140 근로기준법에 규정된 취업최소연령은 몇 세 인가?

① 20세
② 18세
③ 15세
④ 13세

> **해설** 취업최소연령은 15세이다. (근로기준법 제 64조 최소연령과 취직인허증)

141 근로기준법에서 소년근로자에 대한 설명으로 옳지 않은 것은?

① 미성년자는 독자적으로 임금을 청구할 수 없다.

② 미성년자의 근로계약에 친권자가 대리할 수 있다

③ 15세 미만인 자는 근로자로 사용하지 못한다.

④ 사용자가 18세 미만인 자와 근로계약체결시에는 서면으로 명시하여 교부한다.

> 해설 미성년자는 독자적으로 임금을 청구할 수 있다(근로기준법 제 68조)

142 다음 산업 재해지표 중에서 연 노동 시간 당 손실일수를 뜻하는 것은?

① 도수율　　② 건수율

③ 강도율　　④ 손실일수

> 해설 강도율 = (근로손실일수 / 연간근로시간 수)×1000

143 다음 중 3대 직업병으로 맞는 것은?

① 규폐증, 수은중독, 벤젠중독

② 연중독, 카드뮴중독, 수은중독

③ 연중독, 벤젠중독, 규폐증

④ 연중독, 수은중독, 크롬중독

> 해설 3대 직업병은 연중독, 벤젠중독, 규폐증이다.

144 분진에 의한 직업병이 아닌 것은?

① 진폐증　　② 수폐증

③ 규폐증　　④ 석면폐증

> 해설 분진(진애감염:먼지, 피부) 감염 : 진폐증, 규폐증, 석면폐증

145 제이노드디지즈의 원인은?

① 납중독　　② 소음

③ 진동　　　④ 고온작업

> 해설 제이노드디지즈는 연마공, 착암공, 병타공에 나타나는 진동증상이 원인이다.

146 산업재해의 지수로 이용되지 않는 것은?

① 강도율　　② 주산기 사망률

③ 도수율　　④ 건수율

> 해설 주산기 사망률은 국민 건강의 수준을 파악할 수 있는 보건지표이다.

147 산업재해지표와 연관이 없는 것은?

① 도수율

② 건수율

③ 강도율

④ 발병률

> 해설 산업재해지표에는 도수율, 강도율, 건수율, 중독율(평균손실일수)가 있다.

정답 141 ①　　142 ③　　143 ③　　144 ②　　145 ③　　146 ②　　147 ④

148 열중증 중에서 열경련증의 중요한 원인은?

① 아미노산 부족
② 비타민 부족
③ 인체 내의 수분 및 염분 부족
④ 인체 내의 무기질 부족

해설 열경련증은 고온환경에서의 탈수와 과도한 염분손실로 나타난다.

149 높은 온도에서 육체적 노동으로 사람에게 나타나는 말초,순환기계의 이상이 주요증상인 열중증을 무엇이라고 할까?

① 열허탈증
② 열경련
③ 열성 발진
④ 웅열증

해설 말초순환기계의 이상. 전신허탈상태. 고온상태에서 처음 일하는 사람 및 그 경험이 사람에게 발생하는 열중증이 열허탈증이다.

150 연 근로시간수당 손실작업일수에 대한 산업재해지표는?

① 천인율
② 강도율
③ 건수율
④ 도수율

해설 강도율 = 손실작업일수 / 연 근로시간수×100

151 규폐증의 직접적인 원인이 되는 분진은?

① 유지규산
② 석면가루
③ 시멘트 분말
④ 석탄가루

해설 규폐증은 규산(유지규산) 가루, 석면폐증은 석면가루, 진폐증은 여러 종류의 먼지, 탄폐증은 석탄가루가 원인이 되어 발생하는 질병이다.

152 강노동의 RMR(에너지 대사율)로 옳은 것은?

① 2~4
② 1~2
③ 0~1
④ 4~7

해설 강노동은 RMR 2~4에 해당되며 격노동은 0~1, 중등노동은 1~2, 중노동은 4~7, 격노동은 7 이상이다.

153 다음 중 진폐증과 관계없는 작업 장소는?

① 채석장
② 페인트 작업장
③ 벽돌제조공장
④ 광산

해설 진폐증은 분진에 의해 발생되는 질환이다. 페인트 작업은 납중독을 유발시킬 수 있다.

 정답 148 ③   149 ①   150 ②   151 ①   152 ①   153 ②

154 저기압 환경에서 나타날 수 있는 질환은?

① 잠함병, 잠수병
② 기관지염, 피부질환
③ 고산병, 항공병
④ 참호족, 동상

해설 저기압에선 고산병, 항공병이 나타나고 고기압에서는 잠함병과 잠수병이 나타난다.

155 감염 후 영구 면역이 형성되는 감염병은?

① 임질
② 세균성 이질
③ 콜레라
④ 홍역

해설 백일해, 두창, 홍역 등은 자연능동면역으로 영구 면역이 형성된다.

156 불현성 감염으로 면역이 형성되는 감염병은?

① 천연두
② 홍역
③ 페스트
④ 일본뇌염

해설 불현성 감염으로 얻는 면역은 일본뇌염, 디프테리아, 유행성 이하선염, 폴리오 등이다.

157 불현성 감염으로 면역이 잘 형성되지 않는 감염병은?

① 폴리오 　　　　② 홍역
③ 백일해 　　　　④ 디프테리아

해설 홍역은 현성감염이다(발병한다)

158 백신예방접종으로 얻는 면역은?

① 인공능동면역 　② 인공수동면역
③ 자연능동면역 　④ 자연수동면역

해설 백신접종, 예방접종으로 얻는 면역은 인공능동면역이다.

159 감염병 환자의 질병치료에 맞지 않는 것은?

① 영양 개선
② 치료약 치료
③ 백신 접종
④ 환자 회복시기 혈청 접종

해설 환자에게는 백신접종을 하지 않는다

160 감염병 감염 후 얻는 면역은?

① 인공능동면역
② 인공수동면역
③ 자연능동면역
④ 자연수동면역

해설 병을 앓아 얻는 면역은 자연능동면역이다.

정답 　154 ③ 　　155 ④ 　　156 ④ 　　157 ② 　　158 ① 　　159 ③ 　　160 ③

161 모체로부터 받는 면역은 어떤 면역인가?

① 자연능동면역　② 자연수동면역
③ 인공능동면역　④ 인공수동면역

해설　태반이나 모유 등 모체로부터 받는 면역을 자연수동면역이라고 한다.

162 BCG접종으로 얻는 면역은?

① 자연능동면역
② 인공능동면역
③ 자연수동면역
④ 인공수동면역

해설　백신접종(피하접종)으로 얻는 면역은 인공능동면역이다.

163 혈청요법으로 얻는 면역은?

① 인공능동면역
② 인공수동면역
③ 자연능동면역
④ 자연수동면역

해설　혈청을 수혈받아 얻는 면역은 인공수동면역이다.

164 생후 6개월 이내 예방접종을 하지 않는 감염병은?

① 콜레라　　　② 폴리오
③ 파상풍　　　④ 결핵

해설　콜레라는 지정전염병 대상이 아니다.

165 다음 중 DPT 예방접종에 속하지 않는 질병은?

① 파상풍　　　② 백일해
③ 디프테리아　④ 파라티푸스

해설　D(디프테리아), P(백일해), T(파상풍)

166 생후 4주 이내 실시하는 예방접종은?

① 결핵　　　　② 홍역
③ 천연두　　　④ 폴리오

해설　BCG예방접종은 4주 이내 실시하는 결핵 예방접종이다.

167 PPD 접종의 목적은?

① 결핵 예방
② 결핵 치료
③ 결핵진행여부 판단
④ 결핵감염여부 진단

해설　PPD 반응검사는 결핵감염여부를 알기 위해 실시하는 접종으로 음성은 결핵균이 없는 상태, 의양성은 결핵균 감염 여부판단이 어려운 상태, 양성은 결핵균을 보유한 상태를 나타내며, 음성과 의양성자에게는 BCG를 예방접종한다.

168 다음 영양소 중에서 5대 영양소가 아닌 것은?

① 단백질　　　② 칼슘
③ 지방질　　　④ 비타민

해설　5대 영양소는 탄수화물, 지방질, 단백질, 비타민, 무기질이다.

169 우리나라 식품위생법에 규정된 식품위생의 대상이 아닌 것은?

① 기구
② 용기
③ 영양
④ 포장

해설 우리나라 식품위생법이 규정하는 대상은 식품첨가물, 기구, 용기, 포장이다.

170 영양소는 열량소와 조절소로 구분된다. 열량소가 아닌 것은?

① 단백질
② 탄수화물
③ 비타민
④ 지방질

해설 3대 열량소는 탄수화물, 지방, 단백질이다.

171 식품위생법에서 정의하고 있는 식품의 정의는?

① 모든 음식물 및 첨가물
② 의약을 포함한 모든 음식물
③ 의약으로 섭취되는 것을 제외한 모든 음식물
④ 모든 음식물, 첨가물, 화학적 합성품

해설 식품위생법에서 정의하는 식품은 의약으로 섭취되는 것을 제외한 모든 음식물을 말한다.

172 식품위생법상 식품위생의 범위는?

① 식품, 기구, 용기
② 식품, 식품첨가물, 용기, 기구, 포장
③ 식품, 식품첨가물
④ 식품, 기구, 포장

해설 식품위생의 정의는 식품, 식품첨가물, 기구 및 용기와 포장을 대상으로 한다

173 수용성 비타민으로서 고열상태에서 파괴되며, 인체조직 내에서 각종 산화작용이 잘 되게 하는 비타민은?

① 비타민 E   ② 비타민 A
③ 비타민 C   ④ 비타민 D

해설 비타민 C는 수용성 비타민으로 고열에 파괴되며, 인체 조직내에서 산화작용을 일으킨다. 일일 필요량은 50~60mg정도이고, 결핍될 경우 괴혈병을 유발한다.

174 단백질이 결핍되었을 때의 증상으로 옳지 않은 것은?

① 열중증
② 부종
③ 빈혈
④ 혈청 알부민 감소

해설 열중증은 고열환경에서 땀으로 인하여 염분이 부족할 때 많이 생기는 증상이다.
알부민은 단백질의 일종이다.

정답 169 ③   170 ③   171 ③   172 ②   173 ③   174 ①

175 눈에 충혈이 발생하는 사람이 부족한 영양소로 가장 적절한 것은?

① 비타민 E
② 비타민 B₂
③ 비타민 A
④ 비타민 C

해설 비타민 B₂는 인체를 성장시키는 요소이며, 부족할 경우에 눈의 충혈, 결막염, 각막염 등이 생길 수 있다.

176 부족할 경우 구루병을 유발할 수 있는 비타민은 무엇인가?

① 비타민 A
② 비타민 B
③ 비타민 C
④ 비타민 D

해설 비타민 D는 인체의 뼈에서 Cg를 흡수하는 데 도움을 주며, 부족하면 뼈가 약해지고 구루병에 걸릴 수 있다. 또한 Cg와 P의 대사에 관여한다.

177 다른 요소에 비하여 인체에 비교적 많은 양으로 요구되는 무기질은?

① 칼슘
② 식염
③ 비타민
④ 철분

해설 식염은 하루 6~15g정도의 양을 필요로 하며 이는 무기질 중 가장 많은 양이다.

178 다음 중 임산부에 부족하기 쉬워 임산부가 많이 섭취해야 할 영양소로 가장 적절한 것은?

① 탄수화물
② 식염
③ 비타민
④ 단백질

해설 임산부는 단백질, 철분, 칼슘 등을 섭취해야 한다. 단백질이 부족하면 임신중독증을 유발할 수 있다.

179 탄수화물을 많이 섭취하여 올 수 있는 인체의 부작용은?

① 비만증
② 거인증
③ 야맹증
④ 고혈압

해설 탄수화물을 많이 섭취하면 비만증이 올 수 있다.

180 다른 비타민보다 민감하며 쉽게 파괴되는 비타민은?

① 비타민 B
② 비타민 C
③ 비타민 D
④ 비타민 A

해설 비타민 C는 열, 빛, 물, 산소 등에 쉽게 파괴되는 민감한 물질이다.

정답 175 ②   176 ④   177 ②   178 ④   179 ①   180 ②

181 다음 질환 중 비타민 B₁₂가 결핍되면 나타나는 현상은?

① 괴혈병
② 악성빈혈
③ 각기병
④ 구순염

해설 B₁₂는 혈장을 구성하는 주성분으로 결핍시 악성 빈혈이 생길 수 있다.

182 단백질이 우리 몸에 흡수되었을 때의 작용으로 옳지 않은 것은?

① 열량 공급
② 인체 구성 기능
③ 신체기능 조절 작용
④ 효소 및 호르몬의 성분

해설 인체조절기능은 주로 비타민과 무기질이 담당한다.

183 식품에 미생물이 증식하여 지질과 당질을 분해하는 현상은?

① 변질
② 변패
③ 부패
④ 발효

해설 식품의 변질에는 부패, 변패, 산패 등이 있는데, 이 중 미생물이 증식하여 지질과 당을 분해하는 현상을 변패라고 한다

184 다음 중 대장균의 정성시험 순서가 바르게 나열된 것은?

① 추정시험 – 확정시험 – 완전시험
② 추정시험 – 완전시험 – 확정시험
③ 완전시험 – 추정시험 – 확정시험
④ 완전시험 – 확정시험 – 추정시험

해설 대장균의 정성시험은 먼저 1차 추정시험에서 가스발생의 유무를 관찰하여 양성(가스발생) 시 2차시험인 확정시험을 실시하고, 확정시험에서 정형적인 집락을 형성하면 3차 시험인 완전시험을 실시한다.

185 식중독을 유발하는 원인균이 아닌 것은?

① 장염구균
② 비브리오균
③ 마이코콕신
④ 사카로미세스균

해설 사카로미세스균은 감염병을 발생시키는 병원균이다.

186 식중독 중 감염형 식중독이 아닌 것은?

① 장염비브리오균
② 살모넬라균
③ 병원성 대장균
④ 포도상구균

해설 감염형 식중독에는 살모넬라균, 장염비브리오균, 병원성 대장균, 애리조나균 등이 있고, 독소형 식중독에는 보툴리누스균, 포도상구균, 장구균, 웰치균, 독소원성 대장균이 있다.

정답 181 ② 182 ③ 183 ② 184 ① 185 ④ 186 ④

187 다음 중 중독되면 치명율이 가장 높은 식중독균은?

① 포도상구균　② 살모넬라균
③ 보툴리누스균　④ 비브리오균

해설　독소형 식중독 : 포도상구균(장독소),
보툴리누스균(균체의 독소)

188 복어의 독소는 어느 부위에 가장 많이 들어있는가?

① 혈액　② 근육
③ 난소　④ 피부

해설　복어독은 난소, 피부 순으로 많이 들어있다.

189 우리나라 식품위생법이 취제행정에서 지도행정으로 바뀐 년도는?

① 1964년　② 1960년
③ 1965년　④ 1962년

해설　1962년 1월 20일 식품위생법이 최초로 제정, 공포됨에 따라 지도행정으로 변화했다.

190 식품의 관리법 중 식품의 변질과 관계가 없는 것은?

① 변패　② 산화
③ 발효　④ 부패

해설　식품의 변질에는 변질, 산패, 부패, 변패, 발효 등이 있다.

191 다음 중 O-157을 일으키는 원인은?

① 테트로톡신
② 아풀라톡신
③ 베로톡신
④ 시큐톡신

해설　아미그달린은 청매, 아몬드 등에서 발견되며, 테트로톡신은 복어, 아풀라톡신은 곰팡이, 시큐톡신은 독미나리에서 발견되는 독소이다.

192 통조림 등에 의해 발생할 수 있는 식중독은?

① 보툴리누스균
② 애리조나균
③ 살모넬라균
④ 포도상구균

해설　통조림 식품의 살균이 불충분했을 시 보툴리누스균에 감염될 수 있다. 보툴리누스균은 신세계 독소를 생산하며 신경마비증상을 유발한다. 잠복기는 12~36시간으로 24시간 이내 증상이 나타나며, 80℃에서 30분 이상 가열하면 독소가 사라진다.

193 영양소 중 결핍될 경우 각기병을 유발하는 영양소는?

① 비타민 C
② 비타민 D
③ 티아민(비타민 B₁)
④ 칼슘

 정답　187 ③　188 ③　189 ④　190 ②　191 ③　192 ①　193 ③

해설 티아민(비타민 B₁)은 항각기성, 항신경성 비디민으로 대시촉진, 심장기능의 정상화, 뇌의 중추신경과 수족 등의 말초신경을 자극하는 효과가 있다. 티아민이 결핍되면 식욕부진, 각기병, 신경계의 불균형이 유발될 수 있다.

194 인체 내에서 생산되지 않아 식품만으로 섭취하고 부족하면 빈혈을 일으키는 것은?

① 인 ② 철분
③ 칼슘 ④ 비타민

해설 철은 체내 지장이 불가능하므로 긱종 식품을 충분히 섭취한다.

195 다음 중 비타민 K의 결핍증상은?

① 지혈이 안 된다
② 밤눈이 어두워진다
③ 빈혈이 심하다
④ 피부염이 생긴다

해설 비타민 K는 혈액응고작용을 돕는다. 부족시 혈액응고장애, 혈뇨, 장출혈 등을 유발할 수 있다.

196 남성의 성인 기준 1일 영양 권장량은?

① 1800칼로리 ② 2800칼로리
③ 2500칼로리 ④ 1500칼로리

해설 성인 1일 기초대사량은 1200~1800 칼로리로, 영양 권장량의 경우 남성은 2500칼로리, 여성은 2000칼로리이다.

197 다음 중 지용성 비타민은?

① 비타민 C ② 비타민 A
③ 비타민 B₆ ④ 비타민 B₁

해설 지용성 비타민은 비타민 A, D, E, K, F 이다.

198 여성의 1일 철분 필요량은?

① 10mg ② 25mg
③ 20mg ④ 30mg

해설 여성의 철분 1일 필요량은 20mg이다.(남성은 10~12mg)

199 결핍 시 생리기능 장애로 불임 및 유산의 원인이 되는 영양소는?

① 비타민 E ② 비타민 D
③ 비타민 B ④ 비타민 C

해설 비타민 E는 결핍 시 생식기능 장애로 불임증 및 유산의 원인이 되는 영양소이다.

200 대한민국 국민건강증진법에는 국민건강, 영양조사를 몇 년 마다 실시하도록 명시되어 있는가?

① 5년 ② 3년
③ 2년 ④ 1년

해설 국민건강증진법에는 3년마다 국민건강,영양조사를 하도록 되어 있다.

정답 194 ② 195 ① 196 ③ 197 ② 198 ③ 199 ① 200 ②

201 인체에 영양소 흡수, 운반, 배설 등 신체의 기능조절에 작용하는 구성요소는?

① 비타민 ② 물
③ 탄수화물 ④ 단백질

해설 영양소의 흡수, 운반, 배설 등 신체의 각종 기능조절작용을 하는 구성요소는 물이다.

202 성인의 1일 기초대사량은?

① 1000~1600칼로리
② 1200~1800칼로리
③ 1600~2200칼로리
④ 1800~2200칼로리

해설 성인의 1일 기초대사량은 1200~1800 칼로리이다.

203 단백질을 구성하는 아미노산의 종류는 몇 가지인가?

① 20가지 ② 15가지
③ 10가지 ④ 5가지

해설 아미노산은 20가지 종류가 존재한다.

204 신체에서 체열소모가 가장 큰 부위는 어디인가?

① 소변 ② 체표면적
③ 폐포증발 ④ 대변

해설 체열은 95%이상이 피부에서 증발한다.

205 산성식품을 과다복용하였을 시 나타나는 증상이 아닌 것은?

① 고열과 오한
② 통풍
③ 피로
④ 위산과다증

해설 산성식품을 과다복용하면 통풍, 피로, 위산과다 등의 증상이 발생한다.

206 다음 중 수용성 비타민이 아닌 것은?

① 비타민 B
② 비타민 B_2
③ 비타민 A
④ 비타민 C

해설 수용성 비타민은 비타민 B_1, B_{12}, B_8, C 등이 있다.

207 피부를 부드럽게 하고 탄력성을 주는 영양소는?

① 지방
② 물
③ 무기질
④ 단백질

해설 피부를 부드럽게 하고 탄력을 주는 열량소는 지방이다.

정답 201 ② 202 ② 203 ① 204 ② 205 ① 206 ③ 207 ①

208 성인병에 관한 설명으로 옳지 않은 것은?

① 관상동맥질환은 여자보다 남자에게 더 많이 발생한다
② 당뇨병은 여성보다 남성에게, 류머티스성 관절염은 여성에게 많이 발생한다
③ 만성질환의 발생률은 연령이 높을수록 높다
④ 고혈압은 심혈관계 등 합병증을 일으켜 성인병으로 중요시된다.

해설 당뇨병은 남성보다 여성에게 발생률이 높다.

209 우리나라 국민기초생활보장법에서 규정한 노인의 연령은?

① 60세 이상   ② 70세 이상
③ 65세 이상   ④ 62세 이상

해설 노인복지법과 국민기초생활보장법에서는 노인을 65세 이상으로 규정하고 있다.

210 우리나라 국민건강증진법의 제정연도는?

① 1990년   ② 1995년
③ 1980년   ④ 1988년

해설 국민건강증진법은 1995년 1월 5일 제정되었으며, 2020년 6월 4일 일부개정되었다.

211 우리나라에서 남녀의 사망원인 1위인 성인병은?

① 암
② 당뇨병
③ 뇌혈관질환
④ 심장질환

해설 우리나라 성인의 3대 사망원인은 ① 암(악성신생물) ② 뇌혈관질환 ③ 심장질환의 순서로, 남성은 암과 간질환, 여성은 뇌혈관질환과 고혈압성 질환의 순서이다.

212 당뇨병의 증상으로 옳지 않은 것은?

① 갑작스러운 체중 감소
② 배뇨회수 감소
③ 심한 갈증
④ 권태감

해설 당뇨병은 배뇨횟수가 증가하는 증상이 있다.

213 고령사회란 노인이 전체인구의 몇% 이상일 때를 말하는가?

① 10%   ② 20%
③ 14%   ④ 7%

해설 고령화사회는 전체 인구 중 65세 이상의 노인인구의 비율이 7%이상일 때를 말하고, 고령사회는 14% 이상, 초고령사회는 20%이상을 말한다.

정답 208 ②   209 ③   210 ②   211 ①   212 ②   213 ③

214 노인복지법의 목적에 해당되지 않는 것은?

① 노인질환 사전 예방
② 심신건강 유지
③ 노인을 위한 고가의 진단장비 이용
④ 노인의 보건복지 증진

해설 노인의 복지법 목적은 노인의 질환을 사전예방, 조기 발견하고 질환상태에 따른 적절한 치료, 요양으로 심신의 건강을 유지하며 노후의 생활안정을 위해 필요한 조치를 강구함으로 노인의 보건복지 증진에 기여함을 목적으로 한다.

215 노인성치매에 대한 설명으로 옳지 않은 것은?

① 연령과 관계없이 발병한다.
② 남성보다 여성의 발병률이 높다
③ 예방과 재활 등 포괄적인 관리가 필요하다
④ 방향감각이 저하된다

해설 노인성치매는 나이가 많아질수록 증가한다

216 우리나라 정기예방접종 감염병에 해당되지 않는 것은?

① 백일해, 결핵
② 장티푸스, 페스트
③ 폴리오, 홍역
④ B형간염, 파상풍

해설 장티푸스, 페스트는 정기예방접종 감염병에 해당하지 않는다.

217 우리나라 법정감염병 검역법에 규정된 감염병에 해당되지 않는 것은?

① 콜레라, 페스트
② 신종인플루엔자 감염증
③ 중증급성호흡기증후군
④ 장티푸스

해설 우리나라 검역대상감염병은 페스트, 콜레라, 조류인플루엔자인체감염증, 황열, 신종인플루엔자감염증, 중증급성호흡기증후군이 있다.

218 법정감염병의 검역대상을 바르게 설명한 것은?

① 해외여행자 격리
② 검역질병감염병 의심자 격리
③ 만성질환자 격리
④ 감염병 환자 격리

해설 검역은 사람의 경우 검역대상질병이 의심되는 건강한 자의 강제적 격리이다.

 214 ③   215 ①   216 ②   217 ④   218 ②

219 법정감염병 최장 잠복기간이 감염병관리상 이용되는 가장 중요한 것은?

① 강제격리기간 설정
② 감염병 관리기간 결정
③ 치료기간 결정
④ 환자 격리기간 결정

> **해설** 감염병 최장 잠복기간은 감염병 의심의 건강한 자를 강제격리, 감시하는 검역기간을 결정하는 근거로 한다.

220 법정감염병에 검역대상감염병이 최장 잠복기간과 연결된 것으로 맞는 것은?

① 황열 – 5일간
② 중증급성호흡기증후군 – 10일간
③ 페스트 – 5일간
④ 신종인플루엔자 – 14일간

> **해설** 잠복기간 : 콜레라 – 5일, 페스트 – 6일, 황열 – 6일, 신종인플루엔자 – 10일

221 우리나라 법정감염병 중 제1급, 2급, 3급, 4급에 해당하는 수로 맞는 것은?

① 제4급 : 29종류
② 제3급 : 27종류
③ 제1급 : 23종류
④ 제2급 : 25종류

> **해설** 제1급 – 17종류, 제2급 – 21종류, 제3급 – 27종류, 제4급 – 22종류이다.

222 법정감염병 중 제2급 감염병에 해당되는 것은?

① B형 헤모필루스인플루엔자
② 발진티푸스
③ 탄저균
④ 두창

> **해설** 발진티푸스는 3급, 탄저, 두창은 1급이다.

223 법정감염병 제1급 감염병 설명으로 옳은 것은?

① 법성삼염병 발생, 유행 시 24시간 이내 신고해야 한다.
② 생물테러감염병은 치명율이 높고 집단발생 또는 유행 즉시 신고해야 한다(음압격리가 필요한 감염병)
③ 환자, 임산부 등 의료행위 과정에서 발생한 감염병
④ 유행여부를 조사하기 위해 감시활동이 필요한 감염병

> **해설** WHO고시대상감염병 – 생물테러감염병

224 우리나라 법정 감염병 중 후천성면역결핍증(AIDS)은 몇 급에 해당하는가?

① 제2급   ② 제1급
③ 제4급   ④ 제3급

> **해설** 제3급 감염병은 유행시 24시간 내에 신고해야 하고 국내유입시 예방, 관리가 필요한 감염병이다.

 정답   219 ①   220 ②   221 ②   222 ①   223 ②   224 ④

Part II 공중보건학

225 우리나라 법정 감염병 중 제3급 감염병에 속하는 것은?

① 장티푸스　　② 홍역
③ 세균성 이질　④ B형 간염

> **해설** 제 3급 감염병은 발생 혹은 유행이 24시간 내에 신고해야 하고, 예방, 관리가 필요하며 보건복지부장관이 지정한 감염병이다.

226 법정 감염병 예방법에 제3급에 해당하는 것은?

① 디프테리아
② 파상풍
③ 페스트
④ 백일해

> **해설** 발생 혹은 유행시 24시간 이내 신고해야 하고, 예방, 관리가 필요하며 보건복지부장관이 지정한 감염병이다.

227 법정감염병 예방법에 제4급 감염병에 해당되는 것은?

① 일본뇌염
② 결핵
③ 임질
④ 한센병

> **해설** 제 4급 감염병은 표본감시활동이 필요한 감염병이다.

228 법정감염병 중 중동호흡기증후군은 몇급 감염병으로 분류되는가?

① 제4급
② 제3급
③ 제2급
④ 제1급

> **해설** 제 1급 감염병은 생물테러감염병, 또는 치명율이 높고 집단발생이 커서 유행즉시 신고하여 격리가 필요한 감염병이다.

229 법정감염병 환자를 진단한 의사나 한의사는 신고규정에 따라 누구에게 신고해야 하는가?

① 보건연구소장
② 보건소장
③ 보건복지부장관
④ 시, 도지사

> **해설** 감염병 환자를 확인한 의사 또는 한의사는 관할 보건소장에게 신고해야 한다.

230 법정감염병 제1급 감염병이 발생하였을 때 언제 신고해야 하는가?

① 24시간 이내
② 12시간 이내
③ 즉시
④ 1주일 이내

> **해설** 제1급~4급 감염병의 경우 진단, 시체검안 시 즉시 관할보건소장에게 신고해야 한다.

정답　225 ④　　226 ②　　227 ③　　228 ④　　229 ②　　230 ③

231 법정감염병 예방법에 의하여 감염병 정
기예방접종의 책임자는?

① 시, 도지사
② 보건복지부장관
③ 시장, 군수, 구청장
④ 의료원장

해설 감염병 예방법 제 11조(정기예방접종)
에 따르면 시장, 군수, 구청정이 책임
자이다.

232 우리나라 법정감염병 검역대상국립검역
소가 설치되어 있지 않은 곳은?

① 강릉
② 인천
③ 울산
④ 목포

해설 국립검역소는 제주, 포항, 김해, 마산,
동해, 인천, 목포, 통영, 군산, 부산, 여
수, 울산, 국립인천공항검역소 등 13개
소가 있다.

233 보건복지부장관의 법정감염병 고시대상
감염병이 아닌 것은?

① 생물테러감염병
② 인수공통감염병
③ 제4급 감염병
④ 성매개 감염병

해설 제 4급 감염병은 표본감시활동이 필요
한 감염병으로 정해져 있다.

234 우리나라 법정감염병 관리를 국가 외 지
방자치단체의 의무가 아닌 것은?

① 감염병의 진료와 보호대책 강구
② 감염병 예방대책 강구
③ 감염병 환자의 치료비 지원
④ 예방접종 계획 및 접종 실시

해설 감염병 예방법 제 4조에서 국가와 지
방자치단체는 감염병 예방 및 방역대
책, 감염병환자의 진료 및 보호, 예방
접종계획 및 실시 등의 책무가 규정되
어 있다.

235 법정감염병 표본 감시기관은 누가 지정
하는가?

① 질병관리청장
② 보건복지부장관
③ 지방자치단체장
④ 시, 도지사

해설 질병관리청장은 감염병의 표본감시를
위하여 질병의 특성과 지역을 고려하
여 보건의료기관이나 그 밖의 기관 또
는 단체를 감염병 표본감시기관으로
지정할 수 있다.

236 한국과 WHO는 신종감염병 발생 시 각각
몇 단계로 나누어 관리하는가?

① 4단계와 5단계
② 공히 6단계
③ 3단계와 5단계
④ 4단계와 6단계

 정답 231 ③   232 ①   233 ③   234 ③   235 ①   236 ④

> **해설** 급성감염병이 발생했을 때 우리나라는 4단계로 나누어 관리하고 WHO는 6단계로 나누어 관리하고 있다.

> **해설** 신종감염병 발생 관리 단계와 무관한 사망자 발생, 환자 처치 단계는 없다

237 WHO가 운영하는 신종감염병 발생 관리 단계가 아닌 것은?

① 신종감염병이 전국적으로 확산징후가 있는 단계
② 감염병 유행이 동물 간에만 이루어지는 단계
③ 동물에서 인간에게 전염되는 단계
④ 신종감염병이 1개 대륙, 2개국에서 유행하는 단계

> **해설** WHO는 동물 간 유행에서 인간 간의 유행을 거쳐 세계적 유행의 범위까지 6단계로 구분하여 관리한다. ①은 한국의 3단계 관리내용이다.

238 우리나라 신종감염병 발생 관리 단계와 관련이 없는 것은?

① 전국 확산징후가 있어 즉각적인 대응 태세에 돌입하는 심각 단계
② 신종 감염병의 확산 방지, 대처 방안을 계획하고 점검하는 경계 단계
③ 전국적으로 사망자 발생 시 환자 처치 단계
④ 유행의 감시활동을 실시하는 관심 단계

239 질병관리청이 관장하는 업무가 아닌 것은?

① 감염병, 만성질환, 특수질환 시험 및 연구 업무
② 감염병, 만성질환, 특수질환에 관한 치료 업무
③ 감염병, 만성질환, 특수질환에 관한 역학조사 업무
④ 감염병, 만성질환, 특수질환에 관한 방역 업무

> **해설** 질병관리청의 관장 업무는 감염병 만성질환, 특수질환에 ① 방역 업무 ② 역학조사 업무 ③ 검역업무 ④ 시험 및 연구 업무가 있다. 감염병 치료업무는 관장하지 않는다.

240 신종감염병 발생 주요 요인이라고 볼 수 없는 것은?

① 기후 온난화
② 생활권의 세계화
③ 인구의 자연증가
④ 해외여행 및 해외취업 증가

> **해설** 신종감염병의 발생요인이 인구의 자연증가 때문이라고는 할 수 없다.

241 법정감염병의 표본감시기관을 통해 현황을 파악하는 감염병이 아닌 것은?

① B형간염
② 인플루엔자
③ 성병
④ 검역질병

> 해설 검역질병의 경우는 표본감시기관을 통해 파악하는 대상이 아니라 검역법의 규정이 있다

242 법정감염병 제1급~4급의 감염병에 관한 설명으로 옳은 것은?

① 제4급 감염병 : 환자나 임산부 등이 의료행위를 적용받는 과정에서 발생한 감염병으로 감시활동이 필요한 감염병
② 제3급 감염병 : 감염병 발생을 계속 감시할 필요가 있어 발생 또는 유행시 24시간 이내에 신고하여야 하는 감염병
③ 제1급 감염병 : 발생 또는 유행시 24시간 이내에 신고하여야 하고 격리가 필요한 감염병
④ 제2급 감염병 : 유행 여부를 조사하기 위하여 표본감시활동이 필요한 감염병

> 해설 법정감염병에 관한 내용은 제1급~4급 감염병을 참고

243 법정감염병에 검역 대상 감염병이 아닌 것은?

① 한센병(나병)
② 황열
③ 페스트
④ 콜레라

> 해설 검역대상감염병은 콜레라, 페스트, 황열, 중증급성호흡기증후군, 조류인플루엔자, 신종인플루엔자가 있다.

244 법정감염병관리 3대 대책에 해당하지 않는 것은?

① 감염병치료제 생산대책
② 전파예방대책
③ 환자 관리 및 전파방지대책
④ 면역증강대착

> 해설 감염병관리의 3대 원칙은 전파예방대책, 감수성 숙주의 면역증강대책, 환자 조기치료대책이다.

245 감염병 감염지수가 잘못 연결된 것은?

① 백일해 – 60~80%
② 두창 – 95%
③ 성홍열 – 40%
④ 홍역 – 65%

> 해설 홍역 및 두창은 감수성지수는 95%이다.

정답 | 241 ④　　　242 ②　　　243 ①　　　244 ①　　　245 ④

246 감염병 감수성지수는 어느 질병에 적용되는 지수인가?

① 매개곤충감염병
② 소화기계 감염병
③ 급성호흡기계감염병
④ 만성질환 감염병

해설 호흡기계 감염병이 발생하는 비율이 일정하다고 하여 이 감염률을 감수성지수(접촉감수성지수)라고 하였다. 홍역과 두창이 95%, 백일해는 60%, 성홍열은 40%, 디프테리아가 10%이다.

247 감염병 집단검진 목적과 관계가 적은 것은?

① 감염병의 역학적 연구
② 질병의 발병률 감수
③ 유행의 조기발견
④ 환자 조기발견

해설 집단검진의 목적은 유행의 조기발견 및 환자의 조기발견이며, 감염병에 관한 역학적 연구, 감염병의 발생기원 규명, 보건교육에 활용함을 목적으로 한다.

248 외래감염병의 예방대책이라 할 수 있는 것은?

① 감염원 제거
② 예방접종 실시
③ 검역 강화
④ 병원소 제거

해설 외래감염병(상재감염병) = 검역감염병
= 검역강화
※감염병예방대책 = 국내상재감염병
예방대책
① 감염원의 근본적 대책
② 감염경로차단 및 환경대책
③ 감수성보유자에 대한 숙주대책
국내상재감염병 예방대책
① 병원소 제거 및 격리
② 전염력 감소
③ 예방접종
④ 환경위생관리 ⑤감염원 관리대책

249 법정감염병 환자의 격리효과가 없는 감염병은?

① 콜레라
② 두창
③ 일본뇌염
④ 장티푸스

해설 일본뇌염은 병원소가 돼지이며 환자로 인한 2차감염이 불가능해 격리가 필요하지 않다

250 소독약품은 일정한 조건을 갖추어야 한다. 소독약품이 지녀야 할 이상적 조건이라고 볼 수 없는 것은?

① 소독대상물건에 부식성, 표백성이 없을 것
② 소독약의 구입비용이 저렴하고 구입이 용이할 것
③ 소독약 성분의 용해성이 높고 침투력이 강할 것
④ 살균력이 낮으며 화학적으로 안정성이 있을 것

> **해설** 화학 소독약품의 조건
> 1. 소독약 값이 저렴하고 구입이 용이해야 한다.
> 2. 소독하는 대상 물품이 부식되거나 표백되지 않아야 한다.
> 3. 약품의 사용이 간편해야 한다.
> 4. 용해성이 높고 침투력이 강해야 한다.
> 5. 소독약은 살균력이 높아야 한다.
> 6. 인축(사람, 가축)에 독성이 낮고 안정성이 있어야 한다.
> 7. 화학적으로 안정성이 낮으면 성분이 쉽게 분해되어 독성이 빠르게 풀어지는 성향이 있다.

251 어떤 소독약품의 희석배수를 알고자 한다. 석탄산계수가 5이고 석탄산 희석배수가 30일 때, 알고자 하는 그 소독약품의 희석배수는 얼마인가?

① 80
② 120
③ 150
④ 170

> **해설** 석탄산 계수 = 소독약품의 희석배수 / 석탄산의 희석배수
> 5 = X / 30, 따라서 X = 150
> 석탄산 계수의 의의
> 1. 의미 : 각종 소독약의 살균력을 비교하기 위한 지수
> 2. 측정 조건 : 20℃에서 균을 10분 내에 살균하는 성량을 측정
> 3. 계산법 : 석탄산 희석배수와 시험하려는 소독약 희석배수의 비율로 계산

252 소독약품을 측정하는 계수로서 석탄산 계수가 있다. 석탄산 계수가 중요한 이유는 무엇인가?

① 석탄산은 모든 균을 죽이기 때문에
② 소독 계수는 화학적이어야 하기 때문에
③ 살균력이 안정되고, 유기물에도 소독력이 약화되지 않기 때문에
④ 소독작용이 강하기 때문에

> **해설** 석탄산 계수의 중요성은 ① 살균력이 안정되고 ② 유기물에 혼합되어도 소독력이 약화되지 않기 때문이다.

253 어떤 세균을 20℃에서 10분 동안 없앨 수 있는 순수한 석탄산 희석배율이 40배일 때, 실험하려는 소독약을 80배로 희석한 것이 같은 조건에서 같은 살균력을 갖는다면 석탄산계수는?

① 1.0
② 2.0
③ 3.0
④ 4.0

> **해설** 석탄산계수 = 소독약품의 희석배수 /
> 석탄산의 희석배수
> X = 80 / 40 = 2

254 소독약의 살균기전으로 옳은 것은?

① 산화작용 : 과산화수소
② 균체단백의 응고작용 : 약용비누
③ 삼투압 작용 : 크레졸
④ 중금속염의 형성 작용 : 석탄산

> **해설** 소독에 3%의 과산화수소 수용액이 주
> 로 이용되는데 인체의 조직에 접촉하
> 면 발생기산소를 발생시킨다.

255 우유의 살균법을 설명한 것이다. 적절치
못한 것은?

① 우유 살균법 중에서 초고온살균법
은 130~150℃에서 1~3초 동안 가
열하는 것이다.
② 단시간고온살균법은 71.1℃로 15초
간 소독한 후 냉각시키는 방법이다.
③ 저온살균법은 61.6℃에서 30분간
살균하는 방법이다.
④ 멸균된 우유를 얻기 위한 살균법은
저온살균법이다.

> **해설** 우유를 멸균하는 방법은 주로 초고온
> 살균법을 이용한다.

256 농어촌의 우물 소독에 가장 적절한 소독
약품은 무엇인가?

① 석탄산   ② 알코올
③ 역성비누   ④ 표백분

> **해설** 표백분을 이용한 소독처리의 의미와
> 특성
> ① 적은 양(1.2~1.5ppm)으로 단시간에
> 쉽게 살균효과를 낼 수 있다
> ② 인축에 해가 적어 우물, 풀장 등에
> 이용되는 소독법이다.
> ③ 표백분에서 용출되는 발생기산소를
> 이용한 소독처리법이다
> ④ 소독 후 잔류농도가 낮다

257 다음 중 저온균의 발육 최저온도로 가장
적합한 것은?

① 15~20℃   ② 27~35℃
③ 35~50℃   ④ 50~65℃

> **해설** 저온균은 온도가 낮은 해수나 토양 속
> 에 사는 세균으로, 0℃에서도 발육할
> 수 있다.

258 우유의 초고온 순간멸균법으로 가장 적
절한 것은?

① 62~65℃에서 30초
② 70~72℃에서 10초
③ 100~110℃에서 5초
④ 132~135℃에서 2초

> **해설** 저온소독은 60~65℃에서 30분간, 고
> 온소독은 70~72℃에서 15초간, 초고
> 온 멸균법은 132~135℃에서 2초간 처
> 리한다.

259 소독약품으로서 알코올을 이용하는 경우, 일반적으로 몇 % 농도의 용액을 사용하는가?

① 40%

② 50%

③ 60%

④ 70%

> 해설 알코올을 소독용으로 사용하는 경우 70%정도의 농도가 이상적이다.

260 소독약 10ml를 용액 40ml에 혼합시키면 몇%의 수용액이 되는가?

① 2%

② 10%

③ 20%

④ 50%

> 해설 농도 = 용질 / 용액(용매+용질)×100
> (10 / 10+40)×100 = 10/50×100 = 20%

261 화학적 소독용액의 농도 표시에서 소독용액 100ml중에 포함되어 있는 소독약의 양을 나타내는 단위는?

① 퍼센트(%)

② 밀리그램(mg)

③ 퍼밀리(‰)

④ 피피엠(ppm)

> 해설 퍼센트는 용액 100ml에 포함된 용질의 양을 설명하는 상대적 척도이다.

262 소독제 0.25g는 2000ml의 물에 희석시키면 몇 ppm이 되는가?

① 12.5ppm   ② 125ppm

③ 1250ppm   ④ 12500ppm

> 해설 0.25g / 2000ml = 0.000125ml = 125ppm

263 석탄산 90배 희석액과 같은 조건하에서 어떤 소독제 135배 희석액이 같은 살균력을 나타낸다면 이 소독제의 석탄산계수는?

① 0.5   ② 1.0

③ 2.0   ④ 1.5

> 해설 석탄산 계수 = 소독약 135배 희석액 / 석탄산 90배 희석액 = 1.5

264 표백분을 사용하여 물 1000L를 4ppm 농도로 염소소독을 하고자 한다. 이 경우에 필요로 하는 표백분의 양은 얼마인가?(단, 표백분의 농도는 50%로 한다.)

① 1000mg   ② 4000mg

③ 8000mg   ④ 10000mg

> 해설 물 1L 중 4mg의 표백분이 존재하면 4ppm이 된다.
> 1000L 중 4ppm의 농도로 존재하려면 4000mg 의 표백분이 필요하고
> 농도가 50%인 만큼 2배의 표백분이 필요하기 때문에 4000×2 = 8000mg의 표백분이 필요하게 된다.

 정답 259 ④   260 ③   261 ①   262 ②   263 ④   264 ③

265 석탄산수 200ml 중에 석탄산이 4ml 용해되어 있을 경우, 석탄산 수용액의 농도는?

① 40% 수용액　　② 2% 수용액

③ 20%수용액　　④ 0.2%수용액

해설　용질 4ml / 용액 200ml×100 = 2%

266 승홍 3정은 물 몇 배의 비율이 적합한가?

① 1000배　　② 1500배

③ 2000배　　④ 3000배

해설　승홍의 농도는 0.1%이며 승홍 1정 중 0.5g을 포함한다. 1정당 약 500g의 물의 비율로 사용한다.

267 E.O(Ethylene Oxide) 가스 소독이 갖는 장점이라 할 수 있는 것은?

① 소독에 드는 비용이 싸다

② 일반 세균은 물론 아포까지 불활성화시킬 수 있다

③ 소독 절차 및 방법이 쉽고 간단하다

④ 소독 후 즉시 사용이 가능하다

해설　E.O 가스 소독은 일반 세균은 물론 아포까지 불활성화시키는 장점이 있다.

268 에틸렌 옥사이드 가스의 설명으로 적합하지 않은 것은?

① 50~60℃의 저온에서 멸균된다.

② 멸균 후 보존 기간이 길다

③ 비용이 비교적 비싸다.

④ 멸균 완료 후 즉시 사용 가능하다.

해설　에틸렌 옥사이드 가스는 독성을 띠므로 사용 후에는 반드시 환기 등의 방법으로 제거해 주어야 안전하다.

269 에틸렌 옥사이드 가스 멸균법에 대한 설명 중 틀린 것은?

① 보존기간이 고압증기멸균법에 의해 장기보존이 가능하다.

② 50~60℃의 저온에서 멸균된다.

③ 경제성이 고압증기멸균법에 비해 저렴하다.

④ 가열에 변질되기 쉬운 것들이 멸균 대상이 된다.

해설　E.O가스 소독은 일반세균은 물론 아포까지 불활성화시키지만 비용이 비싸다는 단점이 있다.

270 화학적 소독제 중 세균의 포자까지 사멸할 수 있는 약제는?

① 알코올　　　② 페놀

③ 헥사클로로펜　④ 포르말린

해설　메틸알코올을 산화시켜 얻은 포르말린 가스는 액체 또는 기체로 사용가능하며, 30℃이상에서 효력이 발생한다. 세균의 포자까지 사멸시킬 수 있다는 특징이 있다.

271 염소 소독의 장단점으로 옳은 것은?

① 금속물을 부식시키지 않는다.

② 잔류효과가 크다

③ 냄새가 거의 없다

④ 조작이 복잡하다.

해설 소량의 물 소독에는 표백분을. 대량의 물 소독에는 염소를 사용하는 데 잔류 염소량은 0.2ppm이다.

272 소독에 관한 설명으로 옳은 것은?

① 병원 미생물의 생활력은 물론 미생물 자체를 없애는 것이다.

② 병원균은 있으나 질병을 야기시킬 수 없는 상태로 만드는 것이다.

③ 소독은 멸균, 방부와 같은 뜻이다.

④ 병원성 미생물의 발육과 그 작용을 정지시켜 음식물 등의 부패나 발효를 방지하는 것이다.

해설 소독은 병원 미생물(병원체)를 제거하거나 살균하는 것이고 감염을 미연에 방지하는 것이다.

273 70%의 희석 알코올 2L를 만들려면 무수 알코올(알코올 원액) 몇 ml가 필요한가?

① 700ml ② 1400ml

③ 1600ml ④ 1800ml

해설 농도 = 용질 / 용액×100

용액이 2000ml이므로 x/2000 = 70

x = 1400이다.

274 소독액의 농도 표시법에 있어서 소독액 1,000,000ml중에 포함되어 있는 소독양의 양을 나타낸 단위는?

① 밀리그램(mg)

② 피피엠(ppm)

③ 퍼밀리(‰)

④ 퍼센트(%)

해설 ppm = 1/1,000,000, 퍼밀리(‰) = 1/1000 , 퍼센트(%) = 1/100

275 승홍수는 몇 배로 희석하여 소독액으로 사용하는가?

① 300배 ② 100배

③ 500배 ④ 1000배

해설 승홍 1 : 식염 1 : 물 998 또는 승홍 1 : 물 999의 비율로 희석, 조제하여 사용한다.

276 소독용 알코올의 가장 적절한 농도는?

① 40~45% ② 50~55%

③ 70~75% ④ 100%

해설 소독용 알코올의 적정 농도는 70~75%이다.

 정답 271 ② 272 ① 273 ② 274 ② 275 ④ 276 ③

277 각종 식품의 세척과 소독에 주로 이용되는 것은 무엇인가?

① 역성비누　　② 승홍수
③ 약용비누　　④ 알코올

> **해설** ① 석탄산 3%의 수용액 : 석탄산 수용액 방역용으로 가장 많이 이용한다.
> ② 역성(양성)비누 0.01~0.1% 용액 : 독성과 자극성이 없어 각종 식품의 소독에 이용
> ③ 100ppm 크로르칼키 : 과일과 채소의 세척에 적합

278 소독약품의 구비조건으로 가장 거리가 먼 것은?

① 살균력이 강해야 한다
② 값이 싸고 위험성이 적어야 한다
③ 취급이 간편하고 인체에 해가 없어야 한다.
④ 체내 농축이 되어 오랫동안 지속되어야 한다.

> **해설** 소독약품의 구비조건 – 살균력이 강할 것, 물품의 부식성이나 표백성이 없을 것, 융해성이 높고 안정성이 있을 것, 경제적이고 사용방법이 간편할 것 등

279 포름알데히드의 설명으로 옳지 않은 것은?

① 포름알데히드 소독법의 장점은 물에 용해가 잘 되며, 낮은 온도에서도 살균작용을 한다는 점이다.

② 포름알데히드 소독법의 단점은 자극성이 강해 점막 자극이 심하므로 사용 시 주의하여야 한다는 것이다.
③ 소독대상물은 차 내부, 실내, 서적, 가구 내부 등이다.
④ 포름알데히드의 특징은 무색투명하고 거의 냄새가 없다는 것이다.

> **해설** 포름알데히드는 메틸알코올을 산화시켜 만든 가스체로, 냄새가 강하고 무색이며 액체로도 사용된다.

280 소독과 멸균에 관한 용어들이 그 의미가 강한 것부터 순서대로 나열된 것은?

① 멸균 – 살균 – 소독 – 방부 – 세척
② 멸균 – 소독 – 살균 – 방부 – 세척
③ 살균 – 소독 – 멸균 – 세척 – 방부
④ 살균 – 멸균 – 소독 – 세척 – 방부

> **해설** 소독 및 살균은 세척, 방부, 소독, 살균, 멸균 순으로 강하다.

281 미생물의 발육을 정지시켜 음식물이 부패되거나 발효되는 것을 방지하는 작용은?

① 멸균　　② 소독
③ 방부　　④ 세척

> **해설** 멸균 – 무균상태, 소독 – 병원균 제거 또는 사멸작용, 방부 – 병원균의 발육을 정지시켜 음식물의 부패 및 발효를 저지하는 작용, 세척 – 깨끗하게 만드는 작용

282 병원에서 감염병 환자가 퇴원 시 실시하는 소독법은?

① 반복소독
② 수시소독
③ 지속소독
④ 종말소독

해설 환자 퇴원 시 마지막으로 종말소독을 실시한다.

283 다음 중 물리적 살균법에 해당하는 것은?

① 희석법
② 건열멸균법
③ 한랭소독법
④ 자외선 살균법

해설 한랭소독법은 존재하지 않으며, 희석법은 화학적 소독법, 자외선소독법은 무가열법에 속한다.

284 화학적 소독법에 해당하는 것은?

① 희석에 의한 소독법
② 소각소독법
③ 고압증기멸균법
④ 화염멸균법

해설 소독에는 물리적, 화학적 소독법이 있다. 희석에 의한 소독은 화학적 소독법이다.

285 자외선 소독법의 특징이 아닌 것은?

① 무열살균
② 내성유발
③ 표면살균
④ 화학작용

해설 일광에 포함되어 있는 2,600~2,800 Å 파장의 자외선은 강한 살균력이 있으며 수술실, 제약실, 무균실 등에 사용되고 내성을 유발하지 않는다.

286 바셀린이나 분말제품 등과 같이 수증기가 침투되기 어려운 물품들의 소독에 적절한 방법은?

① 건열멸균법
② 냉동요법
③ 고압증기멸균법
④ 저온멸균법

해설 건열멸균법은 바싹 마르는 고온에서 이용되는 방법으로, 건열멸균기가 이용된다.

287 대소변이나 토사물 소독에 적당한 소독 방법이 아닌 것은?

① 소각
② 증기소독
③ 석탄산수
④ 생석회분말

해설 대소변, 토사물, 객담 소독은 화학 약품을 사용한다.

정답 282 ④   283 ②   284 ①   285 ②   286 ①   287 ②

288 세계 보건기구에서 정한 고혈압 기준은?

① 최고혈압이 115, 최저혈압은
   75mmHg 이상
② 최고혈압이 140, 최저혈압은
   85mmHg 이상
③ 최고혈압이 160, 최저혈압은
   95mmHg 이상
④ 최고혈압이 180, 최저혈압은
   95mmHg 이상

> 해설 세계보건기구에서 정한 고혈압 기준
> 은 최고혈압 160mmHg, 최저혈압은
> 95mmHg이다.

289 다음 중 포자까지 사멸시킬 수 있는 소독
방법은?

① 자외선살균법
② 오존살균법
③ 고압증기멸균법
④ 자비소독법

> 해설 물리적, 화학적 소독에서 가장 강력한
> 소독법은 고압증기멸균법이다.

290 고압증기멸균의 장점이 아닌 것은?

① 멸균물품에 잔류독성이 없다.
② 멸균시간이 짧다
③ 비용이 저렴하다
④ 수증기가 통과하지 못하는 분말,
   모래, 예리한 칼날 등도 멸균할 수
   있다.

> 해설 고압증기멸균법의 적용대상은 타월,
> 의료기구, 약물, 고무제품, 약액, 거즈
> 등이다.

291 끓이는 방법인 자비소독에는 여러 가지
방법이 있다. 일반적으로 자비소독이라
고 하면 어떤 의미의 소독을 말하는가?

① 121℃에서 20분간 소독
② 71℃에서 15초간 소독
③ 100℃이하에서 15~20분간 소독
④ 160℃에서 100분간 소독

> 해설 일반적인 자비소독은 100℃의 끓는 물
> 에서 15~20분간 실시하는 소독이다.
> 소독력을 높이기 위한 특수 자비소독
> 의 경우 끓는 물에 중조 1~2%나 석탄
> 산 5% 또는 크레졸 2~3%를 첨가하면
> 소독효과가 높아진다.

292 소독방법 중에서 이학적 소독방법이라고
볼 수 없는 것은 무엇인가?

① 습열멸균법   ② 건열멸균법
③ 자외선멸균법   ④ 승홍수소독법

> 해설 이학적 소독방법
> ① 습열멸균법 – 자비소독법, 고압증
>   기멸균법, 유통증기(간헐 또는 반
>   복) 멸균법, 저온살균법, 초고온순
>   간살균법
> ② 건열멸균법 – 화염멸균법, 건열멸
>   균법
> ③ 자외선소독
> ④ 초음파소독
> ⑤ 세균여과법

293 100℃에 15~20분간 처리하는 소독법 또는 멸균법은?

① 건열멸균법 ② 습열멸균법
③ 저온멸균법 ④ 고온멸균법

해설 습열멸균법은 식품소독을 100℃에 15~20분간 처리하는 방법

294 DDT가 지니고 있는 가장 두드러진 특징은 무엇인가?

① 특히 접촉하면 독성이 더욱 강해진다.
② 호흡에 의한 독의 해가 인체에 더 크다
③ 피부에 접촉되어 피부에 큰 위해를 준다
④ 지속적으로 독성의 잔류효과가 크다

해설 DDT는 지속적 효과성인 지효성이 크고, 잔류성의 정도인 잔효성도 크다. DDT는 그 효과가 서서히, 그리고 오래 지속적으로 나타난다.

295 건열기를 이용하여 소독하는 경우 소독의 조건은 어떻게 되는가?

① 90~110℃에서 약 30분간 소독처리
② 110~130℃에서 약 1시간 소독처리
③ 130~150℃에서 약 30분간 소독처리
④ 150~170℃에서 약 1시간 소독처리

해설 건열기구에 의한 살균 처리 방법은 150~170℃의 온도에서 1시간 정도 열소독처리를 하는 방법이다.

296 무균실에서 사용되는 기구의 가장 적합한 소독법은?

① 고압증기멸균법
② 자외선소독법
③ 자비소독법
④ 소각소독법

해설 수술실, 제약실, 무균실은 자외선 소독한다.

297 살균 및 탈취뿐만 아니라 특히 표백의 효과가 있어 두발 탈색제와도 관계가 있는 소독제는?

① 알코올
② 석탄수
③ 크레졸
④ 과산화수소

해설 과산화수소는 입안 세척, 구내염, 인후염 등의 소독에 사용된다.

298 소독제의 효과검증 및 살균력 비교 시에 가장 많이 사용되는 것은?

① 독성계수
② 사멸속도함수
③ D-값
④ 석탄산계수

해설 석탄산은 모든 소독약의 살균력지표로 사용된다.

299 각종 살균제와 그 기전을 연결한 것 중 틀린 것은?

① 과산화수소(H_2O_2) – 가수분해
② 생석회(CaO) – 균체 단백질 변성
③ 알코올(C_2H_5OH) – 대사저해 작용
④ 페놀(CH_5O_5H) – 단백질 응고

해설 과산화수소는 산화작용에 의한다.

300 손 소독용으로 승홍수를 사용할 때 가장 적절한 농도는 몇%인가?

① 5%
② 1%
③ 0.5%
④ 0.1%

해설 승홍의 농도는 0.1% 100배, 1% 1000배의 수용액으로 사용한다.

301 다음 소독약 중 할로겐계의 것이 아닌 것은?

① 표백분
② 석탄산
③ 치아염소산나트륨
④ 요오드

해설 할로겐계 소독제로는 표백분, 치아염소나트륨 등의 염소계와, 요오드와 계면활성제 등의 혼합물이 있다.

302 소독제 사용 시 주의사항으로 적절하지 않은 것은?

① 소독제 보관용기는 세균오염원이 될 수 있으므로 덜어서 희석시켜 사용하면 안 된다.
② 소독제는 각각 저온의 어두운 곳에서 차광용기 또는 밀봉 등의 방법으로 보관한다.
③ 보관용기는 약품명, 농도, 제조날짜 등을 정확히 표시하여야 한다.
④ 소독제는 대부분 고농도이므로 취급에 주의를 기울여야 한다.

해설 화학약품 소독제는 소독대상물에 맞게 적당량을 제조해서 사용해야 한다.

303 소독방법에 따른 주의하상에 대한 설명으로 적절하지 못한 것은?

① 자비소독 시에는 소독 대상물이 완전히 물에 잠기도록 한다.
② 포르말린수 소독 시에는 온도를 20℃이상으로 유지하여야 한다.
③ 역성비누 소독 시에는 소독효과를 높이기 위하여 일반비누와 혼용하여야 한다.
④ 석회유 소독 시에는 사용 시마다 석회유를 새로 조제하여야 한다.

해설 역성비누는 보통비누와 하전이 반대이므로 함께 사용하면 효력이 없으며 중성세제와 병용해서 사용하면 안 된다.

304 화학약품을 소독제로 이용할 때 주의사항과 거리가 먼 것은?

① 모든 미생물에 대하여 만능으로 작용되는 것을 사용한다.
② 목적에 따라 적합한 소독제와 용량을 선택하여야 한다.
③ 약제 사용기준과 방법은 현장에서 사용할 때 검토하는 것이 좋다.
④ 최적의 사용농도를 알기 위하여 유효한 방법을 선정하여 사용한다.

해설 화학약품 소독제 중에서 만능으로 작용되는 소독제는 없다.

305 다음 중 소독용어로서 용액 속에 용해되어 있는 물질을 무엇이라고 하는가?

① 용질
② 현탁액 용액
③ 콜로이드 요액
④ 용매

해설 용액 속에 용해되어 있는 물질인 소독약 원액을 용질이라 한다.

306 다음 중 가장 적합한 농어촌의 화장실 소독제제는 무엇인가?

① 크레졸   ② 승홍수
③ 생석회   ④ 표백분

해설 생석회는 농촌과 어촌의 변소 소독에 많이 사용되고 있다.

307 다음의 병원성 세균 중 공기건조에 견디는 힘이 가장 강한 것은?

① 장티푸스균   ② 콜레라균
③ 페스트균   ④ 결핵균

해설 결핵균은 캡슐과 같은 막을 형성하여 공기건조에 견디는 힘이 강하다.

308 다음 중 크레졸에 대한 설명으로 틀린 것은?

① 3%의 수용액을 주로 사용한다.
② 석탄산에 비해 2배 소독력이 강하다.
③ 손, 오불 등의 소독에 사용된다.
④ 물에 잘 녹는다.

해설 크레졸은 난용성 물질이므로 물에 잘 녹지 않는다.

309 소독효과 판정 시 가장 많이 사용되는 것은?

① 독성계수   ② 사멸속도함수
③ D - 값   ④ 석탄산계수

해설 석탄산은 모든 소독약의 살균지표로 이용된다.

310 다음 중 100℃에서도 살균되지 않는 균은?

① 대장균   ② 결핵균
③ 파상풍균   ④ 콜레라균

해설 파상풍균은 열에 강하며 오염된 진흙 속에서 생활, 증식한다

 정답 304 ① 　 305 ① 　 306 ③ 　 307 ④ 　 308 ④ 　 309 ④ 　 310 ③

311 미용실에서 사용하는 소독약 중 착색하여 보관하는 소독약은?

① 석탄산
② 크레졸
③ 승홍
④ 포르말린

해설 승홍은 무색무취이며 독성이 강해 위험하므로 착색하여 보관해야 한다.

312 다음 중 소독제의 적정농도로 틀린 것은?

① 알코올 – 70%
② 머큐로크롬 – 2%
③ 승홍수 – 1%
④ 크레졸 – 0.3%

해설 크레졸 소독제의 적정농도는 3%이다.

313 공중위생관리법에서 규정한 이/미용기구의 크레졸 소독방법은 크레졸수(크레졸 3%, 물 97%의 수용액)에 몇 분 이상 담가두는 것인가?

① 10분 이상
② 20분 이상
③ 30분 이상
④ 60분 이상

해설 석탄산수, 크레졸수 소독은 10분 이상 담가두는 것이다.

314 초자기구, 도자기류, 목축제품 등의 소독에 쓰이는 것이 아닌 것은?

① 석탄산수
② 크레졸수
③ 생석회
④ 포르말린 수용액

해설 생석회는 변소, 하수구 소독에 이용된다.

315 자비소독시 살균력과 금속의 녹을 방지하기 위해 첨가하는 것은?

① 탄산나트륨 1~2%
② 염소이온 1~2%
③ 승홍수 1~2%
④ 염산 1~2%

해설 자비소독시 살균력을 높이기 위해 석탄산 3% 또는 크레졸 3%를 첨가한다. 또한 금속기구가 녹스는 것을 방지하기 위해 탄산나트륨 1~2%를 첨가한다.

316 E.O 가스멸균법이 고압멸균법에 비해 장점이라 할 수 있는 것은?

① 멸균시간이 짧다
② 멸균 조작이 쉽고 간단하다.
③ 멸균 시 소요되는 비용이 저렴하다
④ 멸균 후 장기간 보존이 가능하다

해설 에틸렌옥사이드(E.O) 가스멸균법의 특징
① 고압증기멸균법에 비해 가격이 고가이다.
② 조작의 난이도가 높아 숙련이 필요하다.
③ 멸균 후 잔류가스가 남아 있어 피부 손상 및 점막 자극이 있다.

317 다음 중 산소가 없는 곳에서만 발육을 하는 균은?

① 결핵균

② 백일해균

③ 파상균

④ 디프테리아균

> **해설** 호기성균 – 산소를 좋아하는 균으로 바실루스균, 결핵균, 진균, 백일해균, 디프테리아균 등으로 호흡으로 에너지를 얻는다.
> 혐기성균 – 산소를 싫어하는 균으로, 파상풍균, 보툴리누스균 등이 있다.

318 다음 중 100℃의 자비소독으로 살균되지 않는 균은?

① 대장균

② 결핵균

③ 파상풍균

④ 장티푸스균

> **해설** 파상풍균은 100℃의 자비소독에 살균되지 않는다.

319 세균의 형태가 S자형 혹은 가늘고 길게 만곡되어 있는 것은?

① 구균   ② 간균

③ 쌍구균   ④ 나선균

> **해설** 나선의 크기와 나선 수에 따라 나누어지는 나선균은 세포의 형태가 가늘고 길게 구부러져 있으며 매독균, 콜레라균, 장염비브리오균 등이 있다.

320 다음에서 설명하는 것은?

> 바이러스와 마찬가지로 살아있는 세포 내에서만 증식이 가능한 특성을 가지고 있다. 주로 절지동물(진드기, 벼룩, 이 등)이 사람의 혈액을 흡혈할 때 인체 내로 감염된다.

① 리케차   ② 박테리아

③ 클라미디아   ④ RNA 바이러스

> **해설** 리케차는 세균세포와 비슷하지만, 일반세균과 달리 살아있는 세포 내에서만 증식할 수 있고 인공 배지에서는 증식하지 못한다는 점이 바이러스에 가깝다.

321 균의 형태에 의한 명칭이 아닌 것은?

① 구균   ② 진균

③ 간균   ④ 나선균

> **해설** 세균은 작은 생물로 단세포의 형태에 따라 간균, 구균, 나선균으로 구분한다.

322 그람 음성균에서 흔히 볼 수 있는 것으로, 균체 표면에 밀생 분포해 있고 가늘고 짧으며 직선모양을 하고 있는 것은?

① 원형질   ② 세포막

③ 선모   ④ 아포

> **해설** 선모는 균체 표면에 나타나는 가는 섬유상 구조물로, 가늘고 수가 많다.

 정답 317 ③   318 ③   319 ④   320 ①   321 ②   322 ③

323 아포(Spore)를 구성하는 세균은?

① 파상풍균
② 결핵균
③ 비브리오균
④ 살모넬라균

> 해설 전 세계적으로 흙에서 파상풍균이 발견되면 동물이나 사람의 대변에서도 균이 발견된다. 토양이나 동물분변에 오염된 균의 아포가 피부나 점막의 상처로 들어가서 혐기적 조건하에서 번식한다. 바이러스와 마찬가지로 살아있는 세포 내에서만 증식이 가능한 특징을 가지고 있다. 주로 절지동물(진드기, 벼룩, 이 등)이 사람의 혈액을 흡혈할 때 인체 내로 감염된다.

324 호기성균이 아닌 것은?

① 결핵균
② 파상풍균
③ 백일해균
④ 디프테리아균

> 해설 파상풍균은 혐기성균이다.

325 세균의 운동기관으로서 균체에 있는 기관명은?

① 원형질
② 세포막
③ 편모
④ 아포

> 해설 세균은 균체에 편모가 있어 고유한 운동성을 가진다.

326 다음 보기 내용에 해당하는 병원체는?

> 진핵생물의 세포 내에서만 증식하는 세포 내 기생체이며, 절지동물에 의한 매개를 필수로 하지 않고 균체계 내에 에너지 생산계를 갖지 않는다. 트라코마, 앵무새병 등을 일으킨다.

① 바이러스
② 클라미디아
③ 진균
④ 리케차

> 해설 클라미디아는 트라코마를 일으키며, 제4성병 및 고양이의 폐렴 등의 병원체를 2분열 방식으로 세포 내에서만 증식하고, 에너지대사 기능이 없다.

327 다음 중 호기성균이 아닌 것은?

① 결핵균
② 유산균
③ 백일해균
④ 디프테리아균

> 해설 호기성균 – 디프테리아, 장티푸스, 결핵균, 백일해 등
> 혐기성균 – 대장균, 살모넬라, 포도상구균 등

328 생화학적 산소요구량(BOD)는 20℃에서 며칠 간 소비되는 산소의 양을 측정하는가?

① 1일
② 2일
③ 5일
④ 7일

> 해설 생화학적 산소요구량(BOD)는 유기물질을 20℃에서 5일간 측정한다.

 정답 323 ① 324 ② 325 ③ 326 ② 327 ② 328 ③

329 생화학적 산소 요구량(BOD)을 측정할 때 20℃의 빛이 들지 않는 어두운 곳에 며칠간 보관한 후 용존산소의 양을 측정하는가?

① 1일   ② 3일
③ 5일   ④ 7일

해설   생화학적 산소요구량(BOD)은 세균이 호기성 상태에서 유기물질을 20℃에서 5일 간 산화하는 데 소비한 산소량을 말하며 하수오염도를 측정하는 데 사용한다.

330 인공능동면역원으로 생균제제를 이용하는 질병은?

① 콜레라
② 장티푸스
③ 황열
④ 파상풍

해설   생균백신은 1회 접종으로 장기간 면역이 지속되며, 홍역, 결핵(BCG), 황열, 폴리오, 탄저, 두창, 광견병 등에 접종한다.

331 생화학적 산소요구량(BOD)이란?

① 물속의 유기물을 산화하는 데 소비되는 산소의 양
② 수중 생물이 살아가는 데 필요한 최소한의 산소의 양
③ 하수에 용존되어 있는 산소의 양
④ 물속에 녹아있는 산소의 양

해설   생화학적 산소요구량(BOD)는 세균이 호기성 상태에서 유기물질을 20℃에서 5일 간 산화하는 데 소비한 산소량을 말하며 하수오염도를 측정하는 데 사용한다.

332 AIDS는 어느 범주의 병원체에 속하는가?

① 진균
② 리케차
③ 바이러스
④ 세균

해설   바이러스는 전자 현미경으로만 볼 수 있어 여과성 병원체라 한다. 소아마비, AIDS, 광견병, 유행성 일본뇌염, 유행성 이하선염, 인플루엔자, 홍역 등의 질병을 일으키며, 암도 바이러스에 의해 발병한다.

333 하천수에서 생화학적 산소요구량(BOD)이 높다는 것은 어떤 의미로 볼 수 있는가?

① 유기물질의 오염이 많다
② 무기물질의 오염이 적다
③ 물의 경도가 낮다
④ 물속의 산소요구량이 적다.

해설   생화학적 산소요구량(BOD)이 높다는 것은 유기물질이 많이 포함되어 있어 오염도가 높음을 의미한다.

정답   329 ③   330 ③   331 ①   332 ③   333 ①

334 세균에 대한 설명 중 틀린 것은?

① 세균은 일반적으로 중성과 알칼리성에서는 발육할 수 없다.

② 일반적으로 건조에 대하여 약하고 건조 상태에서 몇 시간 이내에 죽는다.

③ 균체가 분열하여 세균이 증식된다.

④ 분류학상 모네라계에 속한다.

> 해설　산소가 필요한 세균을 호기성 세균, 산소 없이도 살 수 있는 세균을 혐기성 세균이라 한다. 세균은 중성과 알칼리성에서도 증식한다.

335 일반적으로 대부분의 세균들이 증식하기 좋은 수소이온농도 범위는?

① pH 2.0~3.0

② pH 4.0~5.0

③ pH 6.0~8.0

④ pH 9.0~11.0

> 해설　적정 세균 증식 수소이온농도는 pH 6.0~8.0이다.

336 다음 중 세균이 가장 잘 번식할 수 있는 수소이온농도는?

① 약산성 pH 5.5~6.0

② 강산성 pH 4.0~5.5

③ 강알칼리성 pH 8.0~9.0

④ 중성 및 약알칼리성 pH 7.0~7.5

> 해설　균류는 일반적으로 pH 6.0 내지 9.0 범위에서 잘 자란다.

Part III

피부학

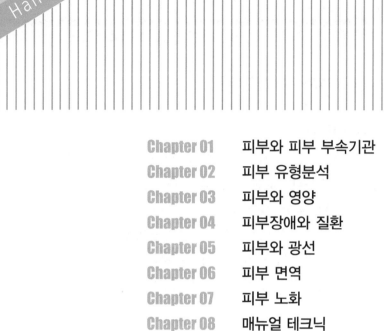

Hairdresser Written Test

Chapter 01 피부와 피부 부속기관

01 피부 구조 및 기능

1 피부의 구조 및 기능

(1) 피부의 구조

① 피부는 표피와 진피 그리고 피하지방으로 이루어진다.

② 피부의 성분은 수분 65~75%, 단백질 25~27%, 지방 1%, 무기질(미네랄) 0.5%, 기타 1% 등으로 구성된다.

③ 우리 몸의 내부 환경을 보호하는 역할을 한다.

④ 신체 부위 중 가장 두꺼운 부분은 발바닥과 손바닥이다.

⑤ 신체 부위 중 가장 얇은 부분은 눈꺼풀과 고막이다.

(2) 피부의 생리기능

① 체온조절기능

② 세균, 미생물의 침입 시 방어, 억제기능 : 건강한 피부는 산성막에 의한 정화작용 능력을 가지고 있어 세균 발육을 억제한다.

③ 외부의 압력, 충격, 마찰로부터의 보호

④ 화학적 영향으로부터의 보호

    ㉠ 피부의 산성막은 pH 4.5~6.5의 약산성으로 보호막을 형성

    ㉡ pH가 일시적으로 균형을 잃더라도 일정 시간 후(약 2시간 가량)에는 재생되어 피부를 보호

⑤ 광선으로부터의 보호 : 피부가 자외선에 노출되면 홍반, 색소 침착 등이 발생한다. 하지만 멜라닌 세포가 자외선을 흡수하여 피부를 보호하며 표피의 투명층은 피부에 해가 되는 광선과 열의 침투로부터 피부를 보호한다.

⑥ 저장작용 : 피하조직의 지방은 우리 신체 중 가장 큰 저장기관으로 각종 영양분과 수분을 보유한다.

⑦ **흡수작용** : 건강한 피부는 이물질 침투를 막고 각질층, 한선, 모공을 통해 지방이나 수분에 용해된 물질을 흡수하고 외부의 온도를 흡수 및 감지한다.

⑧ **감각작용** : 피부 $1cm^2$에는 통각점이 200여 개, 촉각점이 25개, 냉각점이 12개, 온각점이 2개 가량 존재한다.

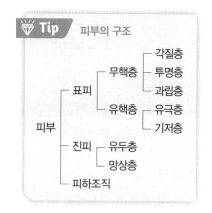

2 표피(Epidermis)

표피는 대략 두께가 0.03~1mm의 얇은 조직으로 혈관을 적게 포함하고 있으며, 외부의 자극으로부터 내부를 보호하는 역할을 한다. 표피는 피부의 제일 바깥층으로 무핵층과 유핵층으로 이루어져 있다.

(1) 각질층

① 피부의 가장 바깥에 위치한 층으로 생명력이 없는 죽은 세포

② **각화 주기**

㉠ 표피의 최하부인 기저층에서 생성된 각질형성 세포가 피부표면의 각질층을 향해 분열되어 올라가 최후에는 피부표면에 붙어있는 더러움과 함께 때가 되어 떨어지는 과정

㉡ 건강한 피부인 경우 28일 정도 소요

㉢ 각질층의 적당한 수분함량은 15~20%

㉣ 피부는 수분을 함유할 수 있도록 각질층 내의 아미노산과 같은 수용성 성분을 가지고 있으며, 이러한 물질을 총칭하여 천연보습인자(NMF, Natural moisturizing factor)라고 함

> **Tip** 각질층은 피부의 선글라스와 같은 작용을 하는 피부층이다.

(2) 투명층

① 손바닥, 발바닥에 존재한다.

② 무색, 무핵의 납작하고 투명한 2~3개 층의 상피세포로 구성되어 있다.

③ 체내에 필요한 물질이 체외로 나가는 것을 막는 역할을 한다.

④ 엘라이딘(Elaidin)이라는 반유동성 물질이 있다.

(3) 과립층

① 3~4층의 두꺼운 과립세포층으로 구성되어 있다.

② 각질화 과정이 실제로 시작되는 곳이다.

(4) 유극층

① 표피의 대부분을 차지한다.

② 피부의 피로회복과 미용에 깊은 관계가 있는 층이다.

③ 5~10층의 돌기가 난 다각형의 세포로 이루어져 있고 표피 중 가장 두터운 층이다.

(5) 기저층

① 표피의 가장 깊은 곳에 위치한 세포층이다.

② 타원형의 핵을 갖고 있으며 진피와 경계를 이루는 물결모양이다.

③ 기저층은 케라틴을 만드는 각질형성세포와 피부색을 좌우하는 색소형성세포를 갖고 있다.

④ **각질형성세포(Keratinocyte)**

㉠ 표피를 구성하는 가장 중요한 세포이다.

㉡ 각질형성세포가 기저층에서 각질을 만들어 유극층 → 과립층 → 투명층 → 각질층으로 이동시켜 사세포로 탈락되는 과정을 각질화 과정(Keratinization)이라고 한다.

⑤ **색소형성세포(Melanocyte)**

㉠ 정상 성인의 표피에서 기저층에 위치한다.

㉡ 이 세포의 주요 기능은 태양광선 중의 자외선을 흡수하거나 산란시켜 체내에 자외선이 들어가지 못하도록 피부를 보호하는 것이다.

㉢ 색소형성세포 내에서 형성된 멜라닌색소는 티로신(Tyrosine)라는 단백질의 일종이 자외선에 피부가 노출되면 티로시나아제(Tyrosinase)란 효소를 만들어 멜라닌 형성에 도움을 준다.

㉣ 멜라닌 색소의 양, 분포상태와 생성속도에 따라 피부색이 결정된다.

⑥ **림프액**

㉠ 무색 투명한 액체 성분이며 물, 염류, 지방, 단백질이 들어있다.

ⓒ 신체 부위의 기관이며 세포 사이를 흐르고 영양과 노폐물 교환 작용을 한다.

3 진피(Dermis)

진피는 표피보다 20~40배 가량 두터우며, 두께가 약 2~3mm가 되는 조직으로 콜라겐 섬유와 탄력을 주는 엘라스틴 섬유가 결합되어 있다.

(1) 유두층(Papillary layer)

① 표피와 진피가 접촉하는 부분이다.
② 유두를 형성하고 신경, 혈관 등이 있으며 신경 말단의 일부는 감각소체를 형성하여 촉각과 통각이 위치한다.

(2) 망상층(Reticular layer)

그물 모양이며 교원섬유와 탄력섬유로 이루어진 결합조직이다.
① 콜라겐(Collagen fiber, 교원섬유, 아교섬유)
ⓐ 진피성분의 90%를 차지한다.
ⓑ 자외선으로부터 피부를 어느 정도 보호해주며 피부의 주름을 예방해주는 수분 보유원이다.
ⓒ 나이가 들어가면서 점차 교원섬유의 양이 줄어들어 피부가 처지고 주름살이 생기게 된다.
② 엘라스틴(Elastin fiber, 탄력섬유)
ⓐ 탄력성이 강한 단백질이며 피부탄력을 결정짓는 중요한 요소이다.
ⓑ 노화되면 피부의 탄력감이 떨어지고 영양이 결핍되어 피부가 위축된다.

4 피하조직

① 피부의 가장 아래층이며 진피와 근육, 뼈 사이에 위치한다.
② 그물모양의 느슨한 결합 조직으로 이루어져 있다.
③ 외부의 충격이나 내부의 압력에 대하여 강하게 대처한다.

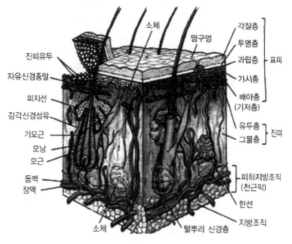

● **피부의 단면**

02 피부의 부속기관의 구조 및 기능

1 한선(Sweat gland)

(1) 한선의 특징

① 땀이 분비되는 곳으로 몸 밖으로 내보내는 외분비선이다.

② 땀샘은 손바닥과 발바닥, 겨드랑이와 이마 부분에 많다.

③ 정상적으로 하루 평균 1.2L 정도의 땀이 분비되고, 격한 운동을 하였을 경우 10L 정도의 땀이 분비된다.

④ 소한선과 대한선으로 나누어진다.

⑤ 피부의 피지막과 산성막을 형성하며, 체온조절에 중요한 역할을 한다.

(2) 종류

① 에크린샘(소한선, Eccrine sweat gland)

　㉠ 특수한 부위를 제외한 거의 모든 피부에서 발견되나 손바닥, 발바닥, 이마 및 겨드랑이에서 가장 풍부하다.

　㉡ 땀의 pH는 3.8~5.6 사이이다.

② 아포크린샘(대한선, Apocrine sweat gland)

ㄱ 체취선이나 대한선(큰땀샘)이라고도 불리며, 땀은 극히 적은 양이다.

ㄴ 사춘기 이후에 기능이 시작된다.

ㄷ 갱년기 이후에는 기능이 저하된다.

ㄹ 겨드랑이, 대음순, 항문 주위, 유두, 배꼽주변에 존재하며 두피에도 분포되어 있다.

ㅁ 아포크린샘은 흑인에게 가장 많고 다음이 백인과 동양인에게 많으며, 여성에게는 월경 전과 월경 중에 많이 생성되고 임신 중에는 감소한다.

(3) 땀의 이상분비

① 취한증(액취증)

ㄱ 겨드랑이에서 땀 냄새가 심하게 나는 것을 말하며, 흔히 암내라고도 한다.

ㄴ 땀샘의 내용물이 세균으로 인해 부패되면서 악취가 발생한다.

ㄷ 유전적인 요인이 많은 원인을 차지하는 증상이다.

② 한진(땀띠) : 땀이 피부의 표면으로 분비되는 도중 땀샘의 입구나 땀샘 중간의 한 곳에서 배출되지 못한 땀이 쌓여 발생한다.

③ 소한증 : 땀의 분비가 감소되어 땀을 적게 흘리는 것으로 신경계통의 질환이나 금속성 중독, 갑상선의 기능저하가 원인이다.

④ 다한증 : 땀의 분비가 많아지는 것을 의미하며 정신적인 불안과 정서적 흥분이 고조되었을 때 발생한다.

⑤ 무한증 : 피부병의 결과로 인하여 땀이 분비되지 않는 증상이다.

2 피지선(기름샘, Sebaceous glands)

(1) 피지의 특성

① 기름샘은 진피층에 있는데, 모포로부터 측면 압박을 하여 피지가 생성되며 모공을 통하여 하루 평균 1~2g의 피지를 밖으로 내보낸다.

② 큰 기름샘은 얼굴의 T-존 부위, 목, 등, 가슴에 분포한다.

③ 작은 기름샘은 손바닥, 발바닥을 제외한 전신체에 분포한다.

④ 독립 기름샘은 털과 연결되어 있지 않은 곳으로 입술, 대음순, 성기, 유두, 귀두에 분포하며 무기름샘은 손바닥과 발바닥을 말한다.

(2) 피지막

피부 표면에는 지방과 습기로 이루어진 막이 적절히 융화되어 덮여 있는데 이러한 피부의 막을 피지막이라 부른다.

(3) 산성막

① 피부 표면은 산성으로 산성막이라고도 불리며, 박테리아 등의 세균으로부터 피부를 보호하고 피부에 대한 외부세균의 활동이나 감염을 억제한다.

② 피부의 산성도를 측정할 때는 pH를 사용하는데, 이상적인 피부의 산성도는 pH 5.2~5.8이다.

③ 산성도가 외부 물질의 자극으로 파괴되었을 때는 대략 2시간이 경과하면 자연 재생된다.

> **Tip** 천연보습인자
>
> 피지의 친수성분인 부분을 천연보습인자(NMF)라 하며 피부의 수분 보유량을 조절하여 건조를 방지하는 피부생리에 가장 이상적인 천연 원료의 역할을 한다. 천연보습인자가 결핍되면 피부가 건조해져서 각질층이 두터워지며 피부노화의 원인이 된다.

Chapter 02 피부 유형분석

01 피부 유형에 따른 특징

피부타입은 피지의 분비량, 각질층의 수분함유량, 표피의 각화도, 혈액 순환의 정도, 건강상태, 기후 등에 따라 결정된다.

1 정상피부의 특징

(1) 피부상태

① 수분증발을 막기에 적당한 피지가 분비되므로 피부표면이 매끄럽다.
② 피부결이 섬세하고 윤기가 있다.
③ 피부에 탄력이 있어 화장의 지속성이 좋다.
④ 피부의 저항력이 있다.
⑤ 가장 이상적인 피부이다.

(2) 피부관리

① 매일 규칙적이고 올바른 기초손질을 계속하여 수분과 유분의 균형을 유지한다.
② 계절에 맞는 화장품 선택 및 마사지 팩의 횟수를 조절한다.
③ 규칙적인 생활로 수면과 식사시간의 균형을 유지하고 영양분의 충분한 섭취를 생활화한다.
④ 실내의 냉난방, 강한 태양광선 등에 피부를 장시간 노출시키는 것은 좋지 않다.

(3) 피부손질

① 세안할 때는 이마, 코, 턱 주위에 피지 분비량이 많으므로 깨끗이 씻는다. 오랜 시간 지나친 세안은 피부를 건조하게 하고 각화현상을 일으킬 수 있으니 주의한다.
② 유분과 수분의 공급이 균형 있게 이루어져야 한다.
③ 마사지와 팩은 피부 혈액순환이나 신진대사를 활발하게 하는 데 필요하며, 봄과 여름에는 청결 위주의 마사지와 팩을, 가을과 겨울에는 영양공급을 겸한 마사지를 한다.

2 건성피부의 특징

(1) 피부상태

① 중성피부에 비해 피지와 땀이 적게 분비되기 때문에 피부표면이 건조하고 윤기가 없다.

② 세안 후 손질하지 않으면 피부가 당기는 느낌이 든다.

③ 저항력이 약하기 때문에 피부가 헐기 쉽고 입가나 눈꼬리 등에 잔주름이 생기며 노화 현상이 빨리 온다.

④ 부분적으로 하얀 각질이 일어나고 심하면 버짐이 생기기도 한다.

⑤ 화장이 잘 받지 않고 들뜬다.

(2) 피부관리

① 평상시 기초손질을 충실히 한다.

② 피지선과 한선의 활동이 둔하므로 혈액순환과 신진대사를 활발하게 해주는 마사지를 매일 해준다.

③ 냉난방으로 인한 피부수분 증발을 막기 위해 적당한 실내습도 유지가 중요하다.

(3) 피부손질

① 세안은 피지가 지나치게 제거되지 않도록 부드러운 세안료를 선택하며 뜨거운 물로 세안하는 것을 피하고 세안 후 반드시 피부에 수분을 보충하여 잔주름을 예방한다.

② 수분과 유분의 공급은 피부건조를 방지하기 위해 중요하며, 수분을 충분히 공급한 후 유분으로 수분증발을 방지하는 인공 피지막을 만들어 주면 피부보호에 효과적이다.

③ 마사지는 혈액순환을 좋게 하고 신진대사를 활발하게 하여 피부에 활력을 주므로 매일 하는 것이 좋고, 영양공급 효과가 우수한 팩을 일주일에 1~2회 정도 한다.

④ 핫 오일 마스크를 하면 더 효과적이다.

3 지성피부의 특징

(1) 피부상태

① 중성피부에 비해 피지샘과 땀샘의 활동이 활발하고, 피지분비량이 많으며, 주로 젊은 층이 많다.

② 피부결이 섬세하지 못하며, 피부의 불순물이 묻기 쉽다.

③ 세안을 해도 피지가 있으며 이마, 코, 턱 등에 피지가 막혀서 여드름이 생기기 쉽다.

④ 화장의 지속성이 좋지 않다.

(2) 피부관리

① 피지분비의 과다로 피부표면이 번들거리거나 지저분해지기 쉬우므로 세안을 철저히 한다.

② 이마, 코, 턱 등에 검은 점이 생겼을 경우 그 부분을 마사지하여 제거하도록 한다.

③ 당분과 지방이 다량 함유된 식품은 피지분비를 촉진시키므로 피해야 하고, 비타민 B_2 와 비타민 B_6는 피부저항력을 높여 주어 여드름이나 부스럼 예방에 효과가 있다.

④ 수면부족이나 정신적 스트레스, 변비 등도 피지분비에 영향을 주므로 주의한다.

(3) 피부손질

① 스팀타월로 모공에 박힌 피지를 녹이고 죽은 세포층을 제거한다.

② 수분과 유분의 공급은 수렴효과가 좋은 화장수를 피부결이 거칠어진 부분에 충분히 패딩하여 피부를 긴장시키고 피부결을 정돈시킨다.

③ 마사지는 이마와 콧방울, 턱 등에 까칠까칠한 검은 점이 있을 경우 마사지하여 모공에 막혀있는 피지가 나오도록 하고 피부 깊숙이까지 더러움을 제거해 주는 클렌징 효과가 큰 팩으로 손질하는 것이 효과적이다.

4 복합성 및 민감성피부

(1) 복합성피부

복합성피부란 넓은 의미에서 얼굴의 부위에 따라 서로 다른 피부유형이 복합적으로 공존하는 피부유형이다.

① 특징

　㉠ T-존 부위에 피지분비가 많아 번들거리고 면포가 형성되기 쉽다.

　㉡ T-존 부위를 제외한 다른 부분은 건성화되어 세안 후 심하게 당긴다.

　㉢ 눈가에 잔주름이 많다.

　㉣ 광대뼈 부위에 기미가 나타나기도 한다.

　㉤ 화장품에 의해 면포가 형성되기도 한다.

　㉥ 화장이 잘 받지 않는다.

　㉦ 피부타입에 맞는 화장품을 선택하기가 어렵다.

ⓞ 피곤하거나 스트레스를 받으면 여드름이 가끔씩 생긴다.

② 관리방법

㉠ 피부정화, 피지분비의 정상화, 유·수분의 균형유지가 목적이다.

㉡ 클렌징 제품은 피부타입에 따라 두 가지 유형을 선택하거나 복합성 피부용 클렌징 제품을 선택하여 사용한다.

㉢ 이마 부위는 주 1~2회 딥 클렌징하고, 볼 부위는 민감한 부위이므로 2주에 1회 정도 실시한다.

㉣ 크림, 마사지 팩은 두 가지 타입의 화장품을 선정하여 피부 상태에 따라 부분적으로 적용한다.

(2) 민감성피부

피부조지이 정상피부보다 섬세하고 얇아서 외부 환경적인 요인에 민감한 반응을 나타내는 피부유형으로 그 원인이나 반응이 개인에 따라 차이가 있으므로 어떤 상황에서 민감한 반응을 나타내는지 알기 어렵다. 일반적으로 피부에 탄력이 없고 외부의 자극에 민감하여 화장품에 의해 부작용이 쉽게 일어난다.

① 특징

㉠ 피부조직이 얇고 섬세하다.

㉡ 피부입자가 섬세하고 조밀하다.

㉢ 모공이 거의 보이지 않는다.

㉣ 이마나 눈 주위의 표정에 의한 주름이 생기기 쉽다.

㉤ 기온 차가 심한 경우 피부가 붉어지기 쉽고, 소양증이 생긴다.

㉥ 약품이나 화장품 등 외부 자극에 의해 피부 트러블이 생기기 쉽다.

㉦ 피부 색소침착이 쉽게 나타난다.

ⓞ 피부의 건조화 때문에 피부가 당긴다.

㉧ 모세혈관이 피부 표면에 쉽게 나타난다.

㉨ 온도차가 심한 경우 자외선, 먼지, 공해물질 등 외부자극과 접촉 시 피부에 홍반 현상이 생기기 쉽다.

② 원인

㉠ 일시적인 원인 : 계절의 변화, 생리, 임신, 과로, 스트레스, 수면부족, 편식, 음식물, 진통제·신경안정제·호르몬제 등의 의약품, 알코올, 향료

ⓛ 선천적 원인 : 유전적으로 피부조직이 얇은 편이라 피부 보호작용이 원활하지 않은 경우

③ 관리방법

㉠ 심한 온도 차이를 피하고 사우나, 찜질 등을 삼간다.

㉡ 가능한 한 피부를 보호하지 않은 상태에서 추위, 햇빛, 바람 등에 노출시키지 않는다.

㉢ 저자극의 민감성용 세안제를 사용하고 알코올 성분이 들어간 화장품을 피한다.

㉣ 화장품 교환 시 첩포시험(Patch test)을 하여 적합성 여부를 조사한 뒤 사용한다.

㉤ 피부의 진정, 보습력이 뛰어난 제품을 사용한다(NMF, 콜라겐, 히알루론산, 아줄렌, 위치하젤, 비타민 P, 비사보롤 등).

㉥ 자극이 적은 크림타입의 필링제로 2주 1회 정도 딥 클렌징한다.

㉦ 피부에 가해지는 물리적 자극을 최소화하고 마사지보다는 림프 드레니쥐를 한다. 피부가 아주 민감하면 자극이 되는 마사지는 금한다.

㉧ 팩은 겔 타입이나 크림 타입의 제품을 사용하여 주 1회 수분과 유분을 공급해준다.

㉨ 석고 팩이나 스크럽 제품 등 피부에 자극이 되는 제품이나 기기의 사용을 피한다.

㉩ 팩 제거 시 미지근한 물을 이용하여 면 패드로 깨끗이 닦아낸다.

㉪ 스트레스를 받지 않도록 심리적 안정감을 가진다.

㉫ 칼슘, 비타민 B_6, 단백질을 많이 섭취한다. 급원 식품으로는 우유, 달걀, 녹색채소, 두유, 간, 두부 등이 좋다.

㉬ 자극성이 강한 음식이나 술, 담배 등을 삼간다.

5 노화피부의 특징

① 피부의 노화는 표피와 진피의 퇴화에서 오는 것으로 피하지방의 감소와 진피의 탄력이 감소하여 노화가 시작된다.

② 피부의 표면이 건조하고 거칠며 까칠하다. 주름과 반점 등이 생기고 심하면 피부의 균열까지 발생한다.

💎 Tip 레인 방어막

수분 증발 저지막이라고도 하며, 물질의 침입을 방지하는 역할을 한다.

Chapter 03 피부와 영양

01 주요 영양소 : 3대 영양소 및 무기질, 비타민

1 영양소의 역할

① 모든 생명체는 생명을 유지하기 위해 외부로부터 영양을 섭취한다.

② 신체는 영양분을 받아들여 몸 안에서 에너지로 만든 뒤 자신의 활동과 생명유지에 이용한다.

③ 인체가 필요로 하는 기본적인 영양소에는 탄수화물, 지방, 단백질, 무기질, 비타민 및 물이 포함된 6대 영양소가 있다.

> 💎 **Tip**
> • 3대 영양소 : 탄수화물, 지방, 단백질
> • 4대 영양소 : 탄수화물, 지방, 단백질, 무기질
> • 5대 영양소 : 탄수화물, 지방, 단백질, 무기질, 비타민

2 주요영양소

(1) 지방(Lipid)

① 생활에 필수적인 에너지원이며, 이용되고 남은 잔여분은 피하조직에 저장한다.

② 체온조절에 관여하고 기름샘의 기능을 조절한다.

③ 피부의 건조를 방지하며 피부를 윤기있게 해준다.

④ 인체에 필수적인 지방산인 리놀산과 리놀레인산을 포함한 영양소이다.

⑤ 동물성 지방을 체내에 많이 흡수하면 콜레스테롤이 체내에 침착하여 모세혈관의 노화현상이 일어나고 그 결과 피부 탄력이 저하된다.

(2) 탄수화물(Carbohydrate)

① 신체의 중요한 에너지원이다.

② 혈당을 유지시킨다.

③ 장의 운동을 돕는다.

(3) 단백질(Protein)

① 생명체의 세포구성단위로 새로운 조직을 만든다.

② 조직의 활동유지를 위하여 아미노산을 공급한다.

③ 피부조직의 재생작용에 크게 관여하여 부족하면 노화가 촉진되어 잔주름이 형성되고 피부가 탄력성을 상실한다.

> 💎 **Tip**
> • 칼로리 : 운동과 생명의 에너지 단위
> • 1kcal란 1L의 물을 1℃ 높이는 데 필요한 열량으로 탄수화물 1g은 대략 4kcal, 지방 1g은 9kcal의 에너지를 만들어낸다. 자신의 현재 체중을 유지하는 데 필요한 최저의 칼로리를 기초 칼로리라 하며, 약 1,600kcal이다.
> • 아미노산 : 단백질을 구성하는 화학적 단위물질
> • 기초대사량 : 체온을 유지하고 호흡, 혈액순환 등 몸을 유지하는 데 필요한 최소한의 기초량. 생명유지에 필요한 최소열량이다.
> • 신진대사 : 영양소가 몸 안에 흡수되어 여러 가지 물질로 변화 이용되었다가 불필요한 물질이 체외로 배설되는 과정

(4) 무기질(Mineral)

무기질은 신진대사의 기능이 원활하게 이루어지도록 도와주는 조절영양소이며, 무기질에는 여러 가지 성분이 있으나 생명체에 필수적인 요소들이다.

① 칼슘(Ca)

㉠ 골격과 치아의 주성분이다.

㉡ 결핍되면 골격형성과 치아의 건강이 나빠지고 혈액응고현상이 나타나며, 근육과 신경에도 영향을 미쳐 잦은 신경질과 신경과민의 증상을 야기시킨다.

② 인(P) : 세포의 핵산과 세포막을 구성하는 성분이다.

③ 나트륨(Na)

㉠ 체내의 수분, 산 및 알칼리의 균형을 유지시킨다.

㉡ 근육의 탄력성과 관계있다.

④ 철분(Fe)

㉠ 헤모글로빈을 구성하는 매우 중요한 물질로 피부의 혈액과도 밀접한 관계가 있다.

㉡ 결핍되면 빈혈이 일어난다.

⑤ 요오드(I) : 갑상선과 부신의 기능을 활발히 해주어 피부를 건강하게 하며, 모세혈관의 기능을 정상화시키는 역할을 한다.

(5) 비타민(Vitamin)

비타민은 소량으로 생명에 큰 영향을 미치는 중요성분으로 체내의 생리작용을 조절하며, 크게 기름에 용해되는 지용성 비타민과 물에 용해되는 수용성 비타민으로 분류한다. 이 중 비타민 A, D, E, F, K는 지용성 비타민이고 비타민 B 복합체, 비타민 C는 수용성 비타민이다.

① **지용성 비타민**

ㄱ 비타민 A
- 신진대사, 신체성장, 신체의 저항성을 길러준다.
- 결핍 시 야맹증, 성장방해, 피부각질, 홍반의 원인이 된다.
- 과잉 시 탈모나 두통, 멀미를 유발한다.
- 간유, 버터, 달걀, 유색채소에 많이 함유되어 있다.

ㄴ 비타민 D
- 피부 내의 프로비타민 D는 자외선을 받으면 비타민 D로 활성화된다.
- 칼슘이나 인의 대사에 관여하므로 뼈와 치아 구성에 큰 영향을 끼친다.
- 결핍 시 구루병, 골연화증을 유발한다.
- 버섯, 달걀, 유제품에 많이 함유되어 있다.

ㄷ 비타민 E
- 피부의 상처를 치유하는 효능을 지니고 있고 피부의 영양 상태를 좋게 한다.
- 노화방지나 세포재생을 돕는다.
- 결핍 시 불임증, 피부노화 등을 유발한다.
- 두부, 곡물의 배아, 버터, 유색채소에 많이 함유되어 있다.

ㄹ 비타민 F
- 건조하고 생기 잃은 피부에 영양을 준다.
- 피부의 저항력을 증강시켜 탈모와 피부병 증상을 완화시킨다.
- 결핍 시 손톱과 발톱이 약해지고 습진 등 피부염이 잘 생긴다.
- 호두, 땅콩, 해바라기씨 등 견과류에 많이 함유되어 있다.

ㅁ 비타민 K
- 혈액의 응고와 관계가 있다.
- 결핍 시 혈액 응고 시간 연장, 출혈성 질병 등의 외상이 생긴다.

② 수용성 비타민

ㄱ 비타민 B_1

- 항신경성 비타민으로 불리며 신경을 정상으로 유지시키는 역할을 한다.
- 민감성 피부에 면역성을 길러준다.
- 입술 등의 점막피부에 난 상처를 치유하는 데 효과가 있다.
- 부족할 경우에는 부종, 각기병, 사지마비를 유발한다.
- 배아, 효모, 두부, 돼지고기, 녹황색채소에 많이 함유되어 있다.

ㄴ 비타민 B_2(리보플라빈)

- 성장촉진 비타민이다.
- 모세혈관의 혈액순환을 촉진시킨다.
- 피부의 보습함유량을 증대시키며 탄력감을 부여한다.
- 신진대사가 저하된 피부, 노화피부, 모세혈관성 피부(붉은코, 주사), 알레르기
  성 피부, 지루성 피부, 사춘기 여드름 피부에 진정효과를 가져온다.
- 결핍 시 구각염, 각막염을 유발한다.
- 아몬드, 치즈, 정어리, 소의 간에 많이 함유되어 있다.

ㄷ 비타민 B_6

- 피지의 과다분비를 억제하는 피지조절 능력이 있어서 지루성 피부에 진정효과
  를 가져오며, 모세혈관의 혈액순환도 순조롭게 해준다.
- 결핍 시 피부염, 비듬이 생긴다.
- 간, 콩, 육류, 난황에 많이 함유되어 있다.

ㄹ 비타민 C(아스코르빈산)

- 멜라닌 색소의 증식을 억제시킨다.
- 피부의 색소 침착을 방지, 미백제(기미나 주근깨 피부) 역할을 한다.
- 결핍 시 괴혈병, 빈혈 등을 일으킨다.
- 신선한 야채나 과일에 많이 함유되어 있다.
- 피부 모세혈관벽을 튼튼하게 하여 결체조직을 강화시킨다.

ㅁ 비타민 B_{12}

- 물질 대사에 참여하는 수분성 비타민이다.
- 엽산 조효소를 활성화하는 데 관여한다.
- 결핍 시 빈혈, 신경장애가 나타난다.
- 불필요한 양은 소변으로 배출된다.

(6) 물

물은 포유동물의 신체를 구성하고 있는 성분 중 대략 70%를 차지한다. 신체의 대사를 도와 영양분을 연소시키고 필요 없는 노폐물을 땀과 소변 등으로 배설시킨다.

> **Tip** 피부건강에 필요한 영양소
> • 단백질, 지방, 당분의 균형적 섭취
> • 양과 질을 생각하며 음식물 섭취
> • 알칼리성 식품을 많이 섭취하는 것이 좋음

02 비만과 영양

1 비만

(1) 비만의 정의

비만은 섭취한 열량 중에서 소모되고 남은 부분이 체내에 지방으로 축적되는 현상을 말한다. 즉, 신체 활동에 의하여 소비된 칼로리보다 섭취된 칼로리가 많을 경우 여분의 칼로리가 지방 조직으로 몸 속에 축척되어 생기는 것이 비만증이다.

> **Tip** 비만도
> • 과체중 : 표준체중의 10% 이상   • 비만 : 표준체중의 20% 이상   • 비만증 : 표준체중의 30% 이상

(2) 비만의 원인

① **조절성 비만** : 시상하부의 조절중추 장애 또는 이상으로 주로 만복중추의 이상에 따라 섭취량이 에너지 소비량보다 많을 때 생기는 비만을 말한다.

㉠ 내분비 기능장애 : 갑상선, 뇌하수체 등의 내분비선들의 기능 장애로 비만이 될 수 있다.

㉡ 약물 부작용 : 복용하는 약물의 부작용으로 살이 찌는 경우가 있는데 대부분 비정상적으로 식욕이 왕성해지기 때문이다(경구피임약, 신경안정제, 천식, 알레르기 치료제).

② 대사성 비만 : 지방조직 자체의 선천적 또는 후천적 대사 이상에 의해 생기는 비만을 말한다.

　　㉠ 유전적 체질

　　㉡ 잘못된 식습관으로 인한 과식 : 폭식, 야식, 불규칙한 식사, 간식, 스트레스성 과식, 운동부족

(3) 비만의 종류

비만의 종류를 살펴보면 원인에 따른 종류, 지방세포에 따른 종류, 지방 분포에 따른 종류로 나누어 볼 수 있다.

① 원인에 따른 종류

　　㉠ 단순성 비만 : 비만의 99% 이상이 단순성 비만으로 과식과 운동 부족이 주요 원인이 된다.

　　㉡ 증후성 비만 : 어떤 부분에 질환이 생겨 일어나는 비만이다.

② 지방세포에 따른 종류

　　㉠ 증식형 비만 : 열량 과다와 에너지 소비의 불균형이 원인인 비만을 지방세포 증식형 비만이라고 한다.

　　㉡ 비대형 비만 : 비대형 비만은 지방세포의 수는 거의 정상에 가깝지만 지방세포 하나하나의 크기가 커졌기 때문에 생기는 비만이다.

③ 지방 분포에 따른 종류

　　㉠ 복부형 비만 : 복부나 허리에 지방이 축적된 비만형태로 이러한 현상은 주로 남자에게 많이 나타나므로 남성형 비만이라고도 한다.

　　㉡ 둔부형 비만 : 사지가 굵어지는 타입으로 일명 서양 배 모양 비만이라고 한다.

(4) 비만의 예방

① 올바른 식생활을 통해 과식하지 않도록 한다.

② 활동량을 늘려서 에너지 소비를 증가시킨다.

③ 정서적인 안정을 도모한다.

(5) 비만관리 방법

① 균형 잡힌 식생활을 한다.

② 평소 식사량의 80%만 한다.

③ 고열량 식품의 섭취를 자제한다.

(6) 셀룰라이트

① **정의** : 피부속의 세포조직액 증가로 인해 피부가 부풀어 표면에 울퉁불퉁한 덩어리 같은 외형을 갖게 되는 것을 말한다.

② **발생 부위 및 증상** : 배꼽 아래 부분, 엉덩이, 허벅지에 주로 나타난다.

ㄱ 오렌지 껍질과 같이 피부 표면에 둥근 모양의 덩어리가 생기게 된다.

ㄴ 말초신경이 압력을 받으므로 통증이 있다.

③ **발생시기** : 호르몬이 변화하는 사춘기, 피임약을 복용할 때, 임신 기간, 폐경기 등이다.

④ **발생원인** : 여성 호르몬의 과잉 분비 때문이며 혈액순환계의 압박이나 정체조직 등으로 발생할 수 있다.

(7) 피하지방

① **정의** : 지방세포가 많은 지방질을 저장할 때 체중이 늘어나며, 살찐 부위가 생기게 되는 것을 말한다.

② **발생 부위 및 증상**

ㄱ 신체 일부분 또는 신체 전반에 과도하게 나타난다.

ㄴ 피부가 번들거린다.

ㄷ 통증이 없다.

③ **발생시기** : 특정 발생시기가 없이 언제든지 생길 수가 있다.

④ **발생원인** : 지방이 과도하게 함유된 음식을 섭취할 때와 리파아제 활동이 정지될 때 생성된다.

2 영양

(1) 영양의 개념

건강과 생명을 보전하기 위해서 체내에서 소모된 물질을 보충하고 조직을 구성하는 데 필요한 물질을 섭취하여 생명을 유지하는 것을 영양이라 하며, 동식물로부터 섭취하는 물질을 영양소라 한다.

(2) 영양소와 열량

식품을 완전히 연소하는 데 필요한 열을 에너지 양으로 나타내는 것을 열량이라 한다.

(3) 기초대사량

몸을 유지하는 데 필요한 최소한의 기초량이다.

(4) 신체의 열량공급 영양소

① 열량공급 작용을 한다.

② 단백질, 지방, 탄수화물이 해당된다.

    ㉠ 단백질 : 1g당 4kcal

    ㉡ 탄수화물 : 1g당 4kcal

    ㉢ 지방 : 1g당 9kcal

(5) 신체의 조직구성 영양소

① 인체구성 작용을 한다.

② 단백질, 지방, 탄수화물, 무기질, 칼슘이 해당된다.

(6) 신체의 조절작용 영양소

① 인체의 생리기능을 조절하는 작용을 한다.

② 무기질, 비타민이 해당된다.

Chapter 04 피부장애와 질환

01 피부장애

1 원발진(Primary lesions)

피부의 1차적 장애로 눈에 보이거나 손으로 만져지는 것으로 질병으로 간주되지 않는 피부의 변화이다.

면포(Comedo)	• 여드름 1, 2단계에서 생기며 죽은 각질 세포의 축적으로 공기와 접촉하여 산화되면 표면이 검은 색을 띰 • 짜내기가 용이하고 누런 회색의 안색을 띠는 것
농포(Pustule) 화농성 황여드름	• 여드름 피부의 3단계 때에 잘 생기는 피부의 표면으로 농을 포함한 작은 융기 • 농포성 여드름 주위에는 붉은 기운이 돌고 터지면 가피가 생기기도 함
구진(Papule)	• 경계가 뚜렷하고 단단한 돌출 부위 • 만지면 통증을 느낌
결절(Nodule)	• 여드름 피부의 4단계에서 나타남 • 결절은 구진과 같은 형태이나 구진이 엉키어서 큰 형태를 이루어 더 크고 단단하며 피부 깊숙한 곳에 위치하고 있고 표면으로 솟아 보이기도 함
심마진, 팽(Wheal)	• 두드러기 증상
반점(Macule)	• 피부의 표면에 융기나 함몰 등의 상처 없이 피부색이 변하는 것
소수포(Vesicle)	• 표피 내부에 직경 1cm 미만의 맑은 액체(체액, 혈장, 혈액)를 포함한 융기
수포(Bleb)	• 역학적인 충격이나 온도의 영향으로 인하여 생김 • 소수포보다 크기가 크며, 장액성 액체를 포함하고 있는 융기
낭종(Cyst)	• 진피층에 자리를 잡고 있으며, 생길 때부터 심한 통증이 있고, 여드름 피부의 4단계에서 생성
종양(Tumor)	• 큰 결절로 직경 2cm 이상의 크기를 가졌으며 다양한 색깔을 지님

2 속발진(Secondary lesions, 피부의 2차적 장애)

질병이나 부상 및 1차적 피부의 장애인 원발진에 의하여 생기는 피부의 변화

비듬, 인설(Scals)	표피로부터 떨어지는 가볍게 흩어지고 지속적이며 무의식적으로 생기는 죽은 각질세포
가피(Crust)	염증이나 진물이 피부 표면에서 마른 것
미란(Erosion)	표피가 떨어져나가 생긴 것
궤양(Ulcer)	진피 내에 있는 병든 피부조직의 세포 붕괴로 인하여 생성됨
찰상(Excoriations)	표피에 있는 유극층의 성분이 긁힌 것
반흔(Cicatrix)	세포의 재생이 더 이상 되지 않는 곳

02 피부질환

1 피부질환

(1) 피부장애

① **알레르기(Allergie)** : 특정 성분에 의하여 비정상적으로 민감한 반응을 일으키는 피부질환이다.

② **습진(Eczema)** : 피부가 건조해지면서 거칠어지고 피부의 각질이 부풀어서 껍질이 벗겨지는 피부질환이다.

  ㉠ 주부습진 : 물이나 합성세제 같은 강한 알칼리성 물질에 의한 자극으로 생성

  ㉡ 유아습진 : 기저귀로 인하여 생기는 습진

  ㉢ 태열 습진(아토피성 피부염, Atopic dermatitis)

   • 만성습진의 일종으로 어린아이에게서 흔히 발생한다.

   • 보통 건조한 겨울에 많이 발생하고 있다.

  ㉣ 완선(변연형 습진) : 온도 및 습도가 높은 여름에 통풍이 안 되는 신체부위에 피부 곰팡이가 감염된 것

③ **눈 주위의 피부장애**

  ㉠ 비립종 : 동그란 모래알 크기의 각질세포로 백색 구진의 형태로 발생

ⓒ 안검황색종(한관종) : 죽은 각질과 지방분으로 만들어지고, 노란 회색의 색깔을 띠
며 물사마귀라고도 함
④ **지루성 피부염(Eczema seborrhoicum)** : 피지의 과다 분비가 원인
⑤ **홍반(Erythema)** : 진피에 놓여 있는 혈관이 확장되며, 발생하는 피부의 충혈 상태
⑥ **대상포진(Herpes zoster)**
㉠ 바이러스성의 피부질환
㉡ 대상포진은 신경분포에 따라 몸의 일정부위에 지각이상, 가려움과 피부가 타는 듯
한 느낌 및 통증을 동반
⑦ **단순포진(Herpes siplex)**
㉠ 바이러스성 질환
㉡ 발열을 동반하며 연약한 점막성 피부인 입술이나 코 등에 급성적으로 수포가 잘
생기고 흉터 없이 치유됨
⑧ **사마귀(Warts)** : 바이러스균에 의해 피부에 과각질화 현상이 생기는 것
⑨ **티눈** : 발가락이나 발바닥에 신발의 계속적인 압박으로 인하여 생기는 각질층의 증식
현상
⑩ **무좀** : 곰팡이균에 의하여 발생하고 더운 온도에서 발생빈도가 높음
⑪ **섬망성 혈관증** : 진피의 유두층에 자리잡는 것으로써 간기능 질환에 의하여 야기됨
⑫ **청색모반**
㉠ 진피 깊은 곳까지 석탄이 덮여 있듯이 새까맣게 색소가 있는 깊은 반점
㉡ 빛의 산란현상 때문에 푸르스름하게 보여 청색 모반이라 불림
⑬ **주사** : 소화기능의 이상, 비타민류의 결핍, 정신적 스트레스, 유전적 내분비 장애와
혈액의 흐름이 원만하지 않아 충혈이 오며, 피부의 조직이 확장되고 모세혈관이 파손
된 상태
⑭ **해족증(Keloid)** : 몸에 금속이 닿으면 결합조직의 증대 및 경직 혹은 수술상처의 후유
증에 의하여 생김
⑮ **섬유종** : 일명 쥐젖이라고도 하며, 비만한 여성들에게 잘 생긴다.
㉠ 옴(Scabies) : 옴진드기가 피부각층을 뚫고 들어가 피부에 알레르기를 일으키는 것
㉡ 소양감(Pruritus) : 자각 증상이며 피부를 긁거나 문지르고 싶은 충동에 의한 가려
움증을 유발함

Chapter 05 피부와 광선

01 자외선

1 기능

① 태양광선은 인간이 생명과 자연계를 유지하고 세균을 살균하는 데 필수적인 역할을 한다.

② 자외선은 영양분과 칼슘을 공급하며, 프로비타민 D를 비타민 D로 활성화시킨다.

③ 노폐물 제거와 혈관 및 림프관의 순환을 자극하여 신진대사를 원활히 해준다.

> **💎 Tip**
> 태양광선은 적외선 42%, 자외선 6%, 가시광선 52%로 구성되어 있다.

2 종류

(1) UV-A

① 장파장(320~400nm)

② 일상생활에서 가장 쉽게 접하는 생활광선

③ 진피층까지 깊게 침투하여 피부탄력 저하 및 노화를 촉진시킨다.

④ 자외선 총량의 90% 이상을 차지하며 멜라닌 색소의 침착과 선탠 반응을 일으킨다.

(2) UV-B

① 중파장(280~320nm)   ② 기미와 피부건조의 원인

③ 색소 침착, 홍반, 심한 통증, 부종, 물집 등 일광화상을 일으킨다.

(3) UV-C

① 단파장(280nm 이하)으로 가장 강한 자외선

② 자외선의 차단지수(Sun protection factor = SPF)

　㉠ SPF : 피부가 자외선으로부터 보호되는 정도 및 시간을 지수로 나타낸 것인데, 차

단지수가 높을수록 자외선에 대한 차단능력이 높다는 뜻이다.

ⓛ SPF 지수 : 화장품 회사에 따라 약간의 차이가 있으나 일반적으로 SPF 1의 제품을 바를 경우에는 약 10분 가량 자외선이 차단되는 것을 의미하며, 피부가 자외선에 노출되는 시간을 고려하여 경우에 따라 적절한 제품을 사용하고 시간이 경과하면 계속적으로 덧발라 주어야 한다. 색소 침착된 피부(기미, 주근깨, 검버섯)는 가능하면 일 년 내내 자외선 차단제를 사용하는 것이 좋다.

Tip

$$SPF = \frac{\text{자외선 차단제품을 사용했을 때의 최소 홍반량}}{\text{자외선 차단제품을 사용하지 않았을 때의 최소 홍반량}}$$

(4) UV-A와 B

① 피부노화, 피부암, 백내장 원인이 되기도 한다.

② 살균작용 V, D 생성으로 구루병, 골연화증, 골다공증 예방 작용도 한다.

③ 건강선, 생명선 또는 Domo tay화하고 UV-C는 오존층에서 차단된다.

02 적외선

① 700nm 이상의 긴 파장이다.

② 파장이 7,800 Å 이상인 광선으로 열작용하기 때문에 열선이라고도 한다.

③ 인체에 대한 작용은 피부온도의 상승, 혈관확장, 피부홍반 등의 작용이 있으며 과량조사 시 두통, 현기증, 일사병과 열사병의 원인이 되기도 한다.

03 가시광선

① 파장이 3,800~7,700 Å 의 범위로서 망막을 자극하여 물체를 식별하고 색체를 구별할 수 있도록 한다.

② 광선량은 동공에 의하여 조명이 불충분할 때 시력저하, 눈의 피로를 초래하며 지나치게 강렬할 때는 시력장애나 어두운 곳에서는 암순응 능력을 저하시키기도 한다.

피부 면역

01 피부 면역과 알레르기

1 면역

(1) 면역의 개념

질병으로부터 저항할 수 있는 인체의 능력이나 어떤 질병을 앓고 난 후에 그 질병에 대해 저항성이 생기는 현상이다.

(2) 면역의 종류와 작용

① 감염으로부터 개체를 방어하는 것을 면역이라 한다.

② 항원은 개체에 면역반응을 일으키는 것이다.

③ 항원이 체내에 들어오면 그 항원과 결합하는 항체가 형성된다.

④ 항원은 세균이나 바이러스만이 아니고, 다른 동물의 단백질(이종단백질)도 항원이 될 수 있고, 단순한 화학적 조성의 물질 중에서 항원성을 가진 것이 있다.

⑤ **항원과 항체반응** : 면역, 알레르기, 예방접종(백신)

⑥ 면역반응에서 주로 기능을 발휘하는 것은 림프구이다(획득면역).

⑦ 신체방어, 화학적 방어벽, 식균작용과 염증반응을 한다(자연면역).

⑧ 면역에는 체액성 면역과 세포성 면역이 있다.

(3) 세포성 면역

① 대부분 T세포이며 T세포는 항원을 제거하는 세포이다.

② 대식세포는 항원을 제공하는 세포로서 면역형성에 중요한 역할을 한다.

2 알레르기

알레르기반응이란 어떤 항원에 대해서 면역성을 가지게 된 개체가 동일한 항원을 만났을 때 일으키는 강한 반응이다.

Chapter 07 피부 노화

01 피부노화의 정의와 이론

1 정의

노화란 시간이 진행됨에 따라 신체적 정신적인 퇴행성 변화를 가져와 여러 가지 변화에 반응하는 능력이 떨어지는 현상을 말한다.

2 노화의 이론

(1) 자유산소 이론(Oxygen free radical theory)

자유산소기는 산소 분자의 유리로 발생하는 화학적인 변화에서 생성되는 부산물이다.

(2) 선천적 운명과 후천적 요소

선천적으로 결정된 유전자와 더불어 생활양식 및 환경요소 등 후천적 요소가 노화에 영향을 준다.

(3) DNA 복구 시스템의 문제

세포 내에 축척된 노폐물 등에 의해 유전자가 손상되었을 때 DNA 복구 시스템이 작동하여 정상유전자로 복구시켜 주는데, 이 복구 시스템에 이상이 있을 경우 돌연변이 세포가 형성되어 노화가 일어나게 된다.

02 피부노화의 원인과 현상

1 노화의 원인

피부 노화는 나이가 들어가면서 퇴행성 변화로 인한 내인성 노화와 과도한 자외선에 의한 외적 노화인 광노화로 구분되며 노화되는 현상이 일어나 순환계, 신경계, 내분비계, 호흡기계, 신장, 근육 등의 기능이 저하된다.

2 피부노화 현상

① 피부가 건조하고 잔주름이 늘어난다.
② 탄력성을 잃고 늘어진다.
③ 표피층이 작아지고 쪼그라든다.
④ 유두층의 파형이 넓고 평평해지므로 진피에서 표피로 공급되는 산소와 영양분의 공급이 감소하게 된다.
⑤ 피부를 통한 수분 통과가 감소되고 세포간 결합력이 줄어든다.
⑥ 노출 부위에 색소 침착이 일어난다.
⑦ 기저 세포의 생성기능이 떨어지면서 세포의 재생주기가 지연(2일에서 42~50일)되어 상처의 회복이 느리다.

Chapter 08 매뉴얼 테크닉

01 매뉴얼 테크닉 효과

1 효과

① 주무르기 및 누름을 통해 종종 피지덩어리가 제거되거나 면포 끝 부위가 부드러워져 면포가 쉽게 제거된다.

② 온 습포, 사우나 등과 마찬가지로 혈액순환과 림프순환을 촉진시켜 준다. 따라서 마사지의 방향은 혈행방향(말초에서 심장방향)으로 실시한다.

③ 결합조직에 긴장도를 상승시키므로 피부의 탄력성이 강화된다. 따라서 훌륭한 마사지는 이중턱, 눈 밑 주머니의 생성을 방지해 준다.

④ 근육의 이완과 강화에 도움을 준다.

⑤ 계속적인 문지름을 통해 사용된 화장품의 유효물질이 경피에서 흡수력이 높아진다.

⑥ 손의 반복적인 접촉을 통해 손의 양전하가 증가되고 피부 층의 음전하가 감소되는 전기 생리적 작용이 일어난다.

⑦ 매뉴얼테크닉 동작을 통해 정신적 긴장을 완화시켜 주고 진정시켜주는 등 신경계에 영향을 미친다.

02 매뉴얼테크닉 종류와 기법

기본기법은 다음 5가지로 이루어져 있다.
① **경찰법** : 쓰다듬기(effleurage, stroking)
② **강찰법** : 마찰하기(friction)
③ **고타법** : 두드리기(tapotement)
④ **유찰법** : 반죽하기(petrissage)
⑤ **진동법** : 떨기(vibration)

(1) 경찰법(쓰다듬기)

1) 동작

손가락을 포함한 손바닥 전체를 피부와 접촉시켜 느린 동작으로 가볍게 쓰다듬는 동작이다. 이때 손가락과 손의 힘을 빼고 가볍게 피부에 올려놓은 후 행한다. 근육이 길 때는 근육의 시작점과 끝나는 점까지 쓰다듬어 준다.

2) 효 과

① 시작과 끝부분에 특히 많이 사용되는 동작으로 오일을 처음 바를 때 사용한다.

② 천천히 지속적으로 실시할 때 자율신경계에 영향을 미쳐 피부에 휴식을 주며 진정·긴장완화작용을 하여 진정마사지법이라고도 한다.

③ 활기찬 동작 사이의 연결동작으로 동작 사이의 휴식 느낌을 제공한다.

④ 혈액과 림프액의 배출을 도와준다.

⑤ 적당한 압으로 심장방향으로 실시함으로써 혈압순환을 촉진시켜준다.

(2) 강찰법(문지르기, 마찰하기)

1) 동작

두 손가락의 끝 부분을 피부에 대고 원을 그리는 등 조금씩 이동하는 동작이다. 변형된 형태로 비틀기, 꼬집기 등의 동작이 있다. 경찰법보다 강하게 진행하되 원운동을 하는 경우 안면 바깥 방향으로는 힘 있게, 안면 중심방향으로는 가볍게 움직이며 압력을 변화시킨다. 적은 근육 또는 근육다발 위를 반복적으로 횡단하는 동작이며 표면적인 접촉으로 조직 내에 열을 생산할 만큼의 움직임을 줄 수 있다.

주름이 생기기 쉬운 부위인 이마, 입가, 눈가에 중점적으로 실시한다.

2) 효과

① 혈액순환을 촉진시킨다.

② 탄력성을 증진시킨다.

③ 결체조직을 강화시킨다.

④ 근육의 긴장을 이완시킨다.

(3) 고타법(두드리기)

1) 동작

손가락 끝, 손의 측면, 손바닥, 주먹, 손 전체를 사용하여 두드리는 동작으로 두드림의 강도에 따라 피부에 더욱 강하게 또는 약하게 작용할 수 있다. 손가락 끝으로 두드리기는 안면마사지에 사용되고, 손의 측면 또는 주먹과 손 전체로 두드리기는 전신마사지에 사용된다.

2) 효과

① 혈액순환을 촉진시킨다.

② 탄력성을 증진시킨다.

③ 결체조직을 강화시킨다.

④ 근육의 긴장을 이완시킨다.

(4) 유찰법(주무르기)

1) 동작

마사지법 중 가장 강한 동작으로 엄지와 검지 또는 나머지 네 손가락을 사용하여 근육부위를 잡아 쥐었다가 풀며 반죽하듯이 주무르는 동작이다. 얼굴의 경우, 특히 턱 또는 뺨 부위에 많이 실시한다.

활기찬 동작으로 실시하나 통증이 유발되지 않도록 한다. 순환과 균형이 회복되어 휴식감과 생동감이 느껴지도록 실시한다.

2) 효과

① 근육의 경련을 없애준다.

② 결합조직과 근육의 유착을 제거하여 근육의 긴장을 이완시키고, 근육을 강화시켜 준다.

③ 피부의 긴장도를 상승시켜 탄력을 유지시켜 준다.

④ 혈관을 확장시켜 혈액순환을 촉진시켜 주며 순환이 촉진되어 조직으로부터 노폐물이 빨리 제거되도록 한다.

(5) 진동법(떨기)

1) 동작

손 전체 또는 손가락을 이용한다. 손가락 관절이나 손목 관절에 힘을 주고 두 손을 동시에 움직여 피부에 빠르고도 고른 진동을 준다. 이 동작의 효과는 손 외에 진동전류, 즉 교류를 이용한 기기를 사용하여 얻을 수도 있다.

2) 효과

① 근육과 피부의 긴장을 이완시켜 준다.

② 혈액순환을 촉진시킨다.

Part Ⅲ 종합예상문제

001 다음 중 UV-A(장파장 자외선)의 파장 범위는?

① 320~400nm

② 290~300nm

③ 200~290nm

④ 100~200nm

> **해설** UV-A(장파장 320~400mn) : 일상생활에서 쉽게 접하는 생활광선

002 여드름 관리를 위한 일상생활에서의 주의사항에 해당하지 않는 것은?

① 과로를 피한다.

② 적당하게 일광을 쬔다.

③ 배변이 잘 이루어지도록 한다.

④ 가급적 유성 화장품을 사용한다.

> **해설** 유분이 많은 화장품은 사용에 주의하며 지용성이나 여드름 전용 제품을 사용한다.

003 피부 노화인자 중 외부인자가 아닌 것은?

① 나이   ② 자외선

③ 산화   ④ 건조

004 입모근의 역할 중 가장 중요한 것은?

① 수분 조절   ② 체온 조절

③ 피지 조절   ④ 호르몬 조절

> **해설** 체온조절에서 임모근 수축 : 땀 분비 억제. 임모근 이완 : 땀 분비 촉진
> 임모근은 추울 때나 소름이 끼칠 때 곤두선다.

005 대상포진(헤르페스)의 특징에 대한 설명으로 맞는 것은?

① 지각신경 분포를 따라 군집 수포성 발진이 생기며 통증이 동반된다.

② 바이러스를 갖고 있지 않다.

③ 감염되지는 않는다.

④ 목과 눈꺼풀에 나타나는 감염성 비대증식현상이다.

> **해설** 대상 포진이란 피부 한 곳에 통증과 함께 발진. 수포 등이 발생하는 수두 대상포진 바이러스에 의해 초래되는 질환이다.

006 비타민 E에 대한 설명 중 옳은 것은?

① 부족하면 야맹증이 된다.

② 자외선을 받으면 피부표면에서 만들어져 흡수된다.

③ 부족하면 피부나 점막에 출혈이 된다.

④ 호르몬 생성, 임신 등 생식기능과 관계가 깊다.

> **해설** 비타민 E는 상처 치유, 노화방지 세포 재생을 돕는다.

 정답 001 ①   002 ④   003 ①   004 ②   005 ①   006 ④

007 피부질환의 초기 병변으로 건강한 피부에서 발생하지만 질병으로 간주되지 않는 피부의 변화는?

① 알레르기   ② 속발진
③ 원발진   ④ 발진열

> **해설** 원발진은 눈에 보이거나 손으로 만져지지만 질병으로 간주되지 않는 피부의 변화이다.

008 피부 색소침착의 증상이 아닌 것은?

① 기미   ② 주근깨
③ 백반증   ④ 검버섯

> **해설** 백반증은 멜라닌 색소 결핍 질환이다.

009 내인성 노화가 진행될 때 감소현상을 나타내는 것은?

① 각질환 두께
② 주름
③ 치질
④ 랑게르한스 세포

> **해설** 피부노화 시에는 링게르한스 세포의 감소로 피부의 면역기능이 저하된다.

010 갑상선과 부신의 기능을 활발하게 해서 피부를 건강하게 해주고 모세혈관의 기능을 정상화시키는 것은?

① 마그네슘   ② 요오드
③ 철분   ④ 나트륨

> **해설** 모세혈관 기능을 정상화시키는 것은 요오드이다.

011 피부의 정상적인 피지막의 pH는 어느 정도인가?

① pH 1.5~2.0   ② pH 5.2~5.8
③ pH 7.0~7.3   ④ pH 8.0~8.3

> **해설** 정상적인 피지막의 pH는 약산성이다.

012 피부 표피의 투명층에 존재하는 반유동성 물질은?

① 엘라이딘(Elaidin)
② 콜레스테롤(Cholesterol)
③ 단백질(Protein)
④ 세라마이드(Ceramide)

> **해설** 투명층에는 엘라이딘이 존재해 세포가 투명하게 보이게 한다.

013 피부의 새로운 세포 형성은 어디에서 이루어지는가?

① 기저층   ② 유극층
③ 과립층   ④ 투명층

> **해설** 기저층에서 새로운 세포가 형성된다.

014 단백질의 최종 가수분해 물질은?

① 지방산　　② 콜레스테롤
③ 아미노산　④ 카로틴

015 다음 중 피하지방층이 가장 적은 부위는?

① 배 부위　　② 눈 부위
③ 등 부위　　④ 대퇴 부위

해설　피하지방층이 가장 적은 부위는 눈 주위이다.

016 표피의 발생은 어디에서부터 시작되는가?

① 피지선　　② 한선
③ 간엽　　　④ 외배엽

017 과일, 야채에 많이 들어있으면서 모세혈관을 강화시켜 피부손상과 멜라닌 색소 형성을 억제하는 비타민은?

① 비타민 K　② 비타민 C
③ 비타민 E　④ 비타민 B

해설　비타민 C : 콜라겐의 합성을 촉진하고 노화방지에 도움을 주며, 멜라닌 형성을 저지하여 미백작용에 도움을 준다.

018 자외선 중 홍반을 주로 유발시키는 것은?

① UV-A　　② UV-B
③ UV-C　　④ UV-D

해설　홍반과 관련된 자외선은 UV-B이다.

019 다음 중 흡연이 피부에 미치는 영향으로 옳지 않은 것은?

① 담배연기에 있는 알데하이드는 태양빛과 마찬가지로 피부를 노화시킨다.
② 니코틴은 혈관을 수축시켜 혈색을 나쁘게 한다.
③ 흡연자의 피부는 조기 노화된다.
④ 흡연을 하게 되면 체온이 올라간다.

020 피부 표면의 수분증발을 억제하여 피부를 부드럽게 해 주는 물질은?

① 계면활성제　② 왁스
③ 유연제　　　④ 방부제

해설　유연제는 피부를 부드럽고 유연하게 유지하는데 도움을 주는 성분이다.

021 다음 중 바이러스에 의한 피부질환은?

① 대상포진　② 식중독
③ 발무좀　　④ 농가진

022 피부질환의 상태를 나타낸 용어 중 원발진에 해당하는 것은?

① 면포　　② 미란
③ 가피　　④ 반흔

해설　원발진 : 면포, 농포, 구진, 결절, 반점, 두드러기, 수포, 낭종 등

023 다음의 피부 구조 중 진피에 속하는 것은?

① 망상층   ② 기저층
③ 유극층   ④ 과립층

> **해설** 진피는 유두층과 망상층이 있다.

024 피부의 표면에 희로애락의 감정이 민감하게 반영되는 작용은?

① 표정작용   ② 지각작용
③ 보호작용   ④ 호흡작용

> **해설** 표정작용은 얼굴에 있는 표정근의 작용에 의해 부끄러울때 얼굴이 붉어지는 현상

025 피부질환의 증상에 대한 설명 중 옳은 것은?

① 수족구염 : 홍반성 결절이 하지부 부분에 여러 개 나타나며 손으로 누르면 통증을 느낀다.
② 지루성 피부염 : 기름기가 있는 인설(비듬)이 특징이며 호전과 악화를 되풀이 하고 약간의 가려움증이 동반된다.
③ 무좀 : 홍반에서부터 시작되며 수시간 후에는 구진이 발생된다.
④ 여드름 : 구강 내 병변으로 동그란 홍반에 둘러싸여 작은 수포가 나타난다.

> **해설** 지루성 피부염 : 가려움증이 동반되는 피지분비의 과다현상이다.

026 다음 중 비타민 C를 가장 많이 함유한 식품은?

① 레몬
② 당근
③ 고추
④ 쇠고기

> **해설** 레몬은 비타민 C와 구연산이 많기 때문에 신맛이 강하다

027 자각증상이며 피부를 긁거나 문지르고 싶은 충동에 의한 가려움증은?

① 소양감
② 작열감
③ 측감
④ 의주감

> **해설** 소양감은 피부를 긁거나 문지르고 싶은 불쾌한 감각

028 콜라겐과 엘라스틴이 주성분으로 이루어진 피부조직은?

① 표피상층
② 표피하층
③ 진피조직
④ 피하조직

> **해설** 콜라겐과 엘라스틴이 주성분인 곳은 진피이다.

029 피부상태를 측정·분석하는 기구로 그 양상이 색깔로 나타나는 피부미용기기는?

① 스팀기
② 석션기(진공흡입기)
③ 우드램프
④ 확대경

해설 우드램프는 자외선을 피부에 쏘아서 반사될 때 피부 표면의 질환 부분이 특정한 형광색으로 나타내게 만든 램프

030 다음 중 수용성 비타민은?

① 비타민 B 복합체
② 비타민 A
③ 비타민 D
④ 비타민 K

해설 지용성 비타민은 비타민 A, D, E, F, K 이다.

031 혈액 속의 헤모글로빈의 주성분으로 산소와 결합하는 것은?

① 인(P)
② 칼슘(Ca)
③ 철(Fe)
④ 무기질

해설 헤모글로빈은 산소와 결합하는 철을 포함하는 금속 단백질이다.

032 손바닥과 발바닥 등 비교적 피부층이 두터운 부위에 주로 분포되어 있으며, 수분 침투를 방지하고 피부를 윤기 있게 해주는 기능을 가진 엘라이딘이라는 단백질을 함유하고 있는 표피 세포층은?

① 각질층
② 유두층
③ 투명층
④ 망상층

해설 투명층은 피부의 각질의 층과 과립층 사이의 세포층

033 피부에 자외선을 너무 많이 조사했을 경우에 일어날 수 있는 일반적인 현상은?

① 멜라닌 색소가 증가해 기미, 주근깨 등이 발생한다.
② 피부가 윤기가 나고 부드러워진다.
③ 피부에 탄력이 생기고 각질이 엷어진다.
④ 세포의 탈피현상이 감소된다.

해설 자외선은 피부에 색소침착을 일으킨다.

034 다음 중 바이러스성 질환으로 연령이 높은 층에 발생 빈도가 높고 심한 통증을 유발하는 것은?

① 대상포진
② 단순포진
③ 습진
④ 태선

해설 대상포진은 수포성 발진으로 심한 통증이 동반되는 바이러스성 질환이다.

035 적외선을 피부에 조사시킬 때 나타나는 생리적 영향에 대한 설명으로 틀린 것은?

① 신진대사에 영향을 미친다.
② 혈관을 확장시켜 순환에 영향을 미친다.

③ 전신의 체온저하에 영향을 미친다.

④ 식균 작용에 영향을 미친다.

> **해설** 적외선은 열을 발생하는 붉은색의 열
> 선이다.

036 지성피부의 특징이 아닌 것은?

① 여드름이 잘 발생한다.

② 남성피부에 많다.

③ 모공이 매우 크며 번들거린다.

④ 피부 결이 섬세하고 곱다.

> **해설** 피부에 윤이 흐르며, T존 부위를 중
> 심으로 모공이 점차 넓어지고 각질층
> 이 두꺼워지며 여드름 피부로 발달하
> 기 쉽다.

037 투명층은 인체의 어떤 부위에 가장 많이
존재하는가?

① 얼굴, 목

② 팔, 다리

③ 가슴, 등

④ 손바닥, 발바닥

> **해설** 투명층은 무색, 무해의 납작하고 투명
> 한 2~3개층의 상피세포로 구성되었으
> 며 손·발 바닥에 존재한다.

038 눈 근육 주위 관리방법의 설명으로 옳지
않은 것은?

① 아이메이크업 리무버를 사용하여 대
상부위를 매우 섬세하게 클렌징해
야 한다.

② 눈 부위 마사지는 약하고 부드럽게
행한다.

③ 탄력을 재생시키는 목적으로 관리
한다.

④ 부은 눈 부위는 혈액순환을 촉진시
키기 위하여 스팀타월을 이용한다.

> **해설** 부은 눈은 타올을 차갑게 냉각시켜 올
> 려준다.

039 무좀이 있는 고객의 발 관리에는 다음 중
어떤 비누를 선택하는 것이 가장 좋은가?

① 향이 있는 비누

② 항균성분의 비누

③ 거품이 많이 나는 비누

④ 고체 비누

040 박하(Peppermint)에 함유된 시원한 느
낌의 혈액순환 촉진 성분은?

① 자일리톨   ② 멘톨

③ 알코올   ④ 마조람 오일

> **해설** 멘톨은 상쾌한 향으로 호흡질환과 소
> 화불량을 개선시킨다.

041 다음 중 알레르기성 접촉 피부염을 가장
많이 일으키는 금속 성분은?

① 금   ② 은

③ 동   ④ 니켈

042 비타민 C가 피부에 미치는 영향으로 틀린 것은?

① 멜라닌 색소 생성 억제
② 광선에 대한 저항력 약화
③ 모세혈관의 강화
④ 진피의 결체조직 강화

043 피서 후의 피부증상으로 틀린 것은?

① 화상의 증상으로 붉게 달아올라 따끔따끔한 증상을 보일 수 있다.
② 많은 땀의 배출로 각질층의 수분이 부족해져 거칠어지고 푸석푸석한 느낌이 들기도 한다.
③ 강한 햇살과 바닷바람 등에 의하여 각질층이 얇아져 피부 자체 방어반응이 어려워지기도 한다.
④ 멜라닌색소가 자극을 받아 색소병변이 발전할 수 있다.

> **해설** 피서 후에 각질층이 얇아져도 피부 자체 방어반응이 어려워지지는 않는다.

044 임신 중 알코올 섭취에 관해 틀린 것은?

① 임신 중 알코올 섭취는 태아성장과 건강상태에 나쁜 영향을 미친다.
② 알코올은 직접 태아에게 독성효과를 나타내지 않는다.
③ 알코올은 태아 성장 지연, 두뇌 및 신경발달에 영향을 미친다.
④ 임신 중의 어머니의 음주는 태아가 성장 후 성인이 되어서도 알코올 중독자가 되기 쉽도록 한다.

045 다음 중 건강한 두발의 pH 범위는?

① pH 3~4
② pH 4.5~5.5
③ pH 6.5~7.5
④ pH 8.5~9.5

> **해설** 두발의 pH 4.5~5.5는 약 산성이다.

046 자외선에 의한 피부반응으로 가장 거리가 먼 것은?

① 홍반반응　　② 색소침착
③ 민화　　④ 광노화

> **해설** 민화는 조선시대의 민예적인 그림 전통회화의 조류를 모방하여 생활공간 장식을 위해 제작된 민화이다.

047 지성피부의 관리법으로 가장 적합한 설명은?

① 유분이 많이 함유된 화장품을 사용한다.
② 스팀타월을 사용하여 불순물 제거와 수분을 공급한다.
③ 피부를 항상 건조한 상태로 만든다.
④ 마사지와 팩은 하지 않는다.

048 성장촉진, 생리대사의 보조역할, 신경안정과 면역기능 강화 등의 역할을 하는 영양소로 가장 적합한 것은?

① 단백질　　② 비타민
③ 무기질　　④ 지방

정답 042 ②　043 ③　044 ②　045 ②　046 ③　047 ②　048 ②

해설 비타민은 인체의 구성성분이나 에너지 원으로 작용하지 않으며 대사조절 등의 역할을 한다.

049 사춘기 이후 성호르몬의 영향을 받아 분비되기 시작하는 땀샘으로 체취선이라고 하는 것은?

① 소화선   ② 대한선
③ 갑상선   ④ 피지선

해설 대한선을 아포크린샘이라고도 한다.

050 다음 중 남성형 탈모증의 주원인이 되는 호르몬은?

① 안드로겐(Androgen)
② 에스트라디올(Estradiol)
③ 코티손(Cortisone)
④ 옥시토신(Oxytocin)

해설 안트로겐은 남성 생식계의 성장과 발달에 영향을 미치는 남성 호르몬이다.

051 건성피부의 치료법이 아닌 것은?

① 충분한 일광욕을 한다.
② 영양크림을 사용한다.
③ 버터나 치즈 등을 섭취한다.
④ 피부 관리를 정기적으로 한다.

해설 건성피부의 문제점은 수분부족으로 인한 피부의 건성화와 유분분비의 저하로 인한 건성화가 있다. 따라서 일광욕은 옳은 치료법이 아니다.

052 다음 중 피부색을 결정하는 요소가 아닌 것은?

① 멜라닌
② 혈관 분포와 혈색소
③ 각질층의 두께
④ 티록신

해설 티록신은 몸의 물질대사를 조절해주는 요소이다.

053 75%가 에너지원으로 쓰이고 에너지가 되고 남은 것은 지방으로 전환되어 저장되는데 주로 글리코겐 형태로 간에 저장된다. 이것의 과잉섭취는 산성체질을 만들고 결핍되었을 때는 체중감소, 기력부족 현상이 나타나는 영양소는?

① 탄수화물
② 단백질
③ 비타민
④ 무기질

054 모발의 케라틴 단백질은 pH에 따라 물에 대한 팽윤성이 변한다. 다음 중 가장 낮은 팽윤성을 나타내는 pH는?

① pH 1
② pH 4
③ pH 7
④ pH 9

해설 약산성에 가까우면 팽윤하지 않고 단단해진다.

 정답

049 ②   050 ①   051 ①   052 ④   053 ①   054 ②

055 직경 1~2mm의 둥근 백색 구진으로 안면(특히 눈 하부)에 호발하는 것은?

① 비립종(Milium)
② 피지선 모반(Nevus sebaceous)
③ 한관종(Syringoma)
④ 표피낭종(Epidermal cyst)

> 해설 비립종은 얼굴의 피부내에 표재성으로 존재하는 작은 구형의 백색 상피 낭종이며, 특히 얼굴의 눈꺼풀·뺨·이마에서 볼 수 있다.

056 다음 중 피부의 진피층을 구성하고 있는 주요 단백질은?

① 알부민   ② 콜라겐
③ 글로블린   ④ 시스틴

> 해설 콜라겐은 진피의 90%를 차지하는 섬유 단백질이다.

057 다음 중 지성피부의 주된 특징을 나타낸 것은?

① 모공이 크고 여드름이 잘 생긴다.
② 유분이 적어 각질이 잘 일어난다.
③ 조그만 자극에도 피부가 예민하게 반응한다.
④ 세안 후 피부가 쉽게 붉어지고 당김이 심하다.

> 해설 지성피부는 T존 부위를 중심으로 모공이 점차 넓어지고 각질층이 두꺼워지며, 여드름 피부로 발달하기 쉽다.

058 다음 중 피부 표면의 pH에 가장 큰 영향을 주는 것은?

① 각실 생성
② 침의 분비
③ 땀의 분비
④ 호르몬의 분비

> 해설 pH로 환원시키는 표피의 능력을 알카리 중화능력이라고 한다. 여기에는 피지의 지방산과 땀에 함유된 유산이 중요한 완충기능을 한다.

059 피부의 새로운 세포 형성은 어디에서 이루어지는가?

① 기저층   ② 유극층
③ 과립층   ④ 투명층

> 해설 기저층은 표피층에서 가장 아래층에 위치하며 새로운 세포 형성이 이루어진다.

060 다음 중 외부로부터 충격이 있을 때 완충작용으로 피부를 보호하는 역할을 하는 것은?

① 피하지방과 모발
② 한선과 피지선
③ 모공과 모낭
④ 외피각질층

> 해설 피하지방은 피부의 가장 아래층으로 그물모양으로 형성되고 느슨한 결합조직으로 구성되어 있으며 충격완화작용을 한다.

 정답

055 ①   056 ②   057 ①   058 ③   059 ①   060 ①

061 다음 중 세포재생이 더 이상 되지 않으며 기름샘과 땀샘이 없는 것은?

① 흉터
② 티눈
③ 두드러기
④ 습진

해설 흉터는 상처나 질병으로 피부에 흔적이 남아 있는 것으로 진피의 손상에 의해 형성된다. 세포재생이 더 이상 되지 않고 피지선, 한선이 존재하지 않는다.

062 피부구조에 있어 물이나 일부의 물질을 통과시키지 못하게 하는 흡수 방어벽층은 어디에 있는가?

① 투명층과 과립층 사이
② 각질층과 투명층 사이
③ 유극층과 기저층 사이
④ 과립층과 유극층 사이

063 다음 중 필수아미노산에 속하지 않는 것은?

① 아르기닌
② 리신
③ 히스티딘
④ 글리신

해설 필수아미노산 : 체내 합성 불가능. 반드시 식품을 통해 흡수해야 하는 아미노산으로 이소 로이신, 로이신, 리신, 메티오닌, 페닐알라닌, 트레오닌, 트립토판, 발린, 히스티딘, 아르기닌 등 10여종

064 기미를 악화시키는 주요한 원인이 아닌 것은?

① 경구피임약의 복용
② 임신
③ 자외선 차단
④ 내분비 이상

해설 자외선 차단은 기미를 방지한다.

065 풋고추, 당근, 시금치, 달걀노른자에 많이 들어 있는 비타민으로 피부 각화 작용을 정상적으로 유지시켜 주는 것은?

① 비타민 C   ② 비타민 A
③ 비타민 K   ④ 비타민 D

해설 비타민 C는 급원식품으로 대부분 채소와 과일 들이다.

066 땀띠가 생기는 원인으로 가장 옳은 것은?

① 땀띠는 피부표면에 있는 땀구멍이 일시적으로 막히기 때문에 생기는 발한 기능의 장애에 의해 발생한다.
② 땀띠는 여름철 너무 잦은 세안 때문에 발생한다.
③ 땀띠는 여름철 과다한 자외선 때문에 발생하므로 햇볕을 받지 않으면 생기지 않는다.
④ 땀띠는 피부에 미생물이 감염되어 생긴 피부질환이다.

067 한선에 대한 설명 중 틀린 것은?

① 체온조절 기능이 있다.
② 진피와 피하지방 조직의 경계 부위에 위치한다.
③ 입술을 포함한 전신에 존재한다.
④ 에크린선과 아포크린선이 있다.

068 흑갈색의 사마귀 모양으로 40대 이후에 손등이나 얼굴에 생기는 것은?

① 기미
② 주근깨
③ 흑피종
④ 노인성 반점

해설 중년기 이후 안면, 두부, 손등 등의 일광에 노출되는 부위 생기며 담갈색 내지 흑갈색 반점으로 노인성 사마귀이다.

069 다음 중 지성 피부 관리에 알맞은 크림은?

① 콜드 크림
② 라노린 크림
③ 바니싱 크림
④ 에모리엔트 크림

해설 바니싱 크림은 약유성 크림으로 남성용 애프터 쉐이빙 크림에 많다.

070 다음 중 비타민 A와 깊은 관련이 있는 카로틴을 가장 많이 함유한 식품은?

① 사과, 배
② 감자, 고구마
③ 귤, 당근
④ 쇠고기, 돼지고기

해설 비타민 A는 상피보호 비타민으로 신진대사, 신체 성장, 신체의 저항성을 길러준다. 녹황색 채소, 동물의 간 등에 많다.

071 다음 중 피부의 감각기관인 촉감점이 가장 적게 분포하는 것은?

① 손끝
② 입술
③ 혀끝
④ 발바닥

072 다음은 어떤 피부질환에 대한 설명인가?

• 곰팡이 균에 의하여 발생한다.
• 피부껍질이 벗겨진다.
• 가려움증이 동반된다.
• 주로 손과 발에서 번식한다.

① 흉터
② 무좀
③ 홍반
④ 사마귀

073 벨록 피부염(Berlock dermatitis)이란?

① 향료에 함유된 요소가 원인인 광접촉 피부염이다.
② 눈 주위부터 볼에 걸쳐 다수 군집하여 생기는 담갈색의 색소반이다.
③ 안면이나 목에 발생하는 청자갈색조의 불명료한 색소 침착이다.
④ 절상이나 까진 상처의 전후처치를 잘못하면 그 부분에 생기는 색소의 침착이다.

정답 067 ③　068 ④　069 ③　060 ③　071 ④　072 ②　073 ①

074 비타민 C가 인체에 미치는 효과가 아닌 것은?

① 피부 멜라닌 색소의 생성을 억제한다.
② 피부에 광택을 준다.
③ 호르몬의 분비를 억제시킨다.
④ 피부의 과민증을 억제하는 힘과 해독 작용이 있다.

해설 비타민 C : 항괴혈병 인자이며 피부색소의 형성을 저해하고 탄력성에 관계하는 결합조직 단백질의 구성인 아미노산 인히드록시프로겐의 생성에 관여한다.

075 얼굴의 피지가 세안으로 없어졌다가 원상태로 회복될 때까지의 일반적인 소요 시간은?

① 10분 정도
② 30분 정도
③ 2시간 정도
④ 5시간 정도

076 피부관리 시 수용성 제품을 피부 속으로 침투시키는 과정은?

① 이온토포레시스
② 디스인크리스테이션
③ 케라티나이제이션
④ 필링

해설 이온토포레시스는 피부에 전위차를 주어 피부의 적기적 환경을 변화시킴으로써 이온성 약물의 피부투과를 증가시키는 방법

077 여름철의 피부의 상태를 설명한 것으로 틀린 것은?

① 각질층이 두꺼워지고 거칠어진다.
② 표피의 색소침착이 뚜렷해진다.
③ 고온다습한 환경으로 피부에 활력이 없어지고 피부는 지친다.
④ 버짐이 생기며 혈액순환이 둔화된다.

078 제모 후에는 어떤 제품을 바르는 것이 가장 좋은가?

① 알코올   ② 진정 젤
③ 파우더   ④ 우유

079 유용성 비타민으로서 간유, 버터, 달걀, 우유 등에 많이 함유되어 있으며, 결핍 시에는 건성피부가 되고 각질층이 두터워지며 피부에 세균감염을 일으키기 쉬운 비타민은?

① 비타민 A   ② 비타민 B_1
③ 비타민 B_2 ④ 비타민 C

해설 비타민 A는 결핍 시 야맹증, 성장방해, 피부각질, 홍반의 원인이 된다.

080 다음 중 바이러스성 피부질환이 아닌 것은?

① 수두   ② 대상포진
③ 사마귀   ④ 켈로이드

해설 켈로이드는 유전이나 결합조직의 증대 및 경직 혹은 상처의 후유증에 의해서 생긴다.

 정답

| 074 ③ | 075 ③ | 076 ① | 077 ④ | 078 ② | 079 ① | 080 ④ |

081 피부구조에 대한 설명으로 옳은 것은?

① 피부의 구조는 표피, 진피, 피하조직의 3층으로 구분된다.

② 피부의 구조는 각질층, 투명층, 과립층의 3층으로 구분된다.

③ 피부의 구조는 한선, 피지선, 유선의 3층으로 구분된다.

④ 피부의 구조는 결합섬유, 탄력섬유, 평활근의 3층으로 구분된다.

해설 피부는 표피, 진피, 피하조직으로 구성되어 있다.

082 다음 중 표피에 있는 것으로 면역과 가장 관계가 있는 세포는?

① 멜라닌세포

② 랑게르한스세포(긴수뇨세포)

③ 머켈세포(신경종말세포)

④ 콜라겐

083 모세혈관 파손과 구진 및 농도성 질환이 코를 중심으로 양볼에 나비모양을 이루는 증상은?

① 접촉성 피부염   ② 주사

③ 건선   ④ 농가진

해설 건선은 반복되는 만성 염증성 질환이다.

084 피부구조에서 진피 중 피하조직과 연결되어 있는 것은?

① 유극층   ② 기저층

③ 유두층   ④ 망상층

해설 망상층은 결합조직으로 이루며 촉촉한 얼굴피부는 ~ 망상층

085 약산성인 피부에 가장 적합한 비누의 pH는?

① pH 3   ② pH 4

③ pH 5   ④ pH 7

086 다음 중 중성피부에 대한 설명으로 옳은 것은?

① 중성피부는 화장이 오래가지 않고 쉽게 지워진다.

② 중성피부는 계절이나 연령에 따른 변화가 전혀 없이 항상 중성상태를 유지한다.

③ 중성피부는 외적인 요인에 의해 건성이나 지성피부가 되기 쉽기 때문에 항상 꾸준한 손질을 해야 한다.

④ 중성피부는 자연적으로 유분과 수분의 분비가 적당하므로 다른 손질은 하지 않아도 된다.

087 발 건강을 위한 발 마사지의 효과에 대한 설명이 아닌 것은?

① 긴장을 이완시킨다.

② 혈액순환과 림프순환을 촉진시킨다.

③ 피부 표면의 더러움을 제거시켜준다.

④ 피부의 온도를 높여주고 피로를 회복시켜준다.

088 모발을 구성하고 있는 케라틴(Keratin) 중에 제일 많이 함유하고 있는 아미노산은?

① 알라닌　　　② 로이신
③ 바린　　　　④ 시스틴

해설　시스틴은 많은 단백질의 구성성분이며 특히 케라틴에 많이 존재한다.

089 각탕기에 첨가제(Foot bath)를 사용하는 이유로 가장 거리가 먼 설명은?

① 살균 소독　　② 피로 회복
③ 냄새 제거　　④ 향기를 위해서

090 피부 보호 작용을 하는 것이 아닌 것은?

① 표피각질층　　② 교원섬유
③ 평활근　　　　④ 피하지방

해설　평활근은 가로무늬가 없는 근육. 내장이나 혈관의 벽을 이룬다.

091 여드름 치료를 위해 일상생활에서 주의해야 할 사항이 아닌 것은?

① 적당하게 일광을 쪼여야 한다.
② 과로를 피한다.
③ 비타민 B_2가 많이 함유된 음식을 먹지 않도록 한다.
④ 배변이 잘 이루어지도록 한다.

092 모발의 성분은 주로 무엇으로 이루어졌는가?

① 탄수화물　　② 지방
③ 단백질　　　④ 칼슘

해설　모발은 80~90% 이케라틴 단백질과 10% 정도의 수분 및 미네랄, 멜라닌 색소 등으로 이루어진다.

093 여드름 치료에 대한 설명 중 잘못된 것은?

① 여드름이 악화되기 전에 먼저 손으로 짜낸다.
② 적외선 조사에 마사지를 병행한다.
③ 여드름 발생 초기에 비타민 C를 매일 복용한다.
④ 피로가 누적되지 않게 하며, 숙면을 취한다.

094 3가지 기초식품군이 아닌 것은?

① 비타민　　　② 탄수화물
③ 지방　　　　④ 단백질

해설　비타민은 5대 영양소에 속한다. 3대 영양소 : 단백질, 탄수화물, 지방

095 비만을 관리하는 방법 중 성격이 다른 것은?

① 지방흡입수술을 한다.
② 소장절제술을 행한다.
③ 약물을 복용한다.
④ 아로마 오일을 이용한다.

정답　088 ④　　089 ④　　090 ③　　091 ③　　092 ③　　093 ①　　094 ①　　095 ④

096 다음 중 여드름을 유발하지 않는(Non-comedogenic) 화장품 성분은?

① 올레인 산　② 라우린 산
③ 솔비톨　　　④ 올리브 오일

해설　솔비톨은 헥소스 알코올의 일 종. 곰팡이 같은 세균발육저지, 습윤조정에 보습제 등 사용

097 피부의 영양관리에 대한 설명 중 가장 올바른 것은?

① 대부분의 영양은 음식물을 통해 얻을 수 있다.
② 외용약을 사용하여서만 유지할 수 있다.
③ 마사지를 잘하면 된다.
④ 영양크림을 어떻게 잘 바르는가에 달려 있다.

해설　음식물을 고루 섭취하고 적당한 운동을 하는 것이 피부관리에 가장 효과적이다.

098 바이러스성 질환으로 수포가 입술 주위에 잘 생기고 흉터 없이 치유되나 재발이 잘 되는 것은?

① 습진　　　② 태선
③ 단순포진　④ 대상포진

해설　단순포진 : 급성수포성 바이러스 질환으로 입술이나 코, 눈 등에 발생하며 수포발열을 동반한다.

099 피부의 피지막은 보통 상태에서 어떤 유화상태로 존재하는가?

① W/S 유화　② S/W 유화
③ W/O 유화　④ O/W 유화

해설　수중유형은 O/W형으로 물 중에 기름 분자가 분산되어 있는 것이고, 유중수형은 W/O형으로 기름 중에 물의 입자가 분산되어 있는 것이다. 피지막은 W/O형의 유화상태로 존재한다.

100 다음 중 인체 내의 물의 역할로 가장 거리가 먼 것은?

① 생체 내 모든 반응은 물을 용매로 삼투압 작용을 한다.
② 신체 내의 산, 알칼리의 평형을 갖게 한다.
③ 피부 표면의 수분량은 5~10%로 유지되어야 한다.
④ 체액을 통하여 신진대사를 한다.

해설　인체의 구성성분 중 수분은 60~70% 정도 차지한다.

101 다음 중 기미의 유형이 아닌 것은?

① 혼합형 기미
② 진피형 기미
③ 표피형 기미
④ 피하조직형 기미

102 다음 중 기저층의 중요한 역할로 가장 적절한 것은?

① 수분방어 ② 면역
③ 팽윤 ④ 새 세포 형성

> **해설** 기저층은 새 세포를 형성하고 림프관은 영양분을 공급한다.

103 피부질환 중 지성피부에 여드름이 많이 나타나는 이유에 대한 설명 중 가장 옳은 것은?

① 한선의 기능이 왕성할 때
② 림프의 역할이 왕성할 때
③ 피지가 계속 많이 분비되어 모낭구가 막혔을 때
④ 피지선의 기능이 왕성할 때

104 강한 자외선에 노출될 때 생길 수 있는 현상이 아닌 것은?

① 만성 피부염 ② 홍반
③ 광노화 ④ 일광화상

105 다음 중 멜라닌 생성저하 물질인 것은?

① 비타민 C ② 콜라겐
③ 티로시나제 ④ 엘라스틴

> **해설** 비타민 C는 멜라닌 형성을 저지하여 미백작용에 도움을 준다.

106 피부 표면의 수분증발을 억제하여 피부를 부드럽게 해주는 물질은?

① 방부제 ② 보습제
③ 유연제 ④ 계면활성제

107 피부결이 거칠고 모공이 크며 화장이 쉽게 지워지는 피부타입은?

① 지성 ② 민감성
③ 중성 ④ 건성

> **해설** 지성은 피지분비가 왕성해 여드름 뽀류지가 자주 생기며 번들거리는 피부이다.

108 모세혈관의 출혈에 의해 피부가 발적된 상태를 무엇이라 하는가?

① 소수포 ② 종양
③ 홍반 ④ 자반

> **해설** 일광, 열 및 방사선에 오래 노출되면 홍반이 발생하는데 이는 혈관확장에 의해 피부가 붉게 보이는 것이다.

109 일반 성인을 기준으로 한 기초 칼로리는 얼마인가?

① 600~800kcal
② 800~1,000kcal
③ 1,600~1,800kcal
④ 2,000~2,500kcal

> **해설** 성인의 1일 기초대사량은 1,200~1,800 칼로리

 정답 102 ④ 103 ③ 104 ① 105 ① 106 ③ 107 ① 108 ③ 109 ③

110 민감성피부에 대한 설명으로 가장 적합한 것은?

① 피지의 분비가 적어서 거친 피부
② 어떤 물질에 큰 반응을 일으키는 피부
③ 땀이 많이 나는 피부
④ 멜라닌 색소가 많은 피부

111 다음 중 항산화제에 속하지 않는 것은?

① 베타-카로틴
② 수퍼옥사이드 디스뮤타제
③ 비타민 E
④ 비타민 F

> **해설** 비타민 F는 피부와 모발의 기능을 증진하며 결핍 시 손톱과 발톱이 약해지고 습진 등의 피부염이 생긴다.

112 혈관과 림프관이 분포되어 있어 털에 영양을 공급하며 주로 발육에 관여하는 것은?

① 모유두   ② 모표피
③ 모피질   ④ 모수질

> **해설** 모유두는 모발을 형성시켜주는 세포층이며 모발성장을 위해 영양분을 공급해주는 혈관과 신경이 몰려 있다.

113 심상성 좌창이라고도 하며, 주로 사춘기때 잘 발생하는 피부질환은?

① 여드름
② 건선

③ 아토피 피부염
④ 신경성 피부염

> **해설** 보통 여드름, 심상성 좌창, 여드름, 모낭, 지선부의 만성 염증성 질환으로 얼굴, 가슴 잔등에 자주 생긴다.

114 다음 중 표피에 존재하며 면역과 가장 관계가 깊은 세포는?

① 멜라닌 세포
② 랑게르한스 세포
③ 머켈 세포
④ 섬유아 세포

115 표피로부터 가볍게 흩어지고 지속적이며, 무의식적으로 생기는 죽은 각질세포는?

① 비듬
② 농포
③ 두드러기
④ 종양

> **해설** 비듬은 피부각화 현상으로 나타난다.

116 자외선에 대한 민감도가 가장 낮은 인종은?

① 흑인종
② 백인종
③ 황인종
④ 회색인종

117 체조직 구성 영양소에 대한 설명으로 틀린 것은?

① 지질은 체지방의 형태로 에너지를 저장하며, 생체막 성분으로 체구성 역할과 피부의 보호 역할을 한다.

② 지방이 분해되면 지방산이 되는데 이중 불포화지방산은 인체 구성성분으로 중요한 위치를 차지하므로 필수 지방산으로도 부른다.

③ 필수지방산은 식물성 지방보다 동물성 지방을 먹는 것이 좋다.

④ 불포화지방산은 상온에서 액체 상태를 유지한다.

118 피지에 대한 설명으로 잘못된 것은?

① 피지는 피부나 털을 보호하는 작용을 한다.

② 피지가 외부로 분출이 안 되면 여드름 요소인 면포로 발전한다.

③ 일반적으로 남자는 여자보다도 피지의 분비가 많다.

④ 피지는 아포크린한선(Apocrine sweat gland)에서 분비된다.

119 산과 합쳐지면 레티놀산이 되고, 피부의 각화작용을 정상화시키며, 피지 분비를 억제하므로 각질연화제로 많이 사용되는 비타민은?

① 비타민 A

② 비타민 B 복합체

③ 비타민 C

④ 비타민 D

> **해설** 비타민A 결핍 시 성인 1일 비타민 A 권장량은 남자 750㎍, 여자 650㎍이다. 결핍 시 야맹증, 각막염, 각막연화, 안구건조증 등이다.

120 자연 노화(생리적 노화)에 의한 피부 증상이 아닌 것은?

① 망상층이 얇아진다.

② 피하지방세포가 감소한다.

③ 각질층의 두께가 감소한다.

④ 멜라닌 세포의 수가 감소한다.

121 강한 자외선에 노출될 때 생길 수 있는 현상과 가장 거리가 먼 것은?

① 아토피 피부염

② 비타민 D 합성

③ 홍반반응

④ 색소침착

> **해설** 아토피 가려움증과 피부 건조증상으로 만성 염증성 피부 질환이다.

122 두발의 영양 공급에서 가장 중요한 영양소이며 가장 많이 공급되어야 할 것은?

① 비타민 A   ② 지방

③ 단백질   ④ 칼슘

> **해설** 모발은 단백질이 많이 차지한다.

정답 117 ③   118 ④   119 ①   120 ③   121 ①   122 ③

123 피부 세포가 기저층에서 생성되어 각질층으로 되어 떨어져 나가기까지의 기간을 피부의 1주기(각화주기)라 한다. 성인에 있어서 건강한 피부인 경우 1주기는 보통 며칠인가?

① 45일   ② 28일
③ 15일   ④ 7일

해설 각화주기는 약 한달 정도 걸린다.

124 피부가 두꺼워 보이고 모공이 크며 화장이 쉽게 지워지는 피부타입은?

① 건성 피부
② 중성 피부
③ 지성 피부
④ 민감성 피부

해설 지성 피부는 피지분비의 증가로 피부에 윤이 흐르며 화장이 쉽게 지워진다.

125 피부에 여드름이 생기는 것은 다음 중 어느 것과 직접 관계되는가?

① 한선구가 막혀서
② 피지에 의해 모공이 막혀서
③ 땀의 발산이 순조롭지 않아서
④ 혈액 순환이 나빠서

해설 여드름은 피지의 과다한 분비로 발생한다.

126 피부의 변화 중 결절(Nodule)에 대한 설명으로 틀린 것은?

① 표피 내부에 직경 1cm 미만의 맑은 액체를 포함한 융기이다.
② 여드름 피부의 4단계에 나타난다.
③ 구진이 서로 엉켜서 큰 형태를 이룬 것이다.
④ 구진과 종양의 중간 염증이다.

해설 결절(Nodule) : 구진이 엉켜져 큰 형태를 이룬 것으로 치유 후에도 흉터가 남고 통증을 수반한다.

123 ②   124 ③   125 ②   126 ①

Part IV

화장품학

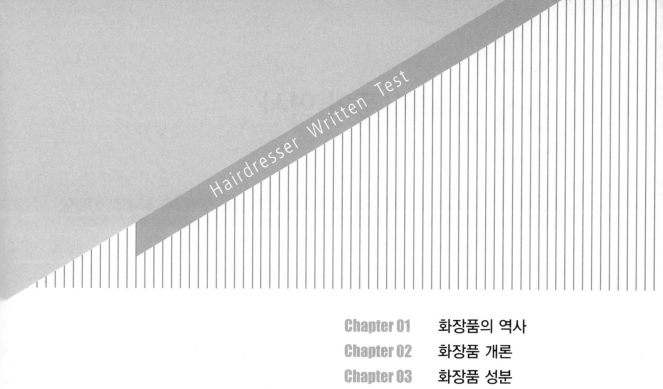

Hairdresser Written Test

Chapter 01 화장품의 역사

01 우리나라 화장의 역사

1 고대

① 우리나라에서 화장품이 언제부터 사용되었는지는 정확히 알 수 없지만, 단군신화를 보면 환웅(桓雄)이 곰과 호랑이에게 쑥과 마늘을 주고, 백일동안 햇빛을 보지 말도록 하였다는 기록이 있다. 민간요법에 의하면 쑥을 달인 물에 목욕을 하면 피부가 희고 건강해지며, 마늘을 찧어서 꿀에 섞어 얼굴에 바른 후 씻어내면 잡티, 기미를 제거하는 효과가 있다고 한다. 따라서 단군신화에 나오는 쑥과 마늘의 사용이 화장역사의 시초라 여겨지며, 피부를 가꾸려는 노력이 고대부터 행해졌음을 짐작할 수 있다.

② 고조선시대 만주지방에 살았던 읍루인들은 피부의 건조함을 예방하기 위해 겨울에 돼지기름을 몸에 발랐으며, 말갈인들의 미백을 위해 오줌으로 세안을 하는 민간요법들을 썼다고 전해지고 있다.

③ 낙랑시대 고분의 그림에서 여인들이 눈썹화장을 하고 있는 걸로 보아 우리 선조들은 오래전부터 화장을 하였고 하얀 얼굴을 선호했음을 짐작할 수 있다.

2 삼국시대

① **고구려** : 5~6세기경 고구려의 고분벽화를 통해 당시에 연지화장을 하였고, 쌍영총에는 시녀로 추측되는 여인이 화장을 하고 있는 것으로 보아 신분에 관계없이 누구나 화장을 했음을 알 수 있다.

② **백제** : 일본의 옛 문헌에 '백제로부터 화장품의 제조기술과 화장기술을 전해 받아 화장을 했다'는 기록이 있다.

③ **신라** : 백분이 사용되기 시작했으며, '분(粉)'의 의미는 쌀(米)로 만든 가루(分)로 얼굴을 희게 보이게 하며 잔주름과 얼굴의 결점을 감추는 장점이 있어 널리 사용하였다. 연지는 홍화(紅花, 잇꽃)와 돼지기름 등을 혼합하여 만들어 사용하였고 눈썹은 굴참나무나 너도밤나무의 재를 기름에 개어 만든 미묵(眉墨)으로 그렸다.

3 통일신라시대

중국의 영향으로 통일 이전보다 다소 화려해졌고 연분을 사용하였다. 연분은 부착성과 퍼짐성이 약한 단점이 있는 백분에 납을 첨가한 것으로 화장품의 발달사에 있어서 획기적인 발명이라고 볼 수 있다. 일본에 분(연분) 제조법을 전해주기도 했다.

4 고려시대

얼굴이 창백해 보일 정도로 하얗게 분을 바르고 눈썹은 곡선형으로 가늘고 뚜렷하게 그리는 요염한 화장으로 주로 기생들이 하는 분대화장이 있다. 비분대화장은 여염집 여인들이 주로 하는 화장으로 엷은 화장과 연지를 사용하지 않고 버드나무 잎같이 가늘고 아름다운 눈썹을 그렸다. 또한 향낭(향주머니)를 차고 다녔다.

5 조선시대

유교의 영향으로 화장은 기녀만 하는 것으로 생각하고 짙은 화장은 천시했다. 평소의 여염집 여인들은 피부 손질을 위주로 소박하고 수수한 화장을 하였다. 기생들은 고려시대에 이어 화려한 분대화장을 했으며, 백분, 연지, 화장수와 같은 화장품과 향낭이 상류층과 기생들을 중심으로 널리 사용되었다. 조선 중기에는 방물장수들이 집집마다 방문하여 판매를 하였으며, 매분구(賣粉)라는 여자 방문판매상이 있었다.

6 근대 이후

① **일제시대** : 1916년 우리나라 최초의 근대적 화장품이라고 볼 수 있는 백분이 박가분(朴家粉)이라는 상품명으로 등장하여 큰 인기를 누렸으나, 피부 부착성을 높이기 위해 첨가한 납 성분의 치명적인 독성이 나타나면서 그 인기가 수그러들었고 '화장독'이란 말도 이때 생겨났다.

② **1945년 해방 이후** : 화장품은 기능성이 세분화되었다. 당시 기초 화장품은 콜드 크림(Cold cream)으로, 일명 만능크림이라고 불리며 화장을 지울 때, 밑화장용 또는 마사지용으로 폭넓게 사용되었다. 바니싱 크림(Vanishing cream)은 콜드 크림과 달리 유분이 적게 함유된 것으로 얼굴, 목, 손, 팔 등 광범위한 신체부위에 사용된 일종의 수분 크림이었다.

02 서양 화장의 역사

1 고대 이집트

① 이집트의 제1왕조의 묘에서 지방에 향을 넣은 고대 화장품과 화장거울이 발견되었다. 이는 고고학적으로 입증된 가장 오래된 화장관련 유물이다.

② 미라에 사용했던 향유, 염색제, 퍼머제, 헤어오일 등이 있다.

③ 피부에 사용한 색소는 붉은 색의 헤나(Henna)염료와 이끼에서 얻은 보랏빛 리트머스(Litmus) 등이 있으며, 흰색은 백랍을 사용하였다. 또한 머리 염색에는 헤나와 인디고(Indigo) 염료를, 눈화장에는 코올(Kohl)을 사용하였다.

2 그리스 · 로마시대

① 화려한 색조화장보다 인체의 균형과 조화의 아름다움을 중시하여 자연스런 메이크업, 길고 웨이브가 있는 헤어스타일을 하였다.

② 눈은 안티몬(Antimon)과 사프란(Saffron)으로 검게 하고 머리는 금발로 염색하였으며 아르칸나나 연단을 볼연지로 사용하였다.

③ 로마시대에는 목욕문화 및 공중목욕탕이 번성하였다.

3 중세시대

① 여성이 신체를 가꾸고 화장하는 행위는 엄격히 제한되고 금지되었다. 중세에는 기독교의 금욕주의 영향으로 화장은 행실 나쁜 여성이나 예능인들만 행하는 것으로 간주되었다.

② 십자군전쟁 후 동양에서 안티몬과 향유 등 화장재료들과 회교도의 화장풍습이 전해지면서 여성들 사이에서 화장에 대한 관심이 다시 생겨나기 시작하였고 로마식의 공중탕이 재현되었다.

③ 비누도 차차 대중화되어 8세기에는 이태리와 스페인에 소규모의 비누공장이 생겼다. 이후 1200년경 프랑스의 마르세이유에 세워진 비누공장을 시작으로 성업을 이루게 된다.

4 르네상스시대

① 마르코 폴로(1254~1324) 등의 영향으로 유럽은 인도와 동양의 문물을 많이 접하게 된다.

② 팅크(Tincture)를 만들어 쓰기 시작한 것은 아라비아인이지만, 알코올이 정식으로 향수류에 쓰이게 된 것은 14세기로 추측된다.

③ 향수가 영국에서 처음 제조된 것은 1573년이다.

④ 분은 주로 흰 납에다 수은과 흰 분꽃을 섞어 만들었다.

⑤ 루즈는 붉은 황토나 진사(붉은색 광석의 일종)를 사용했고, 벽돌가루 등을 섞어 치아를 희게 하는 치약을 만들었다.

5 바로크 · 로코코시대

① 17세기 후반에는 여드름이나 천연두의 흔적을 감추기 위하여 실크나 벨벳으로 만든 뷰티패치(Beauty patch)가 유행하였다.

② 많은 여성들은 피부를 희게 표현하는 것을 좋아하여 흰 파우더를 사용하였으며, 상류층의 여성들은 살색과 핑크색의 창백한 표현을 위하여 메이크업 베이스로 백연을 사용하였다.

6 근대 이후

① 19세기 산업혁명은 화학분야에도 영향을 주어 화장품산업은 급속한 발전을 하였다. 화장품의 성분과 제조술이 개선되고 품질이 개량되어 1866년에는 산화아연을 생산하였다.

② 상류층 여성들은 피부미용을 위해 터키식 목욕과 마사지를 했고 파우더와 향수를 사용하였다.

③ 1950년 이후에는 합성세제, 유화제, 땀방지 향장품, 에어로졸 화장품, 머리 염색약, 불소함유 치약 등이 제조되었고, 약리적 · 미생물학적 해독작용에 관한 활발한 연구는 화합물의 종류와 사용농도의 제한, 색소첨가물에 대한 규제의 변화를 가져왔다.

Chapter 02 화장품 개론

01 화장의 기원

화장을 언제부터 했는지 정확한 기록은 없으나 인류가 집단생활을 시작하면서부터 화장을 한 것으로 전해지고 있다. 석기시대부터 인류는 외부의 공격으로부터 자신을 보호하고, 은폐·위장하기 위해 화장을 사용하거나 신분·계급·남녀를 구별하기 위하여 화장을 했다고 볼 수 있다.

◆ 화장의 기원

장식설	아름다워지려는 본능적 욕구충족을 위해 화장을 했다는 설
신체보호설	자연에서 몸을 보호하기 위해 화장을 했다는 설
계급설	머리의 모양, 얼굴이나 신체의 색을 성별이나 신분계급에 따라 구분하기 위해 화장을 했다는 설
종교설	주술적, 종교적으로 질병이나 마귀를 쫓기 위해서 얼굴이나 몸에 색칠을 했다는 설

02 화장품의 정의

1 화장품의 정의

화장품은 "인체에 약리적인 효과가 비교적 적은 것"을 가리키며, 의약품은 정상인이 아닌 질병을 가진 환자에게 사용하는 것이다. 정상인이 사용하는 물품 중에서 어느 정도의 약리학적 효능·효과를 나타내는 물품을 의약외품이라고 하며, 육모제, 염모제, 탈색제, 제모제, 체취방지제 및 치약 등이 이에 해당된다.

◎ **화장품, 의약외품, 의약품의 구분**

구분	화장품	의약외품	의약품
사용대상	정상인	정상인	환자
사용목적	미화, 청결	미화, 위생	질병 치료 및 진단
사용기간	장기간, 지속적	장기간 또는 단속적	일정기간
사용범위	전신	특정 부위	특정 부위
부작용	없어야 함	없어야 함	어느 정도는 무방

※ 주) 약사법개정(1999. 12)에 의해 2000년 7월 1일부터 종래의 의약부외품과 위생용품이 통합되어 '의약외품'으로 분류됨

03 화장품 사용목적에 따른 분류 및 요건

1 화장품의 분류

화장품을 사용목적에 따라 분류하면 크게 기초 화장품, 색조 화장품, 모발 화장품, 방향 화장품 및 바디 화장품으로 나눌 수 있다. 각 화장품은 사용목적이 다르므로 적합한 것을 선택하여 사용해야 한다.

2 화장품의 요건

화장품은 아름다워지고 싶어 하는 여성의 마음을 만족시키고, 자외선을 차단하여 피부의 노화를 예방하고 활력을 유지해 주므로 여성들에게 빼놓을 수 없는 필수품이 되고 있다. 그러나 용도를 잘못 사용하면 부작용을 초래하므로 주의해서 사용해야 한다. 즉 의약품과 달리 인체에 대한 부작용이 없도록 철저히 안전성이 확보되어야 한다. 또한 보관에 따른 변질 및 오염이 없도록 안정성이 있어야 하며 피부에 사용했을 때 매끄럽게 잘 스며들어야 하고 적절한 보습 및 기능이 필연적으로 이루어져야 한다.

◎ 화장품의 4대 요건

구 분	내 용
안전성	피부에 대한 자극, 알레르기, 독성이 없을 것
안정성	보관에 따른 변질 및 변색, 변취, 미생물의 오염이 없을 것
사용성	피부에 사용했을 때 사용감이 좋으며 피부 흡수가 잘 될 것
유효성	적절한 보습, 차외선 차단, 미백, 노화억제, 세정, 색채효과 등을 부여할 것

◎ 화장품의 사용 목적에 따른 분류

분류	제품 종류	용도
기초 화장품	화장수, 로션, 크림, 팩, 에센스, 클렌징	피부정돈, 세안, 피부보호
색조 화장품	파운데이션, 페이스 파우더, 메이크업 베이스, 립스틱, 아이샤도, 네일 에나멜, 마스카라, 아이라이너	피부색 표현, 피부 결점 보완
모발 화장품	샴푸, 트리트먼트, 헤어 스프레이, 헤어 왁스, 헤어젤, 퍼머넌트제, 염모제, 탈색제	세정, 트리트먼트, 정발, 웨이브 형성, 육모, 양모
방향 화장품	퍼퓸, 오드콜론	향취
바디 화장품	제모제, 선스크린, 선탠 오일, 바디 로션, 바디 샴푸 등	제모, 피부보호, 세정

Chapter 03 화장품 성분

01 화장품 성분

화장품은 성분의 배합에 따라 다양한 제형이 가능하므로 종류 역시 매우 다양하다.
화장품의 성분은 크게 수성(水性)과 유성(油性)으로 구별된다. 수성성분은 물에 녹는 것이고 유성성분은 기름에 녹는 성분을 말한다. 이들은 대부분의 화장품에 기본적으로 사용되며, 글리세린은 대표적인 수성 성분이고 오일과 왁스는 유성성분이다. 화장품에 사용되는 성분들은 정제수, 알코올, 오일 등으로 이루어져 있으며, 결국 화장품의 연구는 화학적 기초 위에서 이루어진다고 볼 수 있다.

◎ 화장품의 성분

구분	작용	사용
정제수	피부를 촉촉하게 하는 작용	화장수, 크림, 로션
에탄올	피부 청량감, 수렴효과	화장수, 아스트린젠트, 헤어토닉, 향수
오일	피부유연제(에몰리엔트제 ; Emollient), 수분의 증발을 억제해 보습을 유지시켜주는 역할(천연 오일, 합성 오일)	• 식물성 오일 : 월견초유, 로즈힙 오일, 피마자유, 올리브유 • 동물성 오일 : 밍크오일, 스쿠알란 난황유 • 광물성 오일 : 유동파라핀, 바셀린 • 합성 오일 : 실리콘 오일, 미리스틴산 이소프로필
왁스	기초화장품, 메이크업 화장품에 사용되는 고형의 유성성분	• 화장품의 굳기를 증가 • 립스틱 및 탈모 왁스(탈모제) 등에 사용
계면활성제	물과 기름이 잘 섞이게 하는 유화제, 가용화제, 세정제, 분산제, 소포제	• 양이온성(살균, 소독, 정전기 발생 억제) : 헤어린스, 헤어트리트먼트 등에 사용 • 음이온성(세정작용, 기포형성작용) : 비누, 클렌징 폼, 샴푸 등에 사용 • 비이온성 : 화장수, 기초 화장품, 메이크업 화장품 • 양쪽성(세정작용) : 저자극샴푸, 베이비샴푸
보습제	피부를 촉촉하게 하는 작용	폴리올 : 글리세린, 프로필렌글리콜, 부틸렌글리콜, 폴리에틸렌글리콜

구분	작용	사용
방부제	미생물에 의한 화장품의 변질을 방지하고 세균의 성장 억제	• 수용성 : 파라옥시향산메틸, 파라옥시향산에틸 • 지용성 : 파라옥시향산프로틸, 파라옥시향산부틸
착색제	화장품 자체에 시각적 색상 부여	색조화장품 • 염료 – 유기합성색소(타르색소) – 레이크(물과 기름이 녹지 않는 색소 : 립스틱, 블러셔, 아이섀도) • 안료 – 유기안료(빛을 반사하고 차단시키며 커버력이 우수) – 무기안료(파우더, 트윈케이크, 베이비파우더에 배합)

1 유성원료

① 유성 원료는 지용성이며, 피부의 수분 증발을 억제한다.

② 피지막을 형성하여 건조를 예방하는 에몰리엔트(Emolient) 효과로 피부에 유연성을 부여한다.

2 식물유(Vegetable oil)

(1) 종류

① **올리브유** : 크림이나 유액, 마사지 오일, 머릿기름, 선탠오일 등에 사용

② **피마자유** : 립스틱, 헤어로션, 포마드 등

③ **코코넛유** : 비누, 샴푸

④ **카카오지** : 아이브로 펜슬, 포마드, 립스틱에 사용

3 동물 유지(Animal fat and oil)

(1) 종류

① **밍크오일** : 밍크의 피하지방에서 추출한 기름으로 친화력이 좋으며 각종 유액, 크림, 베이비 오일, 두발용 기름에 사용된다.

② **난황유** : 신선한 난황을 용제 추출하여 유화성이 있으며 변패도 잘 되지 않고, 지용성 비타민(A, D, E)을 많이 함유하고 있어서 영양크림에 주로 쓰인다.

4 납(Wax)

지방산과 1가알코올로 된 에스테르가 주성분이며 보통 식물에서 얻어지는 유성 원료로 고체가 많으며 가열하면 녹거나 타기 쉽다.

(1) 식물성 납

① **호호바유**
- ㉠ 항박테리아 작용으로 지성피부에 효과적이며, 건성피부에도 수분공급과 재생작용이 뛰어나다.
- ㉡ 에몰리엔트제나 크림 등의 산화방지제로 사용된다.
- ㉢ 액체상의 금이라고 불리우며 산화방지제로 오래 보관되는 장점이 있다.

② **캔디릴라 납**(Candelilla wax) : 립스틱, 마스카라 등에 사용된다.

③ **카르나우바 납** : 립스틱, 마스카라, 크림류 등에 사용된다.

(2) 동물성 납

① **밀랍** : 콜드 크림, 립스틱의 원료로 사용된다.

② **라놀린**(Lanolin) : 에몰리엔트 크림, 유액, 립스틱, 두발용품에 이용된다.

③ **경랍**(Spermaceti) : 펄 광택이 있는 백색의 납이며, 립스틱 등에 사용된다.

5 계면활성제(Surfactant)

(1) 계면활성제의 개념

① 물과 고체, 물과 기름과의 계면에 강하게 흡착하여 농축되면서 계면장력의 저하를 가져오는 물질을 계면활성제(Surfactant)라고 한다.

② 분산매가 물이고 분산상이 기름인 유체를 O/W형이라 하고, 반대로 기름 중에 물이 분산되어있는 유체를 W/O형이라 한다.

(2) 계면활성제의 분류

① **이온성 계면활성제**
- ㉠ 양이온 계면활성제 : 역성비누라고도 한다. 역성비누는 샴푸나 헤어린스로도 쓰이는데, 이는 샴푸로 세발한 후 두발에 남아 있는 음이온 계면활성제를 양이온 계면활성제로 중화시키는 효과를 이용한 것으로 살균 소독작용이 크며 정전기 발생을

억제한다. 주로 린스나 트리트먼트에 사용한다.

ⓒ 음이온 계면활성제 : 고급 지방산의 알칼리염인 비누는 세정제로 사용하고, 기포 형성 작용이 우수하여 비누, 샴푸, 클렌징폼, 치약 등에 사용한다.

② **비이온성 계면활성제** : 피부자극이 적어 화장수의 가용화제, 클렌징 크림의 세정제, 산성의 크림이나 유액을 만들며 안정성이 높다.

③ **양쪽성 계면활성제** : 세정작용이 있으며 피부 자극이 적어 저자극 샴푸, 베이비 샴푸에 사용한다.

02 화장품의 제조

1 가용화

(1) 개념

미셀 수용액은 물에 녹지 않는 극성이 적은 유기물질이 투명하게 용해되어 있는 상태의 제품이다.

(2) 분류

① **에멀전의 유형** : 물에 오일성분이 섞여있을 때의 수중유(O/W)형과 오일에 물이 섞여 있을 때의 유중수(W/O)형이 있다.

② **에멀전의 농도에 따른 분류**

ⓐ 밀크로션 : 내상의 양이 외상에 충분하지 않을 때 외상에 가까운 점도의 에멀전을 얻는다.

ⓑ 크림 : 내상의 양이 증가함에 따라 에멀전화되는데, 유동성을 가지는 에멀전을 유액이라고 하고, 유동성이 없는 에멀전을 크림이라고 한다.

2 분산의 특징

① 계면활성제는 분체의 표면에 흡착되어 분체 표면의 성질을 현저하게 변화시키는 분산계의 기능을 한다.

② 분산제품으로는 마스카라, 파운데이션이 있다.

Chapter 04 화장품의 종류와 작용

1 세정용 화장품

(1) 목적

세안을 통해 피부 표면의 유성, 수성의 노폐물을 제거하여 피부의 청결과 각질층의 보습을 유지하는 것이다.

(2) 비누(Soap)

① **비누의 화학적 정의** : 긴 사슬을 이루는 지방산나트륨이나 칼륨염을 말하며 지방산 이온은 소수성의 탄화수소기와 친수성 이온의 부분으로 되어 있다.

② **비누의 특성** : 일종의 계면활성제로 물의 표면장력을 떨어뜨려 서로 섞이지 않는 유성, 수성의 더러움을 제거한다.

(3) 클렌징 제품

비누의 단점을 보완하고 피부 표면의 유성노폐물, 파운데이션 등 물에 녹지 않는 성분을 용해시켜 피부를 세정한다.

(4) 딥클렌징 & 필링 제품

① **딥클렌징** : 딥클렌징은 먼저 피부 표면에 분비된 피지, 파운데이션, 먼지, 땀 등을 일차적으로 제거한 후 사용하는 모공클렌져로, 1주에 1~3회 정도 사용한다. 사용 후 안색이 맑아지고 피지 분비도 약간 감소한다.

② **필링** : 필링이란 '껍질을 벗겨내다'라는 뜻으로 피부 표면에 생성된 죽은 각질(Dead cell)을 제거하기 위한 제품이다. 제품의 형태는 스크럽(알갱이 함유) 타입, 크림 타입, 파스 타입, 분말 타입 등이 있다. 필링 사용횟수는 피부 형태에 따라 다르다. 일반적으로 평균 1주에 1회 정도 하는 것이 적당하다. 필링 후 피부혈색이 맑아지고 피부결이 부드러워진다.

(5) 화장수

1) 목적

액상의 기초화장품으로 세안 후 피부 각질층에 수분 및 보습성분을 부여하고, 생리작용을 돕기 위해 사용한다.

2) 사용목적 및 기능에 따른 분류

① 세정 화장수 : 피부의 노폐물과 화장을 지울 때 사용한다. 제품의 기능적인 측면을 고려하면 세안제에도 속한다. 일반 화장수에 비해 알코올의 함량이 많고 알칼리성 화장수이다.

② 수렴 화장수 : 각질층에 수분 및 보습성분을 보충하는 것 외에 알코올의 배합량이 많아 피지분비 억제 및 수렴작용을 한다.

③ 유연 화장수 : 피부 거칠음을 예방하고 피부 표면의 pH 조절을 목적으로 한다.

3) 피부형태에 따른 분류

정상 및 혼합피부용, 지성 및 여드름피부용, 민감성피부용, 건성피부용으로 구분된다.

4) 화장수의 구성성분

정제수, 에탄올, 보습제(글리세린)가 기본 성분이고 목적이나 기능에 따라 수렴제, 각질연화제, 유연제, 계면활성제, 색소, 향료 등이 첨가된다.

(6) 크림 및 유액류

1) 크림 및 유액류의 개념

① 동일성이 없는 것을 크림, 유동성이 있는 것을 유액이라 한다.

② 크림이나 유액의 기본적인 성분은 유성, 수성원료, 유화제, 향료, 첨가제이다.

③ 유성 원료와 수성 원료의 상 비율 및 유화제의 종류에 따라 W/O형 에멀젼과 O/W형 에멀젼으로 구분한다.

2) 크림 및 유액류의 특성

① 유성, 수성 원료를 혼합하여 유화한 것이기 때문에 유지류를 단독으로 사용하는 것과는 사용감이 다르다.

② 유성, 수성 원료의 처방에 따라 그 기능이나 효과가 우수하다.

③ 피부 표면에 존재하는 피부 보호막과 같은 에멀젼 형태이기 때문에 피부 친화력이 좋아서 유효성분을 피부 내로 침투시킬 수 있다.

④ 피부의 형태에 따라 여러 종류의 제품을 만들 수 있다.

⑤ 피부에 유연 및 보습효과를 동시에 부여할 수 있다.

3) 크림의 역할

① 보호작용

② 유연 및 보습작용

4) 크림의 종류

① **콜드 크림(Cold cream)** : 피부에 발랐을 때 수분이 증발하면서 차가운 느낌이 들어 붙여진 이름이며 시중에 널리 유통되고 있다.

② **에몰리언트 크림(Emollient cream)** : 에몰리언트 크림은 에몰리언트제(연화제)의 작용에 의해 피부를 유연, 건강하게 보존하는 것을 목적으로 한다. 종류에는 나이트 크림, 영양 크림, 모이스처 라이징크림(보습 크림) 등이 있다.

③ **마사지 크림(Massage cream)** : 친유성 크림으로 콜드 크림의 일종이다. 마사지할 때 손동작을 원활히 하고 피부를 유연하게 한다. 마사지 크림에 사용되는 유성원료는 처방에 따라 약간씩 다르다. 사용되는 성분에는 미네랄오일, 밀랍 지방산, 합성왁스, 식물성오일 등이 있다.

④ **데이 크림(Day cream)** : 배니싱 크림의 일종이다. 배니싱(Vanishing)이란 '사라지다'란 뜻으로 크림을 피부에 발랐을 때 피막을 형성하지 않고 흡수되는 것을 말한다. 데이 크림은 이름 그대로 낮에 사용하는 크림으로 피부에 수분 공급 및 보호작용을 한다.

⑤ **나이트 크림(Night cream)** : 에몰리언트 크림의 일종이다. 밤에 발라주어 피부 유연 및 재생효과를 부여한다. 데이 크림에 비해서 유성 성분의 함량이 조금 있는 편이다.

⑥ **데이 & 나이트 크림(Day & Night cream)** : 낮과 밤 겸용으로 사용할 수 있는 크림이다. 사용이 간편하고 피부에 주로 수분을 공급하고 피부에 보호작용이 우수하다.

⑦ **영양 크림(Nourishing cream)** : 영양 크림은 피부에 음식물과 같은 영양을 공급하는 것이 아니라 크림에 함유된 유성 성분이나 피부재생 성분이 피부를 유연하게 하고 피부재생에 도움을 주기 때문에 위와 같은 이름이 붙여졌다. 나이트 크림이나 리바이탈라이징 크림 등으로 표현되기도 한다.

⑧ **바디 크림(Body cream)** : 목욕이나 샤워 후 전신에 발라주는 제품이다. 피부에 수분 및 유분을 공급하여 피부가 건조해지는 것을 예방한다.

⑨ **보습 크림** : 탈수된 피부에 수분을 공급하는 친수성 크림으로 각질층과 친화력이 강한 지질 MNF가 함유되어 있다. 사용감이 가볍고 끈적거리지 않는 배니싱 크림의 일종이다.

⑩ **핸드 크림(Hand cream)** : 신체 중 유일하게 피지선이 존재하지 않는 부위로 손바닥과

발바닥을 들 수 있다. 따라서 손이나 발은 다른 부위의 피부에 비해서 쉽게 건조해진다. 특히 손은 화학약품, 물, 차가운 공기 등에 쉽게 노출되므로 손이 트거나 거칠어지기 쉬우므로 핸드 크림을 발라주어 피부를 보호한다. 사용 후 흡수가 되는 배니싱 크림의 일종이다.

5) 유액의 역할

유액은 크림에 비해서 유연제인 유성성분의 배합량이 적고 에멀젼의 형태는 O/W형이다. 그리고 제품 형태는 액체와 고체의 중간형인 유동액(걸죽하게 흐름이 있음) 상태이다. 크림과 작용이 거의 유사하나 크림에 비해 유상량이 적기 때문에 피부유연 효과는 크림에 비해 약간 떨어지는 편이다. 반면 사용감이 가벼워 여름철이나 피지분비가 많은 젊은 층에서 사용할 수 있다.

6) 유액의 종류

① **밀크 로션** : 크림에 비해 유상의 함량은 적고 수상의 함량이 많은 묽은 유동액 상태의 에멀젼이다. 피부보습을 목적으로 하고 주로 젊은층에서 사용한다.

② **보습 에센스** : 피부에 부족한 수분만을 집중적으로 공급하는 고기능성 보습 화장품으로 피부형태나 나이에 무관하게 피부가 심하게 탈수될 때 일정기간 동안 집중적으로 사용하는 미용액이다. 제품 형태는 O/W형의 묽은 유액으로 끈적거림이 전혀 느껴지지 않게 만들어졌다. 환절기, 자외선 노출 후, 과도한 스트레스, 피부질환을 앓았을 때 나타나는 기름기가 많은 화장품을 발라 피부 표면은 번들거리나 여전히 피부가 당기는 증세가 나타날 때 사용하면 좋다.

③ **바디 로션** : 목욕이나 샤워 후에 발라 피부를 보호하는 유액 형태의 제품으로 바디 크림보다 끈적임이 없어 더운 계절이나 젊은층에서 많이 사용한다.

④ **핸드 로션** : 핸드 크림과 효과는 거의 유사하나 유액의 형태라 끈적임이 없고 사용감이 가볍다.

(7) 팩 · 마스크류

팩(Pack)이라는 용어는 막으로 감싸준다는 뜻이고 마스크(Mask)와 같은 뜻으로 쓰이고 있다.

1) 팩과 마스크의 효과

① 피부 혈행촉진 및 보습작용　　② 피부 청정작용

③ 경피흡수 촉진작용　　　　　　④ 각질제거 작용

2) 팩과 마스크의 종류

① **젤 마스크** : 젤리상 팩으로 제품을 바른 후 일정 시간이 경과되면 피부 표면에서 팽팽한 피막을 형성한다.

② **파우더 마스크** : 분말을 증류수나 화장수 등에 섞어서 사용하는 것과 분말을 기제로 하여 파스테(연고형태)형으로 만들어진 것으로 분류할 수 있다.

　㉠ 진흙팩 : 혼합, 지성, 여드름 피부에 효과적이다.

　㉡ 석고 마스크 : 굳으면서 열이 나기 때문에 반드시 석고 전용크림을 두툼하게 바르고 거즈를 올린 다음 그 위에 석고를 바른다.

　㉢ 크림팩 : 사용감이 크림과 같은 부드러운 유화형 팩으로 제품을 닦아낼 때도 안전하다. 제품을 바른 후 약 15~20분 경과하면 피부 표면에 피막이 형성되고 팩에 함유된 유효성분은 일부 흡수된다. 건성, 노화, 민감성 피부에 사용하기 적당하다.

　㉣ 왁스 마스크 : 실온에서는 고형이므로 사용 직전에 녹여서 사용한다. 마스크를 녹인 후 피부에 화상을 입지 않도록 미리 테스트한 후에 바른다. 마스크의 온도가 높아 피부의 혈액순환을 촉진하고 모공을 열어 주는 효과가 있다.

　㉤ 콜라겐 마스크 : 용해성 콜라겐을 건조시켜 종이 형태로 만들었다. 벨벳과 같은 감촉 때문에 벨벳 마스크라고도 한다.

　㉥ 해초 마스크 : 여러 종류의 해초류에서 추출한 알갱이 분인 겔 형태의 마스크이다. 보습 및 진정효과가 우수하여 모든 피부에 사용 가능하다.

02　메이크업 화장품

1　색조 화장품의 기능 및 주성분

(1) 색조 화장품의 기능

① **베이스 메이크업** : 얼굴 전체의 피부색을 균일하게 정돈하거나 기미, 주근깨, 잡티 등 피부결점을 커버하여 피부를 아름답게 가꾸어주는 기능

② **포인트 메이크업** : 입술, 눈, 볼이나 손톱 등에 국부적으로 사용하여 혈색을 돋보이게 하고 입체감을 부여하여 아름답고 매력적으로 가꾸어주는 기능

③ **색조 화장품의 역할** : 미적 역할, 보호적 역할, 심리적 역할

2 색조 화장품에 사용되는 안료

(1) 색조(안료)의 종류

① **백색안료** : 하얗게 할 목적으로 사용된다.

② **착색안료** : 화장품의 색조 및 피복력을 조절한다.

③ **체질안료** : 색의 농도 조절, 제품의 퍼짐성 및 감촉 등을 조절한다.

④ **진주광택안료** : 색조에 진주와 같은 광택을 부여한다.

(2) 색조(안료)의 기능 및 성질

① 원하는 색채를 제대로 표현할 수 있어야 한다.

② 피복력이 있고 피부표현에서 퍼짐성이 좋아야 한다.

③ 피부에 대한 밀착성이 좋고 흐트러짐이 없어야 한다.

④ 사용감이 부드럽고 피부에 대해 이물질이란 불쾌한 느낌이 없어야 힌다.

⑤ 안료의 분산상태가 좋고 시간의 경과에 따라 변하지 않으며 제품의 기능을 저하시키지 않아야 한다.

3 메이크업 화장품의 종류별 특성

(1) 파운데이션

① **리퀴드 파운데이션** : 안료와 기름입자가 수상에 분산되어 있는 O/W형 파운데이션이다. 제품형태가 오랫동안 안정성을 유지하기 어렵다. 그러나 사용감이 가볍고 피부에 대한 이질감이 없으며 번들거리지 않는다. 건성 피부에 사용하기 좋다.

② **크림 파운데이션** : W/O형 파운데이션이다. 리퀴드 파운데이션보다 유분이 많지만 오랫동안 안정성을 유지할 수 있다. 주로 건성 노화피부에 많이 사용한다.

③ **유성 파운데이션** : 유성 파운데이션은 유성기제에 안료를 분산시킨 것이다. 유성기제는 액상류, 납류, 지방산 에스테르, 고급 알코올, 계면활성제 등이 사용되고 안료는 주로 무기안료가 사용된다.

④ **파우더 파운데이션** : 파우더를 고형화시킨 파운데이션이다. 이 제품은 분체 안료, 유성기제, 계면활성제 등으로 구성되고 피부에 대한 부착성을 좋게 하기 위해서 고형분보다 결합제(유성기제, 계면활성제)의 양이 약 10~15% 정도 많다. 파운데이션과 파우더 두 가지 기능을 동시에 만족시켜주므로 국내에서 가장 많이 사용하고 있는 파운데이션이라 할 수 있다.

(2) 페이스 파우더

① **가루분** : 예전부터 사용된 분이며 각종 분의 기본이 된다.

② **고형분** : 가루분에 결합제를 고형상태로 압축 성형한 제품으로 휴대하기가 간편하다. 고형분에 사용된 수용성 고분자 용액이나 유동파라핀, 지방산, 에스테르 같은 계면활성제를 사용한다.

(3) 립스틱

① **립스틱의 조건**

ㄱ 외관이 아름답고 시간의 경과에 따라 색의 변화가 없을 것

ㄴ 운반, 저장, 휴대 중에 변화가 없고 스틱상태를 유지할 것

ㄷ 저장 시 수분이 생기거나 분가루의 발생이 없을 것

ㄹ 입술에 부드럽게 잘 발리고 일정시간 동안 색상을 유지할 것

ㅁ 사용할 때 광택이 있고 불쾌한 냄새와 피부점막에 자극이 없을 것

② **원료(성분)** : 유성기제와 착색제로 구성되며 유성기제는 유지, 납, 지방산, 에스테르, 계면활성제로 구성되어 있다.

(4) 블러셔

① **블러셔의 기능 및 유형** : 안색을 좋게 하고 건강하게 보이기 위해 사용되며, 고형, 연고형, 스틱형, 유화형 등이 있다.

② **블러셔의 조건**

ㄱ 파운데이션, 페이스 파우더 어느 것이나 쉽게 배합되고 색의 변화가 없어야 한다.

ㄴ 적당한 피복력을 갖고 부착성이 좋아야 한다.

ㄷ 필요 이상의 광택을 주지 않아야 한다.

ㄹ 쉽게 닦을 수 있고, 피부에 색상이 침착되지 않아야 한다.

(5) 아이섀도

아이섀도는 눈두덩이에 발라 음영을 만들고 입체감을 주어 눈을 아름답게 강조하는 제품이다. 안료는 산화철, 황산화철, 흑산화철, 군청, 감청, 산화크롬, 움모티탄 등이 사용된다.

(6) 아이라이너

① **아이라이너의 기능** : 아이라이너는 속눈썹을 따라 눈꺼풀에 가는 선을 그리고 눈의 윤곽을 뚜렷이 하여 눈을 더 매력적으로 화장하는 데 사용한다.

② 아이라이너의 조건

　　㉠ 피부에 자극이 없고 알레르기를 유발하지 않을 것

　　㉡ 건조 속도가 빠른 것

　　㉢ 피막이 부드럽고 이물질이라는 느낌이 적은 것

　　㉣ 내수성이 좋고 눈물이나 땀에 번지지 않는 것

　　㉤ 선에 따라 자유로이 그릴 수 있는 것

　　㉥ 벗겨지거나 금이 가지 않는 것

　　㉦ 화장 지우기가 쉬운 것

　　㉧ 미생물에 의한 오염이 없는 것

(7) 마스카라

① **마스카라의 기능** : 마스카라는 속눈썹에 칠히여 속눈썹을 짙고 길어 보이게 하는 것과 함께 눈에 매력적인 아름다움을 주는 데 사용된다. 눈 주위에 사용하기 때문에 독성, 자극성이 없는 안전성이 높은 원료의 선택이 필요하다.

② **마스카라의 유형**

　　㉠ 액상형 마스카라

　　㉡ 고형 마스카라

(8) 아이브로 펜슬

눈썹의 색상을 짙게 하거나 눈썹의 모양을 만들어 주는 데 사용한다.

---

03 모발 화장품

1 모발 화장품의 개념 및 분류

① **모발 화장품의 개념** : 헤어 제품은 모발 및 두피를 깨끗이 하고 건강하게 할 뿐만 아니라 머리의 형태를 변화시키며 색상을 부여하는 화장품이다.

② 사용목적에 따른 분류

사용목적	종류
모발 및 두피 세정	샴푸, 린스
모발의 보호 및 재생	헤어 컨디셔너, 헤어 크림
정발제	포마드, 헤어 스프레이, 무스, 세트 로션, 헤어젤
모발의 육모 및 양모	헤어 트리트먼트제
웨이브형성 및 머리형태를 만드는 것	퍼머제, 세트 로션
모발의 컬러링	염모제, 컬러 스프레이, 컬러 린스
모발의 탈색	헤어 블리치제

2 모발 및 두피 청정제품

머리에는 수많은 모발이 밀집하며 두피에서 분비된 피지, 땀, 그 밖에 죽은 각질, 먼지, 헤어 제품 등이 서로 뒤섞여 시간이 지나면 악취를 낸다. 만일 이와 같은 상태를 방치하면 두피에 세균이 번식하여 피지나 그 밖의 유기물을 분해하기 때문에 두피가 가렵고 비듬이 생기며 모발의 윤기도 상실할 수 있다. 모발과 두피를 청결하고 건강하게 하는 화장품으로 샴푸와 린스가 있다.

3 정발제

헤어스타일을 잘 꾸미고 그 상태를 유지하는 데 사용하는 제품이다. 이들은 모발의 손상을 막고 모발을 건강하게 유지하는데도 도움을 준다.

(1) 유성 정발제

① 헤어 오일 : 식물성 유지와 광물성 유지에 고급 지방산 알코올과 지방산 에스테르 등을 혼합한 것으로 모발에 광택을 부여한다.

(2) 유화계 정발제

① 헤어 크림 : 건강한 모발은 두피에 정상적으로 분비되는 피지로 인해 모발이 윤이 나고 부드럽다. 그러나 샴푸 직후 염색, 퍼머 등으로 모발이 거칠어졌을 경우에는 헤어 크림을 발라주어 모발을 부드럽고 윤기있어 보이게 한다.

② **헤어 리퀴드** : 헤어 크림에 비해 유분기가 적어 끈적거림이 없이 모발에 광택을 부여
한다.

(3) 고분자 물질이 함유된 정발제

① **세트 로션** : 젖은 머리에 피막형성제를 입혀 열을 가하여 머리모양을 고정시킨다.

② **스타일링 무스** : 젖은 머리나 마른 모발에 발라 머리형을 고정한다.

③ **헤어 스프레이** : 머리 형태를 고정시키는 제품으로 에어졸 형태이다.

④ **헤어스타일 젤** : 고분자 물질을 모발의 피막 형성제로 한 겔상의 정발료이다. 머리형
태를 고정시킨다.

4 양모제

두피에 발라 마사지하는 제품으로 두피의 혈액순환을 촉진하고 두피 기능을 원활하게
한다. 따라서 양모제를 사용하면 발모촉진, 탈모방지, 육모, 가려움과 비듬 예방 등의
효과가 있다.

(1) 양모제의 효능 및 효과

① **육모 및 발모 촉진** : 모유두의 모세혈관은 모세포의 성장 및 분열에 필요한 영양을 공
급한다. 즉 양모제를 이용하면 모세혈관이 확장되어 두피에 영양공급을 하여 육모 및
발모 촉진을 한다.

② **두피의 청결 및 탈모 예방** : 두피의 피지와 비듬을 제거하여 가려움이나 지루성 탈모
증세를 예방한다.

③ **건강한 모발상태** : 양모제는 모세포의 활발한 세포분열을 위해 영양을 공급하여 건강
한 모발로 만들어 준다.

(2) 양모제의 성분

① **각질용해제** : 살라살선, 레조르신, 젖산

② **혈행촉진제** : 비타민 E 유도체, 인삼엑기스 등

③ **국소자극제** : 페퍼민트 오일, 캄포, L-멘톨 등

④ **난포호르몬** : 에스트로겐, 에스트라디올

⑤ **항지루제** : 유황 피리독신 및 유독체

⑥ **살균제** : 이소프로필 메칠페놀, 크로로 헥시딘

⑦ **소염제** : 캄포, L-멘톤, 글리시리진산 및 유도체

⑧ **영양제** : 비타민류, 아미노산류

⑨ **보습제** : 글리세린, 프로필렌글리콜, 히알루론산나트륨

04 전신관리 화장품

1 전신관리 화장품의 종류

① **바디슬리밍 제품** : 신체의 독소를 제거하고 지방을 분해하여 살을 빼주는 제품이다.

② **바디퍼밍 제품** : 기계나 제품을 이용하여 살을 뺀 후 피부의 견고함과 탄력을 부여하기 위하여 사용한다.

③ **바디프로텍션 제품** : 전신피부의 건조함을 예방하는 제품으로 유연 및 보습효과가 우수하다.

④ **바디마사지 제품** : 바디마사지의 효과를 높이기 위하여 사용하는 제품으로 크림이나 오일이 주를 이룬다. 손 동작을 원활하게 하고 전신의 피로를 풀어준다.

⑤ **안티 셀룰라이트 제품** : 사춘기 이후 여성들의 체지방 증가로 대퇴부, 엉덩이, 상박, 발목 등에 작은 지방 덩어리가 형성되어 마치 오렌지 껍질처럼 우둘투둘한 피부표면을 볼 수 있다. 이들을 셀룰라이트라 하고 이를 제거하기 위해서 마사지와 함께 사용하는 것을 안티 셀룰라이트 제품이라 한다.

05 향수

1 향수의 유래 및 주성분

(1) 향수의 유래

향은 영어로 Perfume이며 Perfume은 Fumus라는 라틴어에서 유래한다.

(2) 향수의 주성분

전형적인 향수는 서로 다른 휘발성과 분자량을 가지고 다음과 같은 세 가지 성분으로 되어 있다.

① 향수를 사용할 때 가장 먼저 휘발하고 뚜렷한 향기를 내는 성분

② 휘발성이 낮고 꽃에서 추출한 추출물

③ 거의 휘발성이 없으며, 보통 수지나 왁스 고분자 성분

향수는 조합향료를 15~25% 농도로 에탄올에 용해한 후 일정 기간 동안 숙성시켜 사용하고 조향사의 감각, 이미지, 취향 등과 조합하는 향료에 따라 그 종류가 천차만별이다.

(3) 향수의 분류

① **부향률에 따른 분류** : 향수는 향료의 질과 농도에 따라 다음과 같이 나뉜다.

ㄱ 퍼퓸 : 부향률 15~30%, 6~7시간 이상 지속

ㄴ 오드퍼퓸 : 부향률 9~12%, 5~6시간 지속

ㄷ 오드뚜알렛 : 부향률 3~5%, 1~2시간 지속

ㄹ 오드콜론 : 부향률 1~3%, 1시간 지속

② **향수의 사용법** : 향수는 향 발산을 목적으로 하기 때문에 신체 중 맥박이 뛰는 손목이나 목 등에 분사한다. 그러나 간혹 향과 자외선이 반응하여 피부에 광알레르기나 색소침착을 유발할 수 있기 때문에 무릎 안쪽이나 팔꿈치에 바르거나 머리카락, 치마의 아랫단 등에 분사하는 방법도 있다. 향수가 실크 소재의 옷감이나 밝은 색상에 분사되면 얼룩이 지므로 주의하여 뿌린다.

(4) 향료 추출법

향수에 사용되는 향은 동·식물에서 얻어진다. 향을 얻어내는 방법은 다음과 같이 다양하다.

① **증류법** : 식물의 꽃, 줄기, 껍질, 씨앗, 이끼, 풀 등을 모아 증기솥에 넣고 수증기를 통과시켜 향을 얻어낸다.

② **냉침법** : 직사각형 나무틀에 유리를 끼우고 그 위에 차가운 동물성 지방을 얇게 도포한 후 꽃을 뿌려 놓는다. 이때 꽃의 향기가 동물기름에 스며들면 그 기름을 걷어내어 메탄올에 녹여 정제한다.

③ **온침법** : 가열하여 녹인 동물성 기름에 꽃잎을 넣고 동물성 기름에 향이 스며들게 한 후 냉침법과 같이 에탄올을 이용하여 정제한다.

④ **용매 추출법** : 유기용매에 꽃잎이나 잎사귀, 이끼 등을 넣어 왁스 형태의 물질을 얻는다. 이때 왁스에 에탄올을 가하여 에탄올에 녹는 물질만 다시 추출한다.

⑤ **압착법** : 레몬, 오렌지, 베르가못트, 그레이프 후르츠 등 과일의 껍질을 압착하여 에센셜오일을 얻는다.

⑥ **침출법** : 식물의 뿌리, 가지 등에 상처를 내어 흘러나오는 수액을 얻는다.

⑦ **침적법** : 사향, 영묘향, 앰버 등을 알코올에 담가 우려낸다.

06 아로마 오일 및 캐리어 오일

1 아로마 오일

(1) 아로마테라피(Aromatherapy)의 정의

아로마테라피란 Aroma(향, 냄새) + Therapy(요법)의 합성어로 식물의 꽃, 잎, 줄기, 뿌리, 열매로부터 에센셜 오일을 추출하여 마사지, 흡입법, 입욕법, 방향요법 등으로 정신적, 육체적 자극을 주어 직접적인 치유작용과 심신의 안정을 주어 인체의 밸런스를 유지하는 자연치유요법이다.

(2) 아로마테라피의 역사

① **이집트** : 미라의 향유로 사용되었고, 클레오파트라는 연금술사로부터 손을 부드럽게 하는 로션을 제조하여 사용하였다.

② **그리스** : 히포크라테스가 과학적으로 탐구를 시작하여 약용식물의 다양한 치료적 특성을 저서에 기술하였고 로마인들에게 영향을 주었다.

③ **로마** : 향락이 만연한 시대로 장미 수욕을 즐겼으며, 향수 제조법이 발달했다.

④ **프랑스** : 가떼포세(Gattefosse)가 아로마테라피라는 용어를 처음 사용하였고, 장발렛(Jean Valnet)이 특정한 질병과 정신질환에 치료로 사용하는 연구에 성공하였다. 1960년대 프랑스 생화학자 마거리트 머리(Marguerite Maury)에 의해 피부 미용에 적용되어 피부의 세포재생을 촉진시켜 탄력 있고 젊은 피부를 유지하도록 발전되었다.

⑤ **영국** : 1977년 로버트 티저랜드(Rovert Tisserand)에 의해 향기요법이라는 책이 처음으로 영어로 편찬되어 계속적으로 발전되어왔다.

⑥ **중국·인도** : 이집트와 동시대에 중국이나 인도에서도 많은 아로마 오일이 개발되어 마사지나 치료 목적으로 사용되었다. 대표적인 예로 중국의 황제내경과 인도의 아유르베다라는 책을 통해 아로마 오일에 대한 의학적 치료약을 구현하는 데 중요한 역할을 하였다.

⑦ 18세기 동안 에센셜 오일은 의학계에 널리 사용되었고 19세기 산업의 발달로 대량 생산이 가능해져 공급이 확대되었다.

(3) 아로마가 인체에 미치는 영향

① 감정 조절　　　　② 항스트레스 작용　　　③ 기억력 향상
④ 면역기능 향상　　⑤ 세포재생효과　　　　⑥ 혈액순환 촉진
⑦ 살균소독, 방부효과　⑧ 노폐물 배출　　　⑨ 진통 완화
⑩ 피부미용효과

(4) 아로마 오일 사용방법

① **흡입법** : 호흡기 질환이나 스트레스 완화에 도움을 준다.
② **입욕법** : 욕조를 이용하여 가장 넓은 범위의 건강과 미용에 적용된다.
③ **습포법** : 사용부위에 거즈나 면패드를 사용하여 적용하므로 근육통, 타박상, 부종, 염좌, 관절염, 류마티즘, 두통에 사용한다.
④ **마사지법** : 심리적 안정과 셀룰라이트를 분해한다.
⑤ **가글링법** : 입안에 감염된 점액을 제거하기 위해 사용하므로 감기, 기관지염, 목의 염증에 효과적이다.
⑥ **디퓨저법** : 확산기를 이용하여 실내공기 청정, 악취제거, 호흡기 질병완화, 스트레스 완화에 효과적이다.

(5) 아로마 오일 사용 시 주의사항

① 식물에서 추출한 100% 순수한 것이어야 한다.
② 직접 피부에 바르거나 음용하는 경우 부작용을 일으킬 수도 있다(라벤더, 티트리 제외).
③ 시트러스 계열의 아로마는 광감성 성분으로 햇빛에 노출을 삼간다.
④ 어린이나 노약자는 1/2만 사용한다.
⑤ 암갈색의 유리병에 담아 그늘진 곳에 보관하는 것이 좋다.
⑥ 어린이 손에 닿지 않는 곳에 보관한다.

(6) 아로마 오일의 종류

종 류	효 과
클라리 세이지	생리 정상화, 통증 완화, 피지조절, 보습효과
카모마일	두통, 근육통 완화, 호르몬 조절, 알러지 피부, 예민 피부 진정효과
유칼립튜스	감기, 알러지, 해독, 해열작용, 예민 피부
프랑킨센스	코감기 완화, 산후 우울증, 소화불량, 노화 피부, 피부재생
제라늄	질 세정제, 림프 순환촉진, 여드름, 염증 피부, 피지조절
라벤더	심리적 안정, 근육통, 소화불량, 진통완화, 여드름, 지친 피부
티트리	살균 소독, 구강 청정, 여드름 피부
일랑일랑	신경완화, 호르몬 조절, 피지분비조절, 모발 성장 촉진, 두피자극
쥬니퍼	이뇨작용, 셀룰라이트 분해, 공기정화, 지성, 여드름피부 수렴작용
사이프러스	수축작용, 난소기능 정상화, 노화피부, 모공이완피부, 수렴작용
로즈마리	기억력 향상, 기운 회복, 탈모예방, 피부탄력 강화
그레이프 푸르츠	신경완화, 림프순환 촉진, 지방분해, 지성, 여드름 피부
파츌리	식욕억제, 이뇨작용, 설사 장기능 완화, 건성, 노화 피부
펜넬	힘과 용기, 복통, 변비, 주름, 노화 피부, 혈색완화
팔마로사	수분공급, 세포재생 촉진

2 캐리어 오일

(1) 캐리어 오일의 정의

아로마 오일을 피부에 직접 사용하지 않고, 피부 깊숙이 전달하는 매개체 역할을 하는 오일이다.

(2) 캐리어 오일의 특징

순수한 식물성 오일로 섭취해도 무해하며, 마사지할 경우 흡수를 도와준다. 아로마 오일과 블렌딩하여 사용하면 시너지 효과를 볼 수 있다.

(3) 캐리어 오일의 종류

종 류	효 과
아몬드 오일	피부 연화제, 건성, 알러지 피부, 땀띠, 발진, 손 튼 데 사용
조조바(호호바) 오일	모든 피부, 비만 관리, 항박테리아 작용, 화상 시 진정작용
아보카도 오일	수분 부족 피부, 튼 살 관리, 변비
윗점 오일	노화, 건성피부, 세포 재생 효과, 천연 방부제 역할
로즈힙 오일	주름피부, 문제성 피부, 알러지 피부, 세포 재생 효과
헤이즐넛 오일	지성, 복합성 피부, 수렴 효과
캐럿 오일	각질 제거, 염증 방지, 여드름 피부

07 기능성 화장품

1 주름개선 화장품

(1) 주름 발생 원인

노화가 진행되면서 피부 속 수분이 빠져나가 주름이 형성되고 활성산소의 영향, 혈액순환 저하, 자외선에 의해 콜라겐, 엘라스틴의 기능 저하로 피부 탄력이 감소된다.

(2) 주름 개선성분

① 레티노이드 : 비타민 A와 관련된 화합물의 총칭으로 레티놀, 레틴알데히드, 레틴산 등 피부세포의 분화와 증식에 영향을 주고 콜라겐, 엘라스틴의 기능을 촉진시킨다.

② 레틴산 : 잔주름 개선, 여드름에 효과적이나 민감해지기 쉽다.

③ 레티놀 : 피부자극이 적고 안정성을 위해 레티닐 팔미테이트를 사용한다.

④ 아데노신 : 섬유아세톤의 DNA 합성을 촉진하고 단백질 합성을 증가시켜서 세포의 크기도 증가하여 주름형성을 개선시킨다.

⑤ 메디민 A : 비타민 A 유도체로 안정성과 흡수력이 좋다.

2 자외선 차단제

(1) 자외선이 피부에 미치는 영향

일광은 적외선과 자외선으로 구분할 수 있고 자외선은 다시 파장에 따라 나뉘며 이들은 각각 다른 물리적 성질을 갖고 있다. 자외선에 의해 유발되는 피부 색소침착 반응에는 즉시 유발 색소침착 반응과 지연 색소침착 반응의 두 가지 형태가 있다. 또한 광노화는 나이와 무관하게 장기간에 걸쳐 지속적인 광노출로 피부의 조직적인 변화를 말한다.

(2) 자외선 차단제의 원리

① **물리적 차단제** : 자외선 피부가 흡수되지 못하도록 피부 표면에서 빛을 반사 또는 산란시킨다.

② **화학적 차단제** : 유해한 자외선을 흡수하여 피부에 해롭지 않은 긴 파장으로 서서히 방출하여 자외선으로부터 피부를 보호한다. 이때 적외선의 방출로 피부 표면 온도가 약간 상승한다.

3 미백 화장품

멜라닌은 피부색을 결정하는 중요한 인자이면서 여성들의 미용상의 고민거리인 기미, 주근깨, 기타 색소침착과 직접적인 관련이 있다. 미백 화장품이란 멜라닌 생성을 예방하거나 이미 생성된 멜라닌을 환원시켜 피부색을 하얗게 해주는 화장품으로 사용할 때 피부에 자극이나 독성이 없어야 한다.

(1) 미백 화장품의 기능

① 이미 생성된 멜라닌의 환원

② 선택적으로 멜라노사이트 파괴

③ 멜라노좀의 형성 억제

④ 티로시나제의 생합성 억제(티로시나제 활성 저해)

(2) 미백 화장품에 사용되는 원료

① 지외선 차단제

② **알부틴** : 흰색 파우더로 존재한다. 멜라닌 색소 변환반응의 촉매제격인 티로시나아제의 화학반응을 억제하는 역할이다.

③ 비타민 C 유도체

Part Ⅳ 종합예상문제

001 화장품의 제조기술이 상당하여 일본에 건너가 분을 만들어준 나라는?

① 고구려
② 백제
③ 고려
④ 통일신라

> **해설** 통일신라의 한 승려가 692년 일본으로 건너가 연분을 만들어 주었다는 기록이 있다. 쌀가루, 조개껍질을 태워 빻은 분말, 백토, 활석의 분말을 재료로 만들어진 백분은 얼굴을 희게 보이고 결점을 감춰주어서 널리 사용되었다.

002 고대 이집트인들이 피부에 사용했던 색소와 원료의 연결이 바르게 된 것은?

① 검은색 – 백랍
② 황금색 – 사프란
③ 흰색 – 리트머스
④ 진한 오렌지색 – 헤나

> **해설** 이집트인들은 백랍에서 흰색을, 리트머스에서 보라색을 이용하였고, 안티몬과 사프란은 그리스 · 로마시대에 사용한 색소이다.

003 다음 설명에 해당하는 시대는?

> • 눈썹은 관자놀이까지 과장하여 그리는 스케일이 큰 화장을 하였다.
> • 매니큐어와 페디큐어를 했다.
> • 입술은 빨갛고 눈은 검게 칠했다.

① 이집트
② 로마
③ 그리스
④ 중세

> **해설** 문제의 내용은 이집트에 대한 것이고, 그리스 · 로마시대에는 화려한 색조 화장보다 인체의 균형과 조화의 아름다움을 중시했다.

004 머리를 염색하거나 표백하는 방법을 체계화시킨 나라는?

① 이집트
② 중세시대
③ 그리스시대
④ 이탈리아

> **해설** 그리스에서는 머리를 금발로 염색하거나 표백하는 방법을 체계화시켰다.

005 화장을 엄격히 금하고 목욕도 제한했던 것은 언제인가?

① 이집트시대
② 로마시대
③ 르네상스시대
④ 중세시대

해설 중세시대에는 기독교의 금욕주의의 영향과 타락한 로마의 목욕문화에 대한 반발로 목욕도 제한했다. 그 결과로 악취제거를 위해 향수가 발달하였다.

006 바로크·로코코시대에 대한 설명으로 옳지 않은 것은?

① 뷰티패치가 유행이었다.
② 알코올을 이용한 증류법을 알아내었다.
③ 메이크업 베이스로 백연을 사용하였다.
④ 프랑스에서는 향수제조업이 크게 진전되었다.

해설 알코올과 그 증류법을 알아낸 것은 르네상스시대로, 이는 주목할 만한 향장업의 발전이었으며 이후로 향수 산업이 크게 발달하였다.

007 19C 이후 근대의 화장 경향에 대한 설명으로 옳은 것은?

① 자연스러운 미의 강조가 전반적으로 유행하였다.
② 살색·핑크색의 피부표현을 위해 백연을 사용하였다.
③ 남·여 모두 화장을 하였다.
④ 비누가 개발되었으나 과도한 세금에 묶여 있었다.

해설 귀족계층을 중심으로 인위적인 화장에서 벗어나 자연스러운 아름다움을 강조하였고, 진한 화장은 무대화장에 한정되었다. 비누의 사용이 보편화되었고, 19C 중반부터는 가정에 샤워실이 갖추어 졌다. 정부가 비누에 과세를 높였던 시기는 17C이다.

008 기능성 화장품의 효과가 아닌 것은?

① 피부를 희게 하는 미백효과
② 여드름의 염증완화와 진정효과
③ 피부의 주름을 완화하고 개선하는 효과
④ 자외선을 차단하거나 선탠의 효과

해설 기능성 화장품은 일반화장품과 달리 생리활성성분이 첨가되어 특별한 효과가 있다. 기능성 화장품의 특정 효과란 피부를 희게 하는 미백과 피부의 주름을 완화하고 개선하는 것, 피부를 곱게 태우거나 자외선을 차단하는 것을 말한다.

 정답 005 ④   006 ②   007 ①   008 ②

009 다음 중 사용대상과 사용목적의 연결이 바르게 된 것은?

① 화장품 – 정상인, 세정, 미용
② 기능성 화장품 – 아토피환자, 치료
③ 의약품 – 정상인, 치료
④ 의약외품 – 환자, 위생, 미화

해설 일반 화장품과 기능성 화장품의 사용 대상은 정상인이며, 사용목적은 세정 과 미용이다. 의약외품의 사용대상은 정상인이며 사용범위는 특정범위에만 사용하며, 사용목적은 위생과 미화로 구강청정제, 치약, 염모제, 제모제, 체 취방지제가 있다. 의약품은 환자가 치 료를 목적으로 사용하므로 특별한 효 능을 위해 약간의 부작용이 허용된다.

010 화장품의 기본원료에 포함되지 않는 것은?

① 정제수   ② 알코올
③ 염소   ④ 왁스

해설 화장품의 기본원료로는 정제수, 알코 올, 오일, 왁스 등이 있다.

011 아로마오일 추출법 중 용매추출법에 대한 설명으로 올바른 것은?

① 용매의 형태에 따라 휘발성과 비휘 발성으로 나눌 수 있다.
② 감귤계 오일을 추출할 때 가장 많이 사용한다.
③ 증기와 열을 이용하여 추출한다.
④ 잔류용매가 남지 않고 비용이 많이 든다.

해설 ②는 압착법, ③은 수증기 증류법, ④ 는 초임계 이산화탄소 추출법에 대한 설명이다.

012 샴푸의 구비조건으로 적당하지 않은 것은?

① 거품발생이 가능한 적어야 한다.
② 세정력은 우수하되 모발건조가 없 어야 한다.
③ 피부나 점막에 자극이 없어야 한다.
④ 제품에 대한 안정성이 있어야 한다.

해설 샴푸는 거품발생이 풍부하여 물에 잘 씻겨야 한다.

013 염모제에 대한 설명으로 옳지 않은 것은?

① 일시 염모제로는 컬러스프레이, 컬 러무스, 컬러젤 등이 있다.
② 반영구 염모제로는 헤어매니큐어, 코팅컬러, 산성컬러 등이 있다.
③ 영구 염모제는 알칼리컬러와 산성 컬러로 구분된다.
④ 블리치제는 모발의 멜라닌색소를 파괴하고 발색을 시킨다.

해설 알칼리컬러와 산성컬러로 구분되는 염 모제는 반영구 염모제이다.

014 가장 기본적이고 일반적으로 대량의 천 연향을 추출하는 방법은 무엇인가?

① 압착법   ② 냉침범
③ 용매 추출법   ④ 수증기 증류법

정답 009 ①   010 ③   011 ①   012 ①   013 ③   014 ④

해설 수증기증류법은 가장 기본적인 추출법으로, 열에 의해 성분이 파괴될 수 있는 향료식물의 추출에는 적합하지 않다.

015 미백 기능성 화장품의 메커니즘으로 잘못된 것은?

① 멜라닌생성 자극호르몬 억제
② 타로시나아제 작용 억제
③ 각질세포의 박리
④ 도파의 환원 억제

해설 미백 화장품의 메커니즘은 멜라닌생성 자극호르몬 생성 억제, 티로시나아제 작용 억제, 각질세포의 박리, 도파의 산화 억제 등이다.

016 다음 중 캐리어 오일인 호호바 오일에 대한 설명으로 옳은 것은?

① 열매를 압착법으로 추출한 지방산과 지방알코올로 형성된 에스테르 액체 왁스이다.
② 달맞이꽃의 씨앗에서 추출한 무색 또는 담황색 오일로 쉽게 산화된다.
③ 감마리놀렌산(Gamma linolenic acid)이 풍부하게 함유되어 있다.
④ 끈적거리고 유분이 많으나 산패가 잘 안되는 장점이 있다.

해설 ②는 달맞이꽃 오일, ③은 보리지 오일, ④는 아몬드 오일에 대한 설명이다. 호호바 오일은 안정성이 높아 장기간 보존할 수 있으며, 끈적이지 않아 사용감이 좋다.

017 캐리어 오일의 종류가 아닌 것은?

① 세인트존스워트
② 포도씨 오일
③ 클라리 세이지
④ 스위트아몬드

해설 클라리 세이지는 에센셜 오일의 종류이다.

018 아로마 오일에 대한 설명 중 틀린 것은?

① 식물의 꽃이나 잎, 줄기 등에서 추출한 오일을 말한다.
② 에센셜 오일 효과를 높이기 위해서 원액을 사용한다.
③ 심신을 안정시키는 효과가 있다.
④ 질병예방을 도와준다.

해설 에센셜 오일은 고농축이므로 캐리어 오일에 섞어서 사용해야 한다.

019 염색효과에 따른 염모제의 종류가 아닌 것은?

① 일시 염모제
② 반영구 염모제
③ 블리치제
④ 속성 염모제

해설 염모제 종류로는 일시 염모제, 반영구 염모제, 영구 염모제, 블리치제가 있다.

020 전신관리 제품 중에서 슬리밍 효과를 증진시키는 제품의 특징은 무엇인가?

① 노폐물 배출 및 지방분해
② 보습력
③ 탄력
④ 주름제거

> **해설** 슬리밍 제품은 전신의 혈액순환과 신진대사를 원활하게 하여 노폐물 배출과 지방분해를 도와준다.

021 다음 중 성격이 다른 하나는?

① 화이트닝 크림 ② 데이 크림
③ 영양 크림   ④ 나이트 크림

> **해설** ① 화이트닝 크림 : 핸드크림, 팩, BB크림, 미백 화장품
> ② 데이 크림 : 자외선을 막아주며 외부 노출 피부을 보호해 주는 화장
> ③ 영양 크림 : 피부에 아름다움과 윤택을 주는 화장
> ④ 나이트 크림 : 밤이나 취침전에 바르는 크림.

022 햇빛에 노출되었을 때 피부 내에서 어떤 성분이 생성되는가?

① 비타민 B
② 글리세린
③ 천연보습인자
④ 비타민 D

> **해설** 비타민 D는 칼슘과 인의 흡수에 작용하여 혈중 칼슘 농도를 조절하며 두피 혈액 순환을 도와 모발을 윤택하게 한다.

023 화장품에 배합되는 에탄올의 역할이 아닌 것은?

① 청량감   ② 수렴효과
③ 소독작용   ④ 보습작용

> **해설** 유화제품크림로숀은 에탄올 성분이 없다.

024 화장품으로 인한 알레르기가 생겼을 때의 올바른 피부 관리 방법은?

① 민감한 반응을 보인 화장품의 사용을 중지한다.
② 알레르기가 유발된 후 정상으로 회복될 때까지 두꺼운 화장을 한다.
③ 비누를 사용하여 피부를 소독하듯이 자주 닦아 낸다.
④ 뜨거운 타올로 알레르기를 진정시킨다.

> **해설** 우선 사용한 화장품을 중지하고 병원에 간다.

025 화장품의 정의에 대한 설명으로 적절한 것은?

① 피부나 모발의 건강 유지를 위해 신체에 사용하는 것으로 인체에 작용이 경미하다.
② 피부나 모발의 질병치료 목적이다.
③ 피부나 모발의 병변 확인이 목적이다.
④ 피부나 모발의 구조 및 기능에 영향을 미치기 위해 신체에 사용하는 것을 목적으로 한다.

 정답 020 ①   021 ①   022 ④   023 ④   024 ①   025 ①

해설 화장품이란 인체를 청결, 미화하여 매력을 더하고, 용모를 밝게 변화시키거나, 피부, 모발의 건강을 유지 또는 증진하기 위하여 인체에 사용하는 물품으로서 인체에 대한 작용이 경미한 것이다.

026 페이스(Face) 파우더(가루형 분)의 주요 사용 목적은?

① 주름살과 피부결함을 감추기 위해
② 깨끗하지 않은 부분을 감추기 위해
③ 파운데이션의 번들거림을 완화하고 피부화장을 마무리하기 위해
④ 파운데이션을 사용하지 않기 위해

해설 페이스 파우더는 파운데이션의 번들거림을 방지한다.

027 여드름 관리에 사용되는 화장품의 올바른 기능은?

① 피지 증가유도 효과
② 수렴작용 효과
③ 박테리아 증식 효과
④ 각질의 증가 효과

해설 수렴제는 피부나 점막을 수축하므로 발한 방지가 목적이다.

028 화장품의 4대 요건에 대한 설명으로 틀린 것은?

① 안전성 - 피부에 대한 자극, 알러지가 없어야 한다.
② 안전성 - 장기보관 시 미생물 오염만 없으면 색은 변해도 상관없다.
③ 사용성 - 피부에 잘 스며들어야 한다.
④ 유효성 - 피부에 보습, 노화억제, 자외선 차단, 미백, 세정 등이 있어야 한다.

해설 안정성 - 장기 보관 시 변질, 변색, 변취, 미생물 오염이 없어야 한다.

029 립스틱이 갖추어야 할 조건으로 틀린 것은?

① 저장 시 수분이나 분가루가 분리되면 좋다.
② 시간의 경과에 따라 색의 변화가 없어야 한다.
③ 피부점막에 자극이 없어야 한다.
④ 입술에 부드럽게 잘 발라져야 한다.

해설 입술에 윤기를 부여하고 입술보호용으로 사용된다.

030 미백작용과 가장 관계가 깊은 비타민은?

① 비타민 K
② 비타민 B
③ 비타민 C
④ 비타민 D

해설 비타민 C는 채소와 과일에 많다.

 정답 026 ③　　027 ②　　028 ②　　029 ①　　030 ③

031 티눈의 설명으로 옳은 것은?

① 각질핵은 각질 윗부분에 있어 자연스럽게 제거가 된다.

② 주로 발바닥에 생기며 아프지 않다.

③ 각질층의 한 부위가 두꺼워져 생기는 각질층의 증식현상이다.

④ 발뒤꿈치에만 생긴다.

> 해설 발 모양이나 작은 신발 혹은 높은 굽 등이 압박을 주는 원인으로 발가락이나 발바닥에 생기는 각질층의 증식현상이다.

032 자외선 차단제에 관한 설명으로 틀린 것은?

① 자외선 차단제는 SPF(Sun protect factor) 지수가 매겨져 있다.

② SPF가 낮을수록 자외선 차단 능력이 높다.

③ 자외선 차단제의 효과는 멜라닌 색소의 양과 자외선에 대한 민감도에 따라 달라질 수 있다.

④ 자외선 차단지수는 제품을 사용했을 때 홍반을 일으키는 자외선의 양을 제품을 사용하지 않았을 때 홍반을 일으키는 자외선의 양으로 나눈 값이다.

> 해설 SPF는 자외선 차단지수로 차단지수가 높을수록 자외선에 대한 차단능력이 높다는 뜻이다.

033 고형의 유성성분으로 고급 지방산에 고급 알코올이 결합된 에스테르를 말하며 화장품의 굳기를 증가시켜 주는 것은?

① 피마자유

② 바셀린

③ 왁스

④ 밍크오일

> 해설 왁스는 화장품의 굳기를 증가시켜주며 립스틱을 비롯한 크림, 털을 제거하기 위한 탈모 왁스 등에 널리 사용된다.

034 각질제거제로 사용되는 알파-히드록시산 중에서 분자량이 작아 침투력이 뛰어난 것은?

① 글리콜산(Glycolic acid)

② 사과산(Malic acid)

③ 주석산(Tartaric acid)

④ 구연산(Citric acid)

035 여드름이 많이 났을 때의 관리방법으로 가장 거리가 먼 것은?

① 유분이 많은 화장품을 사용하지 않는다.

② 클렌징을 철저히 한다.

③ 요오드가 많이 든 음식을 섭취한다.

④ 적당한 운동과 비타민류를 섭취한다.

> 해설 요오드는 체내에 대사율을 조절하는 갑상선 구성 성분은 무기질이다.

정답 031 ③   032 ②   033 ③   034 ①   035 ③

036 화장품의 기본요건이 아닌 것은?

① 피부에 대한 안전성이 양호해야 한다.
② 사용목적에 적합하고 기능이 우수해야 한다.
③ 산패나 분리 등의 변질이 없어야 한다.
④ 피부의 질환이 치료되어야 한다.

> **해설** 피부의 질환을 치료하는 것은 의약품이다.

037 다음 중 수분 함량이 가장 많은 파운데이션은?

① 크림 파운데이션
② 리퀴드 파운데이션
③ 스틱 파운데이션
④ 스킨커버

> **해설** 고분자 점증제를 첨가한 리퀴드파운데이션은 수분 함유량 많아 피부가 부드럽고 퍼짐이 우수하다.
> ※ 고분자 : 분자량이 매우 큰 분자를 거대분자라 하고 이분자로 구성된 물질을 고분자라 한다.

038 진흙 성분의 머드 팩에 주로 함유되어 있는 성분은?

① 카올린(Kaolin)이나 벤토나이트(Bentonite)
② 유황(Sulphur)
③ 캄포(Camphor)
④ 레시틴(Lecithin)

> **해설** 진흙, 점토 등의 주성분으로 카올린 탈크, 아연, 이산화티탄 등의 분말 성분과 클리세린등의 보습 성분을 혼합하여 만든 제품이다.

039 다음 중 피부미백제가 아닌 것은?

① 레티놀　　　　② 하이드로퀴논
③ 알부틴　　　　④ 코지산

> **해설** 레티놀은 주름개선에 효과가 있다.

040 유성 파운데이션의 기능이 아닌 것은?

① 유연효과가 좋아 하절기에 적당하다.
② 피부에 퍼짐성이 좋다.
③ 피부에 부착성이 좋다.
④ 심한 기미나 주근깨 등의 피부반점을 커버하기에 좋다.

041 오일의 설명으로 옳은 것은?

① 식물성 오일 – 향은 좋으나 부패하기 쉽다.
② 동물성 오일 – 무색투명하고 냄새가 없다.
③ 광물성 오일 – 색이 진하며 피부 흡수가 늦다.
④ 합성 오일 – 냄새가 나빠 정제한 것을 사용한다.

> **해설** 식물성 오일 성부이 자극과 번들거림 없이 부드럽게 노폐물을 제거해주며 천연비누와 피부특성이나 사용목적에 다양한 비누를 만들 수 있다.

 정답　036 ④　　037 ②　　038 ①　　039 ①　　040 ①　　041 ①

042 단파장으로 가장 강한 자외선이며, 원래는 오존층에 완전 흡수되어 지표면에 도달되지 않았으나 오존층의 파괴로 인해 인체와 생태계에 많은 영향을 미치는 자외선은?

① UV-A
② UV-B
③ UV-C
④ UV-D

해설 UV-C의 파장은 200~290nm이다.

043 천연보습인자(NMF)의 구성 성분 중 40%를 차지하는 중요 성분은?

① 요소
② 젖산염
③ 무기염
④ 아미노산

해설 아미노산은 단백질을 구성하는 화학적 단위물질이다.

044 기능성 화장품에서 주름 개선 성분은?

① 클라리 세이지
② 레티노이드
③ 셀룰라이트
④ 티로시나아제

해설 레티노이드란 비타민A와 관련된 화합물의 총칭이다. 레티노이드(레틴산)으로 여드름 치유 및 잔주름을 개선하는 데 효과가 있는 것으로 알려져 있다.

045 다음 중 진정 효과가 있는 피부관리 제품 성분이 아닌 것은?

① 아줄렌(Azulene)
② 알코올(Alcohol)
③ 비사볼롤(Bisabolol)
④ 카모마일 추출물(Chamomile extracts)

해설 알코올은 소독용으로 상처 부위를 소독하거나 위생기구를 소독할 때 많이 사용한다.

046 항산화 비타민으로 아스코르빈산(Ascorbic acid)으로 불리는 것은?

① 비타민 A
② 비타민 B
③ 비타민 C
④ 비타민 D

해설 황산화 비타민 A, C, E 3가지 중 비타민 C는 콜라겐 합성 및 천연 황산화제로 스트레스를 예방한다. 성인 권장량은 100mg이다.

047 수용성 비타민의 명칭이 잘못된 것은?

① 비타민 B_1 - 티아민
② 비타민 B_6 - 피리독신
③ 비타민 B_{12} - 나이아신
④ 비타민 B_2 - 리보플라빈

해설 비타민 B_{12}은 코발아민이다.

정답 042 ③　　043 ④　　044 ②　　045 ②　　046 ③　　047 ③

048 다음은 무엇에 대한 설명인가?

> • 달콤한 향이 있고 탄수화물을 효모에 의해 발효시켜 얻을 수 있다.
> • 물에 잘 안 녹는 향료나 무기화합물을 용해시키는 중요한 용매 중 하나이다.
> • 피부 표면의 기화열을 빼앗기 때문에 청량감이 있고, 가벼운 수렴작용을 한다.

① 식물성 유지
② 에탄올
③ 정제수
④ 탄소

> **해설** 보기의 설명은 에탄올에 대한 내용으로, 에탄올은 화장수나 토닉 등의 액상제의 원료로 사용된다.

049 레인방어막 아랫부분의 산도와 수분량은?

① 약산성, 78~80%의 수분량
② 약산성, 10~20%의 수분량
③ 약알칼리성, 70~80%의 수분량
④ 약알칼리성, 10~20%의 수분량

050 일반적으로 건강한 성인의 피부 표면의 pH는?

① pH 3.5~4.0
② pH 6.5~7.0
③ pH 7.0~7.5
④ pH 4.5~6.5

> **해설** 건강한 피부는 pH가 약산성이다.

051 화장수에 가장 널리 배합되는 알코올 성분은 다음 중 어느 것인가?

① 프로판올(Propanol)
② 부탄올(Butanol)
③ 에탄올(Ethanol)
④ 메탄올(Methanol)

> **해설** 에탄올은 향수 유형에 따라 에탄올의 도수와 조합향의 배합 비율이 달라지며 조합향료를 15~30% 비율로 첨가하고 있다.

052 화장품에 사용되는 유성원료와 그 설명으로 틀린 것은?

① 동백 오일 – 동백의 종자에서 추출하며 응고점이 –15℃로 한 겨울에도 액상이고 보습효과가 매우 뛰어나 건성 피부에 좋다.
② 로즈힙 오일 – 비타민 C가 풍부하고 노화지연, 화상상처치유, 여드름 치유에 효과가 있다.
③ 카모마일 오일 – 알레르기성피부, 진정, 치료, 방부제, 화끈거리는 피부에 좋다.
④ 포도씨 오일 – 건성피부에 자극이 크고 복합성화장품에 사용된다.

> **해설** 포도씨 오일은 건성피부의 보습에 좋고 항염효과가 있어 피부염증 완화에 유용하다. 아로마테라피에서는 캐리어 오일로 흔히 쓰인다.

053 현대 향수의 시초라고 할 수 있는 헝가리 워터(Hungary water)가 개발된 시기는?

① 1770년경

② 970년경

③ 1570년경

④ 1370년경

> **해설** 헝가리 워터는 14세기 헝가리의 엘리자베스 여왕이 애용하던 콜로뉴(화장수)로 엘리자베스 여왕의 물 또는 아름다움을 유지하는 영혼의 물이라고도 불린다.

054 여드름 치유와 잔주름 개선에 널리 사용되는 것은?

① 레틴산

② 아스코르빈산

③ 토코페롤

④ 칼시페롤

> **해설** 레틴A크림은 여드름 치료와 피부 개선 목적으로 널리 이용하게 된 연고이다.

055 수렴화장수의 원료에 포함되지 않는 것은?

① 습윤제   ② 알코올

③ 물   ④ 표백제

> **해설** 표백제는 실. 천 등의 섬유나 식품등에 함유되어 있는 유색물질을 화학작용에 의해 희게 하기 위해 사용되는 약제이다.

056 다음 중 여드름피부의 염증을 진정시키고 치유효과가 있는 것은?

① 동백 오일

② 티트리 오일

③ 로즈힙 오일

④ 달맞이꽃 오일

> **해설** ① 동백 오일 : 보습효과 탁월, 모발 제품과 바디 제품에 많이 이용
> ③ 로즈힙 오일 : 색소침착완화, 화상, 상처, 노화 지연에 효과
> ④ 달맞이꽃 오일 : 아토피성피부염, 습진, 노화 억제, 보습, 재생효과

057 물과 오일처럼 서로 녹지 않는 두 개의 액체를 미세하게 분산시켜 놓은 상태는?

① 에멀션

② 레이크

③ 아로마

④ 왁스

> **해설** 에멀션은 두 액체를 혼합할 때 한쪽 액체가 미세한 입자로 되어 다른 액체 속에 분산해 있는게 이 액체의 대표적인 예가 동물의 젖이기 때문에 유탄액이라고 한다.

정답 **053** ④   **054** ①   **055** ④   **056** ②   **057** ①

MEMO

Part V
공중위생관리법

Hairdresser Written Test

Chapter 01 공중위생관리법 이론 완성

1 제1조(목적)

공중이 이용하는 영업의 위생관리 등에 관한 사항을 규정함으로써 위생수준을 향상시켜 국민의 건강증진에 기여함을 목적으로 한다.

2 제2조(정의)

① "공중위생영업"이라 함은 다수인을 대상으로 위생관리서비스를 제공하는 영업으로서 숙박업·목욕장업·이용업·미용업·세탁업·건물위생관리업을 말한다.

② "이용업"이라 함은 손님의 머리카락 또는 수염을 깎거나 다듬는 등의 방법으로 손님의 용모를 단정하게 하는 영업을 말한다.

③ "미용업"이라 함은 손님의 얼굴, 머리, 피부 및 손톱·발톱 등을 손질하여 손님의 외모를 아름답게 꾸미는 다음 각 목의 영업을 말한다.

ㄱ 일반미용업 : 파마·머리카락자르기·머리카락모양내기·머리피부손질·머리카락염색·머리감기, 의료기기나 의약품을 사용하지 아니하는 눈썹손질을 하는 영업

ㄴ 피부미용업 : 의료기기나 의약품을 사용하지 아니하는 피부상태분석·피부관리·제모(除毛)·눈썹손질을 하는 영업

ㄷ 네일미용업 : 손톱과 발톱을 손질·화장(化粧)하는 영업

ㄹ 화장·분장 미용업 : 얼굴 등 신체의 화장, 분장 및 의료기기나 의약품을 사용하지 아니하는 눈썹손질을 하는 영업

ㅁ 종합미용업 : 가목부터 마목까지의 업무를 모두 하는 영업

3 제3조(공중위생영업의 신고 및 폐업신고)

① 공중위생영업을 하고자 하는 자는 공중위생영업의 종류별로 보건복지부령이 정하는 시설 및 설비를 갖추고 시장·군수·구청장(자치구의 구청장에 한한다. 이하 같다)에게 신고하여야 한다. 보건복지부령이 정하는 중요사항을 변경하고자 하는 때에도 또한 같다.

② 제1항의 규정에 의하여 공중위생영업의 신고를 한 자(이하 "공중위생영업자"라 한다)
는 공중위생영업을 폐업한 날부터 「20일」 이내에 시장·군수·구청장에게 신고하여야
한다. 다만, 제11조에 따른 영업정지 등의 기간 중에는 폐업신고를 할 수 없다.

③ 공중위생업자 영업신고의 방법 및 절차에 따른 "필요한" 사항은 보건복지부령으로 정
한다.

④ 제2항에도 불구하고 이용업 또는 미용업의 신고를 한 자의 사망으로 제6조에 따른 면
허를 소지하지 아니한 자가 상속인이 된 경우에는 그 상속인은 상속받은 날부터 3개
월 이내에 시장·군수·구청장에게 폐업신고를 하여야 한다.

4 제3조의2(공중위생영업의 승계)

① 공중위생영업자가 그 공중위생영업을 양도하거나 사망한 때 또는 법인의 합병이 있
는 때에는 그 양수인·상속인 또는 합병후 존속하는 법인이나 합병에 의하여 설립되
는 법인은 그 공중위생업자의 지위를 승계한다.

② 민사집행법에 의한 경매, 「채무자 회생 및 파산에 관한 법률」에 의한 환가나 국세징수
법·관세법 또는 「지방세징수법」에 의한 압류재산의 매각 그 밖에 이에 준하는 절차에
따라 공중위생영업 관련시설 및 설비의 전부를 인수한 자는 이 법에 의한 그 공중위
생영업자의 지위를 승계한다.

③ 이용업 또는 미용업의 경우에는 면허를 소지한 자에 한하여 공중위생영업자의 지위
를 승계할 수 있다.

④ 공중위생영업자의 지위를 승계한 자는 1월 이내에 보건복지부령이 정하는 바에 따라
시장·군수 또는 구청장에게 신고하여야 한다.

5 제4조(공중위생영업자의 위생관리의무 등)

① 공중위생영업자는 그 이용자에게 건강상 위해요인이 발생하지 아니하도록 영업관련
시설 및 설비를 위생적이고 안전하게 관리하여야 한다.

② 이용업을 하는 자는 다음 각호의 사항을 지켜야 한다.

  ㉠ 이용기구는 소독을 한 기구와 소독을 하지 아니한 기구로 분리하여 보관하고, 면
    도기는 1회용 면도날만을 손님 1인에 한하여 사용할 것. 이 경우 이용기구의 소독
    기준 및 방법은 보건복지부령으로 정한다.

ⓛ 이용사면허증을 영업소안에 게시할 것

ⓒ 이용업소표시 등을 영업소 외부에 설치할 것

③ 미용업을 하는 자는 다음 각호의 사항을 지켜야 한다.

　ㄱ 의료기구와 의약품을 사용하지 아니하는 순수한 화장 또는 피부미용을 할 것

　ㄴ 미용기구는 소독을 한 기구와 소독을 아니한 기구로 분리하여 보관하고, 면도기는 1회용 면도날만을 손님 1인에 한하여 사용할 것. 이 경우 미용기구의 소독기준 및 방법은 보건복지부령으로 정한다.

　ㄷ 미용사면허증을 영업소안에 게시할 것

④ 공중위생영업자가 준수하여야 할 위생관리기준 기타 위생관리서비스의 제공에 관하여 필요한 사항으로서 감염병환자 기타 함께 출입시켜서는 아니되며 종사자의 범위 등 건전한 영업질서유지를 위하여 영업자가 준수하여야 할 사항은 보건복지부령으로 정한다.

6 제5조(공중위생영업자의 불법카메라 설치 금지)

공중위생영업자는 영업소에 「성폭력범죄의 처벌 등에 관한 특례법」에 위반되는 행위에 이용되는 카메라나 그 밖에 이와 유사한 기능을 갖춘 기계장치를 설치해서는 아니 된다.

7 제6조(이용사 및 미용사의 면허 등)

① 이용사 또는 미용사가 되고자 하는 자는 보건복지부령이 정하는 바에 의하여 시장·군수·구청장의 면허를 받아야 한다.

　ㄱ 전문대학 또는 이와 같은 수준 이상의 학력이 있다고 교육부장관이 인정하는 학교에서 이용 또는 미용에 관한 학과를 졸업한 자

　ㄴ 대학 또는 전문대학을 졸업한 자와 같은 수준 이상의 학력이 있는 것으로 인정되어 같은 법 제9조에 따라 이용 또는 미용에 관한 학위를 취득한 자

　ㄷ 고등학교 또는 이와 같은 수준이 있다고 교육부장관이 인정하는 학교에서 이용 또는 미용에 관한 학과를 졸업한 자

　ㄹ 초·중등교육법령에 따른 특성화고등학교, 고등기술학교나 고등학교 또는 고등기술학교에 준하는 각종학교에서 1년 이상 이용 또는 미용에 관한 소정의 과정을 이수한 자

　ㅁ 국가기술자격법에 의한 이용사 또는 미용사의 자격을 취득한 자

② 다음 각호의 1에 해당하는 자는 이용사 또는 미용사의 면허를 받을 수 없다
  ㉠ 피성년후견인
  ㉡ 정신질환자
  ㉢ 공중의 위생에 영향을 미칠 수 있는 감염병환자로서 보건복지부령이 정하는 자
  ㉣ 마약 기타 대통령령으로 정하는 약물 중독자
  ㉤ 면허가 취소된 후 「1년」이 경과되지 아니한 자

8 제7조(이용사 및 미용사의 면허취소 등)

① 시장·군수·구청장은 이용사 또는 미용사가 다음 각호의 1에 해당하는 때에는 그 면허를 취소하거나 6월 이내의 기간을 정하여 그 면허의 정지를 명할 수 있다. 다만, ㉠, ㉡, ㉣, ㉥ 또는 ㉦에 해당하는 경우에는 그 면허를 취소하여야 한다.
  ㉠ 피성년 후견인 때
  ㉡ 정신건강증진 및 정신질환자, 마약약물중독자일 때
  ㉢ 면허증을 다른 사람에게 대여한 때
  ㉣ 「국가기술자격법」에 따라 자격이 취소된 때
  ㉤ 「국가기술자격법」에 따라 자격정지처분을 받은 때(「국가기술자격법」에 따른 자격정지처분 기간에 한정한다)
  ㉥ 이중으로 면허를 취득한 때(나중에 발급받은 면허를 말한다)
  ㉦ 면허정지처분을 받고도 그 정지 기간 중에 업무를 한 때
  ㉧ 「성매매알선 등 행위의 처벌에 관한 법률」이나 「풍속영업의 규제에 관한 법률」을 위반하여 관계 행정기관의 장으로부터 그 사실을 통보받은 때
② 제1항의 규정에 의한 면허취소·정지처분의 세부적인 기준은 그 처분의 사유와 위반의 정도 등을 감안하여 보건복지부령으로 정한다

9 제8조(이용사 및 미용사의 업무범위 등)

① 이용사 또는 미용사의 면허를 받은 자가 아니면 이용업 또는 미용업을 개설하거나 그 업무에 종사할 수 없다. 다만, 이용사 또는 미용사의 감독을 받아 이용 또는 미용 업무의 보조를 행하는 경우에는 그러하지 아니하다.
② 이용 및 미용의 업무는 영업소외의 장소에서 행할 수 없다. 다만, 보건복지부령이 정

하는 특별한 사유가 있는 경우에는 그러하지 아니하다.

③ 이용사 및 미용사의 업무범위와 이용·미용의 업무보조 범위에 관하여 필요한 사항은 보건복지부령으로 정한다.

10 제9조(보고 및 출입·검사)

① 특별시장·광역시장·도지사 또는 시장·군수·구청장은 공중위생관리상 필요하다고 인정하는 때에는 공중위생영업자에 대하여 필요한 보고를 하게 하거나 소속 공무원으로 하여금 영업소·사무소 등에 출입하여 공중위생영업자의 위생관리의무이행 등에 대하여 검사하게 하거나, 필요에 따라 공중위생영업장부나 서류를 열람하게 할 수 있다.

② 시·도지사 또는 시장·군수·구청장은 공중위생영업자의 영업소에 제5조에 따라 설치가 금지되는 카메라나 기계장치가 설치되었는지를 검사할 수 있다. 이 경우 공중위생영업자는 특별한 사정이 없으면 검사에 따라야 한다.

③ 시·도지사 또는 시장·군수·구청장은 관할 경찰관서의 장에게 협조를 요청할 수 있다.

④ 시·도지사 또는 시장·군수·구청장은 영업소에 대하여 검사 결과에 대한 확인증을 발부할 수 있다.

⑤ 관계공무원은 그 권한을 표시하는 증표를 지녀야 하며, 관계인에게 이를 내보여야 한다.

11 제9조의2(영업의 제한)

시·도지사는 공익상 또는 선량한 풍속을 유지하기 위하여 필요하다고 인정하는 때에는 공중위생영업자 및 종사원에 대하여 영업시간 및 영업행위에 관한 필요한 제한을 할 수 있다.

12 제10조(위생지도 및 개선명령)

시·도지사 또는 시장·군수·구청장은 다음에 해당하는 자에 대하여 보건복지부령으로 정하는 바에 따라 기간을 정하여 그 개선을 명할 수 있다.

① 공중위생영업의 종류별 시설 및 설비기준을 위반한 공중위생영업자

② 위생관리의무 등을 위반한 공중위생영업자

13 제11조(공중위생영업소의 폐쇄 등)

① 시장·군수·구청장은 공중위생영업자가 다음에 해당하면 6월 이내의 기간을 정하여 영업의 정지 또는 일부 시설의 사용중지를 명하거나 영업소폐쇄등을 명할 수 있다.

　㉠ 영업신고를 하지 아니하거나 시설과 설비기준을 위반한 경우

　㉡ 변경신고를 하지 아니한 경우

　㉢ 지위승계신고를 하지 아니한 경우

　㉣ 공중위생영업자의 위생관리의무 등을 지키지 아니한 경우

　㉤ 카메라나 기계장치를 설치한 경우

　㉥ 영업소 외의 장소에서 이용 또는 미용 업무를 한 경우

　㉦ 보고를 하지 아니하거나 거짓으로 보고한 경우 또는 관계 공무원의 출입, 검사 또는 공중위생영업장부 또는 서류의 열람을 거부·방해하거나 기피한 경우

　㉧ 개선명령을 이행하지 아니한 경우

　㉨ 「성매매알선 등 행위의 처벌에 관한 법률」, 「풍속영업의 규제에 관한 법률」, 「청소년 보호법」, 「아동·청소년의 성보호에 관한 법률」 또는 「의료법」을 위반하여 관계 행정기관의 장으로부터 그 사실을 통보받은 경우

② 시장·군수·구청장은 영업정지처분을 받고도 그 영업정지 기간에 영업을 한 경우에는 영업소 폐쇄를 명할 수 있다.

③ 시장·군수·구청장은 다음 각 호의 어느 하나에 해당하는 경우에는 영업소 폐쇄를 명할 수 있다.

　㉠ 공중위생영업자가 정당한 사유 없이 6개월 이상 계속 휴업하는 경우

　㉡ 공중위생영업자가 「부가가치세법」 제8조에 따라 관할 세무서장에게 폐업신고를 하거나 관할 세무서장이 사업자 등록을 말소한 경우

④ 행정처분의 세부기준은 그 위반행위의 유형과 위반 정도 등을 고려하여 보건복지부령으로 정한다.

⑤ 시장·군수·구청장은 공중위생영업자가 제1항의 규정에 의한 영업소폐쇄명령을 받고도 계속하여 영업을 하는 때에는 관계공무원으로 하여금 해당 영업소를 폐쇄하기 위하여 다음 각호의 조치를 하게 할 수 있다. 제3조제1항 전단을 위반하여 신고를 하지 아니하고 공중위생영업을 하는 경우에도 또한 같다.

1. 해당 영업소의 간판 기타 영업표지물의 제거

2. 해당 영업소가 위법한 영업소임을 알리는 게시물 등의 부착

3. 영업을 위하여 필수불가결한 기구 또는 시설물을 사용할 수 없게 하는 봉인

⑥ 시장·군수·구청장은 제5항제3호에 따른 봉인을 한 후 봉인을 계속할 필요가 없다고 인정되는 때와 영업자등이나 그 대리인이 해당 영업소를 폐쇄할 것을 약속하는 때 및 정당한 사유를 들어 봉인의 해제를 요청하는 때에는 그 봉인을 해제할 수 있다. 제5항제2호에 따른 게시물등의 제거를 요청하는 경우에도 또한 같다.

14 제11조의2(과징금처분)

① 시장·군수·구청장은 영업정지가 이용자에게 심한 불편을 주거나 공익을 해할 우려가 있는 경우에는 영업정지 처분에 갈음하여 1억 원 이하의 과징금을 과할 수 있다. 다만, 제5조, 「성매매알선 등 행위의 처벌에 관한 법률」, 「아동·청소년의 성보호에 관한 법률」, 「풍속영업의 규제에 관한 법률」 제3조에 상응하는 위반행위로 인하여 처분을 받게 되는 경우를 제외한다.

② 과징금을 부과하는 위반행위의 종별·정도 등에 따른 과징금의 금액 등에 관하여 필요한 사항은 대통령령으로 정한다.

③ 시장·군수·구청장은 제1항의 규정에 의한 과징금을 납부하여야 할 자가 납부기한까지 이를 납부하지 아니한 경우에는 대통령령으로 정하는 바에 따라 과징금 부과처분을 취소하고, 제11조제1항에 따른 영업정지 처분을 하거나 「지방행정제재·부과금의 징수 등에 관한 법률」에 따라 이를 징수한다.

④ 시장·군수·구청장이 부과·징수한 과징금은 해당 시·군·구에 귀속된다.

15 제11조의3(행정제재처분 효과의 승계)

① 공중위생영업자가 그 영업을 양도하거나 사망한 때 또는 법인의 합병이 있는 때에는 종전의 영업자에 대하여 제11조제1항의 위반을 사유로 행한 행정제재처분의 효과는 그 처분기간이 만료된 날로부터 「1년」간 양수인·상속인 또는 합병후 존속하는 법인에 승계된다.

② 공중위생영업자가 그 영업을 양도하거나 사망한 때 또는 법인의 합병이 있는 때에는 제11조제1항의 위반을 사유로 하여 종전의 영업자에 대하여 진행중인 행정제재처분 절차를 양수인·상속인 또는 합병 후 존속하는 법인에 대하여 속행할 수 있다.

16 제11조의4(같은 종류의 영업 금지)

1. 「성매매알선 등 행위의 처벌에 관한 법률」·「아동·청소년의 성보호에 관한 법률」·「풍속영업의 규제에 관한 법률」·「청소년 보호법」(이하 이조에서 "「성매매 알선 등 행위의 처벌에 관한 법률」 등"이라 한다.)을 위반하여 제11조제1항의 폐쇄명령을 받은 자(법인인 경우에는 그 대표자를 포함한다)는 그 폐쇄명령을 받은 후 「2년」이 경과하지 아니한 때에는 같은 종류의 영업을 할 수 없다.
2. 「성매매알선 등 행위의 처벌에 관한 법률」 등 외의 법률을 위반하여 제11조제1항의 폐쇄명령을 받은 자는 그 폐쇄명령을 받은 후 「1년」이 경과하지 아니한 때에는 같은 종류의 영업을 할 수 없다.
3. 「성매매알선 등 행위의 처벌에 관한 법률」 등의 위반으로 제11조제1항에 따른 폐쇄명령이 있은 후 「1년」이 경과하지 아니한 때에는 누구든지 그 폐쇄명령이 이루어진 영업장소에서 같은 종류의 영업을 할 수 없다.
4. 「성매매알선 등 행위의 처벌에 관한 법률」 등 외의 법률의 위반으로 제11조제1항에 따른 폐쇄명령이 있은 후 「6개월」이 경과하지 아니한 때에는 누구든지 그 폐쇄명령이 이루어진 영업장소에서 같은 종류의 영업을 할 수 없다.

17 제11조의5(이용업소표시등의 사용제한)

누구든지 시·군·구에 이용업 신고를 하지 아니하고 이용업소표시 등을 설치할 수 없다.

18 제11조의6(위반사실 공표)

시장·군수·구청장은 행정처분이 확정된 공중위생영업자에 대한 처분 내용, 해당 영업소의 명칭 등 처분과 관련한 영업 정보를 대통령령으로 정하는 바에 따라 공표하여야 한다.

19 제12조(청문)

보건복지부장관 또는 시장·군수·구청장은 다음 각 호의 어느 하나에 해당하는 처분을 하려면 청문을 하여야 한다.
① 신고사항의 직권 말소
② 이용사와 미용사의 면허취소 또는 면허정지
③ 영업정지명령, 일부 시설의 사용중지명령 또는 영업소 폐쇄명령

20 제13조(위생서비스수준의 평가)

① 시·도지사는 공중위생영업소의 위생관리수준을 향상시키기 위하여 위생서비스평가 계획(이하 "평가계획"이라 한다)을 수립하여 시장·군수·구청장에게 통보하여야 한다.

② 시장·군수·구청장은 평가계획에 따라 관할지역별 세부평가계획을 수립한 후 공중위 생영업소의 위생서비스수준을 평가(이하 "위생서비스평가"라 한다)하여야 한다.

③ 시장·군수·구청장은 위생서비스평가의 전문성을 높이기 위해 필요하다고 인정하는 경우에는 관련 전문기관 및 단체로 하여금 위생서비스평가를 실시하게 할 수 있다.

④ 제1항 내지 제3항의 규정에 의한 위생서비스평가의 주기·방법, 위생관리등급의 기준 기타 평가에 관하여 필요한 사항은 보건복지부령으로 정한다.

21 제14조(위생관리등급 공표 등)

① 시장·군수·구청장은 보건복지부령이 정하는 바에 의하여 위생서비스평가의 결과에 따른 위생관리등급을 해당 공중위생영업자에게 통보하고 이를 공표하여야 한다.

② 공중위생영업자는 제1항의 규정에 의하여 시장·군수·구청장으로부터 통보받은 위생 관리등급의 표지를 영업소의 명칭과 함께 영업소의 출입구에 부착할 수 있다.

③ 시·도지사 또는 시장·군수·구청장은 위생서비스평가의 결과 위생서비스의 수준이 우수하다고 인정되는 영업소에 대하여 포상을 실시할 수 있다.

④ 시·도지사 또는 시장·군수·구청장은 위생서비스의평가의 결과에 따른 위생관리등 급별로 영업소에 대한 위생감시를 실시하여야 한다. 이 경우 영업소에 대한 출입·검 사와 위생감시를 실시하여야 한다. 이 경우 영업소에 대한 출입·검사와 위생감시의 실시주기 및 횟수 등 위생관리등급별 위생감시기준은 보건복지부령으로 정한다.

22 제15조(공중위생감시원)

① 관계공무원의 업무를 행 하게 하기 위하여 특별시·광역시·도 및 시·군·구(자치구 에 한한다)에 공중위생감시원을 둔다.

② 공중위생감시원의 자격·임명·업무범위 기타 필요한 사항은 대통령령으로 정한다.

23 제15조의2(명예공중위생감시원)

① 시·도지사는 공중위생의 관리를 위한 지도·계몽 등을 행하게 하기 위하여 명예공중 위생감시원을 둘 수 있다.

② 명예공중위생감시원의 자격 및 위촉방법, 업무범위 등에 관하여 필요한 사항은 대통령령으로 정한다.

24 제16조(공중위생 영업자단체의 설립)

공중위생영업자는 공중위생과 국민보건의 향상을 기하고 그 영업의 건전한 발전을 도모하기 위하여 영업의 종류별로 전국적인 조직을 가지는 영업자단체를 설립할 수 있다.

25 제17조(위생교육)

① 공중위생영업자는 매년 위생교육을 받아야 한다.

② 시설 및 설비를 갖추고 영업신고를 하고자 하는 자는 미리 위생교육을 받아야 한다. 다만, 보건복지부령으로 정하는 부득이한 사유로 미리 교육을 받을 수 없는 경우에는 영업개시 후 6개월 이내에 위생교육을 받을 수 있다.

③ 위생교육을 받아야 하는 자 중 영업에 직접 종사하지 아니하거나 2 이상의 장소에서 영업을 하는 자는 종업원 중 영업장별로 공중위생에 관한 책임자를 지정하고 그 책임자로 하여금 위생 교육을 받게 하여야 한다.

④ 위생교육은 보건복지부장관이 허가한 단체 또는 제16조에 따른 단체가 실시할 수 있다.

⑤ 위생교육의 방법·절차 등에 관하여 필요한 사항은 보건복지부령으로 정한다.

26 제18조(위임 및 위탁)

① 보건복지부장관은 이 법에 의한 권한의 일부를 대통령령이 정하는 바에 의하여 시·도지사 또는 시장·군수·구청장에게 위임할 수 있다.

② 보건복지부장관은 대통령령이 정하는 바에 의하여 관계 전문기관에 그 업무의 일부를 위탁할 수 있다.

27 ## 제19조(국고보조)

국가 또는 지방자치단체는 위생서비스평가를 실시하는 자에 대하여 예산의 범위안에서 위생서비스평가에 소요되는 경비의 전부 또는 일부를 보조할 수 있다.

28 ## 제19조의2(수수료)

이용사 또는 미용사 면허를 받고자 하는 자는 대통령령이 정하는 바에 따라 수수료를 납부하여야 한다.

29 ## 제20조(벌칙)

① 다음 각호의 1에 해당하는 자는 1년 이하의 징역 또는 1천만 원 이하의 벌금에 처한다.
  ㉠ 영업신고를 하지 아니한 자
  ㉡ 영업정지명령 또는 일부 시설의 사용중지명령을 받고도 그 기간중에 영업을 하거나 그 시설을 사용한 자
  ㉢ 또는 영업소 폐쇄명령을 받고도 계속하여 영업을 한 자
② 다음 각호의 1에 해당하는 자는 6월 이하의 징역 또는 500만 원 이하의 벌금에 처한다.
  ㉠ 영업소 변경신고를 하지 아니한 자
  ㉡ 공중위생영업자의 지위를 승계한 자로서 신고를 아니한 자
  ㉢ 건전한 영업질서를 위하여 공중위생영업자가 준수하여야 할 사항을 준수하지 아니한 자
③ 다음 각 호의 어느 하나에 해당하는 사람은 300만 원 이하의 벌금에 처한다.
  ㉠ 이용사 또는 미용사의 면허증을 빌려주거나 빌린 사람
  ㉡ 이용사 또는 미용사의 면허증을 빌려주거나 빌리는 것을 알선한 사람
  ㉢ 면허의 취소 또는 정지 중에 이용업 또는 미용업을 한 사람
  ㉣ 면허를 받지 아니하고 이용업 또는 미용업을 개설하거나 그 업무에 종사한 사람

30 ## 제21조(양벌규정)

법안의 대표자나 법인 또는 개인의 대리인, 사용인, 그 밖의 종업원이 그 법인 또는 개인의 업무에 관하여 제20조의 위반행위를 하면 그 행위자를 벌하는 외에 그 법인 또는 개인에게도 해당 조문의 벌금형을 과(科)한다. 다만, 법인 또는 개인이 그 위반행위를 방지

하기 위하여 해당 업무에 관하여 상당한 주의와 감독을 게을리하지 아니한 경우에는 그러하지 아니하다.

31 제22조(과태료)

① 다음 각호의 1에 해당하는 자는 300만 원 이하의 과태료에 처한다.

　㉠ 관계공무원의 출입·검사 기타 조치를 거부·방해 또는 기피한 자

　㉡ 개선명령에 위반한 자

　㉢ 제11조의5를 위반하여 이용업소표시등을 설치한 자

② 다음 각호의 1에 해당하는 자는 200만원 이하의 과태료에 처한다.

　㉠ 미용업소의 위생관리 의무를 지키지 아니한 자

　㉡ 영업소 외의 장소에서 이용 또는 미용업무를 행한 자

　㉢ 위생교육을 받지 아니한 자

과태료는 대통령령으로 정하는 바에 따라 보건복지부장관 또는 시장·군수·구청장이 부과·징수한다.

32 부 칙

제1조(시행일)　이 법은 공포 후 6개월이 경과한 날부터 시행한다.

제2조(상속인의 폐업신고에 관한 경과조치)　이용업 또는 미용업의 신고를 한 자의 사망으로 제6조에 따른 면허를 소지하지 아니한 자가 이 법 시행 전에 상속인이 된 경우에는 제3조제3항의 개정규정에도 불구하고 이 법 시행일부터 3개월 이내에 폐업신고를 할 수 있다.

제3조(다른 법률의 개정)　제주특별자치도 설치 및 국제자유도시 조성을 위한 특별법 일부를 다음과 같이 개정한다.

제322조　본문 중 "「공중위생관리법」 제3조제1항·제5항"을 「공중위생관리법」 제3조제1항·제6항으로 한다.

02 공중위생관리법 시행령

1 제1조(목적)

「공중위생관리법」에서 위임된 사항과 그 시행에 관하여 필요한 사항을 규정함을 목적으로 한다.

2 제6조(마약외의 약물 중독자)

"대통령령으로 정하는 약물중독자"라 함은 대마 또는 향정신성의약품의 중독자를 말한다.

3 제7조의2(과징금을 부과할 위반행위의 종별과 과징금의 금액)

① 법 제11조의제2항의 규정에 따라 부과하는 과징금의 금액은 위반행위의 종별·정도 등을 감안하여 보건복지부령이 정하는 영업정지기간에 별표 1의 과징금 산정 기준을 적용하여 산정한다.

② 시장·군수·구청장(자치구의 구청장을 말한다. 이하 같다)은 공중위생영업자의 사업 규모·위반행위의 정도 및 횟수 등을 고려하여 제1항에 따른 과징금의 2분의 1 범위에서 과징금을 늘리거나 줄일 수 있다. 이 경우 과징금을 늘리는 때에도 그 총액은 1억원을 초과할 수 없다.

■ 공중위생관리법 시행령 (별표1)]

과징금의 산정기준

1. 일반기준

가. 영업정지 1개월은 30일을 기준으로 한다.

나. 위반행위의 종별에 따른 과징금의 금액은 영업정지 기간에 다목에 따라 산정한 영업 정지 1일당 과징금의 금액을 곱하여 얻은 금액으로 한다. 다만, 과징금 산정금액이 1억 원을 넘는 경우에는 1억원으로 한다.

다. 1일당 과징금의 금액은 위반행위를 한 공중위생영업자의 연간 총매출액을 기준으로 산출한다.

라. 연간 총매출액은 처분일이 속한 연도의 전년도의 1년간 총매출액을 기준으로 한다. 다만, 신규사업·휴업 등에 따라 1년간 총매출액을 산출할 수 없거나 1년간 매출액을 기준으로 하는 것이 현저히 불합리하다고 인정되는 경우에는 분기별·월별 또는 일별 매출액을 기준으로 연간 총매출액을 환산하여 산출한다.

2. 과징금 기준

등급	연간 총매출액 (단위 : 백만원)	영업정지 1일당 과징금 금액 (단위 : 원)	등급	연간 총매출액 (단위 : 백만원)	영업정지 1일당 과징금 금액 (단위 : 원)
1	100 이하	9,400	18	3,800 초과~4,300 이하	288,000
2	100 초과~200 이하	41,000	19	4,300 초과~4,800 이하	324,000
3	200 초과~310 이하	52,000	20	4,800 초과~5,400 이하	363,000
4	310 초과~430 이하	63,000	21	5,400 초과~6,000 이하	406,000
5	430 초과~560 이하	74,000	22	6,000 초과~6,700 이하	452,000
6	560 초과~700 이하	85,000	23	6,700 초과~7,500 이하	505,000
7	700 초과~860 이하	96,000	24	7,500 초과~8,600 이하	573,000
8	860 초과~1,040 이하	105,000	25	8,600 초과~10,000 이하	662,000
9	1,040 초과~1,240 이하	114,000	26	10,000 초과~12,000 이하	783,000
10	1,240 초과~1,460 이하	123,000	27	12,000 초과~15,000 이하	961,000
11	1,460 초과~1,710 이하	132,000	28	15,000 초과~20,000 이하	1,246,000
12	1,710 초과~2,000 이하	141,000	29	20,000 초과~25,000 이하	1,602,000
13	2,000 초과~2,300 이하	153,000	30	25,000 초과~30,000 이하	1,959,000
14	2,300 초과~2,600 이하	174,000	31	30,000 초과~35,000 이하	2,315,000
15	2,600 초과~3,000 이하	200,000	32	35,000 초과~40,000 이하	2,671,000
16	3,000 초과~3,400 이하	228,000	33	40,000 초과	2,849,000
17	3,400 초과~3,800 이하	256,000			

4 제7조의3(과징금의 부과 및 납부)

① 시장·군수·구청장은 법 제11조의2의 규정에 따라 과징금을 부과하고자 할 때에는 그 위반행위의 종별과 해당 과징금의 금액 등을 명시하여 이를 납부할 것을 서면으로 통지하여야 함

② 제1항의 규정에 따라 통지를 받은 자는 통지를 받은 날부터 20일 이내에 과징금을 시장·군수·구청장이 정하는 수납기관에 납부하여야 한다. 다만, 천재·지변 그 밖에

부득이한 사유로 인하여 그 기간내에 과징금을 납부할 수 없는 때에는 그 사유가 없어진 날부터 7일 이내에 납부하여야 한다.

③ 제2항의 규정에 따라 과징금의 납부를 받은 수납기관은 영수증을 납부자에게 교부하여야 한다.

④ 과징금의 수납기관은 제2항의 규정에 따라 과징금을 수납한 때에는 지체없이 그 사실을 시장·군수·구청장에게 통보하여야 한다.

⑤ 시장·군수·구청장은 법 제11조의2에 따라 과징금을 부과받은 자(이하 "과징금납부의무자"라고 한다)가 납부해야 할 과징금의 금액이 100만 원 이상인 경우로서 다음 각 호의 어느 하나에 해당하는 사유로 과징금의 전액을 한꺼번에 납부하기 어렵다고 인정될 때에는 과징금납부의무자의 신청을 받아 12개월의 범위에서 분할 납부의 횟수를 3회 이내로 정하여 분할 납부하게 할 수 있다.

　㉠ 재해 등으로 재산에 현저한 손실을 입은 경우

　㉡ 사업 여건의 악화로 사업이 중대한 위기에 있는 경우

　㉢ 과징금을 한꺼번에 납부하면 자금사정에 현저한 어려움이 예상되는 경우

　㉣ 그 밖에 제1호부터 제3호까지의 규정에 준하는 사유가 있다고 인정되는 이유

⑥ 과징금납부의무자는 제5항에 따라 과징금을 분할 납부하려는 경우에는 그 납부기한의 10일 전까지 같은 항 각 호의 사유를 증명하는 서류를 첨부하여 시장·군수·구청장에게 과징금의 분할 납부를 신청해야 한다.

⑦ 시장·군수·구청장은 과징금납부의무자가 다음 각 호의 어느 하나에 해당하는 경우에는 분할 납부 결정을 취소하고 과징금을 한꺼번에 징수할 수 있다.

　㉠ 분할 납부하기로 결정된 과징금을 납부기한까지 내지 않은 경우

　㉡ 강제집행, 경매의 개시, 파산선고, 법인의 해산, 국세 또는 지방세의 체납처분을 받은 경우 등 과징금의 전부 또는 잔여분을 징수할 수 없다고 인정되는 경우

⑧ 과징금의 징수절차는 보건복지부령으로 정한다.

5 제7조의4(과징금 부과처분 취소 대상자)

과징금 부과처분을 취소하고 영업정지 처분을 하거나 「지방행정제재·부과금의 징수 등에 관한 법률」 에 따라 과징금을 징수하여야 하는 대상자는 과징금을 기한 내에 납부하지 아니한 자로서 1회의 독촉을 받고 그 독촉을 받은 날부터 15일 이내에 과징금을 납부하지 아니한 자로 한다.

6 **제7조의5(위반사실의 공표)**

① 법 제 11조의6에 따른 공표 사항은 다음 각 호와 같다.

㉠ 「공중위생관리법」 위반사실의 공표라는 내용의 표제

㉡ 공중위생영업의 종류

㉢ 영업소의 명칭 및 소재지와 대표자 성명

㉣ 위반 내용(위반행위의 구체적 내용과 근거 법령을 포함한다)

㉤ 행정처분의 내용, 처분일 및 처분기간

㉥ 그 밖에 보건복지부장관이 특히 공표할 필요가 있다고 인정하는 사항

② 시장·군수·구청장은 법 제11조의6에 따라 공표하는 경우에는 해당 시·군·구(자치구를 말한다)의 인터넷 홈페이지와 공중위생영업자의 인터넷 홈페이지(인터넷 홈페이지가 있는 경우만 해당한다)에 각각 게시하여야 한다.

③ 제2항에 따른 공표의 절차 및 방법 등에 필요한 세부사항은 보건복지부장관이 정하여 고시한다.

7 **제8조(공중위생감시원의 자격 및 임명)**

① 법 제15조에 따라 특별시장·광역시장·도지사(이하 "시·도지사"라 한다) 또는 시장·군수·구청장은 다음 각 호의 어느 하나에 해당하는 소속 공무원 중에서 공중위생감시원을 임명한다.

㉠ 위생사 또는 환경기사 2급 이상의 자격증이 있는 사람

㉡ 「고등교육법」에 따른 대학에서 화학·화공학·환경공학 또는 위생학 분야를 전공하고 졸업한 사람 또는 법령에 따라 이와 같은 수준 이상의 학력이 있다고 인정되는 사람

㉢ 외국에서 위생사 또는 환경기사의 면허를 받은 사람

㉣ 1년 이상 공중위생 행정에 종사한 경력이 있는 사람

② 시·도지사 또는 시장·군수·구청장은 제1항 각 호의 어느 하나에 해당하는 사람만으로는 공중위생감시원의 인력확보가 곤란하다고 인정되는 때에는 공중위생 행정에 종사하는 사람 중 공중위생 감시에 관한 교육훈련을 2주 이상 받은 사람을 공중위생 행정에 종사하는 동안 공중위생감시원으로 임명할 수 있다.

8 제9조(공중위생감시원의 업무범위)

공중위생감시원의 업무는 다음 각호와 같다.

① 시설 및 설비의 확인

② 공중위생영업 관련 시설 및 설비의 위생상태 확인·검사, 공중위생영업자의 위생관리 의무 및 영업자준수사항 이행여부의 확인

③ 위생지도 및 개선명령 이행여부의 확인

④ 공중위생영업소의 영업의 정지, 일부 시설의 사용중지 또는 영업소 폐쇄명령 이행 여부의 확인

⑤ 위생교육 이행 여부의 확인

9 제9조의2(명예공중위생감시원의 자격 등)

① 명예공중위생감시원(이하 "명예감시원"이라 한다)은 시·도지사가 다음 각호의 1에 해당하는 자 중에서 위촉한다.

　㉠ 공중위생에 대한 지식과 관심이 있는 자

　㉡ 소비자단체, 공중위생관련 협회 또는 단체의 소속직원 중에서 당해 단체 등의 장이 추천하는 자

② 명예감시원의 업무는 다음 각호 같다.

　㉠ 공중위생감시원이 행하는 검사대상물의 수거 지원

　㉡ 법령 위반행위에 대한 신고 및 자료 제공

　㉢ 그밖에 공중위생에 관한 홍보·계몽 등 공중위생관리업무와 관련하여 시·도지사가 따로 정하여 부여하는 업무

③ 시·도지사는 명예감시원의 활동지원을 위하여 예산의 범위안에서 시·도지사가 정하는 바에 따라 수당 등을 지급할 수 있다.

④ 명예감시원의 운영에 관하여 필요한 사항은 시·도지사가 정한다.

10 제10조의2(수수료)

따른 수수료는 지방자치단체의 수입증지 또는 정보통신망을 이용한 전자화폐·전자결제 등의 방법으로 시장·군수·구청장에게 납부하여야 하며, 그 금액은 다음 각 호와 같다.

　㉠ 이용사 또는 미용사 면허를 신규로 신청하는 경우 : 5천500원

ⓛ 이용사 또는 미용사 면허증을 재교부 받고자 하는 경우 : 3천원

11 제10조의3(민감정보 및 고유식별정보의 처리)

① 보건복지부장관(보건복지부장관의 업무를 위탁받은 자를 포함한다)은 다음의 사무를 수행하기 위하여 불가피한 경우 「개인정보 보호법」 등록번호가 포함된 자료를 처리할 수 있다.

건강에 관한 정보, 주민등록번호 또는 외국인등록번호가 포함된 자료를 처리할 수 있다.

ⓐ 공중위생영업의 신고·변경신고 및 폐업신고에 관한 사무

ⓛ 공중위생영업자의 지위승계 신고에 관한 사무

ⓒ 이용사 및 미용사 면허신청 및 면허증 발급에 관한 사무

ⓛ 이용사 및 미용사의 면허취소 등에 관한 사무

ⓜ 위생지도 및 개선명령에 관한 사무

ⓗ 공중위생업소의 폐쇄 등에 관한 사무

ⓢ 과징금의 부과·징수에 관한 사무

ⓞ 청문에 관한 사무

12 제11조(과태료의 부과)

과태료의 부과기준은 별표 2와 같다.

■ [공중위생관리법 시행령 (별표 2)]

① 일반기준

가. 보건복지부장관 또는 시장·군수·구청장은 다음의 어느 하나에 해당하는 경우에는 제2호의 개별기준에 따른 과태료 금액의 2분의 1 범위에서 그 금액을 줄일 수 있다. 다만, 과태료를 체납하고 있는 위반행위자에 대해서는 그렇지 않다.

1) 위반행위자가 「질서위반행위규제법 시행령」 제2조의2제1항 각 호의 어느 하나에 해당하는 경우

2) 위반행위가 사소한 부주의나 오류로 발생한 것으로 인정되는 경우

3) 위반의 내용·정도가 경미하다고 인정되는 경우

4) 위반행위자가 법 위반상태를 시정하거나 해소하기 위해 노력한 것이 인정되는 경우

5) 그 밖에 위반행위의 정도, 위반행위의 동기와 그 결과 등을 고려하여 과태료 금액을 줄일 필요가 있다고 인정되는 경우

나. 보건복지부장관 또는 시장·군수·구청장은 다음의 어느 하나에 해당하는 경우에는 제2호의 개별기준에 따른 과태료 금액의 2분의 1 범위에서 그 금액을 늘려 부과할 수 있다. 다만, 늘려 부과하는 경우에도 법 제22조제1항부터 제3항까지에 따른 과태료 금액의 상한을 넘을 수 없다.

1) 위반의 내용 및 정도가 중대하여 이로 인한 피해가 크다고 인정되는 경우

2) 법 위반상태의 기간이 6개월 이상인 경우

3) 그 밖에 위반행위의 정도, 위반행위의 동기와 그 결과 등을 고려하여 가중할 필요가 있다고 인정되는 경우

② 개별기준

위반행위	근거 법조문	과태료 금액 (단위 : 만원)
법 제4조제2항을 위반하여 목욕장의 목욕물 중 원수의 수질기준 또는 위생기준을 준수하지 않은 자로서 법 제 10조에 따른 개선명령에 따르지 않은 경우	법 제22조 제1항제1호의2	150
법 제4조제2항을 위반하여 목욕장의 목욕물 중 욕조수의 수질기준 또는 위생기준을 준수하지 않은 자로서 법 제10조에 따른 개선명령에 따르지 않은 경우	법 제22조 제1항제1호의2	150

법 제4조제3항 각 호 및 같은 조 제7항을 위반하여 이용업소의 위생관리 의무를 지키지 않은 경우	법 제22조 제2항제1호	80
법 제4조제4항 각 호 및 같은 조 제 7항을 위반하여 미용업소의 위생관리 의무를 지키지 않은 경우	법 제22조 제2항제2호	80
법 제4조제5항 및 제7항을 위반하여 세탁업소의 위생관리 의무를 지키지 않은 경우	법 제22조 제2항제4호	60
법 제4조제6항 및 제7항을 위반하여 건물위생관리업소의 위생관리 의무를 지키지 않은 경우	법 제22조 제2항제4호	60
법 제4조제7항을 위반하여 숙박업소의 시설 및 설비를 위생적이고 안전하게 관리하지 않은 경우	법 제22조 제1항제2호	90
법 제4조제7항을 위반하여 목욕장업소의 시설 및 설비를 위생적이고 안전하게 관리하지 않은 경우	법 제22조 제1항제3호	90
법 제8조제2항을 위반하여 영업소 외의 장소에서 이용 또는 미용업무를 행한 경우	법 제22조 제2항제5호	80
법 제9조에 따른 보고를 하지 않거나 관계공무원의 출입·검사 기타 조치를 거부·방해 또는 기피한 경우	법 제22조 제1항제4호	150
법 제10조에 따른 개선명령에 위반한 경우	법 제22조 제1항제5호	150
법 제11조의5를 위반하여 이용업소표시등을 설치한 경우	법 제22조 제1항제6호	90
법 제17조제1항을 위반하여 위생교육을 받지 않은 경우	법 제22조 제2항제6호	60
법 제19조의3을 위반하여 위생사의 명칭을 사용한 경우	법 제22조 제3항	50

Chapter 02 공중위생관리법 시행규칙

1 제1조(목적)

이 규칙은 「공중위생관리법」 및 같은 법 시행령에서 위임된 사항과 그 시행에 관하여 필요한 사항을 규정함을 목적으로 한다.

2 제2조(시설 및 설비기준)

「공중위생관리법」 (이하 "법"이라 한다) 제3조제1항에 따른 공중위생영업의 종류별 시설 및 설비기준은 별표 1과 같다.

■ [공중위생관리법 시행규칙 (별표 1)]

공중위생영업의 종류별 시설 및 설비기준(제2조 관련)

(1) 일반기준

① 공중위생영업장은 독립된 장소이거나 공중위생영업 외의 용도로 사용되는 시설 및 설비와 분리(벽이나 층 등으로 구분하는 경우를 말한다. 이하 같다) 또는 구획(칸막이·커튼 등으로 구분하는 경우를 말한다. 이하 같다)되어야 한다.

② 제1호에도 불구하고 다음 각 목에 해당하는 경우에는 공중위생영업장을 별도로 분리 또는 구획하지 않아도 된다.

㉠ 법 제2조제1항제5호 각 목에 해당하는 미용업을 2개 이상 함께 하는 경우(해당 미용업자의 명의로 각각 영업신고를 하거나 공동신고를 하는 경우를 포함한다) 로서 각각의 영업에 필요한 시설 및 설비기준을 모두 갖추고 있으며, 각각의 시설이 선·줄 등으로 서로 구분될 수 있는 경우

㉡ 건물 위생 관리업을 하는 경우로서 영업에 필요한 설비 및 장비 등을 영업장과 독립된 공간에 보관하는 경우

㉢ 그 밖에 별도로 분리 또는 구획하지 않아도 되는 경우로서 보건복지부장관이 인정하는 경우

---

(2) 개별기준

① 이용업

ㄱ 이용기구는 소독을 한 기구와 소독을 하지 아니한 기구를 구분하여 보관할 수 있는 용기를 비치하여야 한다.

ㄴ 소독기·자외선 살균기 등 이용기구를 소독하는 장비를 갖추어야 한다.

ㄷ 영업소 안에는 별실 그밖에 이와 유사한 시설을 설치하여서는 아니 된다.

② 미용업

ㄱ 미용업(일반), 미용업(손톱·발톱) 및 미용업(화장·분장)

- 미용기구는 소독을 한 기구와 소독을 하지 아니한 기구를 구분하여 보관할 수 있는 용기를 비치하여야 한다.
- 소독기·자외선 살균기 등 미용기구를 소독하는 장비를 갖추어야 한다.

ㄴ 미용업(피부) 및 미용업(종합)

- 미용기구는 소독을 한 기구와 소독을 하지 아니한 기구를 구분하여 보관할 수 있는 용기를 비치하여야 한다.
- 소독기·자외선 살균기 등 미용기구를 소독하는 장비를 갖추어야 한다.

3 제3조(공중위생영업의 신고)

① 공중위생영업의 신고를 하려는 자는 공중위생영업의 종류별 시설 및 설비기준에 적합한 시설을 갖춘 신고서(전자문서로 된 신고서를 포함한다)에 다음 각 호의 서류를 첨부하여 시장·군수·구청장(자치구의 구청장을 말한다. 이하 같다)에게 제출하여야 한다.

ㄱ 영업시설 및 설비개요서

ㄴ 교육수료증(법 제17조제2항에 따라 미리 교육을 받은 경우에만 해당한다)

ㄷ 「국유재산법 시행규칙」 제14조제3항에 따른 국유재산 사용허가서(국유철도 정거장 또는 군사시설에서 영업하려는 경우에만 해당한다)

ㄹ 철도사업자(도시철도사업자를 포함한다)와 체결한 철도시설 사용계약에 관한 서류(국유철도 외의 철도 정거장 시설에서 영업하려고 하는 경우에만 해당한다)

② 신고서를 제출받은 시장·군수·구청장은 「전자정부법」 제36조제1항에 따른 행정정보의 공동이용을 통하여 다음 각 호의 서류를 확인해야 한다. 다만, 제3호·제3호의2·

제3호의3 및 제4호의 경우 신고인이 확인에 동의하지 않는 경우에는 그 서류를 첨부하도록 해야 한다.

1. 건축물대장(국유재산 사용허가서를 제출한 경우에는 제외한다)
2. 토지이용계획확인서(국유재산 사용허가서를 제출한 경우에는 제외한다)
3. 전기안전점검확인서(전기안전점검을 받아야 하는 경우에만 해당 한다)
4. 면허증(이용업·미용업의 경우에만 해당한다)

③ 신고를 받은 시장·군수·구청장은 즉시 영업신고증을 교부하고, 신고관리대장(전자문서를 포함한다)을 작성·관리하여야 한다.

④ 신고를 받은 시장·군수·구청장은 해당 영업소의 시설 및 설비에 대한 확인이 필요한 경우에는 영업신고증을 교부한 후 「30일」이내에 확인하여야 한다.

⑤ 공중위생영업의 신고를 한 자가 제3항에 따라 교부받은 영업신고증을 잃어버렸거나 헐어 못 쓰게 되어 재교부 받으려는 경우에는 영입신고증 재교부신청서를 시장·군수·구청장에게 제출하여야 한다. 이 경우 영업신고증이 헐어 못쓰게 된 경우에는 못 쓰게 된 영업신고증을 첨부하여야 한다.

4 제3조의2(변경신고)

① "보건복지부령이 정하는 중요사항"이란 다음 각 호의 사항을 말한다.
 ㉠ 영업소의 명칭 또는 상호
 ㉡ 영업소의 주소
 ㉢ 신고한 영업장 면적의 3분의 1 이상의 증강
 ㉣ 대표자의 성명 또는 생년월일
 ㉤ 「공중위생관리법 시행령」 (이하 "영"이라 한다)
 ㉥ 법 제2조제1항제5호 각 목에 따른 미용업 업종 간 변경

② 변경신고를 하려는 자는 영업신고사항 변경신고서(전자문서로 된 신고서를 포함한다)에 다음 각 호의 서류를 첨부하여 시장·군수·구청장에게 제출하여야 한다.
 ㉠ 영업신고증(신고증을 분실하여 영업신고사항 변경신고서에 분실 사유를 기재하는 경우에는 첨부하지 아니한다)
 ㉡ 변경사항을 증명하는 서류

③ 변경신고서를 제출받은 시장·군수·구청장은 행정정보의 공동이용을 통하여 다음 각

호의 서류를 확인해야 한다. 다만, 제3호·제3호의2·제3호의3 및 제4호의 경우 신고인이 확인에 동의하지 않는 경우에는 그 서류를 첨부하도록 해야 한다.

④ 제2항에 따른 신고를 받은 시장·군수·구청장은 영업신고증을 고쳐 쓰거나 재교부해야 한다. 다만, 변경신고사항이 제1항제2호, 제5호 또는 제6호에 해당하는 경우에는 변경신고한 영업소의 시설 및 설비 등을 변경신고를 받은 날부터 30일 이내에 확인해야 한다.

5 제3조의3(공중위생영업의 폐업신고)

① 폐업신고를 하려는 자는 신고서(전자문서로 된 신고서를 포함한다)를 시장·군수·구청장에게 제출하여야 한다.

② 폐업신고를 하려는 자가 폐업신고를 같이 하려는 경우에는 제1항에 따른 폐업신고서에 폐업신고서를 함께 제출하여야 한다. 이 경우 시장·군수·구청장은 함께 제출받은 폐업신고서를 지체 없이 관할 세무서장에게 송부(정보통신망을 이용한 송부를 포함한다. 이하 이 조에서 같다)하여야 한다.

③ 관할 세무서장이 폐업신고를 받아 이를 해당 시장·군수·구청장에게 송부한 경우에는 폐업신고서가 제출된 것으로 본다.

6 제3조의4(영업자의 지위승계신고)

① 영업자의 지위승계신고를 하려는 자는 영업자지위승계신고서에 다음 각 호의 구분에 따른 서류를 첨부하여 시장·군수·구청장에게 제출해야 한다.

ⓐ 영업양도의 경우: 양도·양수를 증명할 수 있는 서류 사본

ⓑ 상속의 경우: 상속인임을 증명할 수 있는 서류(가족관계등록전산정보만으로 상속인임을 확인할 수 있는 경우는 제외한다)

ⓒ 제1호 및 제2호외의 경우: 해당 사유별로 영업자의 지위를 승계하였음을 증명할 수 있는 서류

7 제5조(이·미용기구의 소독기준 및 방법)

① 일반기준

㉠ 자외선소독 : 1cm^{2}당 85㎼ 이상의 자외선을 20분 이상 쬐어준다.

㉡ 건열멸균소독 : 섭씨 100℃ 이상의 건조한 열에 20분 이상 쐬어준다.

㉢ 증기소독 : 섭씨 100℃ 이상의 습한 열에 20분 이상 쐬어준다

㉣ 열탕소독 : 섭씨 100℃ 이상의 물속에 10분 이상 끓여준다.

㉤ 석탄산수소독 : 석탄산수(석탄산 3%, 물 97%의 수용액을 말한다)에 10분 이상 담가둔다.

㉥ 크레졸소독: 크레졸수(크레졸 3%, 물 97%의 수용액을 말한다)에 10분 이상 담가둔다.

㉦ 에탄올소독 : 에탄올수용액(에탄올이 70%인 수용액을 말한다. 이하 이 호에서 같다)에 10분 이상 담가두거나 에탄올수용액을 머금은 면 또는 거즈로 기구의 표면을 닦아준다.

② 개별기준

이용기구 및 미용기구의 종류·재질 및 용도에 따른 구체적인 소독기준 및 방법은 보건복지부장관이 정하여 고시한다.

8 제7조(공중위생영업자가 준수하여야 하는 위생관리기준 등)

■ [공중위생관리법 시행규칙 [별표 4]

공중위생영업자가 준수하여야 하는 위생관리기준 등

1. 이용업자

가. 이용기구 중 소독을 한 기구와 소독을 하지 아니한 기구는 각각 다른 용기에 넣어 보관하여야 한다.

나. 1회용 면도날은 손님 1인에 한하여 사용하여야 한다.

다. 영업장안의 조명도는 75럭스 이상이 되도록 유지하여야 한다.

라. 영업소 내부에 이용업 신고증 및 개설자의 면허증 원본을 게시하여야 한다.

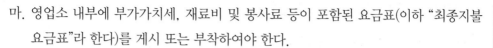
마. 영업소 내부에 부가가치세, 재료비 및 봉사료 등이 포함된 요금표(이하 "최종지불요금표"라 한다)를 게시 또는 부착하여야 한다.

바. 마목에도 불구하고 신고한 영업장 면적이 66제곱미터 이상인 영업소의 경우 영업소 외부(출입문, 창문, 외벽면 등을 포함한다. 이하 같다)에도 손님이 보기 쉬운 곳에 「옥외광고물 등 관리법」에 적합하게 최종지불요금표를 게시 또는 부착하여야 한다. 이 경우 최종지불요금표에는 일부항목(3개 이상)만을 표시할 수 있다.

사. 3가지 이상의 이용서비스를 제공하는 경우에는 개별 이용서비스의 최종지불가격 및 전체 이용서비스의 총액에 관한 내역서를 이용자에게 미리 제공하여야 한다. 이 경우 이용업자는 해당 내역서 사본을 1개월간 보관하여야 한다.

2. 미용업자

가. 점빼기·귓볼뚫기·쌍꺼풀수술·문신·박피술 그 밖에 이와 유사한 의료 행위를 하여서는 아니된다.

나. 피부미용을 위하여 「약사법」에 따른 의약품 또는 「의료기기법」에 따른 의료기기를 사용하여서는 아니 된다.

다. 미용기구중 소독을 한 기구와 소독을 하지 아니한 기구는 각각 다른 용기에 넣어 보관하여야 한다.

라. 1회용 면도날은 손님 1인에 한하여 사용하여야 한다.

마. 영업장안의 조명도는 75럭스 이상이 되도록 유지하여야 한다.

바. 영업소 내부에 미용업 신고증 및 개설자의 면허증 원본을 게시하여야 한다.

사. 영업소 내부에 최종지불요금표를 게시 또는 부착하여야 한다.

아. 사목에도 불구하고 신고한 영업장 면적이 66제곱미터 이상인 영업소의 경우 영업소 외부에도 손님이 보기 쉬운 곳에 「옥외광고물 등 관리법」에 적합하게 최종지불요금표를 게시 또는 부착하여야 한다. 이 경우 최종지불요금표에는 일부항목(5개 이상)만을 포함할 수 있다.

9 제9조(이용사 및 미용사의 면허)

① 이용사 또는 미용사의 면허를 받으려는 자는 면허 신청서(전자문서로 된 신청서를 포함한다)에 다음 각 호의 서류를 첨부하여 시장·군수·구청장에게 제출해야 한다.

　㉠ 졸업증명서 또는 학위증명서 1부

　㉡ 법 제6조제1항제3호에 해당하는 자 : 이수를 증명할 수 있는 서류 1부

　㉢ 법 제6조제2항제2호 본문에 해당되지 아니함을 증명하는 최근 6개월 이내의 의사의 진단서 또는 같은 호 단서에 해당하는 경우에는 이를 증명할 수 있는 전문의의 진단서 1부

　㉣ 법 제6조제2항제3호 및 제4호에 해당되지 아니함을 증명하는 최근 6개월 이내의 의사의 진단서 1부

　㉤ 사진(신청 전 6개월 이내에 모자 등을 쓰지 않고 촬영한 천연색 상반신 정면사진으로 가로 3.5센티미터, 세로 4.5센티미터의 사진) 1장 또는 전자적 파일 형태의 사진

② 제1항에 따라 신청을 받은 시장·군수·구청장은 「전자정부법」 제36조제1항에 따른 행정정보의 공동이용을 통하여 다음 각 호의 서류를 확인하여야 한다. 다만, 신청인이 확인에 동의하지 아니하는 경우에는 해당 서류를 첨부하도록 하여야 한다.

　1. 학점은행제학위증명(신청인이 법 제6조제1항제1호의2에 해당하는 사람인 경우에만 해당한다)

　2. 국가기술자격취득사항확인서(신청인이 법 제6조제1항제4호에 해당하는 사람인 경우에만 해당한다)

③ 법 제6조제2항제3호에서 "보건복지부령이 정하는 자"란 「감염병의 예방 및 관리에 관한 법률」 제2조제3호가목에 따른 결핵(비감염성인 경우는 제외한다)환자를 말한다.

④ 시장·군수·구청장은 제1항에 따라 이용사 또는 미용사 면허증발급신청을 받은 경우에는 그 신청내용이 법 제6조에 따른 요건에 적합하다고 인정되는 경우에는 별지 제8호서식의 면허증을 교부하고, 별지 제9호서식의 면허등록관리대장(전자문서를 포함한다)을 작성·관리하여야 한다.

10 제10조(면허증의 재발급 등)

① 이용사 또는 미용사는 면허증의 기재사항에 변경이 있는 때, 면허증을 잃어버린 때 또는 면허증이 헐어 못쓰게 된 때에는 면허증의 재발급을 신청할 수 있다.

② 면허증의 재발급신청을 하려는 자는 신청서(전자문서로 된 신청서 포함)에 다음의 서류(전자문서 포함)를 첨부하여 시장·군수·구청장에게 제출하여야 한다.

㉠ 면허증 원본(기재사항이 변경되거나 헐어 못쓰게 된 경우에 한정한다)

㉡ 사진 1장 또는 전자적 파일 형태의 사진

11 제13조(영업소 외에서의 이용 및 미용 업무)

"보건복지부령이 정하는 특별한 사유"란 다음의 사유를 말한다.

㉠ 질병, 고령, 장애나 그 밖의 사유로 영업소에 나올 수 없는 자에 대하여 이용 또는 미용을 하는 경우

㉡ 혼례나 그 밖의 의식에 참여하는 자에 대하여 그 의식 직전에 이용 또는 미용을 하는 경우

㉢ 사회복지시설에서 봉사활동으로 이용 또는 미용을 하는 경우

㉣ 방송 등의 촬영에 참여하는 사람에 대하여 그 촬영 직전에 이용 또는 미용을 하는 경우

㉤ 특별한 사정이 있다고 시장·군수·구청장이 인정하는 경우

12 제14조(업무범위)

① 이용사의 업무범위는 이발·아이론·면도·머리피부손질·머리카락 염색 및 머리감기로 한다.

② 미용사의 업무범위는 다음과 같다.

1. 법 제6조제1항제1호부터 제3호까지에 해당하는 자와 2007년 12월 31일 이전에 같은 항 제4호에 따라 미용사자격을 취득한 자로서 미용사 면허를 받은 자: 법 제2조제1항제5호 각 목에 따른 영업에 해당하는 모든 업무

2. 2008년 1월 1일부터 2015년 4월 16일까지 법 제6조제1항제4호에 따라 미용사(일반)자격을 취득한 자로서 미용사 면허를 받은 자: 파마·머리카락 자르기·머리카락모양내기·머리피부손질·머리카락염색·머리감기, 의료기기나 의약품을 사용하지 아니하는 눈썹손질, 얼굴의 손질 및 화장, 손톱과 발톱의 손질 및 화장

3. 2015년 4월 17일부터 2016년 5월 31일까지 법 제6조제1항제4호에 따라 미용사 (일반)자격을 취득한 자로서 미용사 면허를 받은 자: 파마·머리카락 자르기·머리카락모양내기·머리피부손질·머리카락염색·머리감기, 의료기기나 의약품을 사용하지 아니하는 눈썹손질, 얼굴의 손질 및 화장

3의2. 2016년 6월 1일 이후 법 제6조제1항제4호에 따라 미용사(일반)자격을 취득한 자로서 미용사 면허를 받은 자: 파마·머리카락 자르기·머리카락모양내기·머리피부손질·머리카락염색·머리감기, 의료기기나 의약품을 사용하지 아니하는 눈썹손질

③ 이용·미용의 업무보조 범위는 다음 각 호와 같다.

　　㉠ 이용·미용 업무를 위한 사전 준비에 관한 사항

　　㉡ 이용·미용 업무를 위한 기구·제품 등의 관리에 관한 사항

　　㉢ 영업소의 청결 유지 등 위생관리에 관한 사항

　　㉣ 그 밖에 머리감기 등 이용·미용 업무의 보조에 관한 사항

13 제16조(공중위생영업소 출입·검사 등)

② 법 제9조제2항의 규정에 의한 관계공무원의 권한을 표시하는 증표는 별지 제13호서식에 의한다.

14 제17조(개선기간)

① 시·도지사 또는 시장·군수·구청장은 공중위생영업자에게 위반사항에 대한 개선을 명하고자 하는 때에는 위반사항의 개선에 소요되는 기간 등을 고려하여 즉시 그 개선을 명하거나 6개월의 범위에서 기간을 정하여 개선을 명하여야 한다.

② 시·도지사 또는 시장·군수·구청장으로부터 개선명령을 받은 공중위생영업자는 천재·지변 기타 부득이한 사유로 인하여 개선기간 이내에 개선을 완료할 수 없는 경우에는 그 기간이 종료되기 전에 개선기간의 연장을 신청할 수 있다. 이 경우 시·도지사 또는 시장·군수 ·구청장은 6개월의 범위에서 개선기간을 연장할 수 있다.

15 제19조(행정처분기준)

법 제7조제1항 및 제11조제1항부터 제3항까지의 규정에 따른 행정처분의 기준은 별표 7
과 같다.

---

(1) 일반기준

1. 위반행위가 2 이상인 경우로서 그에 해당하는 각각의 처분기준이 다른 경우에는 그
   중 중한 처분기준에 의하되, 2 이상의 처분기준이 영업정지에 해당하는 경우에는
   가장 중한 정지처분기간에 나머지 각각의 정지처분기간의 2분의 1을 더하여 처분
   한다.

2. 행정처분을 하기 위한 절차가 진행되는 기간 중에 반복하여 같은 사항을 위반한 때
   에는 그 위반횟수마다 행정처분 기준의 2분의 1씩 더하여 처분한다.

3. 위반행위의 차수에 따른 행정처분기준은 최근 1년간(「성매매알선 등 행위의 처벌
   에 관한 법률」 제4조를 위반하여 관계 행정기관의 장이 행정처분을 요청한 경우에
   는 최근 3년간) 같은 위반행위로 행정처분을 받은 경우에 이를 적용한다. 이 경우
   기간의 계산은 위반행위에 대하여 행정처분을 받은 날과 그 처분 후 다시 같은 위
   반행위를 하여 적발된 날(수거검사에 의한 경우에는 해당 검사결과를 처분청이 접
   수한 날을 말한다)을 기준으로 한다.

4. 가중된 행정처분을 하는 경우 가중처분의 적용 차수는 그 위반행위 전 행정처분 차
   수(제3호에 따른 기간 내에 행정처분이 둘 이상 있었던 경우에는 높은 차수를 말한
   다)의 다음 차수로 한다.

5. 행정처분권자는 위반사항의 내용으로 보아 그 위반정도가 경미하거나 해당위반사
   항에 관하여 검사로부터 기소유예의 처분을 받거나 법원으로부터 선고유예의 판결
   을 받은 때에는 Ⅱ. 개별기준에 불구하고 그 처분기준을 다음의 구분에 따라 경감
   할 수 있다.

   가. 영업정지 및 면허정지의 경우에는 그 처분기준 일수의 2분의 1의 범위 안에서
   경감할 수 있다.

   나. 영업장폐쇄의 경우에는 3월 이상의 영업정지처분으로 경감할 수 있다.

6. 영업정지 1월은 30일을 기준으로 하고, 행정처분기준을 가중하거나 경감하는 경우
   1일 미만은 처분기준 산정에서 제외한다.

(2) 미용업

위반행위	근거 법조문	행정처분기준			
		1차 위반	2차 위반	3차 위반	4차 이상 위반
법 제3조제1항 전단에 따른 영업신고를 하지 않거나 시설과 설비기준을 위반한 경우	법 제11조 제1항1호				
영업신고를 하지 않은 경우		영업장 폐쇄명령			
시설 및 설비기준을 위반한 경우		개선명령	영업정지 15일	영업정지 1월	영업장 폐쇄명령
법 제3조제1항 후단에 따른 변경신고를 하지 않은 경우	법 제11조 제1항제2호				
신고를 하지 않고 영업소의 명칭 및 상호 또는 영업장 면적의 3분의 1 이상을 변경한 경우		경고 또는 개선 명령	영업정지 15일	영업정지 1월	영업장 폐쇄명령
신고를 하지 않고 영업소의 소재지를 변경한 경우		영업정지 1월	영업정지 2월	영업장 폐쇄명령	
법 제3조의2제4항에 따른 지위승계신고를 하지 않은 경우	법 제11조 제1항제3호	경고	영업정지 10일	영업정지 1월	영업장 폐쇄명령
법 제4조에 따른 공중위생영업자의 위생관리의무등을 지키지 않은 경우	법 제11조 제1항제4호				
소독을 한 기구와 소독을 하지 않은 기구를 각각 다른 용기에 넣어 보관하지 않거나 1회용 면도날을 2인 이상의 손님에게 사용한 경우		경고	영업정지 5일	영업정지 10일	영업장 폐쇄명령
피부미용을 위하여 「약사법」에 따른 의약품 또는 「의료기기법」에 따른 의료기기를 사용한 경우		영업정지 2월	영업정지 3월	영업장 폐쇄명령	
점빼기 · 귓볼뚫기 · 쌍꺼풀수술 · 문신 · 박피술 그 밖에 이와 유사한 의료행위를 한 경우		영업정지 2월	영업정지 3월	영업장 폐쇄명령	
미용업 신고증 및 면허증 원본을 게시하지 않거나 업소 내 조명도를 준수하지 않은 경우		경고 또는 개선 명령	영업정지 5일	영업정지 10일	영업장 폐쇄명령

별표 4 제4호자목 전단을 위반하여 개별 미용서비스의 최종 지불가격 및 전체 미용서비스의 총액에 관한 내역서를 이용자에게 미리 제공하지 않은 경우		경고	영업정지 5일	영업정지 10일	영업정지 1월
법 제5조를 위반하여 카메라나 기계장치를 설치한 경우	법 제11조 제1항제4호의2	영업정지 1월	영업정지 2월	영업장 폐쇄명령	
법 제7조제1항 각호의 어느 하나에 해당하는 면허 정지 및 면허 취소 사유에 해당하는 경우	법 제7조 제1항				
법 제6조제2항제1호부터 제4호까지에 해당하게 된 경우		면허취소			
면허증을 다른 사람에게 대여한 경우		면허정지 3월	면허정지 6월	면허취소	
「국가기술자격법」에 따라 자격이 취소된 경우		면허취소			
「국가기술자격법」에 따라 자격정지처분을 받은 경우(「국가기술자격법」에 따른 자격정지처분 기간에 한정한다)		면허정지			
이중으로 면허를 취득한 경우(나중에 발급받은 면허를 말한다)		면허취소			
면허정지처분을 받고도 그 정지 기간 중 업무를 한 경우		면허취소			
법 제8조제2항을 위반하여 영업소 외의 장소에서 미용 업무를 한 경우	법 제11조 제1항제5호	영업정지 1월	영업정지 2월	영업장 폐쇄명령	
법 제9조에 따른 보고를 하지 않거나 거짓으로 보고한 경우 또는 관계 공무원의 출입, 검사 또는 공중위생영업 장부 또는 서류의 열람을 거부·방해하거나 기피한 경우	법 제11조 제1항제6호	영업정지 10일	영업정지 20일	영업정지 1월	영업장 폐쇄명령
법 제10조에 따른 개선명령을 이행하지 않은 경우	법 제11조 제1항제7호	경고	영업정지 10일	영업정지 1월	영업장 폐쇄명령

공중위생관리법 Part V

「성매매알선 등 행위의 처벌에 관한 법률」, 「풍속영업의 규제에 관한 법률」, 「청소년 보호법」, 「아동 · 청소년의 성 보호에 관한 법률」 또는 「의료법」을 위반하여 관계 행정기관의 장으로부터 그 사실을 통보받은 경우	법 제11조 제1항제8호				
영업소		영업정지 3월	영업장 폐쇄명령		
미용사		면허정지 3월	면허취소		
손님에게 성매매알선 등 행위 또는 음란 행위를 하게 하거나 이를 알선 또는 제공한 경우		경고	영업정지 15일	영업정지 1월	영업장 폐쇄명령
손님에게 도박 그 밖에 사행행위를 하게 한 경우		영업정지 1월	영업정지 2월	영업장 폐쇄명령	
음란한 물건을 관람 · 열람하게 하거나 진열 또는 보관한 경우		경고	영업정지 15일	영업정지 1월	영업장 폐쇄명령
무자격안마사로 하여금 안마사의 업무에 관한 행위를 하게 한 경우		영업정지 1월	영업정지 2월	영업장 폐쇄명령	
영업정지처분을 받고도 그 영업정지 기간에 영업을 한 경우	법 제11조제2항	영업장 폐쇄명령			
공중위생영업자가 정당한 사유 없이 6개월 이상 계속 휴업하는 경우	법 제11조제3항 제1호	영업장 폐쇄명령			
공중위생영업자가 「부가가치세법」 제8조에 따라 관할 세무서장에게 폐업신고를 하거나 관할 세무서장이 사업자 등록을 말소한 경우	법 제11조제3항 제2호	영업장 폐쇄명령			

16 제20조(위생서비스수준의 평가)

공중위생영업소의 위생서비스수준 평가(이하 "위생서비스평가"라 한다. 이하 같다)는 2년마다 실시하되, 공중위생영업소의 보건·위생관리를 위하여 특히 필요한 경우에는 보건복지부장관이 정하여 고시하는 바에 따라 공중위생영업의 종류 또는 위생관리등급별로 평가주기를 달리할 수 있다. 다만, 공중위생영업자가 휴업신고를 한 경우 해당 공중위생영업소에 대해서는 위생서비스평가를 실시하지 않을 수 있다.

17 제21조(위생관리등급의 구분 등)

① 위생관리등급의 구분은 다음과 같다.
　　㉠ 최우수업소 : 녹색등급
　　㉡ 우수업소 : 황색등급
　　㉢ 일반관리대상 업소 : 백색등급
② 위생관리등급의 판정을 위한 세부항목, 등급결정 절차와 기타 위생서비스평가에 대한 구체적인 사항은 보건복지부장관이 정하여 고시한다.

18 제23조(위생교육)

① 위생교육은 3시간으로 한다.
② 위생교육의 내용은 「공중위생관리법」 및 관련 법규, 소양교육(친절 및 청결에 관한 사항을 포함한다), 기술교육, 그 밖에 공중위생에 관하여 필요한 내용으로 한다.
③ 동일한 공중위생영업자가 둘 이상의 미용업을 같은 장소에서 하는 경우에는 그 중 하나의 미용업에 관한 위생교육을 받으면 나머지 미용업에 대한 위생교육도 받은 것으로 본다.
④ 위생교육 대상자 중 보건복지부장관이 고시하는 섬·벽지지역에서 영업을 하고 있거나 하려는 자에 대하여는 교육교재를 배부하여 이를 익히고 활용하도록 함으로써 교육에 갈음할 수 있다.
⑤ 휴업신고를 한 자에 대해서는 휴업신고를 한 다음 해부터 영업을 재개하기 전까지 위생교육을 유예할 수 있다.
⑥ 영업신고 전에 위생교육을 받아야 하는 자 중 다음 각 호의 어느 하나에 해당하는 자는 영업신고를 한 후 6개월 이내에 위생교육을 받을 수 있다.

ⓐ 천재지변, 본인의 질병·사고, 업무상 국외출장 등의 사유로 교육을 받을 수 없는
경우

ⓑ 교육을 실시하는 단체의 사정 등으로 미리 교육을 받기 불가능한 경우

⑦ 위생교육을 받은 자가 위생교육을 받은 날부터 2년 이내에 위생교육을 받은 업종과
같은 업종의 영업을 하려는 경우에는 해당 영업에 대한 위생교육을 받은 것으로 본다.

⑩ 위생교육 실시단체의 장은 위생교육을 수료한 자에게 수료증을 교부하고, 교육실시
결과를 교육 후 1개월 이내에 시장·군수·구청장에게 통보하여야 하며, 수료증 교부
대장 등 교육에 관한 기록을 2년 이상 보관·관리하여야 한다.

Part Ⅴ 종합예상문제

001 공중위생업(미용업)의 정의는?

① 손님의 용모를 단정하는 영업이다
② 손님의 외모를 아름답게 꾸미는 영업이다.
③ 손님의 피부, 제모, 눈썹손질하는 영업이다
④ 손님의 손톱, 발톱 등을 손질하는 영업이다

> **해설** 일반미용업이란 파마, 머리카락 자르기, 머리카락 모양내기, 머리피부 손질, 머리카락 염색 등 손님의 외모를 아름답게 꾸미는 영업을 말한다.

002 공중위생업을 폐업하고자 할 때 폐업 한 날부터 몇 일 이내 시장·군수·구청장에게 신고 하여야 하는가?

① 15일　　　　② 20일
③ 30일　　　　④ 1개월

> **해설** 폐업 날부터 20일 이내 시장·군수·구청장에게 신고한다. 단, 영업정지기간 중에는 폐업신고를 할 수 없다.

003 공중위생업자가 보건복지부령이 정하는 중요사항을 변경하고자 할 때에 관할관청에 시행해야 하는 조치는?

① 통보한다.
② 허가받는다.
③ 신고한다.
④ 조치가 필요 없다.

> **해설** 영업소의 명칭, 상호, 주소, 면적 3분의 1 이상 증감, 대표자 성명, 생년월일 등을 시장·군수·구청장에게 신고한다.

004 보건복지부 장관은 공중위생관리법에 의한 권한 중 그 일부를 위임할 수 있는데 이에 관한 사항을 정하고 있는 것은?

① 대통령령　　　② 보건복지부령
③ 총리령　　　　④ 시·도지사

> **해설** 시행령: 대통령령 – 시행규칙: 보건복지부령 – 위임명령 →각 시·도지사

005 이·미용업의 신고를 하려는 자가 제출하여야 하는 서류에 해당하지 않는 것은?(단, 예외의 경우는 제외)

① 이·미용사 면허증
② 영업시설 및 설비 개요서
③ 교육필증(미리 교육을 받은 경우)
④ 신고서(전자문서로 된 신고서 포함)

> **해설** 영업신고서에 이·미용사 면허증을 첨부하지 않아도 된다.

 정답 001 ②　　　002 ②　　　003 ③　　　004 ①　　　005 ①

006 이 · 미용업을 하고자 하는 자는 규정의 한 요건을 맞추어 관계관청에 신고한 후에 교부받은 것은?

① 영업허가증
② 이 · 미용업 허가증
③ 영업신고증
④ 영업필증

해설 시장 · 군수 · 구청장은 영업신고증을 교부한 후 30일 이내에 확인하여야 한다.

007 이 · 미용 영업을 하고자 하는 자가 갖추어야 하는 시설 및 설비기준을 규정한 것은?

① 조례
② 대통령령
③ 시장 · 군수 · 구청장
④ 보건복지부령

해설 시설 및 설비 기준에 관한 사항은 보건복지부령으로 정해져 있다.

008 공중위생업자가 영업장 소재지를 변경한 때에는 누구에게 신고하는가?

① 시 · 도지사
② 시장 · 군수 · 구청장
③ 보건복지부
④ 대통령

해설 보건복지부령에 의하여 시장 · 군수 · 구청에게 신고하여야 한다.

009 이 · 미용업을 개설할 수 있는 자는?

① 자금이 있을 때

② 이 · 미용 자격증이 있을 때
③ 이 · 미용 면허증이 있을 때
④ 영업소 내 시설 및 설비를 완비하였을 때

해설 영업소를 개설하고자 하는 자는 이 · 미용사 면허증이 있어야 한다.

010 공중위생영업의 신고에 필요한 제출 서류가 아닌 것은?

① 영업의시설및설비개요서
② 위생교육필증
③ 국유재산 사용허가서(국유철도 정서장시설 영업자의 경우)
④ 재산세 납부 영수증

해설 공중위생 관리법 규정에는 재산세라는 단어가 없다.

011 공중위생 관리법상 이 · 미용업자의 변경신고사항에 해당되지 않는 것은?

① 영업소의 명칭 또는 상호변경
② 영업소의 소재지변경
③ 영업정지명령 이행
④ 대표자의 성명(단, 법인에 한함)

해설 영업정지명령은 행정처분에 의하여 법위반 사항이지 변경신고사항이 아니다.

012 이 · 미용업자가 신고한 영업장 면적의 ( ) 이상의 증감이 있을 때 변경신고를 하여야 하는가?

① 5분의 1   ② 4분의 1
③ 3분의 1   ④ 2분의 1

정답 006 ③   007 ④   008 ②   009 ③   010 ④   011 ③   012 ③

해설 변경신고시 중요사항으로는 영업소, 명칭, 상호, 주소, 면적 3분의 1 이상 증감, 대표자 성명, 생년월일이 변경되었을 때를 들 수 있다.

013 영업소 폐쇄 명령을 받은 자가 계속 영업을 하였을 때 조치 사항이 아닌 것은?

① 영업소 간판 제거
② 위법한 영업소임을 알리는 게시물 부착
③ 영업을 위한 필수불가결한 기구의 봉인
④ 영업을 하기 위한 시설을 철거

해설 공중위생관리법에 영업소 폐쇄 명령을 위반한 경우에 시설물 철거사항 항목이 없으며, 위반한 영업장을 폐쇄할 것을 약속하는데 정당한 사유를 들어 봉인을 해제 요청하면 해제할 수 있다.

014 시장·군수·구청장은 공중위생영업자가 「공중위생관리법」 또는 이 법에 의한 명령에 위반하였을 때 몇 개월 이내에 영업소 폐쇄 등을 명할 수 있는가?

① 1월   ② 3월
③ 6월   ④ 12월

해설 공중위생법 제11조 〈공중위생업소의 폐쇄〉 등 참조
• 영업신고를 아니하거나 시설 설비 기준을 위반한 경우
• 변경신고를 하지 아니한 경우
• 지위 승계를 하지 아니한 경우
• 위생관리 의무 등을 지키지 아니한 경우 6개월 이내 폐쇄를 명할 수 있음

015 공중위생영업자가 영업소의 폐업 신고를 할 수 없는 경우?

① 사업자등록이 말소된 경우
② 공중위생영업자가 폐업 여부에 대한 정보를 제공했을 경우
③ 공중위생영업자의 영업소가 영업정지 기간 중에 있는 경우
④ 공중위생영업자의 폐업신고 방법 및 절차의 규정에 맞지 않은 경우

해설 「공중위생영업자」 공중위생업을 폐업하고자 할 때는 폐업한 날부터 20일 이내에 신고하여야 하며, 행정처분의법 위반으로 영업정지기간중에는 폐업신고를 할 수 없다.

016 「청소년보호법」 (이하 이 조에서 「성매매알선 등 행위의 처벌에 관한 법률」 등이라 한다)을 위반하여 폐쇄 명령을 받은 자(법인인 경우에 그 대표자를 포함한다) 그 폐쇄 명령을 받은 후 몇 개월이 지나야 같은 영업을 할 수 있는가?

① 2년   ② 1년
③ 6개월   ④ 3개월

해설 법 제11조4(같은 종류의 영업금지) 성매매알선, 청소년보호법, 성매매알선행위 위반하여 폐쇄명령을 받은 자(법인인 경우 대표자 포함)는 폐쇄명령을 받은 후 2년이 경과하지 아니한 때 같은 종류의 영업을 할 수 없다.

Part V
공중위생관리법

017 「성매매알선 등 행위의 처벌에 관한 법률」 등 외의 법률을 위반하여 폐쇄명령을 받은 자는 그 폐쇄명령을 받은 후 몇 개월이 지나야 같은 종류의 영업을 할 수 있는가?

① 2년　　　　② 1년
③ 6개월　　　④ 3개월

해설　「성매매알선 등 행위의 처벌에 관한 법률」 등 외의 법률을 위반하여 폐쇄명령을 받은 자는 그 폐쇄명령을 받은 후 1년이 경과하지 아니한 때에는 같은 종류의 영업을 할 수 없다.

018 「성매매알선 등 행위의 처벌에 관한 법률」 등 의 법률 위반으로 폐쇄 명령이 있은 후 몇 개월이 지나야 누구든지 영업장소에서 같은 종류의 영업을 할 수 있는가?

① 2년　　　　② 1년
③ 6개월　　　④ 3개월

해설　법 제11조4(같은 종류의 영업 금지) 「성매매 알선 등 행위의 처벌에 관한 법률」 등의 위반으로 폐쇄 명령을 받은 장소에서 1년이 지나지 아니하면 같은 종류의 영업장소에 영업을 할 수 없다.

019 「성매매알선 등 행위의 처벌에 관한 법률」 등 외의 법률 위반으로 폐쇄 명령이 있은 후 몇 개월이 지나야 누구든지 영업장소에서 같은 종류의 영업을 할 수 있는가?

① 2년　　　　② 1년
③ 6개월　　　④ 3개월

해설　법11조4(같은 종류의 영업금지) 「성매매알선 등 행위의 처벌에 관한 법률」 등 외의 법률 위반과의 행정처분이 기준이 다르다.

020 공중위생영업소 폐쇄명령 사유가 아닌 것은?

① 영업신고를 하지 않은 자
② 영업소 변경신고를 하지 않은 자
③ 영업자 지위승계를 하지 않은 자
④ 관계공무원 출입 검사를 방해한 자

해설　관계공무원 출입검사 기피자는 300만 원 이하의 과태료 처분에 해당한다.

021 영업정지 처분을 받고도 그 영업정지 기간에 영업을 한 경우?

① 6개월 이하의 영업정지
② 6개월 이하의 폐쇄명령
③ 1년 이하의 영업정지
④ 영업소 폐쇄명령

해설　공중위생관리법 위반으로 행정처분 위반사항은 영업장 폐쇄 명령

022 영업자의 지위승계신고를 하려는 자는 구분에 따른 서류를 첨부하여 시장·군수·구청장에게 제출하여야 한다. 옳지 않은 것은?

① 영업양도의 경우 : 양도, 양수를 증명할 수 있는 서류
② 상속의 경우: 상속인임을 증명할 수 있는 서류(가족관계)

③ 해당사유별로 영업자의 지위를 승계하였음을 증명할 수 있는 서류

④ 영업자의 지위를 승계한 자는 30일 이내에 시장, 군수, 구청장에게 증명할 수 있는 서류

> **해설** 제3조의2(공중위생업의 승계) 영업지위승계는 1개월 이내에 시장·군수·구청장에 신고한다.

023 공중위생영업의 승계에 대한 설명 중 틀린 것은?

① 민사집행법에 의한 경매에 따라 공중위생 관련 시설 및 설비의 전부를 인수한 자는 지위를 승계할 수 있다

② 이·미용업의 경우에는 면허를 소지한 자에 한하여 지위를 승계할 수 있다.

③ 공중위생영업자의 지위를 승계한 자는 1월 이내에 신고해야 한다.

④ 영업양도의 경우에는 양도·양수를 증명할 수 있는 서류 사본과 호적등본을 제출하여야 한다.

> **해설** 공중위생업의 지위승계에 있어 호적등본에 관한 사항은 없다.

024 공중위생영업자 지위를 승계한 자가 시장·군수·구청장에게 신고를 해야 하는 기간의 기준은?

① 승계한 즉시 ② 15일 이내
③ 1월 이내 ④ 3월 이내

> **해설** 영업자 지위 승계는 1개월 이내에 시장, 구청장, 군수에게 신고하여야 한다.

025 이·미용업의 상속으로 인한 영업자 지위 승계신고 시 구비서류가 아닌 것은?

① 영업자 지위승계 신고서
② 가족관계증명서
③ 양도계약서 사본
④ 상속자임을 증명할 수 있는 서류

> **해설** 상속으로 지위승계하는 경우는 양도계약서 서류에 해당하지 않는다.

026 공중위생업이라 함은 위생관리서비스를 제공하는 영업으로 미용업에 옳은 것은?

① 의료기구나 의약품을 사용하지 아니하는 눈썹 손질을 하는 영업

② 의료기구나 의약품을 사용하지 아니하는 제모, 눈썹, 손질하는 영업

③ 의료기구나 의약품을 사용하지 아니하는 손톱, 발톱을 손질하는 영업

④ 의료기구나 의약품을 사용하지 아니하는 신체화장 등 눈썹 손질하는 영업

> **해설** 시행규칙 제14조(업무범위) 2016년 6월 1일 법개정으로 미용사면허를 받은 자는 파마·머리카락자르기·머리카락모양내기·머리피부손질·머리카락염색·머리감기·의료기기나 의약품을 사용하지 않는 눈썹, 손질

027 공중위생관리법에 규정된 사항으로 옳은 것은? (단, 예외 사항은 제외한다)

① 이 · 미용사의 업무범위에 관하여 필요한 사항은 보건복지부령으로 정한다

② 이 · 미용사의 면허를 가진 자가 아니어도 이 · 미용업을 개설할 수 있다.

③ 미용사(일반)의 업무범위에는 파마, 아이론, 면도, 머리피부 손질, 피부미용 등이 포함된다.

④ 일정한 수련과정을 거친 자는 면허가 없어도 이용 또는 미용업무에 종사할 수 있다.

> **해설** 공중위생 관리법 규정상 미용사 업무에 관한 사항은 보건복지부령으로 정한다.

028 미용업(일반)의 업무 범위에 속하지 않는 것은?

① 머리피부손질 ② 눈썹손질
③ 제모   ④ 머리감기

> **해설** 피부미용업 : 피부관리, 제모, 눈썹 손질하는 영업

029 이 · 미용사의 업무범위에 대한 나열이 옳지 않은 것은?(단, 본 시험의 접수일 당일 자격을 취득한 자로서 이 · 미용사 면허를 받은 자 기준)

① 이용사 : 이발, 아이론, 면도, 머리피부손질, 머리카락염색 및 머리감기

② 미용사(일반) : 파마, 머리카락자르기, 머리카락모양내기, 머리피부손질, 머리카락염색, 머리감기, 의료기기나 의약품을 사용하지 아니하는 눈썹손질

③ 미용사(피부) : 의료기기나 의약품을 사용하지 아니하는 피부상태분석 · 피부관리 · 제모 · 눈썹손질

④ 미용사(네일) : 손톱과 발톱의 손질 및 화장, 의료기기나 의약품을 사용하지 아니하는 눈썹손질

> **해설** 공중위생관리법 시행규칙 제14조(업무범위) 2016년 6월 1일 이후 법 개정으로 미용사(일반)자격은 피부미용, 네일미용으로 분류가 세분화되었다. 눈썹손질은 네일미용사의 업무 범위에 해당하지 않는다.

030 미용사 업무의 범위와 미용의 업무보조 범위에 관하여 필요한 사항은?

① 대통령령
② 보건복지부령
③ 시 · 도지사
④ 시장 · 군수 · 구청장

> **해설** 미용사의 업무범위와 이용 · 미용의 업무보조범위에 관하여 필요한 사항은 보건복지부령으로 정한다.

031 이 · 미용업무 보조범위에 해당되지 않는 것은?

① 이 · 미용 업무를 위한 사전준비에 관한 사항

② 이·미용 업무를 위한 기구, 제품 등의 관리에 관한 사항

③ 영업소 청결 유지 등 위생 관리에 관한 사항

④ 그밖에 머리염색 등 미용시술 업무에 관한 사항

> **해설** 미용업 업무보조원은 머리감기 등 미용보조에 관한 사항이지 머리염색 등 미용시술에 관한 사람이 아니다.

032 이·미용 업무의 보조를 할 수 있는 사람은?

① 이·미용사의 감독을 받는 자

② 이·미용사 응시자

③ 이·미용 학원 수강자

④ 시·도지사가 인정한 자

> **해설** 이·미용 업무보조는 이·미용사의 감독 하에 업무보조를 할 수 있다.

033 영업소 출입 검사 관련 공무원이 영업자에게 제시해야 하는 것은?

① 주민등록증

② 위생검사 통지서

③ 위생감시 공무원증

④ 위생검사 기록부

> **해설** 공중위생관리법 제15조(공중위생감시원) 공중위생감시원의 자격, 임명, 업무범위 등 기타 필요한 사항은 대통령령으로 정한다.
> ※ 영업소 출입검사를 하고자 할 때 위생감시원이라는 신분증을 제시

034 영업소 외의 장소에서 이·미용의 업무를 할 수 있는 경우가 아닌 것은?

① 질병으로 인하여 영업소에 나올 수 없는 자에 대하여 이·미용을 하는 경우

② 혼례에 참여하는 자에 대하여 그 의식의 직전에 이·미용을 하는 경우

③ 특별한 사정이 있다고 인정하여 시장, 군수, 구청장이 정하는 경우

④ 농번기에 농민을 위하여 마을 회관에서 이·미용을 하는 경우

> **해설** 공중위생관리법 시행규칙에 영업소 외에서 이용 및 미용 업무
> 1) 질병으로 나올 수 없는 자
> 2) 혼례의식 직전
> 3) 사회복지시설에서 봉사활동
> 4) 방송 등 촬영에 참여하는 자
> 5) 시장, 군수, 구청장이 인정하는 경우

035 공중위생영업자가 건전한 영업질서 유지를 위하여 준수하여야 하는 위생관리기준에 속하는 것은?

① 감염병의 예방 및 관리에 관한 법령이 정하는 바에 따라 업소를 소독해야 한다.

② 수질기준을 유지하고 수질검사 방법을 규정대로 준수해야 한다.

③ 영업소 내 시설의 조명도는 75룩스 이상이 되도록 유지해야 한다.

④ 영업소 내에서 윤락, 음란 행위를 묵인해서는 안 된다.

> **해설** 공중위생업자 위생관리기준에 속하는 것은 영업시설 내의 조명도를 75룩스 이상이 되도록 유지하는 것이 있다.

036 시 · 도지사 또는 시장 · 군수 · 구청장이 공중위생관리상 필요하다고 인정할 때에 소속 공무원으로 하여금 할 수 있게 하는 사항이 아닌 것은?

① 공중위생영업장부나 서류 열람
② 공중이용시설의 위생관리실태 검사
③ 위생관리의무이행 검사
④ 위반시설의 철거

> 해설　공중위생감시원의 업무범위는
> 1. 시설 및 설비의 위생상태
> 2. 위생관리의무
> 3. 영업자준수사항이행여부
> 4. 위생지도 및 개선명령이행여부
> 5. 영업정지, 일부 시설 사용중지
> 6. 영업소 폐쇄명령 이행여부 확인
> 7. 위생교육 이행여부 확인

037 공중위생영업자가 위생관리 의무사항을 위반한 때의 당국의 조치사항으로 옳은 것은?

① 영업정지　② 자격정지
③ 업무정지　④ 개선명령

> 해설　6개월의 범위에서 기간을 정하여 개선을 명한다.

038 공중위생영업자의 위생관리의무 등을 규정한 법령은?

① 대통령령　② 국무총리령
③ 보건복지부령　④ 노동부령

> 해설　공중위생영업자의 위생관리기준은 보건복지부령으로 정한다.

039 이 · 미용업소에서 실내 조명은 몇 룩스 이상이어야 하는가?

① 75룩스　② 100룩스
③ 150룩스　④ 200룩스

> 해설　이 · 미용업소의 조명 룩스는 75룩스 이상이어야 한다.

040 공중위생업이라 함은 위생관리 서비스를 제공하는 영업으로 미용업에 옳은 것은?

① 의료기구나 의약품을 사용하지 아니하는 눈썹 손질을 하는 영업
② 의료기구나 의약품을 사용하지 아니하는 제모, 눈썹 손질을 하는 영업
③ 의료기구나 의약품을 사용하지 아니하는, 손톱 · 발톱을 손질하는 영업
④ 의료기구나 의약품을 사용하지 아니하는 신체화장 등 눈썹 손질하는 영업

> 해설　①은 일반미용사 자격 기준 ②는 피부미용사 자격 기준 ③은 네일미용사 자격 기준
> ④는 메이크업 자격 기준
> 참고 : 공중위생관리법 (제2조 정의)참고바람.

041 공중위생관리법상 이 · 미용업 영업자의 위생관리 의무 등과 관련하여 지켜야 할 사항과 관계가 없는 것은?

① 면허증을 영업소 안에 게시할 것
② 면도기는 1회용 면도날만을 손님 1인에 한하여 사용할 것

 정답　036 ④　037 ④　038 ③　039 ①　040 ①　041 ③

③ 의약품의 취급시 인체의 건강에 해를 끼치지 아니하도록 위생적이고 안전하게 관리할 것

④ 미용기구는 소독을 한 기구와 소독을 하지 아니한 기구로 분리하여 보관할 것

해설 공중위생관리법 위생관리기준에는 의약품에 관한 내용이 없다.

042 공중위생관리법상 이·미용업자가 지켜야 할 위생관리의무가 아닌 것은?

① 이·미용기구는 소독을 한 기구와 하지 아니한 기구로 분리하여 보관하여야 한다.

② 영업소 외부에 최종지불요금표를 게시 또는 부착하여야 하는 경우 일부항목만을 표시할 수 있는데, 이용업자의 경우는 3개 이상, 미용업자의 경우에는 5개 이상의 항목을 표시하여야 한다.

③ 신고한 영업장 면적이 66㎡ 미만인 영업소의 경우 영업소 외부에 최종지불요금표를 게시 또는 부착하여야 한다.

④ 이·미용사 면허증을 영업소 안에 게시하여야 한다.

해설 영업장 면적이 66m²이상인 영업소의 경우 영업소 외부에도 손님이 보기 쉬운 곳에 「옥외 광고물 등 관리법」에 최종 직불 요금표를 부착하여야 한다.

043 이·미용업자가 준수해야 하는 위생관리 기준으로 틀린 것은?

① 1회용 면도날은 손님 1인에 한하여 사용하여야 한다.

② 피부미용을 위하여 의료기구 또는 의약품을 사용 시 보관에 신경을 쓴다.

③ 손님이 보기 쉬운 곳에 면허증 원본을 제시하여야 한다.

④ 업소 안에서 윤락, 음란 행위를 묵인하거나 그 행위에 사용할 수 있는 기구 등을 보관하여서는 아니 된다.

해설 미용업자 위생관리기준에 피부미용은 해당되지 않는다.

044 영업소 외의 장소에서 이·미용 업무를 행할 수 있는 경우에 해당하지 않는 것은?

① 질병이나 그 밖의 사유로 영업소에 나올 수 없는 자에 대하여 이·미용을 하는 경우

② 혼례나 그 밖의 의식에 참여하는 자에 대하여 그 의식 직전에 이·미용을 하는 경우

③ 방송 등의 촬영에 참여하는 사람에 대하여 그 촬영 직전에 이·미용을 하는 경우

④ 특별한 사정이 있다고 사회복지사가 인정하는 경우

해설 특별한 사정이 있다고 시장·군수·구청장이 인정한 경우를 말한다.

045 이 · 미용업소 이외의 장소에서 영업을 하는 것은 금지되어 있다. 그러나 예외특례는 무엇으로 정하는가?

① 대통령령　　② 보건복지부령
③ 규칙　　　　④ 조례

해설 보건복지부령으로 정한다.

046 공중위생관리법 시행규칙에서 정하고 있는 이 · 미용기구의 건열멸균소독의 방법으로 맞는 것은?

① 섭씨 100℃ 이상의 건조한 열에 20분 이상 쐬어준다.
② 섭씨 100℃ 미만의 건조한 열에 10분 이상 쐬어준다.
③ 섭씨 100℃ 이상의 습한 열에 20분 이상 쐬어준다.
④ 섭씨 80℃ 이상의 건조한 열에 10분 이상 쐬어준다.

해설 공중위생관리법 시행규칙 제 5조 관련 미용기구 소독기준에 따르면 건열멸균소독은 섭씨 100℃ 이상의 건조한 열에 20분 이상 쐬어주어야 한다.

047 이 · 미용기구의 소독 기준 및 방법으로 틀린 것은?

① 자외선 소독 : 1㎠당 85㎼ 이상의 자외선을 20분 이상 쐬어준다.
② 건열멸균소독 : 섭씨 100℃ 이상의 건조한 열에 20분 이상 쐬어 준다.

③ 증기소독 : 섭씨 100℃ 이상의 습한 열에 30분 이상 쐬어준다.
④ 열탕소독 : 섭씨 100℃ 이상의 물속에 10분 이상 끓여준다.

해설 증기소독의 경우에는 섭씨 100℃ 이상의 습한 열에 20분 이상 쐬어준다.

048 이 · 미용기구 소독 기준으로 해당되지 않는 것은?

① 자외선소독 : 1㎠당 85㎼ 이상의 자외선을 10분 이상 쐬어준다.
② 크레졸소독 : 크레졸 3% 수용액에 10분 이상 담가둔다.
③ 열탕소독 : 100℃ 이상의 물속에 10분 이상 끓여준다.
④ 석탄산수소독 : 석탄산 3% 수용액에 10분 이상 담가둔다.

해설 소독 기준에 따르면, 자외선 소독의 경우에는 1㎠당 85㎼이상의 자외선을 20분 이상 쐬어주어야 한다.

049 다음 중 이 · 미용사의 면허를 받을 수 없는 자가 아닌 것은?

① 공중위생관리법 또는 이 법의 규정에 의한 명령에 위반하여 면허가 취소된 후 1년이 경과하지 아니한 자
② 금치산자
③ 위생교육을 받지 아니한 자
④ 마약 및 약물중독자

해설 면허를 받을 수 없는 자에 해당하는 경우는 1) 피성년 후견인 2) 정신질환자 3) 보건복지부령으로 정하는 감염병환자 4) 대통령이 정하는 마약약물중독자 5) 면허취소 이후 1년이 경과되지 않은 자

050 지체없이 시장·군수·구청장에게 면허증을 반납하는 경우가 아닌 것은?

① 잃어버린 면허증을 찾은 때
② 면허가 취소된 때
③ 이·미용업무의 정지명령을 받은 때
④ 기재 사항에 변경이 있는 때

해설 면허증의 기재사항에 변경이 있을 경우에는 재교부를 신청해야 한다.

051 이·미용사의 면허가 취소되거나 면허의 정지명령을 받은 자가 면허증을 반납해야 하는 기간은?

① 15일 이내   ② 10일 이내
③ 1주일 이내   ④ 지체 없이

해설 면허취소 혹은 정지명령을 받을 경우 지체 없이 시장·군수·구청장에게 면허증을 반납해야 한다.

052 이·미용사 면허증이 헐어 못쓰게 된 때 면허증의 재교부를 신청할 수 있다. 이때 첨부하여야 하는 서류는?

① 면허증 원본   ② 면허증 사본
③ 자격증 원본   ④ 재교부 사유서

해설 면허증을 헐어 못쓰게 된 경우에는 헐어 못쓰게 된 면허증 원본을 첨부해야 한다.

053 공중위생영업신고증의 재교부의 요건이 아닌 것은?

① 헐어 못쓰게 된 때
② 영업소의 업종이 변경된 때
③ 잃어버렸을 때
④ 신고인의 주민등록번호가 변경된 때

해설 영업소의 업종 변경은 공중위생영업신고증의 재교부 요건에 해당하지 않는다.

054 이·미용사의 면허를 받을 수 없는 자 중에서 보건복지부령이 정한 감염병환자는?

① 장티푸스환자
② 감염성 결핵환자
③ 간염환자
④ 나병환자

해설 감염성 결핵환자

055 다음 중 이·미용사 면허취소 사항이 아닌 것은?

① 심장질환자로 영업에 지장을 초래하는 사람일 경우
② 공중위생법에 의한 명령에 위반한 때
③ 마약, 기타 대통령령으로 정하는 약물 중독자일 경우
④ 면허증을 다른 사람에게 대여한 때

해설 공중위생법 면허에 관한 사항 중, 심장질환은 면허 취소 사유에 해당하지 않는다.

056 이용사 및 미용사의 면허를 부여하는 자는?

① 보건복지부장관
② 시 · 도지사
③ 시장 · 군수 · 구청장
④ 한국산업인력공단 이사장

해설 시장 · 군수 · 구청장이 면허를 부여한다.

057 다음 중 이 · 미용사의 면허를 받을 수 있는 자에 해당하지 않는 것은?

① 외국에서 이용 또는 미용의 기술자격을 취득한 자
② 전문대학에서 이용 또는 미용에 관한 학과를 졸업한 자
③ 국가기술자격법에 의한 이용사 또는 미용사의 자격을 취득한 자
④ 면허가 취소된 후 1년이 경과된 자

해설 공중위생법(면허) 관련 사항에서 외국 이 · 미용 기술자격은 인정하지 않는다.

058 이용사 또는 미용사가 되고자 하는 자는 시장 · 군수 · 구청장에게서 면허를 받아야 한다. 다음 중 면허를 받지 못하는 자는?

① 전문대학 학력이 있다고 교육부장관이 인정하는 학교에서 이용 또는 미용에 관한 학과를 졸업한 자
② 학점 인정 등 관련 법률에서 전문대학을 졸업한 자와 같은 학력이 인정되어 이용 또는 미용에 관한 학위를 취득한 자

③ 초 · 중등교육법령에 따른 특성화고 등학교나 고등학교 또는 고등기술학교에서 1년 이상 미용에 관한 과정을 이수한 자
④ 보건복지부장관이 인정하는 대학교의 학위를 취득한 자

해설 공중위생관리법(면허)에 보건복지부장관이 인정하는 학교나 대학교에 관한 사항은 없다.

059 이 · 미용사 면허를 받을 수 있는 사람은?

① 피성년후견인
② 감염성 결핵환자
③ 향정신성의학품 중독자
④ 면허 취소 후 1년이 경과된 자

해설 ①, ②, ③의 경우에는 면허를 받을 수 없지만 면허취소 후 1년이 경과한 자는 면허를 받을 수 있다.

060 이 · 미용사가 업무정지 처분을 받았을 때 면허증은 어떻게 하여야 하는가?

① 보건복지부장관에게 반납한다.
② 시 · 도지사에게 반납한다.
③ 시장 · 군수 · 구청장에게 반납한다.
④ 본인이 반납한다.

해설 면허권자인 시장 · 군수 · 구청장에게 면허를 반납해야 한다.

정답
056 ③ 057 ① 058 ④ 059 ④ 060 ③

061 국가기술자격법에 의하여 이·미용사 자격이 취소된 때의 행정처분은?

① 면허취소
② 업무정지
③ 50만 원 이하의 과태료
④ 경고

해설 국가기술자격법에 의하여 자격이 취소되면 면허도 같이 취소된다.

062 시장·군수·구청장은 공중위생영업자의 사업규모, 위반행위의 정도 및 횟수 등을 고려하여 과징금의 2분의 1 범위 내에서 과징금을 늘리거나 줄일 수 있다. 이 경우 과징금을 늘릴 때 총액을 초과할 수 없다. 그 총액은?

① 1천만 원   ② 2천만 원
③ 3천만 원   ④ 1억 원

해설 법 제7조2(과징금 부과)에 따르면, 그 총액은 1억 원을 초과할 수 없다.

063 과징금 처분에 의한 과징금을 부과하는 위반행위의 종별, 정도 등에 따른 과징금의 금액 등에 관한 필요한 사항은 누가 정하는가?

① 대통령령
② 보건복지부령
③ 시·도지사
④ 시장·군수·구청장

해설 공중위생관리법 시행령에서 과징금에 관한 사항은 대통령령으로 정한다.

064 과징금 납부 통지를 받은 자는 통지를 받은 날부터 몇 일 이내에 과징금을 시장·군수·구청장이 정하는 수납기간에 납부하여야 하는가?

① 7일   ② 1개월
③ 15일   ④ 20일

해설 시장·군수·구청장이 정하는 수납기관에 20일 이내에 과징금을 납부해야 한다.

065 과징금 납부자가 천재·지변 그밖에 부득이한 사유로 기간 내에 과징금을 납부할 수 없는 때에는 그 사유가 없어진 날부터 몇 일 이내에 납부하여야 하는가?

① 7일   ② 15일
③ 20일   ④ 1개월

해설 7일 이내에 수납기관에 과징금을 납부해야 한다.

066 과징금을 부과받은 자가 과징금 금액이 100만 원 이상인 경우 한꺼번에 납부하기 어렵다고 인정될 때 과징금 납부자의 신청을 받아 몇 개월 범위에서 분할 납부의 횟수를 몇 회 이내로 정하여 분할 납부할 수 있는가.

① 12개월 3회   ② 6개월 3회
③ 12개월 6회   ④ 6개월 6회

해설 분할 12개월에 횟수는 3회 이내로 정하여 납부할 수 있다.

Part V 공중위생관리법

067 과징금 납부자가 과징금을 분할 납부하려는 경우에는 그 납부기한의 몇일 전까지 이전에 시장·군수·구청장에게 납부 분할신청을 해야 하는가?

① 10일   ② 20일

③ 30일   ④ 즉시

> **해설** 사유를 증명하는 서류를 첨부하여 시장·군수·구청장에게 신청한다.

068 시장·군수·구청장은 과징금 납부자에게 분할 납부 결정을 취소하고 과징금을 한꺼번에 징수할 수 있다. 이에 해당되지 않는 것은?

① 분할 납부하기로 결정된 과징금을 납부기한까지 내지 않은 경우

② 국세 또는 지방세의 체납처분을 받은 경우 과징금의 전부 또는 잔여분을 징수할 수 없다고 인정되는 경우

③ 강제집행, 경매개시, 파산선고 처분을 받은 경우

④ 과징금부과처분을 취소하고 영업정지 처분이 되어있을 때

> **해설** 과징금의 징수 절차는 보건복지부령으로 정하는데, ①, ②, ③ 문항은 한꺼번에 징수할 수 있다.

069 다음 중 청문을 실시하여야 할 경우에 해당되는 것은?

① 벌금을 부과처분하려 할 때

② 영업소 폐쇄명령을 처분하고자 할 때

③ 영업소의 필수불가결한 기구의 봉인을 해제하려 할 때

④ 폐쇄명령을 받은 후 폐쇄명령을 받은 영업과 같은 종류의 영업을 할 때

> **해설** 공중위생관리법 제 12조(청문)실시사항
> 1) 영업자 지위를 승계하지 않는 자(직권말소)
> 2) 영업자면허취소 또는 면허정지처분
> 3) 영업정지명령, 일부시설의 사용중지 명령 또는 영업소 폐쇄 명령

070 이·미용사에 대한 청문 실시 대상의 처분에 해당하지 않는 것은?

① 면허취소

② 개선명령

③ 영업정지명령

④ 면허정지

> **해설** 위반사항에 대한 개선을 명령받는 것은 공중위생영업자의 경우이다.

071 공중위생관리법규상 위생관리등급의 구분이 바르게 짝지어진 것은?

① 최우수업소 : 녹색등급

② 우수업소 : 백색등급

③ 일반관리대상 업소 : 황색등급

④ 관리미흡대상 업소 : 적색등급

> **해설** 공중위생관리법 시행규칙 제21조(위생관리등급의 구분)에 따르면
> 1) 최우수업소 : 녹색등급
> 2) 우수업소 : 황색등급
> 3) 일반관리대상 업소 : 백색등급

 정답 067 ①   068 ④   069 ②   070 ②   071 ①

072 일반관리대상 업소에 해당되는 위생관리 등급 구분은?

① 녹색등급
② 백색등급
③ 적색등급
④ 황색등급

해설 일반관리대상 업소는 백색등급.

073 공중위생영업소의 위생관리수준을 향상 시키기 위하여 위생서비스평가계획을 수 립하는 자는?

① 대통령
② 보건복지부장관
③ 시 · 도지사
④ 시장 · 군수 · 구청장

해설 시 · 도지사는 위생관리수준을 향상시 키기 위하여 위생서비스평가계획을 수 립하여 시장 · 군수 · 구청장에게 통보 한다.

074 관련전문기관 및 단체로 하여금 위생서 비스평가를 실시하게 할 수 있는 자는?

① 보건복지부장관
② 시 · 도지사
③ 시장 · 군수 · 구청장
④ 보건소장

해설 시장 · 군수 · 구청장은 평가계획에 따 라 세부 평가계획을 수립한 후 위생서 비스평가를 실시할 수 있다.

075 공중위생영업소의 위생서비스 수준을 평 가하기 위한 방법, 주기, 위생관리 등급 의 기준 등에 필요한 사항을 정하고 있는 법령은?

① 법률
② 대통령령
③ 보건복지부령
④ 지방자치단체조례

해설 보건복지부령으로 정한다.

076 공중위생영업소의 위생관리등급 공표 등 과 관련하여 틀린 것은?

① 위생서비스평가의 결과에 따른 위 생관리 등급을 해당 공중위생 영업 자에게 통보하고 이를 공표하여야 한다.
② 통보 받은 위생관리등급의 표지를 영업소의 명칭과 함께 영업소 내부 에만 부착할 수 있다.
③ 위생서비스평가의 결과 위생서비스 의 수준이 우수하다고 인정되는 영업 소에 대하여 포상을 실시할 수 있다.
④ 위생서비스평가의 결과에 따른 위 생관리 등급별로 영업소에 대한 위 생감시를 실시하여야 한다.

해설 통보받은 위생관리등급의 표지를 영업 소 명칭과 함께 영업소 출입구에 부착 한다.

정답 072 ② 073 ③ 074 ③ 075 ③ 076 ②

077 이·미용업소의 위생서비스 수준의 평가 시 평가주기는 몇 년인가?(단, 특별한 경우는 제외)

① 1년 　　② 2년
③ 3년 　　④ 4년

> **해설** 위생서비스 평가는 2년마다 실시한다.

078 위생서비스평가의 결과에 따른 위생관리 등급은 누구에게 통보하고 이를 공표하여야 하는가?

① 해당 공중위생 영업자
② 시장·군수·구청장
③ 시·도지사
④ 보건소장

> **해설** 공중위생영업자는 위생관리등급을 업소 명칭과 같이 출입구에 부착한다.

079 공중위생서비스평가를 위탁받을 수 있는 기관은?

① 보건소
② 동사무소
③ 소비자단체
④ 관련기관 및 단체

> **해설** 시장·군수·구청장은 위생서비스평가의 전문성을 높이기 위해 관련 전문기관에 위탁할 수 있다.

080 다음의 위생서비스 수준의 평가에 대한 설명 중 맞는 것은?

① 평가의 전문성을 높이기 위해 관련 전문기관 및 단체로 하여금 평가를 실시하게 할 수 있다.
② 평가주기는 3년마다 실시한다.
③ 평가주기와 방법, 위생관리등급은 대통령령으로 정한다.
④ 위생관리등급은 2개 등급으로 나뉜다.

> **해설** 평가계획 주기는 2년이다. 평가주기와 방법, 관리등급은 보건복지부령에서 정한다. 위생관리등급은 3개 등급으로 나뉜다.

081 공중위생감시원의 업무가 아닌 것은?

① 시설 및 설비의 확인
② 위생교육 이행여부의 확인
③ 위생지도 및 개선명령 이행여부의 확인
④ 시설 및 종업원에 대한 위생관리 이행여부의 확인

> **해설** 공중위생관리법 제9조(공중위생감시원의 업무)
> 1) 시설 및 설비의 확인
> 2) 시설 및 설비의 위생상태 확인
> 3) 영업자위생관리 및 관리의무 및 영업자준수사항 이행여부 확인
> 4) 위생지도 및 개선명령 이행여부 확인
> 5) 영업정지, 일부시설 사용 중지 또는 영업소 폐쇄명령 이행여부 확인
> 6) 위생교육 이행여부 확인

정답　077 ②　　078 ①　　079 ④　　080 ①　　081 ④

082 공중위생감시원의 업무범위가 아닌 것은?

① 공중위생영업자의 위생관리의무 이행여부 확인
② 위생교육 이행여부 확신
③ 공중이용시설의 위생관리상태의 검사
④ 영업신고여부 확인

> **해설** 공중위생감시원의 업무 중에 영업신고 여부에 관한 사항은 없다.

083 공중위생감시원의 자격, 임명, 업무범위 기타 필요한 사항은 무엇으로 정하는가?

① 대통령령　　② 보건복지부령
③ 환경부령　　④ 지방자치령

> **해설** (제15조)공중위생감시원 : 특별시, 광역시, 도 및 시·군·구(자치구에 한한다)에 공중위생감시원을 둔다.

084 공중위생감시원의 자격, 임명, 업무범위 기타 필요한 사항은 무엇으로 정하는가?

① 대통령령　　② 보건복지부령
③ 환경부령　　④ 지방자치령

> **해설** 공중위생감시원 자격, 임명, 업무범위에 필요한 사항은 대통령령으로 정한다.

085 다음 중 공중위생감시원을 둘 수 없는 곳은?

① 보건복지부
② 시·군·구
③ 특별시·광역시·도
④ 읍·면·동

> **해설** 공중위생감시원을 둘 수 없는 곳은 보건복지부다.

086 다음 중 명예 공중위생감시원의 자격에 해당되지 않는 자는?

① 공중위생에 대한 지식과 관심이 있는 자
② 외국에서 환경기사의 면허를 받은 자
③ 환경산업기사 이상의 자격증이 있는 자
④ 화학·화공학 분야를 전공하고 졸업한 자

> **해설** 공중위생 감시원 자격
> 1) 위생사, 환경기사 2급
> 2) 위생학 분야를 전공하고 졸업한 사람
> 3) 환경기사의 면허를 받은 사람 4)외국에서 위생사, 환경기사의 면허를 받은 사람
> 5) 1년 이상 공공위생행정에 종사한 경력이 있는 사람

087 공중위생감시원의 업무 범위에 속하지 않는 것은?

① 공중위생영업소의 영업 허가
② 공중이용시설의 위생관리상태 확인, 검사
③ 위생지도 및 개선명령 이행여부의 확인
④ 위생교육 이행여부의 확인

> **해설** 영업허가에 관한 것은 공중위생감시원의 업무범위에 속하지 않는다.

정답　082 ④　　083 ①　　084 ①　　085 ①　　086 ①　　087 ①

088 위생교육에 관한 사항으로 틀린 것은?

① 영업자는 매년 위생교육을 받아야
한다.
② 영업신고를 하고자 하는 자는 신고
후 위생교육을 받아야 한다.
③ 위생교육은 공중위생관리법 제16조
에 따른 단체가 실시할 수 있다.
④ 위생교육은 보건복지부장관이 허가
한 단체가 실시할 수 있다.

> **해설** 위생교육의 경우, 영업 신고 이전에 위
> 생교육을 받아야 한다.

089 공중위생감시원에 관한 설명으로 틀린
것은?

① 특별시 · 광역시 · 도 및 시 · 군 · 구
에 둔다.
② 위생사 또는 환경기사 2급 이상의
자격증이 있는 소속 공무원 중에서
임명한다.
③ 자격 · 임명 · 업무범위, 기타 필요한
사항은 보건복지부령으로 정한다.
④ 위생지도 및 개선명령 이행 여부의
확인 등의 업무가 있다.

> **해설** 공중위생감시원의 자격, 임명, 업무범위
> 에 관한 사항은 대통령령으로 정한다.

090 공중위생영업자가 공중위생영업을 폐업
하려고 한다. 이 중 폐업신고를 할 수 없
는 경우는?

① 영업정지 기간 중
② 폐쇄처분
③ 직권 말소사항
④ 사업자등록이 말소한 경우

> **해설** 일부 시설 사용중지 또는 영업정지 기
> 간 중에 폐업신고를 할 수 없다.

091 위생교육에 관한 설명 중 틀린 것은?

① 교육은 매년 3시간을 받아야 한다.
② 위생교육은 보건복지부장관이 허가
한 단체가 실시할 수 있다.
③ 위생교육의 대상은 공중위생업자이
다.
④ 위생교육의 방법, 절차 기타 필요한
사항은 대통령령으로 정한다.

> **해설** 위생교육에 관한 사항은 보건복지부령
> 으로 정한다.

092 이 · 미용 영업에 있어서 위생교육을 받
아야 하는 대상자는?

① 이 · 미용업의 영업자
② 이용사 또는 미용사 면허를 받은 사람
③ 이용사 또는 미용사 면허를 받고 영
업에 종사하는 사람
④ 이 · 미용 영업에 종사하는 모든 사람

> **해설** 위생교육은 이 · 미용 영업자만 받는다.

 정답 | 088 ② 089 ③ 090 ① 091 ④ 092 ①

093 다음 중 위생교육을 실시하는 자는?

① 시 · 도지사

② 보건복지가족부장관이 허가한 단체

③ 행정안전부장관

④ 보건복지가족부장관

해설 위생교육 실시는 보건복지부령으로 미용 관련 단체에 위임하거나 위탁할 수 있다.

094 공중위생영업소를 개설하였으나 부득이한 사유로 미리 위생교육을 받을 수 없는 경우에는 영업개시 후 언제까지 위생교육을 받아야 하는가?

① 1월 이내   ② 3월 이내
③ 6월 이내   ④ 1년 이내

해설 미리 위생교육을 받지 못한 경우, 공중위생영업자는 개시 후 6개월 이내에 위생교육을 받아야 한다.

095 공중위생영업자에 대한 연간 위생교육시간은?

① 3시간   ② 6시간
③ 12시간   ④ 14시간

해설 공중위생영업자는 매년 위생교육을 받아야 한다. 위생교육시간은 3시간으로 규정하고 있다.

096 공중위생관리법상의 위생교육에 대한 설명 중 옳은 것은?

① 위생교육 대상자는 이 · 미용업자이다.

② 위생교육 대상자는 이 · 미용사이다.

③ 위생교육 시간은 매년 8시간이다.

④ 위생교육은 공중위생관리법 위반자에 한하여 받는다.

해설 공중위생관리법상 위생교육 대상자는 이 · 미용 영업자이다.

097 위생교육에 대한 설명으로 틀린 것은?

① 공중위생영업자는 매년 위생교육을 받아야 한다.

② 위생교육 시간은 3시간으로 한다.

③ 위생교육에 관한 기록을 1년 이상 보관하여야 한다.

④ 위생교육을 받지 아니한 자는 200만 원 이하의 과태료에 처한다.

해설 * 위생교육 수료자에게는 수료증이 교부됨
* 교육 실시 결과를 교육 후 1개월 이내에 시장 · 군수 · 구청장에게 통보
* 수료증 교부대장 등 교육에 관한 기록은 2년 이상 보관 및 관리하여야 함

098 건전한 영업질서를 위하여 공중위생영업자가 준수하여야 할 사항을 준수하지 아니한 자에 대한 벌칙기준은?

① 1년 이하의 징역 또는 1천만 원 이하의 벌금

② 6월 이하의 징역 또는 500만 원 이하의 벌금

③ 3월 이하의 징역 또는 300만 원 이하의 벌금

④ 300만 원 과태료

 정답 093 ② | 094 ③ | 095 ① | 096 ① | 097 ③ | 098 ②

099 영업정지 명령을 받고도 그 기간 중에 계속하여 영업을 한 공중위생영업자에 대한 벌칙 기준은?

① 1년 이하의 징역 혹은 1천만 원 이하의 벌금
② 6월 이하의 징역 또는 500만 원 이하의 벌금
③ 3월 이하의 징역 또는 300만 원 이하의 벌금
④ 300만 원 과태료

100 이·미용업에 대한 영업정지 명령 또는 일부 시설의 사용중지명령을 받고도 영업을 한 자 또는 영업소의 폐쇄명령을 받고도 계속하여 영업을 한 자에 대한 벌칙 기준은?

① 1년 이하의 징역 또는 500만 원 이하의 벌금
② 1년 이하의 징역 또는 100만 원 이하의 벌금
③ 2년 이하의 징역 또는 1천만 원 이하의 벌금
④ 1년 이하의 징역 또는 1천만 원 이하의 벌금

101 이용 또는 미용영업을 하고자 하는 자가 소정의 법정 시설 및 설비를 갖춘 후 영업신고를 하지 아니하고 영업을 한 때의 벌칙은?

① 300만 원 이하의 과태료
② 500만 원 이하의 벌금

③ 6월 이하의 징역 또는 500만 원 이하의 벌금
④ 1년 이하의 징역 또는 1천만 원 이하의 벌금.

> **해설** 98~101 공통 해설
> 공중위생관리법 제20조(벌칙)
> 1. 6개월 이하의 징역 또는 500만 원 이하의 벌금에 처하는 사항
>   1) 변경신고를 하지 않은 자
>   2) 영업자 지위승계를 하지 않은 자
>   3) 건전한 영업 질서를 위하여 준수사항을 준수하지 않은 자
> 2. 1년 이하의 징역 또는 1천만 원 이하의 벌금에 처하는 사항
>   1) 영업신고를 하지 아니한 자
>   2) 영업정지명령, 시설사용 중지 명령을 받고도 영업하거나 그 시설을 사용한 자 또는 폐쇄명령을 받고도 계속 영업한 자

102 이·미용사 면허가 취소된 후 계속하여 업무를 행한 자에 대한 벌칙은?

① 100만 원 이하의 벌금
② 200만 원 이하의 벌금
③ 300만 원 이하의 벌금
④ 500만 원 이하의 벌금

103 이용사 또는 미용사가 아닌 사람이 이용 또는 미용의 업무에 종사한 때에 대한 벌칙은?

① 1년 이하의 징역 또는 1천만 원 이하의 벌금
② 6월 이하의 징역 또는 500만 원 이하의 벌금

 정답 099 ① 100 ④ 101 ④ 102 ③ 103 ③

③ 300만 원 이하의 벌금

④ 100만 원 이하의 벌금

> **해설** 102~103 해설 : 300만 원 이하의 벌금
> 에 처하는 사항은
> (1) 면허증을 대여해 주거나 혹은 빌린
> 사람
> (2) 면허증을 대여 및 빌린 사람을 알
> 선한 사람
> (3) 면허취소, 또는 정지 중에 이·미용
> 업을 한 사람
> (4) 면허를 받지 아니하고 미용업을 개
> 설하거나 그 업무에 종사한 사람

104 관계공무원의 영업소 출입검사를 거부, 방해, 기피했을 때 영업자에게 부과되는 과태료의 금액은?

① 300만 원 이하 ② 200만 원 이하

③ 100만 원 이하 ④ 500만 원 이하

> **해설** 300만 원 이하의 과태료
> (1) 관계공무원의 출입·검사, 기타 조
> 치를 거부하거나 방해 또는 기피한 자
> (2) 개선명령을 위반한 자

105 "이·미용기구는 소독을 한 기구와 소독을 하지 아니한 기구로 분리하여 보관하고, 면도기는 1회용 면도날만을 손님 1인에 한하여 사용할 것. 이 경우 이·미용기구의 소독기준 및 방법은 보건복지부령으로 정한다." 이를 위반하였을 때 부과될 수 있는 처분은?

① 1년 이하의 징역 또는 1천만 원 이하의 벌금

② 300만 원 이하의 과태료

③ 200만 원 이하의 과태료

④ 6월 이하의 징역 또는 500만 원 이하의 벌금

> **해설** 200만 원 이하의 과태료 부과
> (1) 위생관리 의무를 지키지 않은 경우
> (2) 영업장소 이외의 장소에서 영업행
> 위를 한 경우
> (3) 위생교육을 받지 아니한 자

106 공중위생영업에 종사하는 자가 위생교육을 받지 아니하였을 때의 과태료 부과 기준은?

① 400만 원 이하 ② 300만 원 이하

③ 200만 원 이하 ④ 100만 원 이하

> **해설** 위생교육을 받지 아니한 자는 200만
> 원 이하의 과태료

107 다음 중 과태료의 부과기준이 200만 원 이상인 것은?

① 이·미용업소의 위생관리를 지키지 못한 자

② 위생관리용역업소의 위생관리 의무를 지키지 아니한 자

③ 영업소 외의 장소에서 이용 또는 미용 업무를 행한 자

④ 관계공무원의 출입·검사, 기타 조치를 거부·방해 혹은 기피한 자

> **해설** 관계 공무원 출입 검사, 기타 조치를 거
> 부한 자는 300만 원의 과태료

108 영업소 외의 장소에서 미용의 업무를 행한 자의 과태료 처분기준은?

① 70만 원 이하

② 100만 원 이하

③ 200만 원 이하

④ 300만 원 이하

> 해설 영업소 외의 장소에서 이용 또는 미용업을 행한 자 200만 원 이하의 과태료

109 면허정지처분을 받고 그 정지기간 중 업무를 행한 때 행정처분은?

① 경고

② 면허취소

③ 300만 원 이하의 과태료

④ 500만 원 이하의 벌금

110 이 · 미용사의 면허증을 다른 사람에게 대여한 때의 2차 행정처분은?

① 면허정지 2월

② 면허정지 3월

③ 면허정지 6월

④ 면허취소

111 이 · 미용업자가 시 · 도지사 또는 시장 · 군수 · 구청장의 개선명령을 이행하지 아니한 때의 1차 위반 행정처분 기준은?

① 개선 명령　　② 영업정지 5일

③ 영업정지 10일　④ 경고

112 이 · 미용영업자가 공중위생관리법에서 규정한 위생교육을 받지 아니한 때의 2차 행정처분 기준은?

① 영업정지 5일　② 영업정지 10일

③ 경고　　　　　④ 영업정지 1월

113 손님에게 윤락행위 · 음란행위, 기타 선량한 풍속을 해하는 행위를 알선 · 제공 또는 묵인하거나 이에 대한 손님의 요청에 응한 경우 미용업소에 대한 1차 행정처분 기준은?

① 영업정지 1월

② 영업정지 2월

③ 영업정지 3월

④ 영업장 폐쇄명령

114 이 · 미용시설 및 설비기준을 위반한 경우의 3차 위반 행정처분 기준은?

① 영업정지 15일

② 영업정지 1월

③ 영업정지 2월

④ 영업장 폐쇄명령

115 신고를 하지 아니하고 영업소의 소재지를 변경할 때의 1차 위반 행정처분 기준은?

① 영업정지 3월

② 영업장 폐쇄명령

③ 영업정지 2월

④ 영업정지 1월

정답　108 ③　　109 ②　　110 ③　　111 ④　　112 ②　　113 ③　　114 ②　　115 ④

116 이·미용업자가 음란한 물건을 관람·열람하게 하거나 진열 또는 보관한 경우 1차 행정처분 기준은?

① 경고
② 영업정지 15일
③ 영업정지 1월
④ 영업정지 2월

117 무자격 안마사로 안마사의 업무에 관한 안마시술행위를 하게 한 때의 1차 위반 행정처분기준은?

① 영업정지 1월　② 영업정지 2월
③ 영업정지 3월　④ 자격정지 3월

118 이·미용사가 영업장소 이외에서 영업을 했을 때의 2차 위반 행정처분 기준은?

① 개선명령　　② 경고
③ 영업정지 1월　④ 영업정지 2월

119 이용 및 미용 업무를 영업소 외의 장소에서 행하였을 때 행정처분 기준은?

① 1차 위반 시 개선명령이고, 2차 위반 시에는 영업정지 10일이다.
② 1차 위반 시 개선명령이고, 2차 위반 시에는 영업정지 15일이다.
③ 1차 위반 시 영업정지 1월이고, 2차 위반 시에는 영업정지 2월이다.
④ 1차 위반 시 면허정지 2월이고, 2차 위반 시에는 면허정지 3월이다.

120 이·미용업소 내에서 소독한 기구와 소독하지 아니한 기구를 각각 다른 용기에 넣어 보관하지 아니한 때의 3차 위반 행정처분 기준은?

① 영업정지 10일
② 영업정지 15일
③ 영업정지 1월
④ 영업장 폐쇄명령

121 이·미용사가 위생교육을 받지 않았을 때의 3차 위반 행정처분 기준은?

① 영업장 폐쇄　　② 경고
③ 영업정지 5일　④ 영업정지 1월

122 이·미용업자가 영업정지처분을 받고 업무정지 기간 중 업무를 행한 때의 1차 위반 행정처분기준은?

① 면허취소
② 개선명령
③ 영업정지 5일
④ 영업장 폐쇄명령

123 이·미용업소에서 1회용 면도날을 2인 이상의 손님에게 사용한 때의 2차 위반 행정처분기준은?

① 경고
② 영업정지 5일
③ 영업정지 10일
④ 영업정지 1월

 정답　116 ①　117 ①　118 ④　119 ③　120 ①　121 ④　122 ④　123 ②

124 업소 내 조명도를 준수하지 아니한 때 3차 위반 시 적절한 행정처분기준은?

① 경고
② 영업정지 5일
③ 영업정지 10일
④ 영업정지 30일

125 국가기술자격법에 의하여 이·미용사 자격 정지처분을 받은 때의 1차 위반 행정처분 기준은?

① 업무정지
② 면허정지
③ 면허취소
④ 영업장 폐쇄

126 미용업자가 점 빼기, 귓불 뚫기, 쌍꺼풀 수술, 문신, 박피술 기타 이와 의사한 의료행위를 하여 1차 위반했을 때의 행정처분은 다음 중 어느 것인가?

① 면허취소
② 경고
③ 영업장 폐쇄명령
④ 영업정지 2월

127 이·미용업소에 최종지불 요금표를 게시하지 아니한 때 1차 위반 행정처분기준은?

① 경고 또는 개선명령
② 영업정지 10일
③ 영업정지 15일
④ 영업정지 20일

해설 109~127 해설 : 공중위생관리법 시행규칙 제 19조에서, 행정처분기준을 참조.
109 – 면허취소
110 – 2차 : 면허정지 6월
111 – 1차 : 경고
112 – 2차 : 영업정지 10일
113 – 1차 : 영업정지 3월
114 – 3차 : 영업정지 1월
115 – 1차 : 영업정지 1월
116 – 1차 : 경고
117 – 1차 : 영업정지 1월
118 – 2차 : 영업정지 2월
119 – ③1차 : 영업정지 1월, 2차 : 영업정지 2월
120 – 3차 : 영업정지 10일
121 – 3차 : 영업정지 1월
122 – 1차 : 영업장 폐쇄
123 – 2차 : 영업정지 5일
124 – 3차 : 영업정지 10일
125 – 1차 : 면허정지
126 – 1차 : 영업정지 2월
127 – 1차 : 경고 또는 개선명령

 정답 124 ③   125 ②   126 ④   127 ①

MEMO

Part VI

모의고사

Hairdresser Written Test

제 1 회 모의고사

01 미코박테리움의 일종으로 비말감염을 통해서 주로 감염되고 햇빛과 열에 약해 2~3시간의 일광소독을 통하여 쉽게 멸균될 수 있는 것은?

① 이질균　　　② 콜레라균
③ 결핵균　　　④ 장티푸스균

02 다음 설명 중 틀린 것은?

① 멸균 : 물체에 있는 모든 병원성 및 비병원성 포자를 가진 것을 전부 사멸시키거나 제거하는 것
② 희석 : 감염원의 농도를 낮추는 것
③ 소독 : 세균만을 사멸하고 곰팡이는 그대로 남겨두는 것
④ 감염 : 병원체가 인체 내에 침입하여 정착하고 증가하는 것

03 다음 중 공중보건의 대상으로 가장 적합한 것은?

① 개인　　　　② 지역사회주민
③ 의료전문가　④ 지방자치단체

04 구순염, 설염, 탈모, 지루성 피부염 등을 예방해주고 과다 사용 시 광과민증을 유발시킬 수 있으며 리보플라빈이라 불리는 비타민은?

① 비타민 A　　② 비타민 B_2
③ 비타민 C　　④ 비타민 D

05 복숙주(Heteroxenous parasites) 기생충이란?

① 성충이 되기까지 특정 단계의 발육을 위해 수종의 숙주를 필요로 하는 기생충
② 숙주의 배 부위에만 기생을 하는 기생충
③ 성충이 될 때까지 숙주를 필요로 하지 않는 기생충
④ 한 종류의 숙주에서만 발육 성장이 가능한 기생충

06 다음 중 일반적으로 대부분의 세균들이 증식하기 좋은 수소이온농도범위는?

① pH 2.0~3.0　　② pH 4.0~5.0
③ pH 6.0~8.0　　④ pH 9.0~11.0

> **해설** 미생물의 생존조건은 영양소, 온도, 습도, 적정 Ph(수소이온 농도 5.0~8.0), 산소의 농도 등이 있다.

07 다음 중 인구증가와 관련된 주요 문제로 가장 적합한 것은?

① 환경오염과 자원부족 문제
② 환경개선과 자원증가 현상
③ 인구정체와 비만인구 증가
④ 노인인구의 주기적 감소현상

> **해설** 인구의 양과 질의 문제, 빈곤 문제, 환경악화 문제, 도시화 문제 등이 있다.

08 개달물 감염으로 인한 감염병은?

① 유행성 출혈열　② 유행성 간염
③ 트라코마　　　④ 페스트

> **해설** 트라코마(안염)은 눈의 결막 질환으로, 이집트 안염이나 과립성 결막염이라고도 불린다. 클라미디아균에 의해 감염된다

09 살모넬라 식중독에 대한 내용으로 틀린 것은?

① 원인균의 대표적인 종류는 장염균, 쥐티푸스균, 돼지콜레라 등이 있다.

② 잠복기간은 일반적으로 12~48시간이며, 평균 20시간이고 발병률이 75% 이상이나 사망률은 낮다.
③ 독소형 식중독이다.
④ 인축 공통 감염병이다.

> **해설** 살모넬라 식중독은 세균성(감염성) 식중독으로, 식중독은 감염형 식중독(살모넬라, 장염비브리오균, 병원성 대장균 등)과 독소형 식중독(포도상구균, 보툴리누스균, 웰치균)으로 나뉜다.

10 다음 (　) 에 알맞은 말을 순서대로 나열한 것은?

> 직접 질병을 앓고 난 뒤에 얻게 되는 면역을 (　) 면역이라 하고, 예방접종을 통해 얻어지는 면역을 (　) 면역이라고 한다.

① 자연능동, 인공능동
② 인공능동, 자연능동
③ 인공수동, 자연수동
④ 자연수동, 인공수동

> **해설** 병을 앓고 난 뒤 얻게 되는 면역은 자연능동면역이고, 예방접종에 의해 얻는 면역은 인공능동면역이다.

11 포도상구균 식중독의 특징이 아닌 것은?

① 38℃ 이상의 열이 발열된다.
② 사망률이 비교적 낮다.
③ 장독소에 의한 독소형이다.
④ 잠복기는 짧으며 평균 3시간 정도
이다.

> 해설 포도상구균은 식품 속에서 증식하는
> 전형적인 독소형 식중독으로, 독소는
> 열 저항성이 높아 100℃에서 30분간
> 가열해도 파괴되지 않는다.

12 DPT(디피티)의 예방접종과 관계없는 감염병은?

① 파상풍   ② 디프테리아
③ 폴리오   ④ 백일해

> 해설 DPT 예방접종은 디프테리아, 백일해,
> 파상풍을 말한다. 기본접종으로 생후
> 만 2개월에 1차 접종, 생후 4개월에 2
> 차 접종, 생후 6개월에 3차 접종, 생후
> 6개월에서 1년 차이에 추가접종인 4차
> 접종을 맞게 된다.

13 다음 중 인구의 자연증가율은?

① (출생률 + 전입률) − (조사망률 +
전출율)
② 전입율 − 전출율
③ 조출생률 − 조사망률
④ 연말인구 − 연초인구

> 해설 인구의 자연증가율은 (연간출생인구 −
> 연간사망인구)×1000, 조출생율 − 조
> 사망률로 계산한다.

14 인체의 체온을 유지하는 데 방열작용에 영향을 주는 4대 온열인자가 아닌 것은?

① 자외선   ② 기온
③ 기습   ④ 복사열

> 해설 4대 온열인자(온열요소)는 기온, 기습,
> 기류, 복사열이다.

15 산업보건에 관한 내용으로 틀린 것은?

① 소음작업장의 근로자들은 특히 비
타민 B_1의 영양관리가 고려되어야
한다.
② 도덕 또는 보건상 유해 및 위험 업
무에 고용할 수 없는 근로자는 임신
중이거나 산후 1년이 지나지 아니한
여성과 18세 미만인 자이다.
③ 여성 근로자는 주 작업강도가 RMR
2.0 이하로 한다.
④ 소음성 난청의 증상은 감음계의 장
애현상으로 일반적으로 70phone
이상의 작업장에서 1일 수시간씩 작
업할 때 발병한다.

> 해설 소음의 기준은 환경법상 평가소음도
> 50dB 이하
> • 저소음기준 : 폭로한계 90dB
> • 충격음기준 : 최고음압의 폭로한계
>   는 140dB
> • 평생 총폭량 : 150dB 이하

16 포자를 포함한 모든 미생물을 거의 완전하게 멸균시키며, 이, 미용 기구 및 의류 등의 소독방법으로 가장 적합한 것은?

① 자외선살균법
② 건열멸균법
③ 고압증기멸균법
④ 자비소독법

> **해설** 고압증기멸균법은 물리적, 화학적 방법 중 물리적인 고압증기멸균법은 모든 미생물을 무균상태로 만든다. 단 업소에서 사용하기 곤란하므로 건열멸균법이 사용하기 좋다.

17 재해발생의 요인 중 인적 요인의 분류에 해당하지 않는 것은?

① 관리상의 요인
② 생리적 요인
③ 환경적 요인
④ 심리적 요인

> **해설** 재해 요인은 인적 요인과 환경적 요인으로 나뉘는데, 인적 요인에는 관리상 요인, 생리적 요인, 심리적 요인이 있고 환경적 요인에는 시설물불량, 공구불량, 재료취급품의 부족, 작업장 환경불량, 복장불량, 산업장 환경의 요인 등이 있다.

18 정상적인 실내공기 중 체적백분비가 가장 많은 것은?

① 산소   ② 이산화탄소
③ 탄소   ④ 알곤

> **해설** 탄소는 나뭇잎에 있는 얼룩체에서 탄소동화작용(광합성)을 하여 나뭇잎을 이루는 원소 중 하나이다. 이산화탄소(CO_2)는 공기 중 0.03%가 존재하며 7% 이상이면 호흡곤란에 빠지고 10% 이상이면 사망한다. 일산화탄소(CO)는 Hb 결합력이 산소에 비해 200~300배 강하다.

19 모성 사망의 3대 원인이 아닌 것은?

① 임신중독증
② 임신사고
③ 출산 전·후 출혈
④ 분만감염

> **해설** 모성사망원인에는 출혈성 질환, 고혈압성 질환(임신중독증, 자간증), 자궁외 임신(유산), 감염증(패혈증, 산욕열)이 있다.

20 알코올 소독에 관한 내용으로 가장 거리가 먼 것은?

① 단백질 변성의 작용이 있다.
② 대사기전에 저해작용을 한다.
③ 소독에 사용되는 일반적인 희석농도는 70%정도이다.
④ 포자균의 멸균에 효과가 크다.

> **해설** 알콜 ① 에타놀 - 에틸 - 에칠(소독용) : 70%의 농도를 이용해 피부 및 기구를 소독
> ② 메타놀 - 메틸 - 메칠(공업용) : 포자를 가진 균은 효과가 없고 무포자균에 효과

21 이 · 미용사 면허증이 헐어 못쓰게 된 때 면허증의 재교부를 신청할 수 있다 이 때 첨부하여야 하는 서류는?

① 면허증 원본 ② 면허증 사본
③ 자격증 원본 ④ 재교부 사유서

> **해설** 신청서류로 면허증 원본, 정면사진 (3.5cmX4.5cm) 1매가 있다.

22 이 · 미용사의 면허를 취소할 수 있는 자는?

① 보건복지부장관
② 시 · 도지사
③ 시장 · 군수 · 구청장
④ 경찰서장

> **해설** 보건복지부령에서 정하는 면허를 취소할 수 있는 권한은 시장 · 군수 · 구청장에게 있다.

23 법령에 적합한 이 · 미용업 영업신고를 받은 행정청이 신고인에게 교부하는 것은?

① 영업허가증 ② 영업허가서
③ 영업신고증 ④ 영업면허증

> **해설** 영업의 신고는 보건복지부령에서 정하는 시장 · 군수 · 구청장에게 신고하여야 한다. 영업신고 접수 후 시장 · 군수 · 구청장은 영업신고증을 부여하여 준다.

24 위생교육에 관한 설명 중 틀린 것은?

① 교육은 매년 3시간을 받아야 한다.
② 위생교육은 보건복지부장관이 허가한 단체가 실시할 수 있다.
③ 위생교육의 대상은 공중위생업자이다.
④ 위생교육의 방법, 절차, 기타 필요한 사항은 대통령령으로 정한다.

> **해설** 위생교육의 방법, 절차, 기타 필요한 사항은 보건복지부령으로 정한다.

25 공중위생감시원을 두지 않아도 되는 곳은?

① 특별시 · 광역시
② 읍 · 면
③ 시 · 군 · 구
④ 도

> **해설** 공중위생감시원은 각 시, 도 및 시 · 군 · 구에 있어야 한다(자치구에 한한다).

26 공중위생영업소의 위생관리등급 공표 등과 관련하여 틀린 것은?

① 위생서비스평가의 결과에 따른 위생관리 등급을 해당 공중위생 영업자에게 통보하고 이를 공표하여야 한다.
② 통보받은 위생관리등급의 표지를 영업소의 명칭과 함께 영업소 내부에만 부착할 수 있다.
③ 위생서비스평가의 결과 위생서비스

의 수준이 우수하다고 인정되는 영업소에 대하여 포상을 실시할 수 있다.

④ 위생서비스평가의 결과에 따른 위생관리 등급별로 영업소에 대한 위생감시를 실시하여야 한다.

> **해설** 위생관리등급표는 영업소 명칭과 함께 영업소 출입구에 부착한다.

27 다음 중 ( )안에 알맞은 것은?

> 공중위생영업자는 그 이용자에게 건강상 (ⓐ)이/가 발생하지 않도록 영업관련 시설 및 설비를 (ⓑ) 이/하고 안전하게 관리하여야 한다.

① ⓐ – 상해, ⓑ – 깔끔
② ⓐ – 위해요인, ⓑ – 위생적
③ ⓐ – 위해요인, ⓑ – 쾌적
④ ⓐ – 상해, ⓑ – 청결

> **해설** 공중위생업자는 이용자에게 위해요인이 발생하지 않도록 해야 하고 시설 및 설비를 위생적으로 관리해야 한다.

28 "이 · 미용기구는 소독을 한 기구와 소독을 하지 아니한 기구로 분리하여 보관하고, 면도기는 1회용 면도날만을 손님 1인에 한하여 사용할 것, 이 경우 이 · 미용기구의 소독기준 및 방법은 보건복지부령으로 정한다." 이를 위반하였을 때 부과될 수 있는 처분은?

① 1년 이하의 징역 또는 1천만 원 이

하의 벌금
② 300만 원 이하의 과태료
③ 200만 원 이하의 과태료
④ 6개월 이하의 징역 또는 500만 원 이하의 벌금

> **해설** 제 7조 서식과 관련(위생관리기준)을 위반하면 200만 원 이하의 과태료가 부과된다.

29 면허정지 처분을 받고 그 정지기간 중 업무를 행한 자에 대한 1차 위반 시 행정처분기준은?

① 면허정지 3개월
② 면허정지 6개월
③ 면허정지 1년
④ 면허취소

> **해설** 제 7조 1항 면허취소사유 – 1차 면허 취소

30 이 · 미용영업을 하고자 하는 자가 갖추어야 하는 시설 및 설비 기준을 규정한 것은?

① 조례   ② 대통령령
③ 자치법령   ④ 보건복지부령

> **해설** 보건복지부령이 정하는 시설 설비를 갖추고 시장, 군수, 구청장에게 신고한다.

31 다음의 펌 디자인에 대한 패턴의 설명으로 옳은 것은?

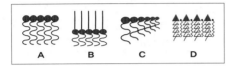

① A – 반복, B – 대조, C – 진행, D – 교대
② A – 진행, B – 교대, C – 반복, D – 대조
③ A – 반복, B – 진행, C – 대조, D – 교대
④ A – 대조, B – 교대, C – 반복, D – 진행

해설
- 반복 – 모든 면에서 구성이 동일할 때.
- 대조 – 서로 다른 요소가 좌우 바람직한 관계
- 진행 – 모든 구성이 유사하나 모양, 크기가 점차적으로 커지거나 작아지는 형태변화
- 교대 – 하나의 특성에서 또 다른 특성으로 연속적인 변화

32 매뉴얼 테크닉에 관한 설명으로 틀린 것은?

① 영양공급으로 피부가 유연해지고 혈액순환이 왕성해진다.
② 피부에 탄력성을 부여하고 긴장을 이완시키는 효과를 준다.
③ 피부생리에 따라 피부결의 반대방향으로 지속적으로 행하는 것이 필요하다.

④ 매뉴얼 테크닉 기술을 터득하려면 해부학, 생리학에 관한 인체기초지식이 필요하다.

33 세팅에서 연결(Blending)을 위해 주로 사용되는 컬은?

① 논 스템 롤러 컬(Non stem roller curl)
② 하프 스템 롤러 컬(Half stem roller curl)
③ 롱 스템 롤러 컬(Long stem roller curl)
④ 풀 스템 롤러 컬(Full stem roller curl)

해설 하프 스템 롤러 컬은 스트랜드를 베이스에 대하여 약 90° 각도로 올려서 와인딩하면 논 스템에 비해 볼륨이 적고 롱 스템 롤러에 비해 볼륨이 많다.

34 퍼머넌트 웨이브나 헤어컬러링을 자주 하여 손상된 머리에 지방분을 공급하고 모발의 발육과 모근을 강하게 하는 샴푸는?

① 플레인 샴푸
② 드라이 샴푸
③ 컨디셔닝 샴푸
④ 비듬제거용 샴푸

해설 컨디셔닝 샴푸는 샴푸 후 모발의 감촉, 윤기, 강도 등에 물리적 성상을 좋게 하기 위해 여러 가지 첨가제를 배합한 샴푸이다.

35 아이섀도에 대한 설명으로 틀린 것은?

① 메인 컬러 : 눈 화장의 전체 분위기를 주도하며 베이스 컬러라고도 한다. 보통 속눈썹 부위에서부터 아이홀까지 그라데이션시킨다.

② 섀도 컬러 : 깊이 있는 눈매를 만들어 준다. 어두운 갈색이나 회색이 적당하다.

③ 하이라이트 컬러 : 돌출되어 보이거나 넓어보이게 하려는 부위, 두드러지게 보이고자 하는 부위에 사용한다.

④ 언더 컬러 : 눈매를 강조해 주는 컬러로, 선명하고 강한 색을 주로 사용한다.

> **해설** 언더컬러는 눈매를 보정하는 베이스 컬러를 의미한다.

36 두피가 건조할 때 가장 적합한 스캘프 트리트먼트는?

① 플레인 스캘프 트리트먼트(Plain scalp treatment)

② 드라이 스캘프 트리트먼트(Dry scalp treatment)

③ 오일리 스캘프 트리트먼트(Oily scalp treatment)

④ 댄드러프 스캘프 트리트먼트(Dandruff scalp treatment)

> **해설** 플레인 스캘프 트리트먼트는 두피가 정상적인 상태. 드라이 스캘프 트리트먼트는 두피가 건조한 상태. 오일리 스캘프 트리트먼트는 피지가 과잉분비되어 기름기가 많을 때, 댄드러프 스캘프 트리트먼트는 비듬을 제거하기 위해 사용한다.

37 샴푸 시 물이 모발에 미치는 영향에 대한 설명 중 옳은 것은?

① 연수는 칼슘, 마그네슘, 철, 구리 등의 물질들이 포함되어 있어 샴푸 시 거품이 일어나는 것이 좋지 않으며, 세정력도 저하된다.

② 경수에 비누로 샴푸를 하게 되면 비누가 분해되어 생기는 지방산이 물 속에 광물질과 결합하여 피막을 형성하여 모발에 윤기가 없어진다.

③ 경수는 저수지, 호수, 강에서 취수하는 물로 광물질인 칼슘, 마그네슘, 납 등이 적게 함유되어 있는 물로 단물이라고 한다.

④ 경수는 연수로 샴푸할 때보다 샴푸의 효과가 더욱 뛰어나며 샴푸제가 절약될 뿐만 아니라 피부와 모발을 촉촉하게 가꾸어 준다.

> **해설** 연수는 단물이라고도 하며, 칼슘 이온이나 마그네슘 이온의 함유량이 적은 물이다. 경수는 센물이라고도 하며, 칼슘이온과 마그네슘이온, 염화물, 유산염 등이 다량 포함되어 있다.

38 모발의 가장 바깥층으로 화학약품에 대한 저항이 가장 강한 층은?

① 에피큐티클(Epi-Cuticle)
② 엑소큐티클(Exo-Cuticle)
③ 엔도큐티클(Endo-Cuticle)
④ 코르텍스(Cortex)

> **해설** 에피큐티클은 케라틴 단백질 함유량이 많으며 약품과 효소의 저항력이 강하다.

39 퍼머넌트 웨이브 제 1제(환원제)의 구성 성분이 아닌 것은?

① 티오글리콜산 ② 시스테인
③ 알칼리제   ④ 브롬산염분

> **해설** 브롬산염류는 제 2액 산화제이다. 산화제는 과산화수소, 취소산염류, 취소산 칼륨이 많이 사용된다.

40 매뉴얼테크닉의 종류에 대한 설명으로 옳지 않은 것은?

① 쓰다듬기(Effleurage) – 손바닥 전체를 이용하여 접촉면을 많게 하여 가볍게 쓰다듬는 방법
② 반죽하기(Petrissage) – 손가락 전체를 이용하여 피부를 주무르듯이 담아서 행하는 동작
③ 두드리기(Tapotement) – 손가락을 이용하여 피부를 빠르게 두드리는 동작
④ 떨기(Vibration) – 손가락 끝을 이용하여 원을 그리며 가볍게 움직이는 동작

> **해설** 떨기 – 하부조직에 진동이 전해지는 방법으로 바이브레이션

41 표피 구조의 순서가 외부로부터 옳게 나열된 것은?

① 각질층 – 투명층 – 유극층 – 과립층 – 기저층
② 각질층 – 투명층 – 과립층 – 유극층 – 기저층
③ 각질층 – 기저층 – 투명층 – 유극층 – 과립층
④ 각질층 – 과립층 – 투명층 – 유극층 – 기저층

> **해설** 표피는 피부의 제일 바깥층으로 무핵층과 유핵층으로 이루어져 있다.

42 인조보석 참, 글리터 또는 아크릴릭을 사용하는 입체조형물을 의미하며 손톱 위에 여러 종류의 모양과 디자인을 만들어 손톱 위에 올려놓는 작품은?

① 워터 데칼(Water decal)
② 댕글(Dangle)
③ 3D 디자인
④ 브러시 페인팅

> **해설** 워터 데칼은 원하는 디자인을 오려 물에 담았다가 디자인을 손톱에 붙이는 것을 의미하고, 댕글은 손톱에 구멍을 뚫어 고리를 다는 것을 말한다. 브러시 페인팅은 네일브러로 전용 물감을 이용해 손톱에 다양한 그림을 그리는 것을 의미한다.

43 스캘프 트리트먼트(Scalp treatment)의 종류가 아닌 것은?

① 두피보호를 위한 트리트먼트
② 비듬제거 및 예방의 트리트먼트
③ 지모방지 육모의 트리트먼트
④ 콜드 웨이브 시 전처리 트리트먼트

해설 ④ 의 전처리는 퍼머넌트 웨이브에서 한다.

44 피부에 대한 설명으로 틀린 것은?

① 표피는 피부의 가장 바깥쪽 층이다.
② 표피에는 교원섬유, 탄성섬유, 혈관, 피지선, 신경 등이 존재한다.
③ 진피는 표피와 피하조직 사이에 위치한다.
④ 피하조직은 피부의 아래층으로 연령, 성별, 부위에 따라 피하두께가 다르다.

해설 표피는 기저층, 유극층, 과립층, 투명층, 각질층의 5개 층으로 구분된다.

45 모발의 탈색에 대한 설명으로 틀린 것은?

① 산화제의 Volume(%)이 강할수록 탈색이 잘 된다.
② 온도가 높을수록 탈색이 빨리 된다.
③ pH가 알칼리성으로 될수록 과산화수소의 탈색효과가 증가한다.
④ 친수성모보다 버진 헤어(Virgin hair)가 탈색이 잘 된다.

해설 버진 헤어는 탈색의 속도가 느리다.

46 미백효과가 가장 큰 비타민은?

① 비타민 A   ② 비타민 C
③ 비타민 B   ④ 비타민 D

47 틴닝 가위(Thinning Scissors)에 대한 설명으로 틀린 것은?

① 모발 길이는 그대로 두고 불필요한 모발 숱을 감소시키기 위한 기능을 갖고 있다.
② 단면 틴닝 가위의 경우 일반적으로 가장 많이 사용되는 것으로 머리숱을 감소시키거나 모발 끝을 부드럽게 하고자 할 때 사용한다.
③ 단면 틴닝 가위의 날 간격이 1/8인치가 1/32인치 간격보다 모발 양을 덜 제거한다.
④ 양면 틴닝 가위는 한 번의 동작 시 보다 많은 양의 모발을 감소시킬 수 없다.

해설 양면 틴닝 가위는 모발량을 많이 감소시킨다.

48 머리모양 중 퐁파두르(Pompadour) 형 이란?

① 앞머리를 전부 올린 올백(All back) 한 여자 머리형을 의미한다.

② 옆머리를 일부 올린 여자 머리형을 의미한다.

③ 앞머리를 일부 올린 남자 머리형을 의미한다.

④ 옆머리를 일부 올린 남자 머리형을 의미한다.

> **해설** 퐁파두르 스타일은 1900년대 유행한 스타일이다.

49 헤어 커트 시 사용하지 않는 분배의 원칙 은?

① 자연 분배　　② 직각 분배

③ 변이 분배　　④ 대각 분배

> **해설** 자연 분배란 중력의 힘에 의해 바닥을 향해 빗질하는 것을 의미하고, 직각 분 배는 파팅에서 90°, 즉 직각 방향으로 빗질하는 것(그레쥬에이션, 레이어형 이 쓰임)을 의미하며, 변이 분배는 자 연 분배, 직각 분배가 아닌 빗질 방향 을 의미한다.

50 콘케이브(concave)와 콘벡스(convex) 형태선에 연관성 있는 커트는?

① 원랭스 커트와 스파니엘 커트

② 스파니엘 커트와 이사도라 커트

③ 이사도라 커트와 레이어 커트

④ 레이어 커트와 이사도라 커트

> **해설** 콘케이브는 오목한 선(스파니엘), 콘벡스 는 볼록한 선(이사도라)와 관련이 있다.

51 멜라닌과 모발의 색에 대한 설명으로 옳 은 것은?

① 모발의 색은 멜라닌의 양, 유멜라닌 과 페오멜라닌의 구성 비율, 멜라닌 의 분포에 의해 결정된다.

② 멜라닌은 티로신이라는 황색의 아 미노산으로부터 만들어진다.

③ 멜라닌은 유멜라닌과 페오멜라닌이 있으며 유멜라닌이 밝은 색을 띤다.

④ 멜라닌 색소는 모수질에 존재한다.

> **해설** 유멜라닌 색상은 흑색에서 적갈색 입자 형 색소로 동양인에게 많다. 페오멜라 닌 색상은 노란색에서 붉은 빛을 말하 며 분사형 색소이며 서양인에게 많다.

52 헤어피스에 대한 설명으로 틀린 것은?

① 폴(fall)은 짧은 머리를 긴 머리로 변 화시키기 위해서 사용한다.

② 웨프트(Weft)는 핑거웨이브 등의 연습을 위해 받침대에 고정시켜 사 용한다.

③ 위글렛(Wiglet)은 긴 머리를 짧게 보이게 하기 위해 사용한다.

④ 스위치(Switch)는 실용적 스타일을 위해 땋거나 늘어뜨릴 때 사용한다.

> **해설** 위글렛은 특정한 부위에 볼륨을 주기 위한 작은 가발의 헤어피스이다.

53 염색 작업 전 주의해야 할 사항으로 틀린 것은?

① 고객과 충분한 상담을 통해 색상과 시술 방법 등을 계획한다.
② 패치테스트의 사전 조치를 통해 부작용을 최소화한다.
③ 상담 장소는 정확한 색상파악을 위해 반드시 자연조명보다는 인공조명에서 시행한다.
④ 고객과의 원활한 상담을 위해 컬러차트, 잡지, 거울 등을 준비한다.

54 특수 분장 시 수염, 가발, 인조 머리카락 등을 붙이는 접착제는?

① 라텍스(Latex)
② 콜로디언(Collodion)
③ 오브라이트(Oblate)
④ 스피리트 검(Spirit gum)

55 손톱 밑의 구조가 아닌 것은?

① 매트릭스(matrix)
② 네일 베드(nail bed)
③ 네일 그루브(nail groove)
④ 루놀라(lunula)

해설 네일 그루브는 손톱 양쪽에 손톱이 자라도록 양쪽 홈이 있는 부분이다.

56 핑거웨이브의 리지 뒤에 플래트 컬을 연속시킨 것은?

① 롤(Roll)
② 리지컬(Ridge Curl)

③ 뱅(Bang)
④ 엔드플러프(End fluff)

해설 롤은 모발을 말아 넣은 원통상 형태이고, 뱅은 이마의 장식머리를 뜻한다. 엔드플러프는 깃털, 목화솜이란 뜻으로 모발 끝의 모양을 말한다.

57 혈액과 림프액이 피부에 미치는 영향이 아닌 것은?

① 피부의 재생
② 피부, 머리, 손톱의 성장
③ 피부의 영양 공급
④ 피부의 체온조절

해설 피부의 체온조절은 피하지방이 담당한다.

58 다음에서 설명하는 것은?

손상모를 복원시키기 위하여 사용되는 것이 아니라 건강모에도 일상의 샴푸, 브러싱, 세트 등의 손질 가운데 모발을 손상시키는 인자로부터 모발을 보호하기 위하여 사용하는 것

① 퍼머넌트 웨이브제
② 염모제
③ 헤어오일
④ 트리트먼트제

해설 트리트먼트는 처리, 시술, 치료법을 이용해서 모발 표면을 코팅해 주면서 부족한 영양분을 모발 내부에 침투시킨다.

59 항노화 비타민으로 모세혈관을 확장시켜 혈액순환에 도움을 주어 화장품에 쓰이는 것은?

① 비타민 D   ② 비타민 E
③ 비타민 C   ④ 비타민 B₁

> **해설** 비타민 D – 면역세포 생산에 작용, 비타민 C – 결합조직과 지지조직 형성, 비타민 B₁ – 세포 대사에서 중요한 역할을 수행하는 수용성 비타민

60 미용기술 작업 시 작업대상의 위치가 바른 것은?

① 심장의 높이와 평행한 위치
② 심장보다 높은 위치
③ 심장보다 낮은 위치
④ 눈높이와 평행한 위치

> **해설** 작업 대상을 심장보다 높은 위치에서 작업하면 혈액순환이 감소되고 심장보다 낮은 위치에서는 울혈을 일으키기가 쉽다.

제1회 모의고사 정답

01	02	03	04	05	06	07	08	09	10
③	③	②	②	①	③	①	③	③	①
11	12	13	14	15	16	17	18	19	20
①	③	③	①	④	③	③	③	②	④
21	22	23	24	25	26	27	28	29	30
①	③	③	④	②	②	②	②	③	④
31	32	33	34	35	36	37	38	39	40
①	④	②	③	④	②	②	①	④	④
41	42	43	44	45	46	47	48	49	50
②	③	④	②	④	②	④	①	④	②
51	52	53	54	55	56	57	58	59	60
①	③	③	④	③	②	④	④	②	①

01 보균자에 대한 설명으로 가장 적합한 것은?

① 활동에 제한이 없으며 감염력이 없다.

② 전파되지 않으므로 타인을 경계할 필요가 없다.

③ 역학상 현성보균자수보다 극히 숫자가 적으므로 관리대상에서 제외된다.

④ 무증상환자와 함께 중요한 감염병 관리 대상자이다.

> **해설** • 잠복기 보균자 – 잠복기간 중 균을 배출
> • 회복기 보균자 – 전염성 질환이 이환되어도 그 기간 동안 균을 배출
> • 건강보균자 – 감염에 임상증상이 없고 병원체를 보유하며 균을 배출(무증상 감염자)

02 다음에서 설명하는 것은?

> 출생률이 사망률보다 낮아 인구가 감소하는 형으로써, 14세 이하 인구가 65세 이상 인구의 2배 이하가 되는 인구구성 형태

① 항아리형   ② 종형

③ 피라미드형   ④ 별형

> **해설** 항아리형 – 평균수명이 높은 선진국가에서 볼 수 있는 형태로 인구감퇴형이다.

03 미용업에서 소독과 관련된 주의사항으로 틀린 것은?

① 소독약품의 보존기간이 긴 것은 미용업에서 사용이 금지되어 있다.

② 일회용 포장으로 사용된 것은 사용 후 남은 소독약품과 약재를 모두 버린다.

③ 피부과민 반응을 일으키는 약제는 희석하거나 며칠 지난 후 다시 사용해도 된다.

④ 가능한 범위 내에서 모든 약제는 원액의 사용을 권장한다.

> **해설** 한번 사용한 약재, 포장은 모두 태워버리는 것이 좋다(소각법).

04 수인성 감염병의 유행 특성이 아닌 것은?

① 환자의 발생은 폭발적이어서 2~3일 내에 환자 발생이 급증하며 2차 감염자가 적다.

② 환자의 발생은 급수구역 내에 한정되어 있고 급수시설에 오염이 있다.

③ 연령, 성별, 직업, 빈부의 차 등에 의한 이환율의 차이가 없고 이환율과 치명률은 낮은 것이 통례이다.

④ 이환율이 높고 2차 감염자가 많다.

> 해설 환자 발생이 높지만 2차 감연자는 적다.

05 영유아기의 분류에 대한 설명 중 틀린 것은?

① 초생아는 생후 7일 미만의 사람을 말한다.

② 신생아는 생후 28일 이내의 사람을 말한다.

③ 영아는 생후 1세 미만의 사람을 말한다.

④ 유아는 생후 3세 미만의 사람을 말한다.

> 해설 4세 이하를 유아라고 칭한다.

06 감염병에 관한 강제처분으로 해당 공무원이 감염병환자와 동행하여 치료를 받게 하거나 입원시킬 수 있는 대상의 감염병에 해당하지 않는 것은?

① 장티푸스　　② 콜레라

③ 파라티푸스　　④ 일본뇌염

> 해설 2020년부터 시행하는 법정감염병 중 제2급 감염병에 해당하며, 제2급 감염병에는 콜레라, 장티푸스, 파라티푸스는 수인성 질환으로 격리가 필요한 감염병이다.

07 다음 중 출생 시 모체로부터 얻는 면역은?

① 인공능동면역　　② 자연능동면역

③ 인공수동면역　　④ 자연수동면역

> 해설 태반이나 모유 등 모체로부터 얻는 면역은 자연수동면역이다.

08 열탕소독(자비소독)에 관한 설명으로 옳은 것은?

① 세균포자, 간염바이러스 살균에 효과적이다.

② 금속성 기자재가 녹이 스는 것을 방지하기 위해 끓는 물에 탄산나트륨을 1~2% 정도 넣어 준다.

③ 면도날, 가위 등은 거즈로 싸서 끓는 물에 소독한다.

④ 섭씨 100℃이상의 끓는 물속에 10분 이상 끓여주는 방법이다.

> 해설 자비소독은 완전 멸균은 어려우며, 끓는 물에 15분~20분 정도 처리한다. 소독효과를 높이기 위해 석탄산(5%), 크레졸(2~3%) 등을 혼합하기도 한다.

09 미생물 중 저온균이 발육할 수 있는 최적 온도로 가장 적합한 것은?

① 15℃~20℃   ② 27℃~35℃

③ 35℃~50℃   ④ 50℃~65℃

> **해설** 저온균은 온도가 낮은 해수나 토양 속에서 사는 세균으로, 0℃에서도 다소 발육할 수 있으며, 5~7℃에서도 7~10일간 발육, 증식할 수 있다. 대표적으로 간균(막대모양균)이 있다.

10 회충증 감염예방 대책에 포함되는 내용이 아닌 것은?

① 집단감염 예방을 위한 내의, 침구 등의 개인위생 관리

② 파리의 구제, 분변의 철저한 위생처리 등의 환경 개선

③ 청정채소 섭취 및 위생적인 식생활 장려

④ 정기적인 구충제 복용

> **해설** 회충증은 우리나라에서 가장 높은 감염률을 보이는 기생충으로, 예방대책으로는 분뇨 관리, 청정채소의 장려, 환자의 정기적 구충제 복용, 파리의 구제, 관리, 위생적인 식생활, 보건교육의 실시 등이 있다.

11 현대의 환경오염 특성으로 옳은 것은?

① 국지화 – 누적화 – 축소화

② 다양화 – 누적화 – 다발화

③ 국지화 – 누적화 – 광역화

④ 다양화 – 누적화 – 축소화

> **해설** 환경오염(공해) 특성 – ① 다양화 ② 누적화 ③ 다발화 ④ 광역화

12 공중보건의 목적으로 볼 수 없는 것은?

① 생명연장   ② 질병예방

③ 질병치료   ④ 건강증진

> **해설** 공중보건의 정의는 질병치료가 아닌 감염병 예방에 목적을 두고 있다.

13 고압증기멸균 시 20파운드 126.5℃에서 가장 적당한 처리 시간은?

① 5분   ② 15분

③ 25분   ④ 30분

> **해설** 고압증기멸균은 포자균의 멸균에 가장 좋은 방법으로, 10파운드(115.5℃)에서 30분, 15파운드(121℃)에서 20분, 20파운드(126.5℃)에서 15분간 처리해야 한다.

14 복어에 의한 식중독의 원인독소는 무엇인가?

① 솔라닌   ② 무스카린

③ 테트로도톡신   ④ 베네루핀

> **해설** 복어의 독은 동물성식중독의 원인이 되는 테트로도톡신이다.

15 소독제의 구비조건으로 가장 거리가 먼 것은?

① 살균력이 강해야 한다.
② 가격이 경제적이어야 하고 위험성이 적어야 한다.
③ 취급이 간편하고 인체에 해가 없어야 한다.
④ 체내 농축이 되어 오랫동안 지속되어야 한다.

> 해설 소독약의 구비 조건은 ① 살균력이 강할 것 ② 부식성, 표백성이 없을 것 ③ 용해성이 높고, 안정성이 있을 것 ④ 경제적이고 사용방법이 간편할 것

16 유리 산소가 존재하면 유해 작용을 받아 증식하지 않는 세균은?

① 미호기성 세균 ② 호기성 세균
③ 통성혐기성 세균 ④ 혐기성 세균

> 해설 혐기성세균은 발효만으로 획득하기 때문에 산소가 없는 곳에서만 잘 자라는 균이다. 산소가 존재하여 생긴 과산화수소에 의해 유해작용을 받는다.

17 비타민과 그 결핍으로 인하여 발생하는 증상의 연결이 틀린 것은?

① 비타민 A – 야맹증
② 비타민 B₁ – 각기증
③ 비타민 C – 괴혈병
④ 비타민 D – 불임

> 해설 비타민 A : 지용성 비타민으로, 결핍 시 안구건조증과 야맹증 유발
> 비타민 B : 결핍 시 각기증(식욕부진, 피로감 초래) 유발
> 비타민 C : 결핍 시 괴혈병(치아발육 이상 원인) 유발
> 비타민 D : 결핍 시 뼈의 형성에 이상이 생김(골연화증, 골다공증, 구루병)

18 무수알콜을 이용해 알콜 농도 70%의 소독용 알콜 400cc를 만드는 방법으로 옳은 것은?

① 물 70ml, 무수알콜 330ml
② 물 100ml, 무수알콜 330ml
③ 물 120ml, 무수알콜 280ml
④ 물 330ml, 무수알콜 70ml

> 해설 농도=용질 / 용액(용질+용매)=70% 400×70%=280ml로 무수알콜 280ml, 물 120ml가 된다.

19 자외선이 인체에 미치는 영향이 아닌 것은?

① 체내에 비타민 D를 형성한다.
② 피부의 홍반 및 색소 침착을 일으킨다.
③ 피부 표면의 온도 상승 및 혈관을 축소시킨다.
④ 살균작용이 강하다.

> 해설 자외선은 건강선, 생명선이라고도 하며 파장에 따라 피부노화, 백내장의 원인이 될 수도 있지만 살균작용, 비타민 D의 생성으로 구루병, 골연화증, 골다공증을 예방할 수 있다.

20 직업병 중 분진에 의하여 발생하는 질환이 아닌 것은?

① 진폐증　　　② 규폐증
③ 석면폐증　　④ VDT 증후군

해설　진폐증은 산업장에서 분진을 흡입하여 발생하는 폐포의 병적 변화를 말한다. 분진의 종류에 따라 탄폐증, 석회진폐증, 규폐증, 석면폐증 등으로 불린다.

21 다음 중 (　)에 알맞은 것은?

이 · 미용업을 하고자 하는 자는 (　)이/가 정하는 시설 및 설비를 갖추고 시장 · 군수 · 구청장에게 신고하여야 한다.

① 대통령령　　② 공중위생영업자
③ 시 · 도지사　④ 보건복지부령

해설　미용업을 하고자 하는 자는 보건복지부령이 정하는 시설 및 설비를 갖추고 시장, 군수, 구청장에게 신고하여야 한다.

22 공중위생관리법 시행규칙에서 정하고 있는 이 · 미용기구의 건열멸균소독의 방법으로 맞는 것은?

① 섭씨 100℃ 이상의 건조한 열에 20분 이상 쐬어 준다.
② 섭씨 100℃ 미만의 건조한 열에 10분 이상 쐬어 준다.
③ 섭씨 100℃ 이상의 습한 열에 20분 이상 쐬어 준다.
④ 섭씨 80℃ 이상의 건조한 열에 10분 이상 쐬어 준다.

해설　건열멸균은 100℃ 이상의 건조한 열에 20분 이상 쐬어 주는 방식이다.

23 시장 · 군수 · 구청장이 기간을 정하여 개선명령을 할 수 있는 대상은?

① 이 · 미용실의 시설 및 설비기준을 위반한 이 · 미용영업자
② 이 · 미용실에서 관련 제품을 판매하는 이 · 미용영업자
③ 이 · 미용실 바닥을 목재로 설치한 이 · 미용영업자
④ 이 · 미용실에서 칸막이를 설치하지 아니한 이 · 미용영업자

해설　법 제4조(공중위생업자 위생관리의무 등), 법 제 5조(공중위생업자 불법카메라의 설치 금지)에 따라 시장 · 군수 · 구청장이 6개월의 기간을 정하여 개선명령을 할 수 있다.

24 이 · 미용 영업소에 대한 위생서비스 수준의 평가 결과에 따른 위생관리등급 중 최우수 업소에 해당하는 것은?

① 적색 등급　　② 백색 등급
③ 황색 등급　　④ 녹색 등급

해설　위생관리등급은 최우수 업소는 녹색 등급, 우수업소는 황색 등급, 관리대상 업소는 백색 등급으로 나뉜다.

25 위생교육에 관한 사항으로 틀린 것은?

① 영업자는 매년 위생교육을 받아야
   한다.
② 영업신고를 하고자 하는 자는 신고
   후 위생교육을 받아야 한다.
③ 위생교육은 공중위생관리법 제 16
   조에 따른 단체가 실시할 수 있다.
④ 위생교육은 보건복지부장관이 허가
   한 단체가 실시할 수 있다.

> **해설** 법 제 3조 1항의 규정에 따르면 신고하
> 는 자는 미리 위생 교육을 받아야 하며,
> 다만 보건복지령으로 정하는 부득이한
> 사유로 미리 교육을 받을 수 없는 경우
> 에는 영업신고를 한 후 6개월 이내에
> 위생교육을 받을 수 있다.

26 이 · 미용사의 업무범위에 대한 나열이
옳지 않은 것은?

(단, 본 시험의 접수일 당일 자격을 취
득한 자로서 이 · 미용사 면허를 받은
자 기준)

① 이용사 : 이발, 아이론, 면도, 머리
   피부 손질, 머리카락 염색 및 머리
   감기
② 미용사(일반) : 파마, 머리카락 자르
   기, 머리카락 모양 내기, 머리피부
   손질, 머리카락 염색
③ 미용사(피부) : 의료기기나 의약품
   을 사용하지 아니하는 피부상태 분
   석, 피부관리, 제모, 눈썹염색

④ 미용사(네일) : 손톱과 발톱의 손질
   및 화장의료기기나 의약품을 사용
   하지 아니하는 눈썹 손질

> **해설** 공중위생관리법 시행규칙 제14조(업무
> 범위) 참조

27 보건복지부장관은 공중위생관리법에 의
한 권한 중 그 일부를 위임할 수 있는데,
이에 관한 사항을 정하고 있는 것은?

① 대통령령
② 보건복지부령
③ 행정자치부령
④ 총리령

> **해설** 시행령 : 대통령령 – 시행규칙 : 보건
> 복지부령 – 위임명령 : 각 시, 도지사

28 이 · 미용사 면허를 받을 수 있는 사람은?

① 피성년후견인
② 감염성 결핵환자
③ 향정신성의약품 중독자
④ 면허 취소 후 1년이 경과된 자

> **해설** 면허를 받을 수 없는 자는 피성년후견
> 인, 정신질환자, 감염병 환자, 마약 · 약
> 물 중독자, 법을 위반해 면허가 취소된
> 자(1년 후 받을 수 있음), 면허증을 대
> 여한 자, 금지된 행위를 알선한 자 등
> 이 있다.

29 이 · 미용 영업소의 소재지를 변경한 때 신고해야하는 대상은?

① 세무서장

② 시 · 도지사

③ 시장 · 군수 · 구청장

④ 보건복지부장관

해설 영업장 개설신고, 변경신고는 시장 · 군수 · 구청장에게 신고해야 한다.

30 이 · 미용업 영업소 폐쇄명령을 받고도 계속하여 영업을 한 자에 대한 벌칙 기준은?

① 1년 이하의 징역 또는 500만 원 이하의 벌금

② 1년 이하의 징역 또는 100만 원 이하의 벌금

③ 6개월 이하의 징역 또는 500만 원 이하의 벌금

④ 1년 이하의 징역 또는 1,000만 원 이하의 벌금

해설 공중위생관리법 제 20조(벌칙) 참조.

31 퍼머넌트 웨이브 시술 후 산성린스의 목적은?

① 퍼머넌트 웨이브 시술 이후 모발에 윤기를 주기 위해 사용한다.

② 퍼머넌트 웨이브 로션의 작용을 계속 진행시키기 위해 사용한다.

③ 모발을 중화시켜서 pH를 정상상태로 환원시키기 위해 사용한다.

④ 모발의 큐티클을 열어주기 위해 사용한다.

해설 퍼머넌트 콜드액은 알칼리성이기 때문에 중화를 위해 사용한다.

32 피부 부속기관에 해당되지 않는 것은?

① 혈관

② 신경관, 피지근

③ 피하조직, 모낭

④ 림프관, 지모근(입모근)

해설 피하조직은 피부 밑 진피 아래 있는 조직이고, 모낭은 표피층에 있는 조직이다.

33 토닝(Toning) 기법 중 녹색머리를 갈색으로 변형시키기 위해서는 어떤 색을 사용해야 하는가?

① 갈색   ② 노란색

③ 빨간색   ④ 검정색

해설 녹색은 빨간색, 주황색은 파란색, 보라색은 노란색이 보색관계라서 갈색으로 변화한다.

34 립스틱, 아이섀도, 파운데이션 등의 메이크업을 제거하기 위한 화장품은?

① 데이 크림   ② 마사지 크림

③ 나이트 크림   ④ 클렌징 크림

해설 짙은 유성 메이크업을 했을 때나 피지 분비가 많을 때 피부세정을 목적으로 하는 세안용 크림이다.

35 퍼머넌트웨이브 제 1제에 대한 설명으로 옳은 것은?

① 제1제 중 치오글리콜산이 단단한 시스턴 결합을 끊어 시스테인 상태로 만든다.

② 제1제를 모발에 바르면 환원에 의해서 갈라져 있던 황과 황이 재결합을 일으킨다.

③ 부드럽게 환원된 모발을 산화시키는 산화제가 들어있다.

④ 치오글리콜산은 새의 깃털이나 모반에서 얻을 수 있다.

> **해설** 제 1제 환원제는 모발 구조를 화학적으로 변성시킬 수 있는 물질로 pH 9.0~9.6의 알칼리성이다.

36 모근에서부터 모발 끝까지 와인딩하는 기법으로 긴 모발에 적합하며 균일한 웨이브를 형성하는 것은?

① 크로키놀 와인딩(Croquinole Winding)

② 스파이럴 와인딩(Spiral Winding)

③ 압축(Compression)

④ 프로젝션(Projection)

> **해설** 크로키놀 와인딩은 모발 끝에서 모근 쪽으로 겹치면서 와인딩하는 기법이고, 압축은 기구를 이용하여 모발을 누르기, 찝기하여 웨이브를 형성한다. 프로젝션은 시술각에 의해 업프로젝션, 다운 프로젝션으로 나누어진다.

37 샴푸제의 조건에 해당하지 않는 것은?

① 장기간 보존해도 변질이 없어야 한다.

② 세정력이 우수하고 사용 후 모발에 윤기와 유연성을 주어야 한다.

③ 일반적으로 pH 8.0 ~ 10.0의 샴푸제가 모발에 가장 안정적이다.

④ 사용 시 거품이 빨리 생기고 잘 헹궈져야 한다.

> **해설** 일반적인 샴푸제는 알칼리성으로(pH 7.5~8.5) 세정력이 강하다.

38 다음 커트의 도해도는 어떤 커트기법의 혼합형인가?

① 그래듀에이션 + 레이어 + 원랭스

② 스퀘어 + 레이어 + 그래듀에이션

③ 스파니엘 + 그래듀에이션 + 스퀘어

④ 레이어 + 스퀘어 + 원랭스

> **해설** 프린지는 그래듀에이션, 크레스트 하부는 원랭스, 크레스트 상부는 레이어를 사용한 커트이다.

39 모발에 성장에 영향을 주는 요인과 가장 거리가 먼 것은?

① 식습관 ② 자외선
③ 호르몬 ④ 나이

40 매뉴얼 테크닉의 동작 중 피부를 누르며 강하게 문지르는 동작으로 혈액 순환을 돕는 것은?

① 페트리사지(Petrissage)
② 프릭션(friction)
③ 스트로킹 무브먼트(Stroking Movement)
④ 타포트먼트(Tapotement)

> 해설 페트리사지는 유연법(유찰법), 스트로킹 무브먼트는 경찰법, 타포트먼트는 고타법을 말한다.

41 레이어 커트의 설명 중 가장 거리가 먼 것은?

① 겹쳐서 쌓아 올리는 의미를 갖는다.
② 가로로 흐르는 힘이 강하다.
③ 가벼운 느낌이 연출된다.
④ 하부로 갈수록 길어져 두발의 단차가 생긴다.

> 해설 레이어형의 모발 길이 배열은 네이프에서 탑으로 갈수록 짧아지며 무게감이 없다.

42 물이나 약제에 대한 흡수력과 관련하여 성격이 다른 하나는?

① 저항성모
② 버진헤어
③ 반수성모
④ 다공성모

> 해설 다공성 모발은 모발 내부의 간충물질이 유출되어 내부가 공동화되는 것을 말한다.

43 일반적인 헤어 리컨디셔닝 기술에 대한 설명으로 가장 거리가 먼 것은?

① 두피 매뉴얼테크닉을 행한 후 적외선등 또는 헤어스티머를 약 10분 정도 사용하여 헤어 컨디셔너제의 침투를 돕는다.
② 에어 컨디셔너제가 수용성이 아닌 경우 샴푸는 마지막 단계에서 모발을 헹구는 대신 행해 준다.
③ 모발의 상태에 따라 항오일 트리트먼트와 크림 컨디셔너를 사용할 수 있다.
④ 모발을 브러싱하고 모발 상태에 따른 샴푸 후에 모발이 젖은 상태에서 헤어 컨디셔너제를 바르도록 한다.

> 해설 헤어 리컨디셔닝 시술 시에는 모발 샴푸 후에 잘 말린 다음 헤어 컨디셔너제를 도포한다.

44 조선 시대 여인들의 모발 형태가 아닌 것은?

① 푼기명머리
② 어여머리
③ 대수머리
④ 쪽머리

> 해설 푼기명머리는 고려시대 여인들의 모발 형태로 세 갈래로 나누어 양볼과 뒤쪽으로 늘어뜨린 형태이다.

45 토탈 새션스타일에 관한 용어와 뜻이 잘 못 연결된 것은?

① 댄디(Dandy) – 여성 취향의 남성패 션으로서 주로 활동적이고 진취적 인 모던한 이미지를 연출한다.

② 매니쉬(Mannish) – 남자와 같은 여성이란 의미로서 판타롱 슈트가 그 기원이다.

③ 밀리터리(Military) – 여성패션에 서 군복품으로 견장이나 금속단추 를 활용하여 디자인되었다.

④ 펑크(Punk) – 1976년 런던에서 있 었던 록밴드들의 스테이지 의상에 서 시작된 패션이다.

해설 댄디는 남성 성향의 여성패션이다.

46 다음에서 설명하는 것은?

> – 브러시의 고무패드가 부착된 위에 나 일론 모들이 심어진 형태
> – 드라이 시 모발의 손상을 막아주고 자 연적인 흐름을 만들 수 있도록 넓은 지름의 완만한 곡선으로 만들어진 브 러시

① 덴맨 브러시 ② 롤 브러시
③ 스캘톤 브러시 ④ 벤트 브러시

해설 덴맨브러시는 빗의 솔이 나일론으로 만들어졌고 곱슬머리의 컬의 모양을 잘 잡아주기위해 반원형모양의 패드 로 되어있다.

47 피부의 세포가 형성된 후 대략 4주가 지 나면 피부로부터 자연스럽게 떨어져 나 가는 현상은?

① 진피의 저지현상
② 표피의 흡수현상
③ 진피의 재생현상
④ 표피의 각화현상

48 성장기성 탈모증으로만 묶여진 것은?

① 남성형 탈모, 지루성 탈모, 산후 탈 모
② 지루성 탈모, 원형 탈모, 매독성 탈 모
③ 압박성 탈모, 반흥성 탈모, 원형 탈 모
④ 남성형 탈모, 반흔성 탈모, 두부백 선 탈모

해설 성장기성 탈모증에는 반흥성, 원형탈 모, 압박성 등이 있는데, 반흥성 탈모 는 모근의 파괴에 의해 일어나는 탈모 증을 말하며, 원형탈모는 모근이 위축 모(영양장해모)가 되며 일어나는 탈모 증이다. 압박성 탈모증은 가발이나 모 자 등을 오래 착용하면 일어날 수 있는 탈모증이다.

49 손톱의 모양을 다듬거나 손톱표면을 부드럽게 만들 때 사용하는 도구는?

① 오렌지우드 스틱(Orangewood Stick)
② 버퍼(Buffer)
③ 큐티클 푸셔(Cuticle pusher)
④ 에머리 보드(Emery board)

해설 에머리보드는 손톱 모양을 다듬기 위해 사용하는 판상의 줄이다.

50 모발 염색 전 패치테스트에 대한 설명으로 옳은 것은?

① 염색제 제1제를 소량 취해서 적당한 부위에 바르는 것이다.
② 도포 후 24시간 이내에 확인해야 한다.
③ 귀 뒤 헤어라인이나 팔의 안쪽의 여린 피부를 시험 부위로 선택한다.
④ 동일인에게는 4~5년마다 1회만 테스트해도 된다.

해설 부드러운 피부에 염색약을 조금 바른 후 24~48시간 후에 반응을 본다.

51 유니폼 레이어형(스퀘어 레이어)의 헤어커트에 있어서 외곽 헤어라인의 변형에 관한 설명으로 가장 거리가 먼 것은?

① 주변의 헤어라인을 따라 두피에서 90°로 커트하면 무게선이 없는 형을 만들게 된다.
② 먼저 90°로 커트한 후 외곽라인을 정리하면 무게가 더해지고 형태선

이 분명해진다.
③ 원하는 만큼의 무게선을 만들려면 자연스럽게 빗질한 상태에서 외곽라인을 설정된 무게만큼 커트한 후 무게부위의 가장자리를 가이드로 사용하여 커트한다.
④ 두상곡면을 따라 90°로 커트하면서 두정부에서 외곽으로 가면서 점차 길어지게 하면 자연스러운 형태를 보인다.

해설 유니폼 레이어형은 두상곡면에서 90°로 들어서 동일한 길이로 자른 형태이다.

52 피지선에 관한 설명으로 틀린 것은?

① 피지선의 활동을 증가시키는 주 호르몬은 여성호르몬이다.
② 피지선의 활동은 사춘기가 되면 증가한다.
③ 피지는 땀샘의 수분과 함께 보호막을 형성한다.
④ 피지를 구성하는 지방산 중에는 살균작용을 하는 것도 있다.

53 백 코밍(Back Combing)의 목적과 가장 거리가 먼 것은?

① 풍성한 볼륨을 내기 위하여
② 스트랜드의 방향에 따라 특별한 스타일을 연출하기 위하여
③ 모발의 자연스러운 연결을 위하여
④ 웨이브나 컬의 형태를 오랫동안 지속하기 위하여

해설 웨이브나 컬의 형태를 오랫동안 지속하기 위해서는 헤어 스프레이를 사용한다.

54 여드름의 발생부위와 원인이 잘못 짝지어진 것은?

① 뺨 부분 – 모발에 의한 자극, 칼슘 부족
② 입 주위 – 비타민 B_2와 B_6 부족, 생리 전
③ 턱 주위 – 생리 전후, 장기능의 약화
④ 목 부분 – 자외선, 호르몬의 불균형

55 다음 중 무대효과를 위한 메이크업으로 가장 적합한 것은?

① 선번 메이크업(Sunburn Makeup)
② 데이타임 메이크업(Daytime Makeup)
③ 그리스 페인트 메이크업(Grease Paint Makeup)
④ 컬러 포토 메이크업(Color Photo Makeup)

해설 그리스 페인트 메이크업은 기름기가 많은 화장법으로 배우들의 분장 메이크업에 사용된다.

56 평균적인 컬이나 웨이브를 만들 때에 적당하며, 하나씩 독립된 컬에 사용되는 베이스는?

① 스퀘어 베이스
② 오블롱 베이스
③ 아크 베이스
④ 트라이앵귤러 베이스

해설 스퀘어 베이스는 사각 형태의 베이스이다.

57 퍼머넌트웨이브 제2제(산화제)인 과산화수소(H_2O_2)를 주성분으로 하는 경우 모발의 퇴색에 영향을 미치지 않는 농도는?

① 12%
② 9%
③ 6%
④ 2.5% 이하

해설 2.5%보다 높은 농도일 경우 모발이 퇴색될 수 있다.

58 메이크업 베이스의 컬러연결로 가장 거리가 먼 것은?

① Blue : 기미, 주근깨, 잡티가 많은 피부일 때
② White : 하얀 피부 상태일 때
③ Yellow : 창백한 피부에 염색을 부여하고자 할 때
④ Green : 붉은 피부를 보완하고자 할 때

> **해설** 창백한 피부를 화사하고 생기있고 건강하게 보이는 피부 표현은 분홍색 메이크업 베이스를 사용해야 한다.

59 헤어 세팅 시 가르마 가까이에 작게 내는 뱅은?

① 플러프 뱅(Fluff bang)
② 웨이브 뱅(Wave bang)
③ 롤 뱅(Roll bang)
④ 프린지 뱅(Fringe bang)

> **해설** 플러프뱅 – 컬을 부풀려서 볼륨을 준 뱅
> 웨이브뱅 – 웨이브를 형성한 뱅
> 프렌지뱅 – 뱅의 두발을 업 콤한 뱅

60 탈색제에 대한 설명으로 옳은 것은?

① 분말 탈색제에는 강한 작용과 빠른 속도를 위해 촉진제 및 산화제가 포함되어 있다.
② 크림 탈색제는 탈색 정도를 눈으로 관찰할 수 있고 한번의 샴푸로 제거되기 싶다.
③ 오일 탈색제는 탈색은 신속하지만 모발을 너무 건조시키는 것이 단점이다.
④ 액상 탈색제는 가장 대중적인 형태로 사용하기 쉽고 조절이 용이하며 컨디셔닝제를 포함하고 있다.

> **해설** 탈색제는 블리치제이며 모발 속의 멜라닌 색소, 유색물질을 분해시켜 모발 색상을 밝게 한다.

제2회 모의고사 정답

01	02	03	04	05	06	07	08	09	10
④	①	②	④	④	④	④	①	①	①
11	12	13	14	15	16	17	18	19	20
②	③	②	③	④	④	④	④	③	④
21	22	23	24	25	26	27	28	29	30
④	①	①	④	②	④	①	③	③	②
31	32	33	34	35	36	37	38	39	40
③	③	③	④	①	②	③	①	②	②
41	42	43	44	45	46	47	48	49	50
②	④	④	①	①	①	④	③	④	③
51	52	53	54	55	56	57	58	59	60
④	①	④	④	③	①	④	③	④	①

Part VI 모의고사

01 균의 형태에 따른 명칭이 아닌 것은?

① 구균　　　　② 진균

③ 간균　　　　④ 나선균

> 해설　진균은 곰팡이균을 말하며, 얼굴곰팡이균이나 피부진균 등이 있다.

02 산업보건의 중요성에 대한 내용으로 가장 적합한 것은?

① 산업장의 노동인구가 감소되었다.

② 산업장의 보건관련내용이 증가되었다.

③ 노동력의 유지, 증진을 통하여 생산성과 품질을 향상시킬 수 있다.

④ 산업의 단일화와 더불어 산업보건이 중요시되었다.

> 해설　산업보건이란 모든 산업장 직업인들의 육체적, 정신적, 사회적 안녕이 최고도로 증진, 유지되도록 하는 데 있다.

03 용존산소(DO)에 대한 설명으로 틀린 것은?

① 오염된 물은 용조산소량이 낮다.

② BOD가 높은 물은 용존산소량이 낮다.

③ 수중의 온도가 높을수록 용존산소의 농도는 감소한다.

④ 수면의 교란상태가 클수록, 기압이 높을수록 용존산소량은 감소한다.

> 해설　수중에서 생물이 생존하기 위한 용존산소량(DO)은 5ppm이상이어야 하며 BOD는 5ppm 이하여야 한다.

04 다음에서 설명하는 소독법은?

- 멸균하고자 하는 물체를 알코올 버너나 램프를 이용하여 화염에 직접 접촉시켜 피멸균물의 표면에 붙어 있는 미생물을 태워서 멸균시키는 방법이다.
- 이 방법은 백금루프, 유리봉, 도자기 등 내열성이 있는 제품의 멸균에 이용한다.

① 건열멸균법　　② 소각소독법

③ 화염멸균법　　④ 고압증기멸균법

> 해설　화염멸균법은 멸균하고자 하는 물체를 불꽃에 직접 접촉시켜 멸균하는 방식이다.

05 계절적 변화와 감염병 유행 시기의 관계가 가장 큰 것은?

① 결핵　　　　② 일본뇌염

③ 한센병　　　④ 광견병

> 해설　일본뇌염은 제 3급 감염병으로 우리나라에서는 8~10월 사이 많이 발생한다.

06 직업병의 하나인 규폐증을 일으키는 분진은?

① 유리 규산   ② 아연

③ 벤젠   ④ 납

> 해설 규폐증은 유리규산 분질을 흡입하여 폐에 만성 섬유증식을 일으키는 질환이다.

07 노인보건이 중요하게 대두된 배경이 아닌 것은?

① 평균수명의 연장으로 인한 노인인구의 증가

② 노인 질환의 대부분이 급성적인 질환으로 의료비의 증가

③ 노화의 기전이나 유전적 조절 등에 관한 관심 고조

④ 질병의 유병률과 발병률의 급격한 증가

> 해설 고령화 사회에서 노인의 3대 문제는 빈곤 문제, 질병 문제, 고독 문제라고 할 수 있다.

08 다음 중 경피 감염이 가장 잘 되는 기생충은?

① 회충   ② 구충

③ 편충   ④ 요충

> 해설 구충(십이지장충, 아메리카구충)이 손, 발 등의 노출된 피부로 침입하면 침입된 부위는 소양감, 작열감을 일으킨다. 특히 인분을 사용한 밭에서 경피로 침입한다.

09 이 · 미용업소에서 타월을 공동 사용함으로써 감염될 가능성이 가장 큰 것은?

① 장티푸스   ② 콜레라

③ 트라코마   ④ 이질

> 해설 트라코마는 각막과 결막의 급·만성 감염병으로, 시력 장애, 안검의 손상, 염증 등이 나타난다. 감염자가 사용한 수건이나 오염기물 등에 의해 개달물 전파된다.

10 소독제의 조건에 해당하지 않는 것은?

① 살균효과가 우수할 것

② 안정성이 있을 것

③ 용해성이 낮을 것

④ 부식성, 표백성이 없을 것

> 해설 희석사용을 위해 용해성이 높아야 한다.

11 우유의 초고온 순간멸균법으로 가장 적절한 것은?

① 62℃~65℃에서 30초

② 70℃~72℃에서 10초

③ 100℃~110℃에서 5초

④ 130℃~140℃에서 2초

> 해설 고온순간멸균법은 70~72℃에서 15초간 처리하며, 초고온순간멸균법은 130~135℃에서 1~2초간 처리한다.

12 부족 시 구순염, 설염 등을 유발하는 비타민은?

① 비타민 A
② 비타민 B_1
③ 비타민 B_2
④ 비타민 C

> **해설** 비타민 B_2부족시 성장 정지, 식욕감퇴, 체중감소, 구순염, 설염 등을 초래한다. 일일 필요량은 1.2~1.5mg이다.

13 내열성이 강해서 자비소독으로는 효과가 없는 것은?

① 살모넬라균
② 포자형성균
③ 장티푸스균
④ 결핵균

> **해설** 포자형성균은 고압증기멸균법으로 처리하여야 한다.

14 분변 오염을 추정하는 지표로 가장 적합한 것은?

① 과망간산칼륨
② 암모니아성 질소화합물
③ 황산이온
④ 염소이온

> **해설** 유기물 부패 과정에서 질소순환은 단백질 – 아미노산 – 암모니아성 질소 – 아질산성질소 – 질산성 질소 순으로 나타난다.

15 포르말린 살균법에 대한 설명으로 틀린 것은?

① 단백질 응고 작용이 있다.
② 온도에 민감하여 온도가 낮을 때 소독력이 강하다.
③ 실내소독, 침구 분비물 소독(30~60분)에 이용된다.
④ 병원균, 진균, 아포 바이러스 살균에 효과적이다.

> **해설** 포르말린은 메틸(공업용)알콜 10~15%를 첨가, 산화시켜 나온 포름알데히드 용액이다. 포름알데히드 35~37.5% 용액을 포르말린이라 하며 소독성이 있다. 20℃이하 에서 사용하는 것은 부적당하다.

16 자외선소독법에 대한 설명으로 틀린 것은?

① 내부침투력이 강해 살균작용이 내부 속까지 이루어진다.
② 무균작업대, 플라스틱, 가위 등의 소독에 효과적이다.
③ 물건을 상하게 하지 않으면서 효과적으로 소독할 수 있다.
④ 저항력이 강한 결핵균, 장티푸스, 콜레라균을 사멸시킬 수 있다.

> **해설** 자외선은 물체에 비친 부분만 살균되며 내부까지는 살균할 수 없다.

17 모체로부터 태반이나 수유를 통해서 얻어지는 면역은?

① 인공수동면역
② 자연수동면역
③ 인공능동면역
④ 자연능동면역

해설 태반이나 모유 등 모체로부터 받은 면역은 자연수동면역이다.

18 호흡기계 감염병이 아닌 것은?

① 디프테리아   ② 폴리오
③ 백일해   ④ 홍역

해설 폴리오(급성회백수염:소아마비)는 소화기질환이다.

19 병원체가 기생충인 감염병은?

① 결핵   ② 백일해
③ 말라리아   ④ 일본뇌염

해설 말라리아는 학질모기에게 물려 감염되는 원충 감염증이다.

20 완속사여과법에 대한 설명으로 옳은 것은?

① 여과지 사용기간은 1일이다.
② 1일 처리수심은 120~150m 이다.
③ 침전방법은 약품침전법이 사용된다.
④ 건설비는 많이 드나 운영비는 적게 든다.

해설 완속여과법은 1회 사용일수가 1~2개월이며 물을 1일에 3~4cm씩 느린 속도로 여과재를 통과시키는 여과법.

21 위생교육을 받아야 할 자로 옳은 것은?

① 공중위생영업자
② 면허 취득자
③ 국가기술자격증 취득자
④ 면허증 재교부자

해설 공중위생관리법 시행규칙 제 23조(위생교육) 참조

22 공중위생감시원을 두지 않는 곳은? (단 구는 자치구를 의미함)

① 특별시   ② 광역시, 도
③ 시·군·구   ④ 읍·면

해설 공중위생관리법 시행규칙 제 8조, 9조(공중위생감시원) 참조

23 공중위생영업소의 위생관리수준을 향상시키기 위하여 위생서비스평가계획을 수립하는 자는?

① 대통령
② 보건복지부 장관
③ 시·도지사
④ 시장·군수·구청장

해설 시·도지사는 위생관리수준을 향상시키기 위해 위생서비스 평가계획을 수립하여 시장, 군수, 구청장에게 통보한다(위생서비스 평가는 2년마다 실시한다.).

24 무자격 안마사로 안마사의 업무에 관한 안마시술행위를 하게 한 때의 1차 위반 행정처분기준은?

① 영업정지 1개월
② 영업정지 2개월
③ 영업정지 3개월
④ 자격정지 3개월

> 해설 행정처분기준(제 19조 관련) 제1차 영업정지는 1개월, 제2차 영업정지는 2개월, 제3차는 영업장 폐쇄명령이다.

25 영업소폐쇄명령 등의 처분을 하고자 하는 때에 청문을 실시하여야 하는 주체는?

① 대통령
② 시장·군수·구청장
③ 보건복지부장관
④ 시·도지사

> 해설 공중위생관리법 제 12조(청문)
> 보건복지부 장관 혹은 시장, 군수, 구청장은 다음 중 어느 하나에 해당하는 처분을 하려면 청문을 실시하여야 한다.
> ① 공중위생업자 지위 승계를 하지 않은 자
> ② 미용사의 면허취소 또는 면허정지
> ③ 영업정지명령, 일부 시설의 사용중지명령 또는 폐쇄명령

26 이·미용사의 면허가 취소되거나 면허의 정지명령을 받은 자가 면허증을 반납해야 하는 기간은?

① 15일 이내
② 10일 이내
③ 1주일 이내
④ 지체없이

> 해설 이·미용사 면허가 취소 또는 면허정지 명령을 받은 자는 지체없이 면허권자(시장, 군수, 구청장)에게 반납하여야 한다.

27 공중위생관리법상 이·미용업자가 지켜야 할 위생관리 의무가 아닌 것은?

① 이·미용기구는 소독을 한 기구와 그렇지 아니한 기구로 분리하여 보관하여야 한다.
② 영업소 외부에 최종지불요금표를 게시 또는 부착하여야 하는 경우 일부항목만을 표시할 수 있는데 이용업자의 경우는 3개 이상, 미용업자의 경우에는 5개 이상의 항목을 표시하여야 한다.
③ 신고한 영업장 면적이 66㎥ 미만인 영업소의 경우 영업소 외부에 최종지불요금표를 게시 또는 부착하여야 한다.
④ 이·미용사 면허증을 영업소 안에 게시하여야 한다.

> 해설 공중위생관리법 시행규칙(공중위생업자가 준수하여야 하는 위생관리기준) 제 7조 참조

28 면도기 사용에 관한 설명 중 가장 옳은 것은?

① 1회용 면도날만을 손님 1인에 한하여 사용하여야 한다.
② 손님 1인에 한하여 사용하며 매번 소독하면 재사용할 수 있다.
③ 개인용 면도날을 지참하도록 한다.
④ 1회용 면도날을 2인 이상 손님에게 사용하여 1차 위반하면 행정처분 기준으로 영업정지 5일을 받는다.

해설 공중위생관리법 시행규칙(공중위생업자가 준수하여야 하는 위생관리기준) 제 7조 참조

29 공중위생영업자 지위를 승계한 자가 시장·군수·구청장에게 신고를 해야 하는 기간의 기준은?

① 승계한 즉시
② 15일 이내
③ 1개월 이내
④ 3개월 이내

해설 보건복지부령이 전하는 영업자 지위 승계는 1개월 이내 하여야 한다.

30 이·미용사의 면허를 받을 수 있는 사람은?

① 피성년 후견인
② 정신질환자
③ 마약중독자
④ 심장질환자

해설 결격사유에 해당하지 않으면 면허를 발급받을 수 있다.
공중위생관리법(시행규칙 제9조) 이용사 및 미용사의 면허(참조)

31 셀룰라이트(Cellulite)의 가장 주된 원인은?

① 단백질 과잉섭취
② 지방조직의 과잉축적
③ 비타민 부족
④ 수분 부족

해설 셀룰라이트는 지방 축적으로 피하조직이 울퉁불퉁하게 생긴 염증이다.

32 표피층 중 새 세포 형성의 역할을 가지며 표피의 가장 깊은 곳에 위치한 세포층은?

① 각질층　② 과립층
③ 유극층　④ 기저층

해설 표피는 각질층 – 투명층 – 과립층 – 유극층 – 기저층 순으로 기저층은 가장 깊은 세포층이다.

33 모발(건강모)의 최대 수분 흡수량은?

① 약 10%　② 약 30%
③ 약 50%　④ 약 70%

해설 두발의 수분함량은 10~15%일 때 가장 이상적이며 샴푸하여 수분이 흡수되면 최대 30~35%이다.

34 헤어린스나 헤어 트리트먼트에 주로 사용되는 계면활성제는?

① 음이온성 계면활성제
② 양쪽성 계면활성제
③ 양이온성 계면활성제
④ 비이온성 계면활성제

> **해설** 양이온성 계면활성제는 헤어 린스, 헤어 트리트먼트 등에 사용(살균, 소독, 정전기 방지, 유연 효과)

35 우리나라 옛 여인이 쪽진머리에 꽂던 장식품은?

① 떠구지   ② 뒤꽂이
③ 선봉잠   ④ 아얌

> **해설** 뒤꽂이는 쪽머리 뒤에 꽂는 장식품으로 머리부분과 신분에 따라 재료 종류를 다르게 사용하였다.

36 입술화장방법으로 가장 적합한 것은?

① 입술의 크기를 수정할 때에는 약 1mm 이내로 본래의 입술보다 크거나 적게 그려준다.
② 중년층 이후의 어두운 피부에는 핫핑크 계통의 립스틱을 사용한다.
③ 얼굴이 원형일 경우에는 둥근 느낌이 나도록 그려준다.
④ 활동적이고 지적인 이미지를 연출하고자 할 때에는 인커브로 입술선을 표현한다.

> **해설** 실제 입술보다 작거나 크게 그릴 때는 원래의 입술선을 분으로 감춰야 한다.

37 모근 쪽부터 컬을 말아 두발 끝이 컬의 바깥쪽이 되는 컬을 말하며 부분적으로 나선형 웨이브가 되기도 하는 것은?

① 스컬프쳐 컬(Sculpture Curl)
② 포워드 컬(Forward Curl)
③ 메이폴 컬(Maypole Curl)
④ 리버스 컬(Reverse Curl)

> **해설** 스컬프쳐 컬 – 두발 끝이 컬 루프의 중심이 되는 컬
> 포워드 컬 – 두발 끝이 얼굴 쪽을 향함(귓바퀴 방향)
> 리버스 컬 – 두발 끝이 얼굴 뒤쪽을 향함(귓바퀴 반대 방향)

38 펌 와인딩의 더블 로드 형태에 속하지 않는 것은?

① 피기백(piggy bag)
② 이중 로드 퍼머넌트
③ 엮은 베이스
④ 얼터네이트

> **해설** 얼터네이트는 하나씩 교대해서 방향을 다르게 하는 것이다.

39 스캘프 케어의 목적과 가장 거리가 먼 것은?

① 두피의 더러움 및 비듬을 제거한다.
② 혈액순환을 원활하게 한다.
③ 모근을 자극하여 탈모를 치료한다.
④ 두피의 생리기능을 높여 준다.

> **해설** 스캘프 케어 목적은 건강한 두피를 유지하는 것이고 탈모 치료가 목적은 아니다.

40 표피층 중 가장 두꺼운 층은?

① 각질층　　　② 투명층
③ 과립층　　　④ 유극층

> **해설** 가장 두꺼운 층은 유극층이다.
> • 각질층 – 가장 바깥에 위치한 죽은
> 　세포층
> • 투명층 – 손바닥, 발바닥에 존재
> • 과립층 – 3~4층의 두꺼운 과립세
> 　포층

41 민감성 두피에 대한 설명으로 가장 머리가 먼 것은?

① 두피의 색상이 붉은 색을 띤다.
② 화학제(염색, 펌)의 시술 시 두피에 자극을 느낀다.
③ 가는 모세혈관을 육안으로 확인할 수 있다.
④ 두피가 경직되어 있어서 손가락으로 누르면 지나치게 딱딱하다.

> **해설** 4번은 신진대사와 혈액순환이 원활하지 않은 경우이다.

42 멜라닌 색소 중 분사형 색소는?

① 유멜라닌　　② 혼합멜라닌
③ 페오멜라닌　④ 피그멘트

> **해설** 분사형 색소는 페오멜라닌이며, 유멜라닌은 입자형 색소이다.

43 다음에서 설명하는 헤어디자인 유형은?

> 흘러내리는 부드러운 머릿결과 머리끝이 드러나는 강한 머릿결의 대조로 인하여 미묘한 질감의 차이가 이 스타일의 가장 큰 매력이다.

① 원랭스(솔리드) 형
② 그래듀에이션형
③ 인크리스 레이어형
④ 유니폼 레이어형

> **해설** 솔리드형의 질감은 매끄럽고 레이어형은 거친 질감을 가진다.
> 그래듀에이션형은 매끄러움과 거친 두 질감을 가지고 있다.

44 메이크업의 구성요소가 아닌 것은?

① 색상
② 선
③ 질감
④ 조명

> **해설** 메이크업의 구성요소는 색상, 선, 질감 등이 있으며 조명은 포함되지 않는다.

45 샴푸제에 관한 설명으로 옳은 것은?

① 샴푸제에 사용되는 계면활성제 중 가장 일반적인 것은 고급 알코올계 계면활성제이다.
② 샴푸제의 첨가제 중 증점제는 기포 증진을 위한 것이다.
③ 양성계면활성제는 물에 녹았을 때 양이온 성질을 가짐으로써 대전 방지 효과가 있다.
④ 컬러픽스 샴푸는 모발에 일시적인 컬러를 낼 수 있는 샴푸이다.

> **해설** 샴푸는 음이온성 계면 활성제가 주로 사용되는데 이는 기포력과 세정력이 뛰어나다.

46 모발을 어둡게 염색하고자 하거나 이전에 염색 발이 퇴색되어 멜라닌 색소를 제거하고 싶지 않을 때 사용하기에 가장 적합한 과산화수소의 농도는?

① 약 12%

② 약 9%

③ 약 6%

④ 약 3%

> **해설** 과산화수소 농도가 6%면 1~2레벨 밝게, 탈색과 착색이 동시에 이루어지고, 9%면 2~3레벨 밝게, 탈색 작용이 많이 일어나며, 12%면 4레벨 밝게 탈색되며 탈색 작용이 많고 모발 손상이 크다.

47 퍼머넌트 웨이브 시술 시 프로세싱 타임에 관한 설명으로 옳은 것은?

① 제1액 도포 후 비닐 캡을 씌우고 나서부터 제2액을 도포하기 전까지의 작용시간

② 퍼머넌트 웨이브 시술 전처리로써 샴푸와 트리트먼트 후 프레 커트한 과정

③ 제2액을 도포하고 rod off 하기까지의 작용시간

④ rod off 후 웨이브 마무리 스타일까지 마치는 과정

> **해설** 제 1액의 도포시간이 너무 지나칠 때 오버 프로세싱하면 모발 끝이 자지러지며, 너무 짧으면 언더프로세싱되어 웨이브가 잘 형성되지 않는다.

48 웨이브 각부의 명칭에 대한 설명으로 옳은 것은?

① 정상(crest) – 웨이브의 요철(凹凸)이 이어지는 점

② 융기선(ridge) – 웨이브의 철(凸)부분의 정점

③ 골(trough) – 웨이브의 요(凹)부분의 정점

④ 시작점(beginning point) – 웨이브의 주기가 끝나는 점

> **해설** 시작점은 웨이브의 주기가 시작되는 점이고, 웨이브의 철 부분의 정점은 정상, 요철이 이어지는 점은 융기선이다.

49 콜드 퍼머넌트 제1액의 주성분은?

① 브롬산칼륨

② 취소산나트륨

③ 과산화수소

④ 티오글리콜산염

> **해설** 산화제는 과산화수소, 취소산나트륨, 브롬산칼륨등을 사용한다.

50 헤어피스에 해당되지 않는 것은?

① 폴(Fall)

② 위글렛(Wiglet)

③ 스위치(Switch)

④ 위그(Wig)

> **해설** 위그는 헤어피스가 아니라 전체 가발이다.

51 피부의 세균에 대한 저항력, 노화방지, 촉촉함을 유지시키는 비타민으로 가장 거리가 먼 것은?

① 비타민 A   ② 비타민 B_2

③ 비타민 C   ④ 비타민 E

> **해설** 비타민 A는 신체의 저항력을 길러주며, 비타민 C는 피부 모세혈관 벽을 튼튼하게 하며 피부를 촉촉하게 해 준다. 비타민 E는 노화방지나 세포재생을 돕는다. 비타민 B_2는 성장을 촉진시켜 준다.

52 아크릴 리퀴드와 아크릴 파우더의 적절한 혼합으로 자연 손톱의 보강 및 교정이 가능한 인조네일 조형방법은?

① 아크릴 네일   ② 실크 익스텐션

③ 네일 랩   ④ 젤 네일

> **해설** 실크 익스텐션은 실크 성분의 인조손톱 재료를 접착해 손톱을 연장시키는 방식이고, 네일랩은 천이나 종이를 네일 크기로 오려 접착제로 붙이는 방식이며, 젤네일은 특정한 빛 파장으로 젤을 굳혀 만드는 방식으로 단단하고 광택이 있다.

53 커트 빗에 대한 설명으로 틀린 것은?

① 헤어 커트 전이나 중간에 모발을 분배하고 조정시킨다.

② 모다발을 떠올리거나 곱게 빗어준다.

③ 빗살의 간격이 넓을수록 빗질 시 모발에 대한 당김을 많이 받는다.

④ 모다발에 각도를 주기 위해 곤두세우거나 업 세이핑(Up shaping)시 사용된다.

> **해설** 빗살이 간격이 넓을수록 모발에 대한 당김이 적다.

54 헤어 세트의 방법 중 오리지널 세트가 아닌 것은?

① 헤어 파팅   ② 헤어 세이핑

③ 헤어 리세팅   ④ 헤어 웨이빙

> **해설** 리세팅은 끝마무리로 브러시 아웃, 콤 아웃, 백콤이 있다.

55 모발의 손상도가 염색에 미치는 영향으로 옳은 것은?

① 두꺼운 텍스쳐의 모발일수록 빠른 시간에 염색이 가능하다.

② 모발의 다공성은 모근쪽에서 모끝까지 균일하므로 염색에서 모끝을 기준으로 하는 것이 옳다.

③ 저항성 모발은 다공성이 매우 낮은 모발로 균일한 염색을 위해 사전연화과정이 필요하다.

④ 다공성이 매우 높은 모발은 일반적으로 모표피가 많이 열려 있으므로 염모제의 방치시간을 기게 해야 한다.

> **해설** 저항성 모발은 다공성모와 반대로 모표피가 빽빽하게 밀착되어 다른 모발보다 물이 흡수되지 않고 튕겨 떨어진다.

Part VI
모의고사

56 모발의 불순물을 제거하기 위해 샴푸한 후 모발의 등전점에 가장 근접할 수 있는 린스는?

① 레몬 린스
② 알칼리성 린스
③ 오일 린스
④ 플레인 린스

> 해설 모발의 불순물을 제거하기 위해 알칼리 샴푸를 사용한 후에는 레몬 린스를 사용한다.

57 반영구적 염모제에 대한 설명으로 틀린 것은?

① 케라틴에 대한 친화력은 산화 염모제와 비슷하다.
② 코팅 컬러 또는 산성 컬러, 헤어 매니큐어, 직접 염모제라고도 한다.
③ 산화제나 암모니아가 들어있지 않으므로 모발의 자연색을 탈색시키지는 않는다.
④ 모발색이 너무 밝거나 칙칙한 사람에게 특히 효과적이다.

> 해설 산화염모제는 염모제(제1제)와 산화제(제2제)를 혼합하여 사용하고 두발에 영구적인 색상변화로 오랫동안 지속된다.

58 헤어 커트 시 톱 부분의 모발을 미용사가 고객의 뒤에서 가로 섹션으로 커트할 경우와 관련한 설명으로 틀린 것은?

① 미용사 쪽으로 판넬을 당겨서 커트하면 미용사와 먼 위치의 모발이 길어진다.
② 미용사 쪽으로 판넬을 당겨서 커트하면 페이스라인 쪽의 모발이 길어진다.
③ 미용사 위치 반대방향으로 판넬을 밀어서 커트하면 페이스라인 쪽의 모발이 짧아진다.
④ 미용사 위치 반대방향으로 판넬을 밀어서 커트하면 미용사와 가까운 쪽의 모발이 짧아진다.

> 해설 미용사가 위치 반대방향으로 판넬을 밀어서 커트하면 미용사와 가까운 쪽의 모발이 길어진다.

59 전환 레이어링으로 모발 길이가 점점 길어지는 커트 유형은?

① 그래듀에이션 커트
② 유니폼 레이어 커트
③ 인크리스 레이어 커트
④ 솔리드 커트

> 해설 전환 레이어링 기법은 모든 모발을 고정 디자인 라인으로 모아서 자르면 반대라인을 따라서 모발길이가 길어진다.

60 헤어 샴푸와 관련한 내용으로 틀린 것은?

① 헤어 샴푸에 사용하는 물의 온도는 38℃~40℃ 정도가 적당하다.
② 퍼머넌트 웨이브 작업 시에는 제 1액의 흡수를 돕기 위해 반드시 강한 알칼리성 샴푸를 이용한다.
③ 타월 드라이로 물기를 어느 정도 제거하고 핸드 드라이어로 말린다.
④ 염색 작업 후에는 모발손상을 방지하기 위해서 산성샴푸를 사용한다.

해설 퍼머넌트 웨이브 제 1액은 알칼리 성분이기 때문에 산성린스를 사용한다.

Part Ⅵ 모의고사

제3회 모의고사 정답

01	02	03	04	05	06	07	08	09	10
②	③	④	③	②	①	②	②	③	③
11	12	13	14	15	16	17	18	19	20
④	③	②	②	②	①	②	②	③	④
21	22	23	24	25	26	27	28	29	30
①	④	③	①	②	④	③	①	③	④
31	32	33	34	35	36	37	38	39	40
②	④	③	②	③	①	③	④	③	④
41	42	43	44	45	46	47	48	49	50
④	③	②	④	①	④	①	③	④	④
51	52	53	54	55	56	57	58	59	60
②	①	③	④	③	①	①	④	③	②

제 4 회 모의고사

01 독소형 식중독에 속하는 것은?

① 살모넬라증 식중독

② 포도상구균 식중독

③ 장염 비브리오 식중독

④ 병원성 대장균 식중독

해설 세균성 식중독은 감염형과 독소형으로 나눌 수 있다.
감염형에는 살모넬라, 장염 비브리오균, 병원성 대장균 등이 속하고
독소형에는 포도상구균, 보툴리누스균, 웰치균 등이 속한다.

02 이·미용실의 기구 및 도구 소독으로 가장 적합한 것은?

① 알코올

② 승홍수

③ 석탄산

④ 역성비누

해설 알코올, 그 중에서도 75%의 에탄올온 피부 및 기구 소독에 사용된다.

03 공기 중 산소가 차지하고 있는 비율은?

① 약 15%

② 약 21%

③ 약 78%

④ 약 98%

해설 공기중 산소(O_2) = 20.93%.
성인이 1일 동안 필요로 하는 음용수는 2L, 음식물은 1.5kg, 공기는 13kV가 필요하며 물 없이 5일, 물만 있으면 1개월까지 생존할 수 있지만 공기가 없는 상태에서는 단 5분도 살아남기 어렵기 때문에 생명유지 3대 요소 중에서 공기가 가장 중요한 요소이다.

04 음식물의 냉장고 보관 목적과 가장 거리가 먼 것은?

① 식품중의 미생물 사멸

② 식품중의 미생물 증식 억제

③ 식품의 신선도 유지

④ 식품의 가치 유지

해설 냉장법이란 자기 소화의 지연 또는 정지와 미생물 번식 지연 또는 억제하는 방법

05 화학적 소독법에 관한 내용으로 옳은 것은?

① 염소와 과산화수소수는 균단백 응고작용의 기전을 가지고 있다.

② 습기가 있는 분변, 하수, 오물, 토사물 등의 소독에는 생석회가 적당하다.

③ 방역용 석탄산은 7% 수용액을 사용하며 다른 소독제의 살균력을 나타내는 지표로 활용된다.

④ 크레졸은 소독력이 강해서 손, 오물, 객담의 소독제로 부적당하다.

> **해설** 생석회는 습기가 있는 분변, 하수, 오수, 오물, 토사물 등의 소독에 적당하며, 공기에 오래 노출되면 살균력이 떨어진다. 생석회 2 : 8의 비율로 사용한다.

06 공중보건학의 정의에 해당하지 않는 것은?

① 지역사회의 수명을 연장시키는 기술 및 과학

② 정신병을 치료하는 기술 및 과학

③ 신체적, 정신적 효율을 증진시키는 기술 및 과학

④ 질병을 예방하는 기술 및 과학

> **해설** 공중보건학은 건강 유지 및 증진, 신체적·정신적 효율 증진, 질병의 예방과 관리에 관하여 연구하는 학문이다.

07 기온의 급격한 변화로 대기오염을 주도하는 기후조건은?

① 저기압

② 고온다습

③ 기온역전

④ 저온다습

> **해설** 기온역전이란 지면의 냉기류가 급속히 상승하는 현상을 가리킨다.

08 이·미용업소에서의 위생관리로 가장 거리가 먼 것은?

① 가위는 커트 후 묻어있는 머리카락을 덜어내고 70% 알코올 솜으로 닦아준다.

② 일회용 소모품은 재사용하여 사용한다.

③ 플라스틱 빗은 70% 알코올, 1% 크레졸, 3%석탄수로 소독하거나 자외선 소독기를 이용한다.

④ 마른 타월, 젖은 타월, 사용한 타월을 분리하여 정리 보관 후 소독한다.

> **해설** 공중위생 관리법 시행규칙 제7조 참조

09 성인병에 대한 내용으로 옳은 것은?

① 감염병 유행 시 급성으로 성인에게 침범한다

② 감염병 유행 시 만성으로 성인에게 침범한다

③ 만성적으로 진행되며 성인에게 많다

④ 급성으로 진행되며 성인에게 많다

> **해설** WHO는 심장병, 뇌졸중, 암, 당뇨병 등 만성질환 관리를 새로운 보건정책으로 채택했다.

10 소독제 3g을 100㎖ 물에 희석시키면 몇 퍼밀리(‰)가 되는가?

① 0.3 ② 3
③ 30 ④ 300

> **해설** 퍼밀리(‰). 용액 100㎖ 중 포함되어있는 소독약 3g.
> ‰의 계산은 3 ÷ 100 = (‰) ÷ 1000 = 30‰

11 가족계획 사업의 필요성과 가장 거리가 먼 것은?

① 모자보선 향상
② 성생활의 개방
③ 자녀양육능력 조절
④ 인구조절과 경제력 향상

> **해설** 가족계획 사업의 목적은 부모의 건강·경제적 능력 향상, 모자보건, 생활양식 현대화, 자녀를 건강하게 양육하는 데 있다.

12 소화기계 감염병에 해당하는 것은?

① 홍역
② 유행성 일본뇌염
③ 장티푸스
④ 발진티푸스

> **해설** 홍역 : 호흡기계 / 일본뇌염 : 모기 / 발진티푸스 : 이 / 장티푸스 : 수인성 감염병

13 사망통계에 대한 설명으로 옳지 않은 것은?

① 신생아사망률 : 생후 28일 미만의 영아사망을 말한다.
② 조사망률 : 인구 1,000명당 1년간 발생 사망수로 표시되는 비율이다.
③ 주산기 사망률 : 임신 28주 이상의 사산과 생후 1주 미만의 신생아 사망률이다.
④ 비례사망지수 : 어떤 연도의 사망수 중 30세 이상의 사망자 수의 구성 비율이다.

> **해설** 비례사망지수 : 전체 사망자 중 50세 이상의 사망수를 백분율로 표시한 지수(PMI 수치가 낮으면 보건수준이 낮다)

14 산업재해의 통계에 주로 사용되는 지표가 아닌 것은?

① 강도율 ② 도수율
③ 건수율 ④ 노동률

> **해설** 산업재해 지표로는 건수율, 도수율, 강도율, 재해 일수율 이 있다.

15 병원체에 감염되었으나 임상증상이 전혀 없는 보균자로서 감염병 관리상 중요한 대상은?

① 건강보균자 ② 회복기보균자
③ 잠복기보균자 ④ 만성보균자

> **해설** 건강보균자(불현성감염자)란 무증상자로 균을 배설하는 자를 말한다.

16 군집독을 일으키는 중요한 원인이 아닌 것은?

① 산소감소
② 분진감소
③ 온도증가
④ 유해가스증가

해설 다수의 사람이 밀집되어 있을 때 오염된 실내 공기, 불충분한 환기, 산소의 부족으로 생기는 불쾌감

17 내열성이 강해서 자비소독으로는 효과가 없는 균은?

① 살모넬라균
② 포자형성균
③ 포도상구균
④ 결핵균

해설 자비소독으로 아포균, 포자형성균은 사멸되지 않는다.

18 발육증식형 전파를 하는 감염병은?

① 페스트
② 황열
③ 발진티푸스
④ 말라리아

해설 • 페스트 : 쥐벼룩 / 황열 : 얼룩모기 / 발진티푸스 : 이
• 말라리아 : 인체 간조직에서 3년간의 잠복기간. 학질모기 인체내에서 무성생식. 모기체내에서 유성생식을 한다.

19 인간집단에서 질병 발생과 관련되는 사실을 현상 그대로 기록하는 역학은?

① 기술역학
② 분석역학
③ 임상역학
④ 이론 역학

해설 기술역학이란, 인간 집단을 대상으로 질병의 발생분포와 발생경향을 파악하여 기록하는 1단계적 역학이다.

20 감염병 감염 후 형성되는 면역의 유형은?

① 자연능동면역
② 인공능동면역
③ 자연수동면역
④ 인공수동면역

해설 자연능동면역(자연피동면역)이란 외부의 세균에 의해 감염 후 형성되는 면역을 말한다.

21 이·미용 영업에 있어서 위생교육을 받아야 하는 대상자는?

① 이·미용업의 영업자
② 이용사 또는 미용사 면허를 받은 사람
③ 이용사 또는 미용사 면허를 받고 영업에 종사하는 사람
④ 이·미용 영업에 종사하는 모든 사람

해설 공중위생영업자는 매년 위생교육을 받아야 한다.

22 다음 중 이용사 및 미용사의 면허를 부여하는 자는?

① 보건복지부장관
② 시 · 도지사
③ 시장 · 군수 · 구청장
④ 한국산업인력공단 이사장

해설 면허를 부여하는 자는 시장 · 군수 · 구청장이다.

23 이 · 미용업자가 시 · 도지사 또는 시장 · 군수 · 구청장의 개선명령을 이행하지 아니한 때의 1차 위반 행정 처분 기준은?

① 개선 명령
② 영업 정지 5일
③ 영업 정지 10일
④ 경고

해설 공중위생관리법 시행규칙(제19조 관련) 참조(행정처분기준)

24 이 · 미용업의 신고를 하려는 자가 제출하여야 하는 서류에 해당하지 않는 것은?(단, 예외의 경우는 제외)

① 이 · 미용사 면허증
② 영업시설 및 설비개요서
③ 교육필증(미리 교육을 받은 경우)
④ 신고서(전자문서로 된 신고서를 포함)

해설 이 · 미용사 면허증은 필요서류에 해당하지 않는다.

25 공중위생영업자가 건전한 영업질서를 위하여 준수하여야 할 사항을 준수하지 아니했을 때 벌칙기준은?

① 6월 이하의 징역 또는 1백만 원 이하의 벌금
② 6월 이하의 징역 또는 5백만 원 이하의 벌금
③ 1년 이하의 징역 또는 5백만 원 이하의 벌금
④ 1년 이하의 징역 또는 1천만 원 이하의 벌금

해설 공중위생관리법 제20조(벌칙) 참조.

26 「성매매알선 등 행위의 처벌에 관한 법률」 위반으로 이 · 미용업 영업소 폐쇄명령이 있은 후 얼마의 기간이 경과하여야 그 폐쇄명령이 이루어진 영업장소에서 같은 종류의 영업을 할 수 있는가?

① 3개월   ② 6개월
③ 1년   ④ 2년

해설 공중위생관리법 시행규칙(제19조 관련) 행정처분기준 참조

27 면허정지처분을 받고 그 정지기간 중 업무를 행한 때 행정처분은?

① 경고
② 면허 취소
③ 300만 원 이하 과태료
④ 500만 원 이하 벌금

해설 공중위생관리법 시행규칙(제 19조 관련) 행정처분기준 참조.

28 이·미용업소의 위생서비스수준을 평가할 수 있는 권한이 없는 자는?(단, 전문성을 높이기 위하여 필요하다고 인정하는 경우도 포함)

① 환경부 장관
② 시장·군수·구청장
③ 관련 전문기관
④ 관련 단체

> **해설** 공중위생관리법 시행령은 대통령령, 시행규칙은 보건복지부령.

29 아래 ( )에 적합한 것은?

> 공중위생영업자는 그 ( )이/가 발생 하지 아니하도록 영업 관련 시설 및 설비를 위생적이고 안전하게 관리하여야 한다.

① 소비자에게 건강상 장해요소
② 소비자에게 신체상 위험요소
③ 이용자에게 신체상 장해요인
④ 이용자에게 건강상 위해요인

> **해설** 공중위생영업자는 이용자에게 건강상 위해요인이 발생하지 않게 하여야 한다.

30 이·미용사에 대한 청문 실시 대상의 처분에 해당하지 않는 것은?

① 면허취소   ② 개선명령
③ 영업정지명령   ④ 면허정지

> **해설** 청문을 받아야 할 자는 1) 신고사항 직권 말소 2) 미용사 면허취소 또는 면허정지 3) 영업정지명령, 일부시설 사용중지 명령, 영업소 폐쇄명령

31 컬(curl)에 대한 설명으로 틀린 것은?

① 포워드 컬(forward curl)과 리버스 컬(reverse curl)은 두상의 좌우에 따라 달라지지만 C컬, CC컬은 상관없다.
② 스탠드업 컬(stand-up curl)은 롤세팅(roll setting)의 전초단계로 볼륨을 내기 위한 스타일에 이용한다.
③ 풀스템(full-stem curl)은 스템의 길이가 가장 길고 웨이브는 약하며 강한 방향성을 제공한다.
④ 클로즈드 센터 컬(closed center curl)은 컬의 끝으로 가면서 웨이브의 크기가 작아지는 것이다.

> **해설** 포워드 컬은 귓바퀴 방향, 리버스 컬은 귓바퀴 반대 방향

32 다음 그림의 스킵웨이브(skip wave)작업 시 5단에 들어갈 것은?

① ((((((((((
② ꝏꝏꝏꝏꝏ
③)))))))))
④ ꝓꝓꝓꝓꝓꝓꝓ

> **해설** 스킵웨이브의 방향은 앞단이 시계방향이면 다음은 반시계 방향이고, 4단이 웨이브이면 5단은 핀컬 단이다.

33 얼굴이 둥글고 통통한 인상으로 밝고 발랄한 이미지를 가진 여성의 헤어디자인을 할 때 기본적으로 할 사항이 아닌 것은?

① 헤어 파트는 센터 파트는 피하고 사이드파트로 한다.
② 전두부의 두발은 뱅처리 등으로 높이를 주도록 한다.
③ 두부의 양사이드는 두발이 부풀어 보이도록 한다.
④ 모발의 끝이 흐트러진 듯한 생기 있고 가벼운 쇼트로 귀여운 느낌의 이미지를 살려준다.

> **해설** 장방형 얼굴일 때 양 사이드에 볼륨을 준다.

34 영구적인 염모제를 사용해도 되는 경우로 가장 적합한 것은?

① 스킨 테스트(skin test)를 하지 않은 경우
② 스킨 테스트(skin test)에서 양성 반응을 나타낸 경우
③ 선택된 최종 컬러가 적절하지 않은 경우
④ 펌 시술 후 한 달이 지난 경우

> **해설** 펌 시술과 영구 염모제를 사용할 때는 최소기간이 일주일 후에 사용한다.

35 퍼머넌트에서 머리가 짧고 잔머리가 많은 두발에 가장 적합한 고무밴드 처리기법은?

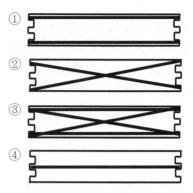

> **해설** 로드와 모발을 감싸는 테크닉으로 고무밴딩 처리한다.

36 파라페닐렌디아민(PPD)을 주요 성분으로 한 염모제의 종류는?

① 일시적 염모제
② 반영구적 염모제
③ 산화 영구적 염모제
④ 블리치(bleach)

> **해설** 산화 영구 염모제 주요 성분은 암모니아, 과산화수소, 파라페닐렌디아민, 아미노페놀 등이 있다.

37 NMF의 설명으로 옳은 것은?

① 샴푸제나 콜드 웨이브액, 트리트먼트제 등에 배합하는 화장품의 원료
② 모발이나 피부 속에 천연으로 존재하는 보습인자
③ 건조성의 두발에 적합한 엷은 유액 상태의 린스
④ 기름과 물을 혼합하면 안정된 유액이나 크림을 제조할 때 첨가시키는 계면활성제

해설 천연보습인자(NMF, Natural moisturizing factor)

해설 레몬, 구연산, 식초는 산성에 속하며 라놀린은 양의 기름에서 추출되는 기름으로 인간의 피지와 가장 가까운 유성분이다.

38 커트 시 시술각도는 0°로 동일선상에서 이어지는 선이 나타나며 모발 끝의 무게 중심이 가장 아랫부분에 있게 되는 커트의 유형은?

① 레이어 커트
② 그래듀에이션 커트
③ 원랭스 커트
④ 스퀘어 커트

해설 레이어 커트는 두상곡면에서 90° 시술각, 그래듀에이션 커트는 자연시술각 45° 시술각

39 두발색을 결정하는 멜라닌의 여러 유형 중 특히 동양인이 서양인보다 많이 함유하는 색소는?

① 페오멜라닌
② 유멜라닌
③ 파라멜라닌
④ 울소멜라닌

해설 페오멜라닌은 밝은 노랑색. 붉은색은 서양인에 많다.

40 산성린스제로 사용할 수 없는 것은?

① 레몬
② 구연산
③ 식초
④ 라놀린

41 열을 이용한 헤어트리트먼트의 장점으로 틀린 것은?

① 온도상승으로 모세혈관을 팽창시켜 혈행을 좋게 한다.
② 혈액속의 영양소와 산소들의 흐름을 도와 모발의 성장을 돕는다.
③ 피지막 형성을 억제시켜 산뜻함을 준다.
④ 열과 함께 수분을 공급하여 모발의 탄력성과 유연성을 높인다.

해설 피지막 표면은 땀과 피지에 의해 얇은 약산성 막을 형성하고 있으며 피지막은 세안, 기후변화, 연령 등에 의하여 쉽게 손실될 수 있으므로 기초화장으로 피지막을 보안하여 준다.

42 벽돌쌓기 퍼머넌트 웨이브 시 가장 적절한 스트랜드의 와인딩 각도는?

① 60°
② 90°
③ 120°
④ 180°

해설 벽돌쌓기 와인딩 기법은 웨이브의 연결성이 우수하고 볼륨을 얻을 수 있다.

43 두부의 주요 포인트 중 ⑦, ⑩, ⑪번 순서로 그 명칭이 옳은 것은?

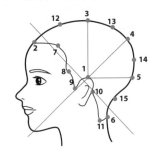

① F.P, E.P, N.S.P
② F.S.P, E.B.P, N.S.P
③ C.P, E.P, F.S.P
④ F.P, E.P, B.N.M.P

해설 두부를 크게 구분하면 전두부, 측두부, 두정부, 후두부로 나눈다.

44 모발의 성장 단계에 관한 내용으로 틀린 것은?

① 성장기는 활발한 세포분열을 일으켜 새로운 모발이 생성되어 성장하는 단계이다.
② 퇴화기는 성장기에서 휴지기로 넘어가는 중간단계로 모발 케라틴을 만들어 낸다.
③ 휴지기에는 모구의 세포분열이 멈추고 모유두의 활동이 일시 정지되어 모발이 빠지는 단계이다.
④ 휴지기단계에 이르면 브러싱, 미용시술 등으로도 쉽게 탈락된다.

해설 퇴화기는 성장기에서 휴지기로 넘어가는 중간단계로 세포분열이 정지되어 케라틴을 만들어내지 않는다.

45 퍼머넌트웨이브 용액 중 제2액과 관련한 용어가 아닌 것은?

① 정착제
② 뉴트러라이저(neutralizer)
③ 프로세싱 솔루션(processing solution)
④ 취소산나트륨

해설 프로세싱 솔루션은 제1액이다.

46 건강한 모발의 적정한 수분 함량은?

① 약 10~15%
② 약 30~35%
③ 약 40~45%
④ 약 50~55%

해설 샴푸 후의 모발 수분흡수 함량은 최대 30%.

47 빗(comb)에 대한 설명으로 옳은 것은?

① 빗은 두발을 정돈하기 위한 도구로 빗살부분이 뾰족한 것이 좋다.
② 역사적으로 빗의 발생은 1000여 년 전인 승문시대 말경에서부터 사용되었다.
③ 승문시대의 유적지에서 발견된 빗은 빗몸이 짧고 빗살 부분이 길게 되어 있다.
④ 빗살의 고운살은 빗질시, 얼레살은 섹션을 그뜰 때 사용한다.

해설 빗은 빗질이 잘되고 정전기 발생이 되지 않고 커트, 염색, 퍼머넌트, 염색 시에 사용한다.

48 다음의 도면이 나타내는 커트의 종류는?

① 레이어와 그래듀에이션
② 그래듀에이션과 수평 단발
③ 스퀘어와 레이어
④ 수평단발과 레이어

해설 C.P → T.P까지는 스퀘어, T.P → N.P
까지는 레이어형 길이배열.

49 샴푸의 종류 중 유화셀렌 성분과 같은 특수한 황화합물을 배합하여 노화각질을 용해시키는 샴푸는?

① 비누 샴푸제
② 컨디셔닝 샴푸제
③ 고급알코올계 샴푸제
④ 비듬제거용 샴푸제

해설 컨디셔닝 샴푸제는 클린징과 컨디셔닝
효과를 위해 두발에 대한 세척과 보습
및 영양효과를 보완한 샴푸제.

50 1990년 이후에 유행된 펌 프레싱(permed pressing) 기기의 역할이 아닌 것은?

① 곱슬 모발을 펴는 축모교정기기
② 직모를 축모로 변화시키는 직모교정기기

③ 란티오닌 작용을 메카니즘으로 하는 축모교정기기
④ 180℃ 온도 이상까지도 사용 가능한 고온 압축기기

해설 직모를 축모로 변화시키는 기기는 없다.

51 얼굴 매뉴얼 테크닉의 목적과 가장 거리가 먼 것은?

① 피부조직의 노화방지 및 청결유지
② 피부의 기능을 원활하게 하여 피부건강의 유지
③ 경련진정 및 마비의 치료
④ 신경과 혈관의 자극에 의한 신진대사의 촉진

해설 얼굴 매뉴얼 테크닉은 치료가 아닌 청
결, 노화방지, 혈액순환, 신진대사 촉진.

52 코 전체를 어둡게 바르고 양 측면에 옅은 색을 바르는 메이크업이 가장 적합한 코의 형태는?

① 주먹코
② 높은 코
③ 작은 코
④ 매부리코

해설 낮은 코 화장법은 코의 양쪽 측면에 세
로로 진한 색의 크림 파우더 또는 다
갈색의 아이섀도우, 콧등에 옅은 색을
펴 바른다.

53 피부 손상을 억제하고 칼슘흡수를 촉진하며 자외선의 조사를 통해 합성이 가능한 것은?

① Vitamin E
② Vitamin D
③ Vitamin C
④ Vitamin K

해설 비타민E는 지용성 비타민의 일종이며 토코페롤과 토코트라이에놀 계열 화합물을 포함한다. 결핍은 용혈성 빈혈이나 신경계통질환의 원인이 되기도 한다.

54 속눈썹의 숱을 풍성하게 해주어 눈매를 강조할 수 있는 마스카라는?

① 롱래시 마스카라(Long-lash mascara)
② 케익 마스카라(Cake mascara)
③ 볼륨 마스카라(Volume mascara)
④ 워터 프루프 마스카라(Water proof mascara)

해설 • 롱래시 – 길이를 길어보이게 연출
• 케익 – 속눈썹을 길게, 두껍게, 색상을 변형하기 위해 솔을 이용해 속눈썹에 바르는 크림 타입의 컴팩트 제품
• 워터프루프 – 잘 번지지 않고 수분에 잘 지워지지 않는 기능

55 피부의 pH와 관련한 설명으로 틀린 것은?

① 피부의 pH는 일반적으로 약산성을 나타낸다.

② 피부의 pH는 상피 자체가 나타내는 pH를 말한다.
③ 피부의 정상 pH는 5~5.5 정도이다.
④ 피부의 pH는 일반적으로 기온에 반비례한다.

해설 피부 표피층에 있는 얇은 피지막을 피부pH라고 한다.

56 화장품에 사용되는 보습제가 아닌 것은?

① 글리세린
② 프로필렌글리콜
③ 솔비톨
④ 메틸파라벤

해설 메틸파라벤의 분자의 화학적 구조는 원자의 배열과 각 해당 원자들 간의 화학결합으로 결정된다.

57 향수의 제조와 관련한 내용으로 가장 적합한 것은?

① 향료는 빛과 산소에 민감하여 향의 변화를 일으키기 쉽다.
② 숙성기간 중에 빛과 산소를 차단하지 않는다.
③ 온도변화가 있는 냉암소에 보관한다.
④ 부향률이 적은 향수일수록 오랜 숙성기간을 필요로 한다.

58 다음에서 설명하는 것은?

> 해독, 수분공급, 모델링 효과를 주며 팩(마스크)의 온도가 체온보다 낮아 진정효과를 주어 모든 피부에 사용될 뿐 아니라 특히 민감성 피부나 여드름, 피부에도 효과적으로 적용된다.

① 석고마스크   ② 고무마스크
③ 콜라겐마스크   ④ 왁스팩

해설
- 석고마스크 – 건성 및 노화 피부
- 콜라겐마스크 – 건성, 기미, 여드름, 노화 피부 등 모든 피부에 사용 가능
- 왁스팩 – 잔주름 제거와 늘어진 피부 회복

59 다음에서 설명하는 매니큐어 방법은?

> 프리에지(자유연)에 다른 색상의 네일 폴리시를 발라 줌으로써 색다른 표현을 준다.

① 프렌치 매니큐어(French manicure)
② 레귤러 매니큐어(Regular manicure)
③ 맨즈 매니큐어(man's manicure)
④ 핫오일 매니큐어(Hot-oil manicure)

해설
- 레귤러 매니큐어 – 건강하고 아름다운 자연손톱을 유지하기 위한 기초 손질
- 핫오일 매니큐어 – 건성피부, 갈라진 네일, 행네일을 가진 사람에게 해주면 큐티클이 부드럽고 유연해짐

60 적외선을 신체조직에 침투했을 때 주로 나타나는 반응으로 가장 적합한 것은?

① 피부의 혈관을 수축시켜서 혈액의 흐름을 저하한다.
② 피부조직 내의 신진대사를 왕성하게 하며 신체조직을 진정시키는 효과가 있다.
③ 피부의 가려움과 노화를 진정시킨다.
④ 자외선이 침투했을 때와 그 효과가 같다.

해설 핫오일 매니큐어 – 건성피부, 갈라진 네일, 행네일을 가진 사람에게 해주면 큐티클이 부드럽고 유연해짐

제4회 모의고사 정답

01	02	03	04	05	06	07	08	09	10
②	①	②	①	②	②	③	②	③	③
11	12	13	14	15	16	17	18	19	20
②	③	④	④	①	②	②	④	①	①
21	22	23	24	25	26	27	28	29	30
①	④	②	②	②	②	②	①	④	②
31	32	33	34	35	36	37	38	39	40
①	④	③	④	③	④	②	③	②	④
41	42	43	44	45	46	47	48	49	50
③	②	②	②	③	①	④	③	④	②
51	52	53	54	55	56	57	58	59	60
③	②	②	③	②	④	①	②	①	②

Part VII
시험 문제분석 특강 자료

국가기술자격시험 미용사 일반 필기

시험 문제분석 특강 자료1

시험 문제분석 특강 자료2

시험 문제분석 특강 자료1

Part I 미용이론

▶▶ 미용의 개념
미용이란 용모에 물리적, 화학적 기교를 동원하여 고객의 얼굴, 머리, 피부 등을 손질하여 외모를 아름답게 꾸미는 것

▶▶ 공중위생관리법상 미용사 업무범위
퍼머넌트 웨이브, 머리카락 자르기, 머리모양 내기, 머리피부 손질, 머리카락 염색, 머리감기, 의료기기나 의약품을 사용하지 아니하는 눈썹 손질

▶▶ 미용의 특수성
① 고객의 의사를 먼저 존중하고 자신의 생각은 자제할 수 있어야 함(의사 표현의 제한)
② 고객의 신체 일부가 미용의 소재이므로 소중하게 다뤄야 함(소재 선정의 제한)
③ 제한된 시간 안에 고객이 원하는 스타일을 연출해야 함(시간적 제한)
④ 고객의 직업, 미용의 목적 등에 따른 변화를 고려해야 함(소재 변화에 따른 영향)
⑤ 미용은 부용예술에 속하며, 미적 감각을 기르기 위해서는 일단 충분한 기술력이 바탕이 되어야 하며 우수한 자질이 요구됨(부용예술로서의 제한)

▶▶ 미용의 과정
소재의 확인 → 구상 → 제작 → 보정

▶▶ 미용사의 사명(역할)
① 손님이 만족할 수 있는 개성미를 연출해야 함
② 그 시대의 풍속, 문화를 건전하게 유도해야 함
③ 공중위생상 위생관리 및 안전유지에 소홀해서는 안 됨
④ 손님에 대한 예절과 적절한 대인관계를 위해 기본 교양을 갖추어야 함

▶▶ 삼국시대 미용의 특징
① **고구려** : 모양과 종류가 다양함
   ㉠ 얹은머리 : 머리를 앞으로 감아 올려서 끄트머리를 가운데로 감아 꽂은 모양
   ㉡ 쪽머리 : 뒤통수에 머리를 낮게 틀어 올린 모양
   ㉢ 중발머리 : 뒷머리에 낮게 묶은 모양
   ㉣ 푼기명 머리 : 일부 머리를 양쪽 귀 옆으로 늘어뜨린 모양
② **백제** : 여성의 경우 혼인 전에는 머리를 양갈래로 땋아 길게 하고, 혼인 후에는 쪽머리를 하였으며, 남성의 경우는 상투를 틈

③ 신라 : 신분과 지위를 두발형태로 표현하였으며, 장발의 기술이 뛰어남. 여성은 가체를 사용하였으며, 백분과 연지, 눈썹먹 등이 화장품으로 사용되고 향수가 제조됨

▶ 조선시대 미용의 특징
① 조선 초기 : 유교사상의 영향과 분대화장의 기피로 인하여 치장이 단순해지고 얹은머리, 큰머리, 쪽진머리, 조짐머리, 첩지머리 등을 함
② 조선 중엽 : 분화장은 장분을 물에 개서 바르고 참기름을 바른 후 닦아 내었으며, 이마에는 곤지를 양쪽 볼에는 연지를 찍고, 눈썹은 혼례 전 모시실로 밀어내고 그려주었음
③ 조선 말기 : 일본의 문호개방과 서양문물의 영향으로 새로운 화장법과 화장품이 도입됨

▶ 20세기 현대미용의 역사
여성의 사회진출이 늘어나면서 실용적이고 현실적, 기능적인 짧은 머리형태가 나타났으며, 유행을 중요시하는 시기를 거쳐서 현재에는 다양한 각자의 개성 표현이 중시됨
① 1905년 : 찰스 네슬러 – 스파이럴식 퍼머넌트 웨이브 시초
② 1910년 : 보브 스타일 유행
③ 1925년 : 조셉 메이어 – 크로키놀식 히트 퍼머넌트 웨이빙 고안

④ 1936년 : J.B. 스피크먼 – 콜드 웨이브 시초, 화학약품의 작용을 이용한 방법

▶ 브러시의 선택법
① 동물의 털, 자연강모, 플라스틱, 나일론, 철사와 같은 것들로 만들어지며 시술목적에 맞게 잘 선택하여 사용해야 함
② 빳빳하고 탄력 있는 것이 좋으며, 양질의 자연 강모로 만든 것이 좋음
③ 동물의 털로는 돼지, 고래수염 등이 좋고 나일론이나 비닐계는 부드러우므로 헤어 드레싱과 블로우 드라이 스타일링에 적당함

▶ 가위의 선택법
① 날의 두께가 얇지만 튼튼해야 하며, 양날의 견고함은 동일하고 강도와 경도가 좋아야 함
② 협신에서 날끝으로 갈수록 내곡선인 것
③ 도금이 되지 않아야 하며, 손가락 넣는 구멍이 시술자에게 적합하고 쥐기 쉽고 조작이 간편해야 함

▶ 웨트 샴푸의 종류 및 특징
① 플레인 샴푸 : 중성 두피에 일반적으로 물을 사용하는 샴푸 방법. 합성세제나 비누의 세정제를 주성분으로 탈지력이 강하여 피지가 과잉 제거될 수 있으므로 샴푸 후에는 헤어 크림이나 로션, 오일을 발라주어 유분 공급

② **핫오일 샴푸** : 유분 공급을 위한 샴푸 방법. 퍼머넌트나 염색 등에 의해 건조해지는 두발에 고급 식물성 오일을 충분히 발라주어 마사지하듯 흡수시켜 줌

③ **에그 샴푸** : 건조하고 노화된 두발과 민감해진 두피에 사용하기 적당함. 달걀을 샴푸제로 사용하는 방법으로 그대로 사용하거나 흰자를 거품내어 사용하기도 함. 흰자는 약알칼리성으로 두발의 단백질을 유연하게 하고 피지, 비듬, 이물질을 적당히 제거시키며, 노른자는 윤기와 영양을 주어 두발을 매끄럽게 해줌

▶▶ **헤어 컨디셔너의 목적**

① 건조해진 두발에 영양을 공급하여 보호해줌

② 두발의 건강한 발육을 촉진시킴

③ 두발에 윤기를 주어 정전기를 방지해줌

▶▶ **플레인 린스 _ 컨디셔닝의 종류**

① 가장 일반적인 방법으로 샴푸 후 이물질을 물로 씻어내는 것

② 연수 38~40℃가 적당하며 콜드 퍼머넌트 웨이브 시 제1액을 씻어내기 위한 중간 린스로 사용하기도 함

▶▶ **그래듀에이션 커트**

① 그래듀에이션은 '층, 단계'란 뜻으로 극히 작은 단차를 주면서 머리끝을 연결해 가는 커트

② 표준 시술각은 45°이며, 길이나 단차로 변화를 줄 수 있으나 기본적인 삼각형 모양

③ 네이프쪽에서 정수리쪽으로 길이가 점점 길어지지만 동일선상에 떨어지지 않고 무게감이 가장자리의 형태선에 나타나며, 매끄러운 질감과 거친 질감이 혼합되어 있음

▶▶ **테이퍼링(Tapering)의 종류**

① 끝을 가늘게 한다는 뜻으로 모발의 양을 조절하기 위해 머릿결의 흐름을 불규칙적으로 커트하는 과정

② 종류

　㉠ 앤드 테이퍼링 : 적은 양의 두발 끝을 자연스럽게 정돈하는 경우

　㉡ 노멀 테이퍼링 : 두발 양이 보통으로 두발 끝을 붓끝처럼 가는 상태로 폭넓게 테이퍼하는 경우

　㉢ 딥 테이퍼링 : 두발 양이 많아서 두발의 숱을 적어 보이게 하기 위해 쳐내어 탄력 있게 테이퍼하는 경우

▶▶ **퍼머넌트 웨이브 시술 전의 처리법**

① 건조모나 손상모에 헤어트리트먼트 크림 도포

② 다공성모에는 단백질을 분해하여 만든 PPT 도포

※ 발수성모에는 특수 활성제 바르기

▶▶ 헤어 세팅의 종류
① 오리지널 세트는 기초가 되는 최초의 세트이며 주요 요소로는 헤어 파팅, 셰이핑, 컬링, 롤링, 웨이빙 등이 속함
② 리세트는 '다시 세트한다'라는 뜻으로 끝마무리를 말함. 빗으로 마무리하는 것을 콤아웃이라 하며, 브러시를 사용하여 마무리하는 것을 브러시 아웃이라 함

▶▶ 웨이브의 형상에 따른 분류
① 섀도 웨이브(Shadow wave) : 고저가 뚜렷하지 않은 느슨한 웨이브
② 와이드 웨이브(Wide wave) : 고저가 뚜렷하며 섀도 웨이브와 내로우 웨이브의 중간
③ 프리즈 웨이브(Frizz wave) : 모근 부분은 느슨하고 머리 끝만 강하게 웨이브진 것
④ 내로우 웨이브(Narrow wave) : 웨이브 폭이 좁고 작은 것

▶▶ 컬 핀닝(Curl pinning)
① 완성된 컬을 핀이나 클립으로 고정시키는 것을 말하며, 컬의 각도와 방법에 따라 핀의 위치와 방법도 달라짐
② 핀닝 시술 시 주의점
　㉠ 핀 또는 클립으로 고정시킨 자국이 스템과 루프에 남지 않도록 해야 하며, 루프에 느슨함이 생기지 않도록 주의
　㉡ 루프가 안정이 되도록 고정시키고, 핀을 처음에는 충분히 벌려서 고정시켜야 함
　㉢ 상, 하, 좌, 우 조작에 방해가 생기지 않도록 꽂기

▶▶ 블로 드라이의 원리
모발이 물에 닿으면 모발 내부의 측쇄결합 중 수소결합이 일시적으로 끊어지게 되고 모발이 마르면 다시 재결합이 이루어진다. 이 모발의 결합이 약해진 틈을 타 열과 바람을 이용해 모발의 수분을 증발시키고, 다시 결합이 이루어지기 전에 새로운 형태를 잡아주면서 건조시키면 그 형태 그대로 결합이 고정된다.

▶▶ 스캘프 트리트먼트
① 플레인 스캘프 트리트먼트 : 노멀 스캘프 트리트먼트라고 하며 두피가 정상상태일 때 실시하는 방법
② 댄드러프 스캘프 트리트먼트 : 비듬을 말하는 것으로 비듬제거에 사용되는 방법
③ 드라이 스캘프 트리트먼트 : 두피에 피지가 부족하고 건조한 상태일 때 사용되는 방법
④ 오일리 스캘프 트리트먼트 : 두피에 피지가 과잉 분비되어 지방이 많을 때 사용되는 방법

▶▶ **패치 테스트** 중요

헤어컬러 전 사전 준비 단계로 알레르기성이나 접촉성 피부염 등 특이 체질을 검사하여 염색 시술 전 48시간 동안 실시하는 테스트

▶▶ **위그(가발)의 관리 방법**

① 인모가발의 경우 2~3주에 한 번씩 샴푸해주며 리퀴드 드라이 샴푸를 하는 것이 좋음

② 샴푸 후 브러싱하여 두발이 엉키지 않게 하고 그늘에서 말림

③ 샴푸한 후 린스제 사용

Part Ⅱ   공중보건학

▶▶ **포도상구균 식중독**

① 세균성 식중독으로 화농성 질환의 가장 중요한 원인균이며 잠복기간이 매우 짧음

② 면도 시 얼굴에 상처가 났을 때, 식품취급자의 손에 화농성 질환이 있을 때 감염됨

③ 원인식품은 우유 및 유제품, 김밥이 있으며 예방책으로 조리기구와 식품의 살균 등의 방법이 있음

▶▶ **질병발생 3대인자의 관계에서 발생하는 역학의 주요인자**

병인적 인자, 숙주적 인자, 환경적 인자

▶▶ **의료보호제도**

국기기 생활무능력지와 저소득계층을 대상으로 건강하고 인간다운 생활을 보장하기 위하여 국가부담으로 제공하는 의료부조 제도

※ 사회보험서비스 형태의 건강보험(의료보험사업)과 대비되는 개념

▶▶ **미생물 번식에 중요한 3요소**

온도, 습도, 영양분

▶▶ **면역의 종류 및 특성**

① **능동면역** : 병원체나 독소에 대해서 생제 내에 항체가 만들어지는 면역으로 효력의 지속 기간이 긴 면역

    ㉠ 자연능동면역 : 감염병에 감염되어 성립되는 면역으로서 병후면역과 불현성 감염에 의한 잠복면역 두 가지가 있음

    ㉡ 인공능동면역 : 예방접종으로 획득된 면역을 말함

② **수동면역** : 병균을 일단 말이나 소 같은 가축에게 주사해서 생긴 항체를 포함한 면역혈청을 뽑아 이를 사람에게 피동적으로 주사하여 얻어지는 방법

    ㉠ 자연수동면역 : 태아가 모체의 태반을 통해서 항체를 받거나 출생 후 모유를 통해서 항체를 받는 면역을 말함

    ㉡ 인공수동면역 : 면역혈청 등을 주사해서 얻어지는 면역으로 발효까지의 기간이 빠른 반면에 효력지속기간이 짧음

카드뮴 중독 관련 원인 및 증상

① 카드뮴과 그 화합물이 인체에 접촉, 흡수되면서 발생하는 장애의 총칭. 카드뮴의 증기를 흡입하는 경우 코, 목구멍, 폐, 위장, 신장의 장애가 나타나며, 호흡기능이 저하됨

② 이타이이타이병 : 카드뮴으로 오염된 지하수와 지표수를 논의 용수로 사용하여 벼에 흡수되고 이 쌀을 먹게 된 사람들이 걸리는 병으로 미나마타병 등과 함께 일본 4대 공해병 중 하나임

대표적인 인구구성형태

① 피라미드형 : 인구증가형으로 사망률이 낮음

② 종형 : 인구정지형으로 출생, 사망률이 모두 낮음

③ 항아리형 : 인구감퇴형으로 출생률이 낮은 선진국형을 말함

④ 호로형 : 농어촌 유입형

⑤ 별형 : 도시형으로 15~49세 인구가 전체 인구의 50%를 초과함

하수오염도 측정에 사용되는 지표

① 생물화학적 산소요구량(BOD) : 물의 오염도를 측정하는 하나의 방법. 오염된 물속의 유기물이 무기물로 생물학적인 방법으로 산화시킬 때에 필요로 하는 산소의 요구량을 말함

② 용존산소(DO) : 하수 중에 용존된 산소량으로 오염도를 측정하는 방법으로, 용존산소의 부족은 오염도가 높음을 의미함

참호족

① 차가운 물속에 오랫동안 발을 담그는 경우에 생기는 손상

② 신체의 일부분이 동상에 걸린 상태를 말하며 국소저체온증인 참족병이라고도 함

인플루엔자

① 이 · 미용업소에서 공기 중 비말감염으로 가장 쉽게 옮겨질 수 있는 감염병

② 독감을 말하며, 주로 겨울철에 인플루엔자 바이러스에 의해 일어남

③ 주로 공기를 통해 호흡기로 감염되며 1~5일간의 잠복기를 거쳐 열과 함께 심한 근육통이 생기는 등 전신증상이 나타남

※ 비말감염 : 좁은 장소에서 대화 시 발생되는 타액, 기침, 재채기로 눈이나 호흡기 감염

유구조충증

돼지고기를 생식하는 지역주민에게 특히 많이 나타나며 성충 감염보다는 충란 섭취로 뇌, 안구, 근육, 장벽, 심장, 폐에 낭충증 감염을 많이 유발시키는 것

실내의 쾌적 온도 및 습도의 범위

생리적 지적온도 16~20℃, 쾌적한 습도는 상대 습도 40~70%

▶▶ **황산화물**

대기오염의 주원인 물질 중 하나로 석탄이나 석유 속에 포함되어 있어 연소할 때 산화되어 발생되며 만성기관지염과 산성비 등을 유발시키는 것

▶▶ **법정감염병 중 제1급 감염병**

에볼라바이러스병, 마버그열, 라싸열, 크리미안콩고출혈열, 남아메리카출혈열, 리프트밸리열, 두창, 페스트, 탄저, 보툴리눔독소증, 야토병, 신종감염병증후군, 중증급성호흡기증후군(SARS), 중동호흡기증후군(MERS), 동물인플루엔자 인체감염증, 신종인플루엔자, 디프테리아

Part Ⅲ   피부학

▶▶ **피부의 기능**

삼투압 조절을 통해 체온을 조절하고, 노폐물을 분비 및 배출하는 기능. 피지선은 피지를 분비하여 피부 건조 및 유해물질이 침투하는 것을 막고, 한선은 땀을 분비하여 체온조절 및 노폐물을 배출하고 수분 유지에 관여함

※ 그 외 피부의 기능 : 보호작용, 감각작용, 흡수작용, 비타민 D 형성작용, 호흡작용, 저장 및 재생작용

▶▶ **모발의 구조**

모간, 모근, 기모근으로 구분되며, 모근에서 모발이 자라남

▶▶ **자주 출제되는 피부질환** 중요☆

① **원발진(Primary lesion)** : 피부질환의 초기 병변으로 1차적 피부장애 증상. 반(斑), 결절, 종류, 팽진(膨疹), 수포, 소수포, 낭종 등이 해당됨

② **화상(Burn)**

　㉠ 1도 화상(홍반성 화상) : 표피만 화상, 홍반, 부종, 통증 유발

　㉡ 2도 화상(수포성 화상) : 수포 발생, 통증 유발

　㉢ 3도 화상(괴사성 화상) : 표피와 진피의 파괴, 감각이 없어짐

③ **홍반(Erythema)** : 열에 장기간 지속적으로 노출된 후 발생하는 피부의 발적 및 충혈 현상

▶▶ **자외선에 의한 피부 반응**

① **UV-A, 가시광선** : 색소침착(기미, 주근깨 등이 생성)

② **UV-B** : 홍반, 일광화상 등

▶▶ **자연 노화(생리적 노화)된 피부의 특징**

① 망상층이 얇아짐

② 피하지방세포가 감소함

③ 각질층의 두께가 두꺼워짐

④ 멜라닌 세포의 수가 감소함

▶▶ **지성피부의 특징**

① 지성피부는 정상피부보다 피지 분비량이 많음

② 지성피부는 남성 호르몬인 안드로겐 (Androgen)이나 여성 호르몬인 프로게스테론(Progesterone)의 기능이 활발해져서 생김

③ 피부결이 곱지 못하며 피부조직이 전체적으로 일정하지 않음

④ 지성피부의 관리는 피지 제거 및 세정을 주요 목적으로 함

▶▶ **체형과 영양**

① 영양의 섭취가 불충분하면 쉽게 피로해지고 무기력해져서 모든 일에 의욕을 잃게 되며, 발육기에 있는 청소년의 경우 신체의 성장과 발달에 큰 지장을 초래함

② 영양을 과다하게 섭취하면 비만 등 여러 가지 성인병의 원인이 되므로 이를 예방하기 위해서는 영양의 섭취와 소비가 균형을 이루는 식생활과 적당한 신체운동을 습관화할 것

▶▶ **표피 : 각질과 멜라닌을 생성하는 피부조직**

① **각질 형성 세포** : 표피의 주요 구성성분으로 표피세포의 80% 차지. 정상적인 피부의 각화 주기는 28일

② **멜라닌 형성 세포** : 표피에 존재하는 세포의 약 5~10% 차지. 멜라닌 색소를 만들어 자외선을 흡수 또는 산란시켜 자외

선으로부터 피부가 손상되는 것을 방지

▶▶ **단백질의 특징**

① **필수아미노산** : 체내 합성 불가능. 반드시 식품을 통해 흡수해야 하는 아미노산으로 이소 로이신, 로이신, 리신, 메티오닌, 페닐알라닌, 트레오닌, 트립토판, 발린, 히스티딘, 아르기닌 등 10여종

② 탄수화물과 같은 에너지원(1g당 4kcal)으로 효소와 호르몬 합성, 면역세포와 항체형성, pH의 평행 유지에 관여

③ 피부, 모발, 근육 등 신체조직의 구성성분으로 피부조직을 재생시키는 작용

④ 단백질 결핍 시 부종, 빈혈, 성장부진 등이 발생

▶▶ **기초화장품의 주된 사용 목적**

세안, 피부정돈, 피부보호

▶▶ **기능성 화장품의 주요 성분**

① **미백 성분** : 알부틴, 코직산, 상백피 추출물, 닥나무 추출물, 감초 추출물, 비타민 CAHA(각질 세포를 벗겨내서 멜라닌 색소를 제거), 하이드로 퀴논(멜라닌 세포 자체사멸)

② **주름 개선 성분** : 레티놀(세포 생성 촉진), 베타카로틴(비타민 A의 전구물질, 피부 재생 효과), 항산화제(비타민 E, 항산화, 항노화, 재생 작용), 아데노신(섬유세포의 증식촉진, 피부세포의 활성화,

콜라겐 합성을 증가시켜 피부 탄력과 주름을 예방)

Part Ⅳ   소독학

▶ 소독약의 구비조건 및 사용법과 보존상 주의점 ⭐

① 필요할 때마다 조금씩 만들어 사용
② 약품을 냉암소에 보관
③ 소독대상 물품에 적당한 소독약과 소독빙법을 선정
④ 병원체의 저항성에 따라 방법과 시간을 고려
⑤ 높은 살균력을 가져야 함
⑥ 인체에 해가 없어야 함
⑦ 저렴하고 구입과 사용이 간편해야 함
⑧ 기름, 알코올 등에 잘 용해되지 않아야 함

▶ 공중위생관리법상 이·미용기구의 소독방법

① 자외선 소독 : 1cm²당 85μW 이상의 자외선에 20분 이상
② 건열멸균소독 : 섭씨 100℃ 이상 건조한 열에 20분 이상
③ 증기소독 : 섭씨 100℃ 이상의 습한 열에 20분 이상
④ 열탕소독 : 섭씨 100℃ 이상의 물속에 10분 이상
⑤ 크레졸, 석탄산수 소독 : 수용액 3%에 10분 이상 담그기

⑥ 에탄올 소독 : 수용액 70%에 10분 이상 담가 두거나 면이나 거즈에 적셔서 이용기구나 도구를 닦아줌

▶ 이·미용기구별 소독법 ⭐

① 금속제품(가위, 면도날 등)의 소독 : 알코올, 역성비누액, 크레졸수(승홍수는 사용에 적합하지 않음)
※ B형 간염은 보통 혈액이나 체액을 통해 감염되므로 면도칼 등은 특히 철저히 소독해야 함
② 플라스틱 제품(브러시 등)의 소독 : 세척후 자외선 소독기 사용

▶ 승홍수의 특징 ⭐

① 피부 소독에 사용할 경우에는 0.1%의 수용액이 적당함
② 금속을 부식시키는 성질이 있으므로 주의
③ 온도가 높을수록 효과가 커짐
④ 경제적 희석 배율은 1,000배(아포살균 제외)
⑤ 음료수 소독에는 적합하지 않음

▶ 석탄산(Phenol)의 특징 ⭐

① 방역용 석탄산은 3%(3~5%)의 수용액을 사용함
② 살균력이 안정적이여서 유기물에도 소독력이 약화되지 않음
③ 금속부식성이 있어 금속제품에 적합하지 않음
④ 냄새와 독성이 강하고 피부 점막 자극이 강함

▶ 습열멸균법과 건열멸균법 비교

① **습열멸균법** : 자비소독법, 고압증기멸균법, 유통증기멸균법, 저온소독법 등

② **건열멸균법** : 건열멸균기를 이용하여 유리기구, 주사침, 유지, 글리세린, 분말, 금속류, 자기류 등에 주로 사용

※ 위에서 언급된 멸균법 중 가장 정확한 소독법은 고압증기멸균법. 보통 120℃에서 20분간 가열하면 모든 미생물이 완전히 멸균되며, 주로 기구, 의류, 고무제품, 거즈, 약액 등의 멸균에 사용

Part Ⅴ 공중위생관리법규

▶ **영업장소 이외에서 미용업무를 할 수 있는 경우** 중요

① 질병, 고령, 장애나 그 밖의 사유로 인하여 영업소에 나올 수 없는 자에 대하여 미용을 하는 경우

② 혼례 기타 의식에 참여하는 자에 대하여 그 의식 직전에 미용을 하는 경우

③ 사회복지시설에서 봉사활동으로 미용을 하는 경우

④ 방송 등의 촬영에 참여하는 사람에 대하여 그 촬영 직전에 미용을 하는 경우

⑤ 특별한 사정이 있다고 시장·군수·구청장이 인정하는 경우

▶ **이용사 또는 미용사 면허를 받을 수 있는 자** 중요

① 전문대학 또는 이와 같은 수준 이상의 학력이 있다고 교육부장관이 인정하는 학교에서 이용 또는 미용에 관한 학과를 졸업한 자

② 대학 또는 전문대학을 졸업한 자와 같은 수준 이상의 학력이 있는 것으로 인정되어 법에 따라 이용 또는 미용에 관한 학위를 취득한 자

③ 고등학교 또는 이와 같은 수준의 학력이 있다고 교육부장관이 인정하는 학교에서 이용 또는 미용에 관한 학과를 졸업한 자

④ 초,중등교육법령에 다른 특성화고등학교, 고등기술학교나 고등학교 또는 고등기술학교에 준하는 각종학교에서 1년 이상 이용 또는 미용에 관한 소정의 과정을 이수한 자자

⑤ 국가기술자격법에 의한 이용사 또는 미용사의 자격을 취득한 자

▶ **공중위생영업의 신고 제출서류**

① 영업시설 및 설비개요서

② 교육필증

③ 국유철도정거장 시설 영업자의 경우 국유재산사용허가서

④ 국유철도 외의 철도정거장 시설 영업자의 경우 철도시설 사용 계약에 관한 서류

▶ **이·미용업소의 시설 및 설비 기준**

① 미용기구는 소독을 한 기구와 소독을 하지 아니한 기구를 구분하여 보관할 수 있는 용기를 비치하여야 함

Part Ⅶ
시험 문제분석 특강 자료

② 소독기 · 자외선살균기 등 미용기구를 소독하는 장비를 갖추어야 함

▶▶ **공중위생감시원의 자격**

① 위생사 또는 환경기사 2급 이상의 자격증이 있는 사람

② 1년 이상 공중위생 행정에 종사한 경력이 있는 사람

③ 고등교육법에 따른 대학에서 화학, 화공학, 위생학 분야를 전공하고 졸업한 사람

④ 외국에서 위생사 또는 환경기사의 면허를 받은 사람

▶▶ **행정처분의 권한 소재**

① 위법한 공중위생영업소에 대한 폐쇄조치 : 시장 · 군수 · 구청장

② 공익상 또는 선량한 풍속유지를 위하여 필요하다고 인정하는 경우에 이 · 미용업의 영업시간 및 영업행위에 관한 필요한 제한 조치 : 시 · 도지사

③ 이 · 미용업 영업소에 대하여 위생관리의무 이행검사 권한 행사권자 : 도 소속 공무원, 특별시 · 광역시 소속 공무원, 시 · 군 · 구 소속 공무원(국세청 공무원 해당 없음)

▶▶ **벌금, 과징금, 과태료, 기타 행정처분 관련 문제** 중요☆

① 6월 이하의 징역 또는 500만 원 이하의 벌금

    ㉠ 건전한 영업질서를 위하여 영업자가 준수하여야 할 사항을 준수하지 아니한 자

    ㉡ 규정에 의한 변경신고를 하지 아니한 자

    ㉢ 공중위생영업자의 지위를 승계한 자로서 규정에 의한 신고를 하지 아니한 자

② 공중위생영업자가 공중위생관리법상 필요한 보고를 당국에 하지 않았을 때 : 300만 원 이하 과태료

③ 손님에게 음란행위를 알선 · 제공하거나 손님의 요청에 응한 때

구분	1차 위반	2차 위반
영업소의 경우	영업정지 3월	영업장 폐쇄명령
미용사(업주)	면허정지 3월	면허취소

④ 이 · 미용업 영업소에서 영업정지처분을 받고 그 영업정지 기간 중 영업을 한 때 : 1차 위반 – 영업장 폐쇄명령

▶▶ **기타 법규 출제문제**

① 위생교육시간 : 이 · 미용업의 영업자는 3시간의 위생교육을 받아야 함

② 공중위생 영업단체의 설립 목적 : 공중위생과 국민보건 향상을 기하고 영업의 건전한 발전을 도모하기 위함

시험 문제분석 특강 자료2

Part I　미용이론

▶▶ 미용의 정의와 목적

① 미용이란 인간의 신체를 복식과 더불어 외적으로 아름답고 건강하게 미화, 발전시키는 과학적이고 예술적인 행위

② 공중위생관리법에 미용업이란 "손님의 얼굴, 머리, 피부 등을 손질하여 외모를 아름답게 꾸미는 영업"

▶▶ 미용의 과정(소재의 확인 → 구상 → 제작 → 보정) 중요

① 소재의 확인 : 소재가 손님의 신체 일부로 제한적이며 연령, 직업, 신체적 특징, 얼굴 상태에 따른 개성 등을 신속하고 정확하게 파악해야 함

② 구상 : 소재의 특징을 파악하고 손님의 의사를 존중, 반영하여 시술할 디자인을 구상함

③ 제작 : 구상한 디자인을 실질적이며 구체적으로 예술적 기교와 개성있게 표현해야 함

④ 보정 : 제작과정이 끝나면 종합적으로 전체적인 형태와 조화를 관찰하고 보정한 뒤, 고객의 만족여부를 확인한 후 모든 과정을 마침

▶▶ 고려시대 미용의 특징

① 통일신라의 영향을 받아 머리모양으로 신분과 나이를 구별함 : 여염집(일반 백성들의 살림집) 여성은 비분대 화장(연한 화장), 궁녀나 기생은 분대화장(진한 화장)을 주로 함. 얼굴용 화장품으로 면약이 사용됨

② 두발을 염색하였고, 두발을 가꾸기 위해 단오와 유두에 창포 삶은 물로 머리를 감는 풍속이 생김

③ 남성들은 검은 띠로 머리를 묶었고 원나라의 침략 이후에 변발을 하기도 함

▶▶ 우리나라 근·현대미용의 특징 중요

① 1920년대 : 김활란 여사의 단발머리와 이숙종 여사의 높은 머리(다카머리)가 유행함

② 1930년대 : 우리나라 최초의 미용사였던 오엽주 여사가 화신백화점 내에 화신 미용실을 개업함

▶▶ 프레 커트

퍼머넌트 웨이빙 시술 전 하는 커트로 와인딩하기 쉽도록 1~2cm 길게 커트하면서 길이를 정리하는 것을 말함

▶▶ **웨트 커팅**

두발을 적당히 적신 후 결을 매끄럽게 빗어 하는 커트로 두발을 손상시키지 않고, 헤어 스타일 연출에 적합함

▶▶ **스캘프 트리트먼트**

① **플레인 스캘프 트리트먼트** : 노멀 스캘프 트리트먼트라고 하며 두피가 정상상태일 때 실시하는 방법

② **댄드러프 스캘프 트리트먼트** : 두피에 비듬을 제거하기 위해 사용되는 방법

③ **드라이 스캘프 트리트먼트** : 두피에 피지가 부족하고 건조한 상태일 때 사용되는 방법

④ **오일리 스캘프 트리트먼트** : 두피에 피지가 과잉 분비되어 지방이 많을 때 사용되는 방법

▶▶ **헤어 컨디셔너의 목적**

① 샴푸 후 두발의 알칼리성 잔여물을 제거하여 윤기를 줌

② 두발의 엉킴을 방지하고 건조를 예방함과 동시에 윤기를 주고 정전기를 방지함

③ 두발에 보호막을 형성시켜 수분과 영양을 공급함

▶▶ **헤어 트리트먼트의 종류 및 특성**

① **클리핑(Clipping)** : 커트 형태가 완성된 상태에서 튀어나오거나 빠져나온 두발을 가위나 클리퍼를 사용해 제거하는 방법

② **헤어 리컨디셔닝** : 손상된 두발을 이전의 건강한 상태로 회복시키는 것

③ **헤어 팩** : 두발에 팩이나 트리트먼트를 발라 영양을 공급하여 윤기를 줌

④ **신징(Singeing)** : 촛불이나 전기 신징기를 사용하여 두발 끝이 갈라지는 것과 영양분이 흘러나가는 것을 방지함

▶▶ **pH에 따른 샴푸의 분류**

① **산성 샴푸(pH 4~5)** : 손상 두발이나 염색모에 적합하고, 린스제를 사용하지 않아도 됨

② **중성 샴푸(pH 7)** : 퍼머나 염색 시술 전에 주로 사용함

③ **알칼리 샴푸(pH 7.5~8.5)** : 비누나 합성 세제를 주성분으로 세정력이 강해서 산성 린스제나 컨디셔너를 사용해야 함

▶▶ **컬의 구성 요소(루프, 스템, 베이스)의 특징**

① **루프(Loop)** : 루프의 직경이 작을수록 웨이브는 명확하고 탄력적이며 움직임이 적고, 루프의 직경이 클수록 웨이브의 움직임이 크고 느슨하며 여유가 있음

② **스템(Stem)** : 스템의 방향에 따라서 수직, 수평, 대각의 웨이브의 흐름과 탄력, 컬의 지속성을 결정함. 스템의 길이와 각도에 의해 웨이브의 볼륨을 좌우함

③ **베이스(Base)** : 컬 스트랜드의 근원임

▶▶ **퍼머넌트 웨이브 시술 전 확인사항**

① **상담** : 고객과의 충분한 상담을 통하여 고객의 얼굴형, 연령, 체형, 직업에 알맞은 디자인을 결정함

② **두피진단** : 두피에 상처나 염증이 있을 때는 상태가 호전될 때까지 시술을 금함

③ **두발진단** : 사진, 문진, 촉진, 두발 진단기를 통해 두발의 굵기, 손상 여부, 모질 등을 파악

▶▶ **마셀 웨이브의 특징**

아이론의 열을 이용하여 형성된 웨이브로 아이론의 온도는 균일하게 120~140℃를 유지해야 함

▶▶ **이용하는 기구에 따른 웨이브의 분류**

① **컬 웨이브** : 롤러, 헤어 핀 또는 헤어 클립 등으로 형성된 웨이브

② **마셀 웨이브** : 아이론의 열을 이용하여 형성된 웨이브

③ **핑거 웨이브** : 세트 로션, 물, 빗을 사용하여 손가락으로 형성된 웨이브

④ **스킵 웨이브** : 핑거 웨이브와 핀컬이 교차해서 형성된 웨이브

▶▶ **패치 테스트와 스트랜드 테스트**

① **패치 테스트(피부 반응 검사)** : 염색을 처음 할 때 알레르기성이나 접속성 피부염 등 특이 체질을 검사하는 것. 귀 뒤나 팔 안쪽에 실제 시술할 염모제를 동전만한 크기로 바르고 24~48시간 후 피부반응을 점검함

② **스트랜드 테스트** : 고객의 두발 굵기, 기존 컬러를 고려하여 희망색상과 염모제 반응 시간을 알기 위한 것이다. 백 포인트 부분에 헤어 스트랜드에 원하는 색상의 염모제를 도포함

▶▶ **염모제의 성분 및 종류**

① **염모제의 성분** : 제1제는 산화염료인 색소와 알칼리제, 기타 첨가제로 구성되어 있고, 제2제는 과산화수소와 기타 첨가제로 구성되어 있음

② **제1제 산화염료** : 파라페닐렌디아민(검은색), 파라트리렌디아민(다갈색이나 흑갈색), 파라 아미노페놀(다갈색), 올소아미노페놀(황갈색), 모노니트롤 페닐렌디안민(적색) 등

Part Ⅱ 공중보건학

▶▶ **감염의 정의**

병원체가 숙주에 침입하여 숙주의 체내나 표면에 발육, 증식하여 발병을 일으키는 상태를 말함

▶▶ **기후의 3요소**

① **기온** : 실내 쾌적온도 18±2℃

② **기습** : 쾌적 습도 40~70%

③ **기류** : 쾌적 기류 1m/sec, 불감 기류 0.5m/sec 이하

▶▶ **보건행정의 정의**

공공기관의 책임하에 국민의 건강과 사회복지의 향상을 도모하는 사회복지 차원의 행정활동으로 국민의 생명 연장, 질병 예방, 육체적, 정신적 건강 등이 목적

▶▶ **보건 수준 평가의 지표**

① **비례사망지수** : 전체 사망자 수에 대한 50세 이상의 사망자 수 비율, 수치가 높을수록 사망자 중 고령자 수가 많다는 것을 의미하며, 다른 나라들과의 보건 수준 비교에 사용함

② **평균수명** : 생명표상에서 생후 1년 미만 (0세) 아이의 기대여명

③ **조사망률** : 인구 1,000명 당 1년간 발생 사망자 수 비율(보통사망률, 일반사망률)

④ **영아사망률** : 출생아 1,000명 당 1년간의 생후 1년 미만 영아의 사망자 수 비율, 한 국가의 보건수준을 나타내는 가장 대표적인 지표

$$\frac{\text{연간 생후 1세 미만의 사망자 수}}{\text{연간 정상출생아 수}} \times 1,000$$

▶▶ **인구통계에서 연령별 구성**

영아인구(1세 미만), 소년인구(1~14세), 생산연령인구(15~64세), 노년인구(65세 이상)

▶▶ **페스트의 특징**

흑사병이며, 쥐벼룩으로 인해 감염되어 두통, 현기증 증상이 나타남

▶▶ **기생충에 따른 증세**

① **흡충류** : 폐디스토마증, 간디스토마증, 요꼬가와 흡충증

② **조충류** : 유구조충증, 무구조충증, 광절열두조충증

③ **원충류** : 이질 아메바증, 질트리코모나스증

④ **선충류** : 회충, 구충, 요충, 사상충중, 편충, 선모충

▶▶ **대장균군 : 수질 오염의 지표**

대장균군은 수질 오염의 지표로 물 50ml 중에서 검출되지 않아야 함

▶▶ **병원성 미생물의 특징**

체내에 침입하여 병적인 반응을 일으키는 미생물로 매독, 결핵, 수막염, 대장균, 콜레라 등이 해당

▶▶ **수질 오염에 따른 발생질병**

① **미나마타병** : 인근 도시의 공장에서 흘러나온 수은 폐수가 어패류에 오염되어 이것을 먹은 사람에게서 발병한 것

② **이타이이타이병** : 폐광석에 함유된 카드뮴으로 오염된 지하수와 지표수를 논에 용수로 사용하여 축적된 것이 벼에 흡수되고, 이 쌀을 사람들이 먹어 카드뮴 중독이 된 것

Part Ⅲ   피부학

▶▶ 피지선의 특성
① 진피층에 위치하며, 하루 평균 1~2g의 피지를 모공을 통하여 밖으로 내보내고 피지막을 형성해 피부를 보호함
② 큰 기름샘은 얼굴의 T-존 부위, 목, 등, 가슴에 분포하고 있으며, 작은 기름샘은 손바닥, 발바닥을 제외한 전신에 분포되어 있음. 독립 기름샘은 보통 털이 없는 곳으로 얼굴, 대음순, 성기, 유두, 귀두에 분포하며, 무기름샘은 손바닥과 발바닥을 말함

▶▶ 피하조직의 특성
① 진피와 근육, 뼈 사이 피부의 가장 아래쪽에 있는 조직으로 그물 모양의 지방을 함유함
② 열 발산을 막아 몸을 따뜻하게 보호하고 수분 조절을 하며 쓰고 남은 에너지를 저장하고, 체형을 결정짓는 역할을 함

▶▶ 비듬의 특징
인설이라고도 하며, 표피로부터 가볍게 떨어지는 죽은 각질 세포로서 각질화 과정의 이상으로 생김

▶▶ 대상포진의 특성
바이러스성 피부질환으로 수포성 발진으로 심한 통증이 동반되는 바이러스성 질환으로 40~60세의 노화된 피부에서 발생빈도가 높음

▶▶ 필수지방산의 특성
불포화지방산이라고 하며, 체내에서 합성되지 않아 음식물로 흡수해야 함. 다른 영양소로 대체시킬 수 없고, 성장촉진과 피부의 건강유지에 도움을 줌

▶▶ 열량 영양소, 구성 영양소, 조절 영양소
① **열량 영양소** : 에너지 공급(탄수화물, 단백질, 지방)
② **구성 영양소** : 신체조직 구성(단백질, 무기질, 물)
③ **조절 영양소** : 생리기능과 대사조절(비타민, 무기질, 물)

▶▶ 노화피부의 특성
① 신진대사가 원활하지 않아 피부재생이 느리며, 탄력성이 저하되어 모공이 넓어짐
② 세포와 조직의 탈수현상으로 피부건조 및 잔주름이 발생하며, 굵은 주름도 생길 수 있음

▶▶ 자외선의 특성
① 피부에 자극적인 화학반응을 일으켜 화학선이라고도 함
② 살균력이 있으며 노폐물을 제거하고, 혈액 및 림프 순환을 촉진시켜 신진대사를 활성화시킴
③ 장시간 노출시에는 피지의 산화작용으로

인하여 각질이 쌓여 조기 노화를 촉진하고 기미, 주근깨 등 색소침착의 원인이 됨

▶▶ **원발진의 종류 및 특성**

① 피부의 1차적 장애

② 눈에 보이거나 손으로 만져지는 것으로 질병으로 간주되지 않는 피부의 변화

③ 면포, 농포, 구진, 결절, 반점, 두드러기, 소수포, 수포, 낭종 등이 포함

▶▶ **요오드(조절소)의 특징**

갑상선 기능을 유지하는 작용을 하며, 어패류나 해조류에 많음

Part Ⅳ 소독학

▶▶ **알코올의 특징(주요 소독약품)**

① 주로 소독에 이용되는 알코올은 에틸 알코올(에탄올)임

② 단백질을 응고시키고 세균의 활성을 방해하는 것으로 포자 및 사상균에는 효과가 없음

③ 50% 이하의 농도에서는 소독력이 약하고, 70~75% 농도에서 1시간 이상이 소독력이 강함

④ 피부, 가위, 브러시, 칼 등을 소독할 때 사용함

▶▶ **석탄산계수(소독력의 지표)**

① 소독약의 살균력을 비교하기 위해 쓰임

② 석탄산계수 $= \dfrac{\text{소독약의 희석배수}}{\text{석탄산의 희석배수}}$

▶▶ **고압증기 멸균법의 특성**

100~135℃의 수증기로 미생물뿐만 아니라 아포까지 사멸시킴. 초자기구 거즈 및 약액자 기류소독에 적합함

▶▶ **역성비누액의 특징**

① 유화, 침투, 세척, 분산, 기포 등의 특성을 가지고 있음

② 연한 황색, 또는 무색의 액체로 이·미용실에서 많이 사용됨

③ 장점 : 무색, 무취로 자극이 적으며, 무독성이고 금속을 부식시키지 않음. 물에 잘 용해됨

④ 단점 : 값이 비싸며, 일반 비누와 사용하면 살균력이 떨어짐. 아포와 결핵균에 대해서는 효과가 없음

▶▶ **이상적인 소독약의 구비조건**

① 살균력이 강하고 인체에 무해해야 함

② 경제적이고 사용법이 간단해야 함

③ 기계나 기구를 부식시키지 않아야 함

④ 짧은 시간에 소독효과가 확실해야 함

⑤ 생산과 구입이 용이하고 냄새가 없어야 함

⑥ 용해도가 높아야 함

▶▶ **소독제의 사용과 보존상의 주의사항**

① 소독할 대상에 알맞은 소독약과 소독법

을 선택하여 실시함

② 소독대상물이 열, 광선, 소독약 등에 충분히 접촉될 수 있는 시간을 주어야 함

③ 소독약은 사용할 때마다 필요한 양만큼 조금씩 새로 만들어서 사용해야 함

④ 약품에 따라 밀폐시켜 냉암소에 보존해야 함

⑤ 소독효과가 확실하고, 짧은 시간에 간단한 방법과 적은 비용으로 소독할 수 있어야 함

⑥ 언제 어디서나 할 수 있어야 하며, 소독 시 인축에 해가 없어야 함

▶ 승홍수의 특징

① 피부 소독에 사용할 경우에는 0.1%의 수용액이 적당함

② 금속을 부식시키는 성질이 있으므로 주의해야 함

③ 온도가 높을수록 효과가 커짐

④ 경제적 희석 배율은 1,000배(아포살균 제외)임

⑤ 음료수 소독에는 적합하지 않음

▶ 건열멸균법의 특성

건열멸균기(Dry oven)를 이용하여 170℃에서 1~2시간 멸균 처리하는 방법으로 주사침, 유리기구 및 금속 제품을 소독시키는 데 이용함

▶ 공중위생영업의 정의

다수인을 대상으로 위생관리 서비스를 제공하는 영업으로서 숙박업, 목욕장업, 이용업, 미용업, 세탁업, 건물위생관리업을 말함

▶ 이 · 미용사의 면허 발급 자격기준

① 전문대학 또는 이와 동등 이상의 학력이 있다고 교육부장관이 인정하는 학교에서 이용 또는 미용에 관한 학과를 졸업한 자

② 「학점인정 등에 관한 법률」에 따라 대학 또는 전문대학을 졸업한 자와 동등 이상의 학력이 있는 것으로 인정되어 이용 또는 미용에 관한 학위를 취득한 자

③ 고등학교 또는 이와 동등의 학력이 있다고 교육부장관이 인정하는 학교에서 이용 또는 미용에 관한 학과를 졸업한 자

④ 교육부장관이 인정하는 고등기술학교에서 1년 이상 이용 또는 미용에 관한 소정의 과정을 이수한 자

⑤ 국가기술자격법에 의한 이용사 또는 미용사 자격을 취득한 자

▶ 이 · 미용영업자 위생교육 관련 주요 사항

① 공중위생영업자는 매년 위생 교육을 받아야 하며 위생교육은 3시간으로 함

② 규정에 의하여 신고를 하고자 하는 자는 미리 위생교육을 받아야 함. 다만, 부득이한 사유로 미리 교육을 받을 수 없는 경우에는 영업개시 후 6개월 이내에 위생교육을 받을 수 있음

③ 위생교육을 받은 자가 위생교육을 받은 날부터 2년 이내에 위생교육을 받은 업종과 같은 업종의 영업을 하려는 경우에는 해당 영업에 대한 위생교육을 받은 것으로 봄

▶▶ 위생교육을 영업개시 후 6개월 이내에 받아야 하는 경우 중요☆
① 천재지변, 본인의 질병·사고, 업무상 국외 출장 등의 사유로 교육을 받을 수 없는 경우
② 교육을 실시하는 단체의 사정 등으로 미리 교육을 받기 불가능한 경우

▶▶ 위생관리 및 평가
① 시·도지사는 공중위생영업소의 위생관리수준을 향상시키기 위하여 위생서비스평가계획을 수립하여 시장·군수·구청장에게 통보하여야 함
② 시장·군수·구청장은 평가계획에 따라 관할 지역별 세부평가계획을 수립한 후 공중위생영업소의 위생서비스 수준을 평가하여야 함

▶▶ 영업소 외의 장소에서 이·미용업무를 행할 수 있는 경우 중요☆
① 질병 및 기타의 사유로 인하여 영업소에서 나올 수 없는 자에 대하여 미용을 하는 경우
② 혼례 및 기타 의식에 참여하는 자에 대하여 그 의식 직전에 미용을 하는 경우
③ 사회복지시설에서 봉사활동으로 미용을 하는 경우
④ 방송 등의 촬영에 참여하는 사람에 대하여 그 촬영 직전에 미용을 하는 경우
⑤ 특별한 사정이 있다고 시장, 군수, 구청장이 인정하는 경우

▶▶ 청문을 실시해야 하는 경우 중요☆
시장·군수·구청장은 이·미용사의 면허취소, 면허정지, 공중위생영업의 정지, 일부 시설의 사용중지 및 영업소 폐쇄명령 등의 처분을 하고자 할 때에 청문을 실시하여야 한다.

▶▶ 손님에게 음란행위를 제공하다가 적발되었을 때의 행정처분기준
① 영업소 : 1차 위반 시 영업정지 3월, 2차 위반 시 영업소 폐쇄명령
② 이·미용사 업주 : 1차 위반 시 면허정지 3월, 2차 위반 시 면허취소

▶▶ 이·미용사의 면허증을 다른 사람에게 대여한 때의 행정처분기준
1차 위반 시 면허정지 3월, 2차 위반 시 면허정지 6월, 3차 위반 시 면허취소

▶▶ 이·미용영업자 준수사항 중 업소에 게시해야 할 것
업소 내에 미용업 신고증, 개설자의 면허증 원본 및 미용 최종지불요금표를 게시하여야 함

MEMO

MEMO

MEMO

MEMO

빨리빨리 합격하는
미용사 일반 필기시험문제

발 행 일	2024년 1월 5일 개정13판 1쇄 인쇄
	2024년 1월 10일 개정13판 1쇄 발행
저 자	오영애·고민우 공저
발 행 처	 http://www.crownbook.com
발 행 인	李尙原
신고번호	제 300-2007-143호
주 소	서울시 종로구 율곡로13길 21
공 급 처	(02) 765-4787, 1566-5937
전 화	(02) 745-0311~3
팩 스	(02) 743-2688, 02) 741-3231
홈페이지	www.crownbook.co.kr
I S B N	978-89-406-4766-0 / 13590

특별판매정가 26,000원